PRODUÇÃO DE ALIMENTOS NO SÉCULO XXI

Gordon Conway

PRODUÇÃO DE ALIMENTOS NO SÉCULO XXI

biotecnologia e meio ambiente

Tradução
Celso Mauro Paciornik

Estação Liberdade

A edição original desta obra foi publicada no Reino Unido pela Penguin Books Ltd., 1997

Preparação de texto Fernando Santos
Revisão e índice onomástico Katia Gouveia Vitale
Assistência editorial Flávia Moino e Iriz Medeiros
Composição Pedro Barros e Wildiney Di Masi
Capa FutureBrand BC&H
Editor Angel Bojadsen

CIP-BRASIL. CATALOGAÇÃO NA FONTE
Sindicato Nacional dos Editores de Livros, RJ

C783p

Conway, Gordon, 1938-
Produção de alimentos no século XXI : biotecnologia e meio ambiente / Gordon Conway ; tradução Celso Mauro Paciornik. – São Paulo : Estação Liberdade, 2003.

Tradução de: The doubly green revolution
Apêndice
Inclui bibliografia
ISBN 85-7448-083-5

1. Inovações agrícolas. 2. Biotecnologia. 3. Agricultura – Aspectos ambientais. 4. Agroindústria - inovações tecnológicas. 5. Abastecimento de alimentos. 6. Desenvolvimento sustentável. I. Título.

03-2490. CDD 338.16
CDU 338.43

Editora Estação Liberdade Ltda.
Rua Dona Elisa, 116 – 01155-030 – São Paulo - SP
Tel.: (11) 3661 2881 Fax: (11) 3825 4239
e-mail: editora@estacaoliberdade.com.br
http://www.estacaoliberdade.com.br

ESTA OBRA FOI EDITADA COM
UM SUBSÍDIO À PUBLICAÇÃO DA
VOTORANTIM VENTURES.

Para Susan

SUMÁRIO

Nota editorial

Regiões. Neste livro, os agrupamentos regionais acompanham os usados pela Organização das Nações Unidas para Agricultura e Alimentação (FAO), embora, quando os dados foram obtidos de outras fontes, possa haver algumas variações, que estão indicadas.

Os países do mundo *menos desenvolvido* ("os países em desenvolvimento") estão agrupados como segue:

Leste da Ásia: Brunei, Camboja, China, Cingapura, Coréia do Norte (República Democrática Popular da Coréia), Coréia do Sul (República da Coréia), Filipinas, Hong Kong, Indonésia, Laos, Macau, Malásia, Mianmar, Mongólia, Tailândia, Vietnã (às vezes Taiwan). Freqüentemente estão incluídas Fiji, Ilhas Salomão, Papua-Nova Guiné, Tuvalu, Vanuatu e outros países em desenvolvimento insulares localizados no Oceano Pacífico (Oceania exceto Austrália e Nova Zelândia).

Sul da Ásia: Afeganistão, Bangladesh, Butão, Índia, Maldivas, Nepal, Paquistão, Sri Lanka (às vezes o Afeganistão é incluído em Oeste da Ásia/Norte da África).

Oeste da Ásia/Norte da África: Arábia Saudita, Argélia, Bahrein, Chipre, Egito, Emirados Árabes Unidos, Faixa de Gaza, Iêmen, Irã, Iraque, Jordânia, Kuwait, Líbano, Líbia, Marrocos, Omã, Qatar, Síria, Tunísia, Turquia (às vezes).

África subsaariana: África do Sul, Angola, Benin, Botsuana, Burkina Fasso, Burundi, Cabo Verde, Camarões, Chade, Congo, Costa do Marfim, Djibuti, Eritréia, Etiópia, Gabão, Gâmbia, Gana, Guiné, Guiné-Bissau, Guiné Equatorial, Ilhas Comores, Lesoto, Libéria, Madagascar, Maláui, Mali, Maurício (Ilha), Mauritânia, Moçambique, Namíbia, Níger, Quênia, República Centro-Africana, Reunião (Ilha da), Ruanda, Saara Ocidental, Santa Helena, São Tomé e Príncipe, Senegal, Serra Leoa, Seichelles, Somália, Suazilândia,

Sudão, Tanzânia, Togo, Uganda, Zaire (República Democrática do Congo), Zâmbia, Zimbábue (às vezes a África do Sul não está incluída).

América Latina e Caribe: Argentina, Bolívia, Brasil, Chile, Colômbia, Costa Rica, Cuba, El Salvador, Equador, Guatemala, Guiana, Guiana Francesa, Haiti, Honduras, Jamaica, México, Nicarágua, Panamá, Paraguai, Peru, República Dominicana, Suriname, Trinidad e Tobago, Uruguai, Venezuela e as ilhas menores do Caribe.

Os países do mundo *mais desenvolvido* ("os países desenvolvidos") estão agrupados como segue:

Europa oriental/Antiga União Soviética (AUS): Albânia, Belarus, Bósnia e Herzegovina, Bulgária, Croácia, Eslováquia, Estônia, Hungria, Iugoslávia, Letônia, Lituânia, Macedônia, Moldova, Polônia, República Tcheca, Romênia, Rússia, Ucrânia e as Repúblicas da Ásia Central (Armênia, Azerbaijão, Cazaquistão, Geórgia, Quirguistão, Tadjiquistão, Turcomenistão e Uzbequistão). No futuro as Repúblicas da Ásia Central serão incluídas em estatísticas oficiais como parte dos países em desenvolvimento ou como uma nova região separada da Ásia Central, ou combinadas com o Sul da Ásia.

A Organização para a Cooperação Econômica e Desenvolvimento (OECD): Austrália, Canadá, Estados Unidos, Islândia, Japão, Malta, Noruega, Nova Zelândia, Suíça, Turquia, União Européia (Alemanha, Áustria, Bélgica, Dinamarca, Espanha, Finlândia, França, Grécia, Holanda, Irlanda, Itália, Luxemburgo, Portugal, Reino Unido e Suécia)*.

Outros países desenvolvidos: Israel e, às vezes, África do Sul.

Medidas

1 bilhão = 1.000 milhões
Dólares (US$) são dólares norte-americanos

---

* Membros da UE em 2003. (N.E.)

Calorias = quilocalorias
Toneladas = toneladas métricas, isto é, 1.000 quilogramas
kg = quilograma(s)
ha = hectare(s)
km = quilômetro(s)
ppb = partes por bilhão

"Grãos" significa cereais, por exemplo trigo, cevada, arroz, milho, aveia, sorgo, painço e outros grãos forrageiros. (Não estão incluídas sementes comestíveis de plantas leguminosas.)

Siglas institucionais*

ACNUR	Alto Comissariado das Nações Unidas para Refugiados
CGIAR	Consultative Group on International Agricultural Research [Grupo Consultivo de Pesquisa Agrícola Internacional], do Banco Mundial, Washington (EUA)
CIAT	Centro Internacional de Agricultura Tropical (Colômbia)
CIFOR	Centre for International Forestry Research [Centro Internacional de Pesquisa Florestal] (Indonésia)
CIMMYT	Centro Internacional de Mejoramiento de Maíz y Trigo [Centro Internacional de Melhoramento de Milho e Trigo] (México)
CIP	Centro Internacional de la Papa [Centro Internacional da Batata] (Peru)
FAO	Food and Agricultural Organization [Organização das Nações Unidas para Agricultura e Alimentação], Roma (Itália)
FMI	Fundo Monetário Internacional, Washington (EUA)
IARCs	International Agricultural Research Centres [Centros Internacionais de Pesquisa Agrícola] (fundados pelo CGIAR)
ICARDA	International Center for Agricultural Research in the Dry Areas [Centro Internacional para Pesquisa Agrícola nas Áreas Secas] (Síria)

* Ver também o Apêndice a esta obra, à p. 359.

ICLARM	International Center for Living Aquatic Resources Management [Centro Internacional para a Gestão de Recursos Aquáticos Vivos] (Filipinas)
ICRAF	International Centre for Research in Agroforestry [Centro Internacional de Pesquisa Agro-florestal] (Quênia)
ICRISAT	International Crops Research Institute for the Semi-Arid Tropics [Instituto Internacional de Pesquisa de Culturas para os Trópicos Semi-áridos] (Índia)
IDS	Institute of Development Studies [Instituto de Estudos de Desenvolvimento], Universidade de Sussex (Reino Unido)
IFPRI	International Food Policy Research Institute [Instituto Internacional de Pesquisa em Política Alimentar], Washington (EUA)
IIED	International Institute for Environment and Development [Instituto Internacional para o Meio Ambiente e o Desenvolvimento], Londres (Reino Unido)
IIMI	International Irrigation Management Institute [Instituto Internacional de Gestão da Irrigação] (Sri Lanka)
IITA	International Institute of Tropical Agriculture [Instituto Internacional de Agricultura Tropical] (Nigéria)
ILRI	International Livestock Research Institute [Instituto Internacional de Pesquisas sobre Animais de Criação] (Quênia)
IPGRI	International Plant Genetic Resources Institute [Instituto Internacional de Recursos Genéticos de Plantas] (Itália)
IRRI	International Rice Research Institute [Instituto Internacional de Pesquisa do Arroz] (Filipinas)
ISNAR	International Service for National Agricultural Research [Serviço Internacional para Pesquisa Agrícola Nacional] (Holanda)
OMS	Organização Mundial da Saúde, Genebra (Suíça)
ONGs	Organizações não-governamentais
PBRDAs	Países de baixa renda com déficit alimentar
PNUMA	Programa das Nações Unidas para o Meio Ambiente, Nairóbi (Quênia)
PRIs	Países recém-industrializados
UNICEF	United Nations Children's Fund [Fundo das Nações Unidas para a Infância], Nova Iorque (EUA)

UNRISD United Nations Research Institute for Social Development [Instituto de Pesquisa das Nações Unidas para o Desenvolvimento Social]

USAID United States Agency for International Development [Agência das Nações Unidas para o Desenvolvimento Internacional], Washington (EUA)

USDA United States Department of Agriculture [Departamento de Agricultura dos Estados Unidos], Washington (EUA)

WARDA West Africa Rice Development Association [Associação de Desenvolvimento do Arroz da África Ocidental] (Costa do Marfim)

Fontes dos Dados

Salvo indicação em contrário, os dados são extraídos de dados publicados pela Organização das Nações Unidas para Agricultura e Alimentação (FAO), Roma, na forma de dois disquetes de dados:

1. FAOSTAT TS: SOFA '95, que pode ser obtido em: FAO. *The State of Food and Agriculture*. Roma: Food and Agriculture Organization, 1995.
2. FAOSTAT TS. AGROSTAT3. 1995.

Prefácio à edição original

Alegra-me que Gordon Conway tenha resolvido apresentar a um público amplo a defesa de uma revolução nova e "duplamente verde", que ele apresentou inicialmente ao Grupo Consultivo de Pesquisa Agrícola Internacional (CGIAR).

A "revolução verde" original foi um feito excepcional. O uso por agricultores de novas tecnologias baseadas em pesquisa transformou a agricultura e gerou grande abundância de alimentos, principalmente na Ásia e na América Latina. Milhões foram alimentados e a ameaça muito concreta da fome foi abrandada. Apesar desses feitos, a agenda da segurança alimentar ainda não foi concluída.

Uma segunda e mais generalizada transformação da agricultura é necessária para combater o emaranhado de problemas relacionados a pobreza, fome e degradação ambiental. Para enfrentar essa realidade, o CGIAR criou um programa de renovação de dezoito meses (maio de 1994/outubro de 1995) para esclarecer suas opiniões, redirecionar sua agenda de pesquisa, melhorar sua governança e suas operações e assegurar suporte financeiro estável para sua missão. Como parte desse esforço, o CGIAR convidou uma pequena equipe internacional chefiada por Gordon Conway para propor uma nova visão para o Grupo Consultivo. Seu relatório, intitulado *Sustainable Agriculture for a Food Secure World* [Agricultura sustentável para um mundo com segurança alimentar], enfatizou a necessidade da transformação da agricultura ser "duplamente verde" – com igual peso à produtividade e à gestão dos recursos naturais – e de o conhecimento das comunidades agrícolas ser respeitado quando as agendas de pesquisa forem definidas e implementadas. Gordon Conway foi um dos primeiros defensores de que as novas metas não poderiam ser alcançadas sem uma genuína parceria entre todos os integrantes do sistema de pesquisa agrícola global. O Fórum Global realizado em 1996 sob os auspícios do CGIAR foi um catalisador desse novo modo de parceria e um passo adiante na direção de uma melhor cooperação entre todas as seções da comunidade agrícola.

O Relatório Conway, como ele é amplamente conhecido, foi endossado numa reunião de nível ministerial do CGIAR realizada em Lucerna (Suíça), em 1995, e continua inspirando o CGIAR. Este livro, baseado no relatório, aproveita os argumentos iniciais e abre as questões para uma comunidade mais ampla de leitores. O acesso à comida é um direito humano e a segurança alimentar é a chave para um mundo próspero e estável. Da mesma forma, proteger a base de recursos naturais de que depende a produtividade dos alimentos é uma obrigação de todos no planeta Terra. Recomendo fortemente este livro a todos que se preocupam em garantir que a família humana atinja esses objetivos.

Ismail Serageldin
Presidente do Grupo Consultivo de
Pesquisa Agrícola Internacional (CGIAR) e
Vice-presidente de Desenvolvimento
Ambiental Sustentável do Banco Mundial

Agradecimentos

Este livro recorreu a uma ampla variedade de fontes, mas dei destaque à obra daqueles com quem estive associado nos últimos trinta e cinco anos. Muitos deles são nomeados no texto. Eles incluem: estudantes de pós-graduação e professores do Imperial College of Science and Technology da Universidade de Sussex, das Universidades de Chiang Mai e Khon Kaen, na Tailândia, da Universidade Padjajaran, na Indonésia, e da Universidade das Filipinas, em Los Baños, Filipinas; colegas em institutos onde trabalhei ou fui diretor – o Instituto Internacional para o Meio Ambiente e Desenvolvimento (IIED), o Instituto de Estudos de Desenvolvimento (IDS), o Instituto Internacional de Pesquisas em Política Alimentar (IFPRI) e a Fundação Ford – e trabalhadores em numerosas organizações não-governamentais, entre elas o Programa de Apoio Rural Aga Khan (AKRSP), no Paquistão e na Índia, Ajuda para a Ação e MYRADA, na Índia, Winrock International, no Nepal, e a Cruz Vermelha etíope; e os muitos cientistas dos Centros Internacionais de Pesquisa Agrícola.

Utilizei livremente seus textos e sou grato por seus conselhos, sua experiência e sua amizade. Sou particularmente grato a Robert Chambers, Peter Hazell, Michael Lipton, Simon Maxwell e Ian Scoones, que leram e comentaram partes do livro.

A concepção de uma Revolução Duplamente Verde foi um resultado das deliberações de um pequeno painel que presidi, encarregado de desenvolver uma declaração de visão para o Grupo Consultivo de Pesquisa Agrícola Internacional (CGIAR) – a organização que apóia os centros internacionais de pesquisa que, nos últimos trinta anos, estiveram na vanguarda da Revolução Verde.* Ele foi exposto e adotado numa reunião

* CONWAY, G. R.; LELE, U.; PEACOCK, J.; PIÑEIRO, M. *Sustainable Agriculture for a Food Secure World*. Washington/Estocolmo: Grupo Consultivo de Pesquisa Agrícola Internacional/Agência Sueca de Cooperação em Pesquisa com Países em Desenvolvimento, 1994.

de ministros de Desenvolvimento Exterior dos países desenvolvidos e ministros da Agricultura e Recursos Naturais dos países em desenvolvimento realizada em Lucerna em fevereiro de 1995. Meus colegas no painel eram Uma Lele, da Universidade da Flórida (agora no Banco Mundial), Martin Piñeiro (ex-diretor do Instituto Interamericano para Cooperação em Agricultura – IICA), Jim Peacock, Chefe da Divisão de Agroindústria da Organização de Pesquisa Científica e Industrial da Austrália (CSIRO), Selçuk Özgediz, do Banco Mundial, Johan Holmberg, da Agência Sueca para Cooperação em Pesquisa com Países em Desenvolvimento (SAREC) (agora Diretor de Recursos Naturais e Meio Ambiente da Agência Sueca de Cooperação para o Desenvolvimento Internacional – Sida), Henri Carsalade, do Centro Francês de Cooperação Internacional em Pesquisa Agrícola Orientada para o Desenvolvimento (CIRAD) (agora Diretor Geral Assistente do Departamento de Desenvolvimento Sustentável da FAO), Michel Griffon, do CIRAD, e Peter Hazell, do IFPRI. Sou grato a todos eles, a Paul Egger, da Corporação Suíça para o Desenvolvimento, e a Robert Herdt, da Fundação Rockefeller, ambos do Comitê de Supervisão do CGIAR, e a Ismail Serageldin, presidente do CGIAR, por seu apoio e encorajamento acadêmicos. Muitas das idéias neste livro são deles.

Finalmente, gostaria de agradecer a Khun Akhorn e a Khun Chompunute Hoontrakul por me proporcionarem um idílico ambiente de redação na Baía de Tongsai, em Ko Samui, e à Sra. Elizabeth Ford, minha assistente pessoal, por sua ajuda inestimável.

Os autores e editores creditam e agradecem sinceramente a autorização de reprodução do material sob reserva de direitos a seguir:

Figura 1.4: do *World Development Report 1993*, por The World Bank, © 1993 do Banco Mundial, usada com autorização da Oxford University Press, Inc; Figura 1.8: de *Investing in Food Security*. Resumo para a Cúpula Mundial dos Alimentos (FAO, Roma, 1986); Figura 2.1: In Bongaarts, J., 1995, *Global and Regional Population Projections to 2025*. In Islam, N. (Org.), "Population and Food in the Early 21st Century: Meeting Future Food Needs of an Increasing Population" (IFPRI, Washington), com autorização do IFPRI; Figura 2.2: de Conway, G. R. e Barbier, E. R., 1990, *After the Green Revolution: Sustainable Agriculture for Development* (Kogan Page Ltd/Earthscan Publications); Figura 3.1: *Growth Rates of Per Capita Agricultural and Nonagricultural GDP, Various Asian Countries,*

1960-1986, de "World Development Report 1990" do Banco Mundial, © 1990, pelo Banco Mundial, usada com autorização da Oxford University Press, Inc; Figura 5.1: do *World Development Report 1990* do Banco Mundial, © 1990, do Banco Mundial usada com autorização da Oxford University Press, Inc.; Figura 6.2: de Loevinsohn, M. E., 1987, "Insecticide use and increased mobility in rural central Luzon, Philippines" (*The Lancet*, 13 jun. 1987). © The Lancet Ltd, com autorização de The Lancet Ltd; Figura 6.6: de Conway, G. R. e Pretty, J. N., 1991, *Unwelcome Harvest: Agriculture and Pollution* (Kogan Page Ltd/Earthscan Publications); Figura 6.7 e Figura 6.8: de Houghton et al., 1996, *Climate Change 1995: The Science of Climate Change* (Cambridge University Press), com autorização do Dr. N. Sundararaman; Figura 7.5: de Bumb, B. L. e Basnante, C. A., 1996, *The Role of Nitrogen Fertilizer in Sustaining Food Security and Protecting the Environment.* Discussão sobre Alimentos, Agricultura e Meio Ambiente. *Paper* 17 (IFPRI, Washington), com autorização do IFPRI; Figura 7.14: reimpresso de Field Crops Research 5 (1980), págs. 201-216, com gentil autorização da Elsevier Science – NL, Sara Burgerhartstraat 25, 1055 KV Amsterdã, Holanda; Figura 8.1: do IRRI 1996 "Bt Rice: Research and Policy Issues." *IRRI Information Series n. 5* (IRRI, Los Baños); Figura 8.2: de Larkin, P. (Org.) 1994, *Genes at Work: Biotechnology* (CSIRO), com autorização do CSIRO; Figura 8.3: de IRRI 1996 "Bt Rice: Research and Policy Issues." *IRRI Information Series n. 5* (IRRI, Los Baños); Figura 9.1 e Figura 9.2: de Conway, G. R., 1987, "The Properties of Agroecosystems" (*Agricultural Systems*, 24 págs. 95-117), com gentil autorização da Elsevier Science Ltd, The Boulevard, Langford Lane, Kidlington OX5 1 GB, Reino Unido; Figura 11.1: de Conway, G. R., 1972, "Ecological Aspects of Pest Control in Malaysia", in Farvar M. T. e Milton J. R. (Orgs.) *Careless Technology.* © 1972 da Fundação para a Conservação e do Centro para a Biologia de Sistemas Naturais (Universidade de Washington), usado com autorização da Doubleday, uma divisão da Bantam Doubleday Dell Publishing Group Inc.; Figura 11.2: de Loevinsohn, M. E. Litsinger, J.A. e Heinrichs, E. A., 1988, "Rice Insect Pests and Agricultural Change". In Harris, M. K. e Rogers, C. A. (Orgs.) *The Entomology of Indigenous and Naturalized Systems in Agriculture* (Westview Press); Figura 11.3: de Georghiou, G. P., 1986, "The Magnitude of the Problem." In *Pesticide Resistance: Strategies and Tactics for Management.* © National Academy of Sciences, reimpresso por cortesia da National Academy Press, Washington;

Figura 12.1: de Conway, G. R. e Pretty, J. N., 1991, *Unwelcome Harvest: Agriculture and Pollution* (Kogan Page Ltd/Earthscan Publications), modificada da Figura 13.2 de Brady/Weill, *Nature and Properties of Soil* (11a. edição). © 1974, adaptada com autorização da Prentice-Hall, Inc., Upper Saddle River, N. J.; Figura 12.4: de Preston, T. R. e Leng, R. A., 1994, "Agricultural Technology Transfer: Perspectives and Case Studies Involving Livestock". In Anderson, J. A. (Org.) *Agricultural Technology: Policy Issues for the International Community* (CAB International, Wallingford), com autorização da CAB International; Figura 12.5: de Sanchez, P., 1994, "Alternatives to Slash and Burn: a Pragmatic Approach for Mitigating Tropical Deforestation". In Anderson. *op. cit.*, com autorização da CAB International; Figura 14.2, Figura 14.4 e Figura 14.5: de Behnke, R. H., Scoones, I. e Kerven, C. (Orgs.) 1993, *Range Ecology and Disequilibrium* (Overseas Development Institute, Londres), com autorização do editor; Figura 14.9: de Maddox, B., 1994, "Fleets Fight in Over-Fished Waters" (*Financial Times*, 30 de agosto de 1994), com autorização de Financial Times Graphics; Figura 15.7: de Davies, *Adaptable Livelihoods* (Macmillan), com autorização dos editores.

Todo esforço foi feito para obter a autorização de todos os detentores de direitos de reprodução cujo material está incluído neste livro, mas em alguns casos isso não foi possível. Os editores gostariam, portanto, de agradecer aos detentores de direitos de reprodução que estão incluídos sem reconhecimento. A Penguin UK e a Editora Estação Liberdade se desculpam por quaisquer erros ou omissões na lista acima e gostariam de ser notificadas sobre qualquer incorreção que deva ser incorporada na próxima edição desta obra.

1 FOME E POBREZA

Morrer de fome é o mais amargo dos destinos.

Homero, *Odisséia*[1]

Em seu poema épico, a *Odisséia*, Homero conta como Ulisses e seus companheiros resistiram à sedução das Sereias, navegaram com segurança entre Cila e Caribdes e chegaram à ilha de Trinácia, onde "pastavam os bois e as ovelhas lanosas do Deus-Sol". Ulisses fora advertido de que eles não deviam ser perturbados, mas seus companheiros sucumbem à tentação. "Morrer de fome," declara Euriloco, "é o mais amargo dos destinos." Eles matam os animais e se fartam. Mal eles tornam a partir, Zeus envia um furacão como castigo. Todos perecem, exceto Ulisses.

Existem hoje mais de três quartos de bilhão de pessoas que, como os companheiros de Ulisses, vivem num mundo onde o alimento é abundante, embora lhes seja negado. Se somarmos toda a produção mundial de alimentos e a dividirmos eqüitativamente pela população mundial, cada homem, mulher e criança receberia uma média diária acima de 2.700 calorias de energia.[2] Isso seria suficiente? Há diferenças regionais nas necessidades energéticas; as pessoas nos climas frios precisam de mais calorias para se manter aquecidas. Os indivíduos também se diferenciam quanto às suas necessidades. Adultos precisam mais que crianças. Trabalhadores em serviços braçais pesados precisam de cerca de 4.000 calorias diárias, mas 2.700 bastam para os que praticam atividades leves.[3]

1. Traduzido em ASH, H. B. *Lucius Junius Moderatus Columella on Agriculture*, v. 1 (12, 342). Cambridge/Londres: Harvard University Press (Loeb Classical Library)/ Heinemann, 1941.
2. ALEXANDRATOS, N. (Org.). *World Agriculture: Towards 2010. A FAO study*. Chichester: Wiley & Sons, 1995.
3. FAO/OMS. *Energy and Protein Requirements; Report of a Joint FAO/WHO Ad Hoc Expert Committee*. Genebra, 1973.

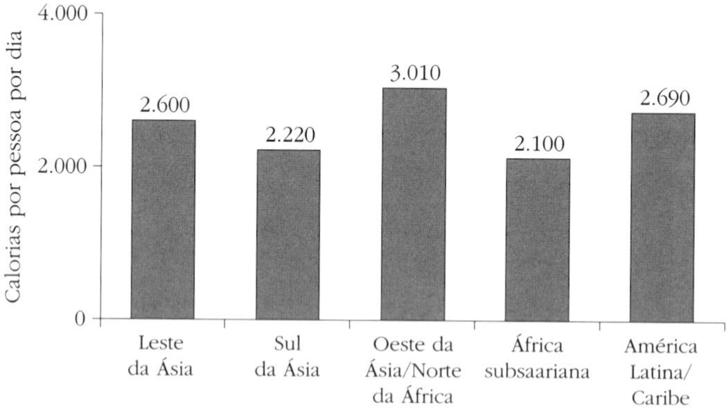

Figura 1.1 Suprimento médio *per capita* de calorias no mundo em desenvolvimento.[4]

Levando tudo isso em conta, uma média global de 2.700 calorias por dia é suficiente para todos levarem uma vida saudável e ativa.

A dura realidade, porém, é uma grande desigualdade. Enquanto na Europa Ocidental e na América do Norte a provisão média excede 3.500 calorias diárias, ela é menos de dois terços disso na África subsaariana e no Sul da Ásia (Figura 1.1). Trinta e cinco países em desenvolvimento, incluindo quase a metade dos países da África, apresentam uma provisão média abaixo de 2.200 calorias por dia. Segundo estimativas recentes, mais de 800 milhões de pessoas, o correspondente a 15% da população mundial, recebem menos de 2.000 calorias por dia, têm uma vida de fome permanente ou intermitente e são cronicamente subnutridas.[5]

Diferentemente dos companheiros de Ulisses, muitos dos famintos são mulheres e crianças. Mais de 180 milhões de crianças com menos de cinco anos são deficientes em peso, isto é, estão muito abaixo do peso normal para sua idade. Isso representa um terço das crianças com menos de cinco anos nos países em desenvolvimento. Os bebês têm uma necessidade crucial de alimentos porque estão em fase de rápido crescimento e, quando desmamados, podem sucumbir a infecções. E as

---

4. Os números omitem alimentos usados para rações de animais. Comitê Administrativo das Nações Unidas para Coordenação/Subcomitê para Nutrição. *Second Report on the World Nutrition Situation*, v. 1, *Global and Regional Results*. Genebra: Organização das Nações Unidas para Agricultura e Alimentação. *op. cit.*, 1992; ALEXANDRATOS. *op. cit.*

5. FAO. *World Food Supplies and Prevalence of Chronic Undernutrition in Developing Regions as Assessed in 1992*. Roma: Organização das Nações Unidas para Agricultura e Alimentação (Document ESS/MISC/1992), 1992; FAO. *Sixth World Food Survey*. Roma: Organização das Nações Unidas para Agricultura e Alimentação, 1996.

mulheres, além de suas próprias necessidades, precisam de uma dieta adequada para darem à luz e criarem filhos saudáveis.

Pessoas cronicamente subnutridas têm uma deficiência das calorias necessárias para suas necessidades energéticas diárias. A subnutrição resulta da falta de proteínas, vitaminas, minerais e outros micronutrientes na dieta. As principais fontes de calorias são os cereais, e as dietas de cereais que suprem calorias suficientes geralmente fornecem também proteínas suficientes.[6] Esta é, em parte, a razão por que muitos dados deste livro se referem à produção e ao consumo de cereais. Mas legumes, frutas, aves e peixes são também fontes importantes de proteínas, vitaminas e minerais. É o suprimento total de alimentos, medido em termos tanto de qualidade como de quantidade, que determina se as pessoas estão adequadamente alimentadas.

Para muitos, subnutrição e má-nutrição conduzem à morte, não necessariamente por inanição, embora isso possa acontecer em situações de fome, mas porque uma dieta pobre reduz a capacidade de combater doenças.[7] Diarréia, sarampo, infecções respiratórias e malária são comuns em muitas partes do mundo em desenvolvimento. Pessoas bem alimentadas podem vencê-las; as malnutridas, especialmente crianças, sucumbirão. Dezessete milhões de crianças com menos de cinco anos morrem todos os anos e a má-nutrição contribui com pelo menos um terço dessas mortes (Figura 1.2). Cerca de 40 milhões de crianças sofrem de deficiência de vitamina A.[8] Há muito se sabe que a carência dessa vitamina pode causar deficiência visual. Meio milhão de crianças ficam parcial ou totalmente cegas a cada ano, e muitas morrem subseqüentemente. E conforme demonstrou uma pesquisa recente, a falta de vitamina A tem uma conseqüência ainda mais grave e difusa, aparentemente reduzindo a capacidade de o sistema imunológico de crianças lidar com infecções. Experimentos realizados em vários países em desenvolvimento em que crianças de menos de cinco anos receberam uma suplementação de

6. GRIGG, D. *The World Food Problem* (1ª ed.). Oxford: Blackwell, 1993; DYSON, T. *Population and Food: Global Trends and Future Prospects*. Londres: Routledge, 1996.

7. World Resources Institute. *World Resources 1992-1993*. Oxford: Oxford University Press, 1992.

8. Comitê Administrativo das Nações Unidas para Coordenação/Subcomitê para Nutrição. *op. cit.*, 1992; UNICEF. *Strategy for Improved Nutrition of Children and Women in Developing Countries*. Nova Iorque: Fundo das Nações Unidas para a Infância, 1990.

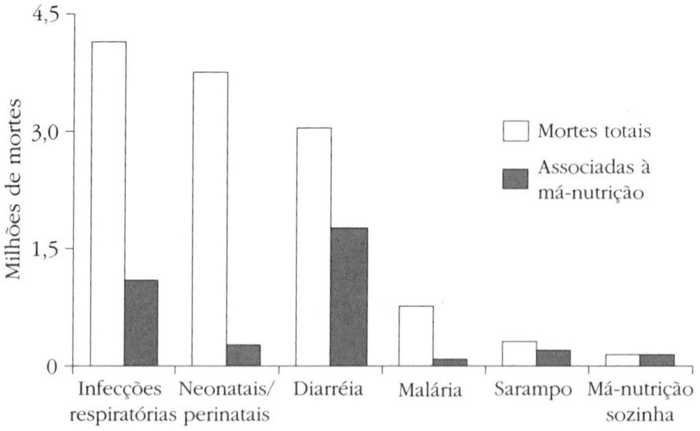

Figura 1.2 Causas de morte entre crianças com menos de cinco anos em países em desenvolvimento.[9]

vitamina A reduziram em 25% a mortalidade por sarampo e diarréia.[10] A falta de minerais na dieta também pode ter efeitos graves. A deficiência de ferro é comum no mundo em desenvolvimento, afetando até um bilhão de pessoas. A anemia causada pela deficiência de ferro aflige mais de 400 milhões de mulheres em idade de procriar (de 15 a 49 anos). Mulheres anêmicas tendem a produzir natimortos ou crianças com deficiência em peso e são mais propensas a morrer no parto.

A fome é particularmente comum no Sul da Ásia e na África subsaariana (Figura 1.3). Embora a proporção tenha caído nos últimos anos, o número de subnutridos e malnutridos aumentou com o crescimento da população. Havia mais 20 milhões de crianças com peso abaixo do normal no fim dos anos 1980 do que no começo da década.

Paradoxalmente, a fome é comum apesar de vinte anos de rápido declínio dos preços mundiais dos alimentos (Figura 1.4). Em muitos países em desenvolvimento existe comida suficiente para atender à demanda, mas um grande número de pessoas ainda padece de fome. Embora os preços dos alimentos sejam baixos, eles são altos se considerarmos o poder aquisitivo dos pobres. A demanda de mercado é satisfeita, mas há muitos que são

9. OMS. *The World Health Report 1995: Bridging the Gap*. Genebra: Organização Mundial de Saúde, 1995.

10. BEATON, G., MARTORELL, R., ARONSON, K. J., EDMONSTON, B., MCCABE, G., ROSS, A. C. e HARVEY, B. *Effectiveness of Vitamin A Supplementation in the Control of Young Child Morbidity and Mortality in Developing Countries*. Genebra: (*Paper* de Discussão sobre Política de Nutrição n. 13, State of the Art Series, ACC/SCN), 1993.

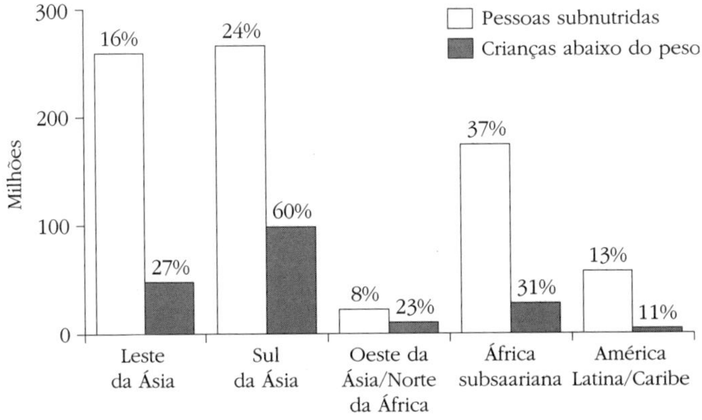

Figura 1.3 Fome por região no mundo em desenvolvimento.[11]

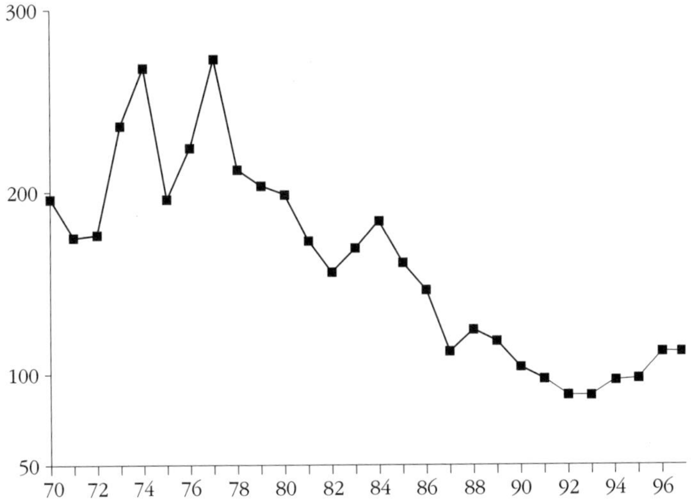

Figura 1.4 Índice mundial de preços dos alimentos (em dólares constantes).[12]

11. Crianças com peso abaixo do normal (com menos de cinco anos) estão menos de dois desvios-padrão (percentis) abaixo do peso padrão para sua altura. Os subnutridos são aqueles indivíduos cuja ingestão média diária de calorias não é suficiente para "manter o peso do corpo e suportar atividade leve" (estabelecida como 1,54 vez a taxa de metabolismo basal). O limiar varia, por conta de diferenças, de 1.760 cal/dia na Ásia a 1.985 cal/dia na América Latina. Fontes: Comitê Administrativo das Nações Unidas para Coordenação/Subcomitê para Nutrição, 1992. *op. cit.*; FAO. *op. cit.*, 1992; GRIGG. *op. cit.*

12. BANCO MUNDIAL. *World Development Indicators 1993*. Oxford: Oxford University Press, 1993.

incapazes de comprar os alimentos de que precisam, sendo, portanto, ignorados pelo mercado. A Índia é considerada "auto-suficiente" em suprimento alimentar. Existem mais de 30 milhões de toneladas de grãos excedentes no mercado que são mantidas como estoque. A Índia exportou 2 milhões de toneladas de arroz em 1995/96. Balram Jakhar, ministro da Agricultura da Índia, declarou: "Garantimos uma disponibilidade abundante aos consumidores domésticos, e nossa meta agora é aumentar os ganhos em moedas estrangeiras e garantir preços que remunerem melhor os plantadores."[13] No entanto, mais de 300 milhões de indianos vivem abaixo da linha de pobreza e mais da metade destes são cronicamente subnutridos.

Como aponta o economista Amartya Sen, a fome acontece porque, de uma maneira ou de outra, as pessoas não têm direito aos recursos para obter alimentos.[14] Elas podem ser incapazes de:

- Cultivar alimentos suficientes na terra que possuem, arrendam ou estão de alguma forma autorizadas a cultivar;
- Comprar comida suficiente porque sua renda é baixa demais, ou porque são incapazes de emprestar, mendigar ou roubar dinheiro suficiente;

ou

- Adquirir comida suficiente por doação ou empréstimo de parentes ou vizinhos, ou pelo direito a rações do governo ou doações de ajuda.

Não surpreende que a fome esteja intimamente relacionada à pobreza. Pessoas pobres têm poucos ativos, quando têm algum, estão desempregadas ou ganham menos que um salário mínimo e por isso não podem produzir nem comprar os alimentos de que carecem. Segundo estimativas do Banco Mundial, mais de 1,3 bilhão de pessoas, isto é, um terço da população do mundo em desenvolvimento, estavam em situação de pobreza, definida como viver com menos de US$ 1 por dia, em 1985. A maioria dos pobres do Sul da Ásia está na Índia, onde formam mais da metade da população, e quase a metade da população da África subsaariana

13. *Financial Times*, 14/15 out. 1995.

14. SEN, A. *Poverty and Famines: An Essay on Entitlement and Deprivation*. Oxford: Clarendon Press, 1981.

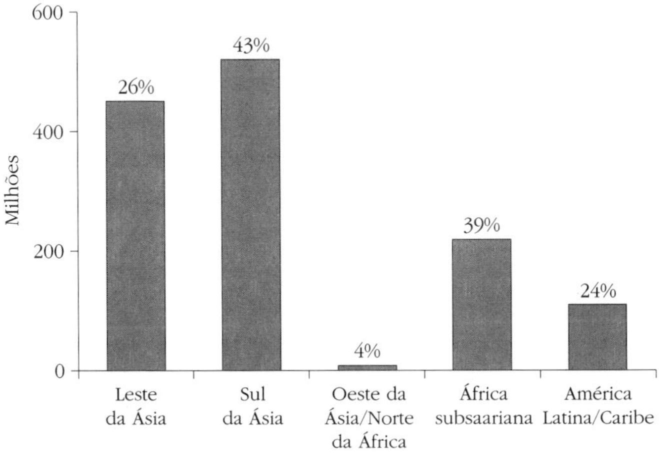

Figura 1.5 Pobreza no mundo em desenvolvimento em 1985.[15]

também vive na pobreza. A maioria dos pobres do Leste da Ásia vive na China, mas eles representam menos de 20% da população (Figura 1.5).

Para o observador casual, a pobreza parece pior nas cidades, mas, na realidade, os pobres urbanos vivem melhor. Embora o custo de vida possa ser baixo nas áreas rurais, há menos oportunidades ali para se ganhar a vida. Numa situação extrema, os pobres urbanos podem ao menos mendigar ou roubar. Para citar uma estatística, a incidência de desnutrição é cinco vezes mais alta na Sierra do Peru do que na capital, Lima. Cerca de 130 milhões dos 20% mais pobres das populações de países em desenvolvimento vivem em povoamentos urbanos, a maioria em favelas e invasões (Figura 1.6). Contudo, 650 milhões dos mais pobres vivem em áreas rurais. Na África subsaariana e na Ásia, a maioria dos pobres é formada por pobres rurais: no Quênia e na Indonésia, a proporção está acima de 90%.[16] Alguns vivem em áreas rurais com alto potencial agrícola e altas densidades populacionais – a planície do Ganges na Índia e a ilha de Java. Mas a maioria, cerca de 370 milhões, vive onde o potencial agrícola é baixo e os recursos naturais são pobres, como os altiplanos andinos e o Sahel.

Uma das maiores concentrações de pobreza está no Norte da Índia. Em três estados – Bihar, Madhya Pradesh e Uttar Pradesh –, cerca de

15. RAVALLION, M. e CHEN, S. What can new survey data tell us about recent changes in income distribution and poverty. *World Bank Economic Review*, 11, 357-82.

16. *Ibid.*

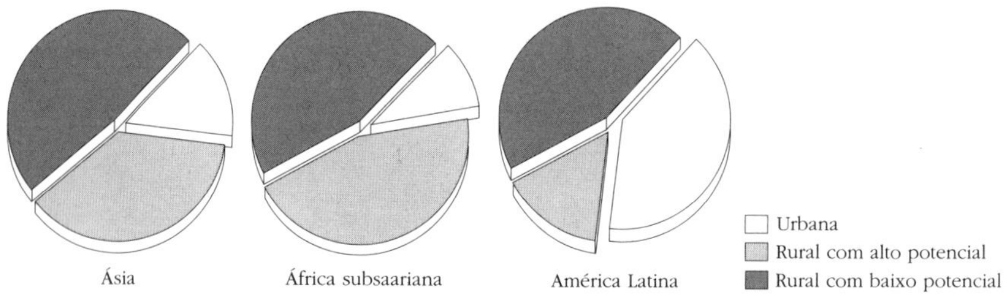

Figura 1.6 As localizações das pessoas mais pobres.[17]

metade da população rural vive abaixo da linha da pobreza, apenas 10% das mulheres são alfabetizadas e as taxas de mortalidade infantil rural chegam, em Uttar Pradesh, a 150 mortes para cada 1.000 nascidos vivos.[18] A maioria dos pobres rurais tem pouca ou nenhuma terra.[19] Em Bangladesh, mais de 70% das famílias que possuem menos de um hectare são pobres, e esse percentual sobe para 93% no caso dos sem-terra (Figura 1.7). Quando eles possuem terra, ela é freqüentemente improdutiva e raramente irrigada. Eles se vêem incapazes de melhorar sua terra por causa da falta de renda e de acesso ao crédito. Apesar de usarem até 80% da renda para obter comida e uma proporção similar de tempo de trabalho para sua produção e preparação, eles continuam subnutridos.[20]

A pobreza é comum entre minorias étnicas e outras minorias, por exemplo, entre os povos indígenas da América Latina e entre as castas marcadas e os povos tribais da Índia. As mulheres constituem uma grande parte dos mais pobres e mais oprimidos. Elas geralmente arcam com uma parte desproporcional da carga de trabalho: no Nepal, enquanto os homens pobres trabalham, em média, sete horas e meia por dia, as

17. Os 20% mais pobres da população. LEONARD, H. J. Overview: Environment and the Poor. In: LEONARD, H. J. *Environment and the Poor: Development Strategies for a Common Agenda.* Washington: Overseas Development Council (Third World Policy Perspectives, n. 11), compilado do Banco Mundial, *Social Indicators of Development.* Baltimore: Johns Hopkins University Press, 1988, e de dados não publicados do Banco Mundial e do Instituto Internacional de Pesquisa em Política Alimentar, 1989.

18. CHAMBERS, R., SAXENA, N. C. e SHAH, T. *To the Hands of the Poor: Water and Trees.* Nova Délhi: Oxford and IBH Publishing, 1989.

19. SINHA, R. *Landlessness: A Growing Problem.* Roma: FAO, 1984.

20. JAZAIRY, I., ALAMGIR, M. e PANUCCIO, T. *The State of the World Rural Poverty: An Inquiry into Its Causes and Consequences.* Nova Iorque: New York University Press, 1992; LIPTON, M. e LONGHURST, R. *New Seeds and Poor People.* Londres: Unwin Hyman, 1989.

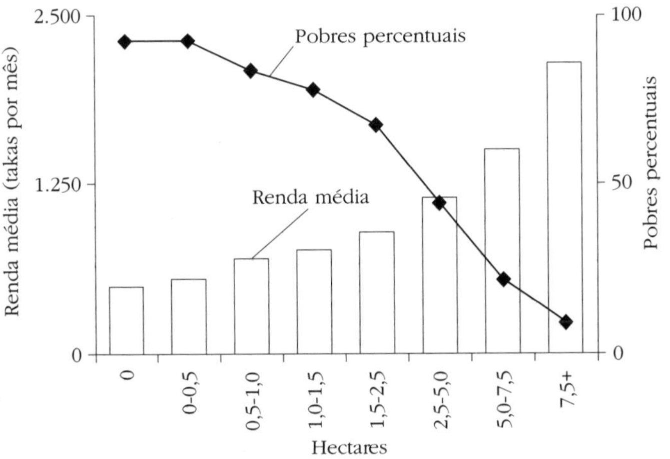

Figura 1.7 Pobreza e posse de terra em Bangladesh.[21]

mulheres pobres trabalham onze.[22] Sua escolaridade é inadequada (nos países em desenvolvimento, como um todo, há 86 mulheres para cada cem homens na escola primária e 75 na secundária[23]), e elas têm poucas oportunidades de melhorar sua renda ou seu *status*. Na Índia, os meninos são mais favorecidos que as meninas. Aborto de fetos femininos, infanticídio feminino e dietas mais pobres para meninas resultam numa proporção sexual total de 992 mulheres para cada mil homens, caindo para 882 mulheres em estados como Uttar Pradesh.[24] Mais de 70% dos pobres são mulheres e algumas das famílias mais pobres são chefiadas por mulheres: elas são oneradas por uma proporção alta de dependentes e normalmente foram deixadas com poucos recursos, embora, como mostra a experiência, o fornecimento de crédito e um pouco de treinamento podem produzir aumentos significativos na sua renda, especialmente por meio de microempresas e empregos não-agrícolas (ver o Capítulo 15).[25]

21. RAVALLION, M. Land-contingent poverty alleviation schemes, *World Development*, 17, p. 1223-33, 1989.

22. RAVALLION e CHEN. *op. cit.*

23. UNESCO. *World Education Report 1991*. Paris: Organização das Nações Unidas para Educação, Ciência e Cultura, 1991.

24. AGRAWAL, A. N., VARMA, H. O. e GUPTA, R. C. *India: Economic Information Yearbook 1992-1993* (7a. ed). Nova Délhi: National Publishing House, 1993.

25. FAO. *Women Feed the World*. Roma: Organização das Nações Unidas para Agricultura e Alimentação (resumo da Cúpula Mundial da Alimentação), 1996.

Essas estatísticas proporcionam um panorama da realidade de milhões de vidas, mas um quadro completo da privação e miséria que elas sofrem só pode ser obtido mediante um conhecimento mais direto. Dominique Lapierre, em seu conhecido livro *City of Joy*, descreve, no capítulo inicial, as circunstâncias que levam uma família do Bengala Ocidental a migrar para as favelas de Calcutá.[26] Hasari Pal, de 32 anos, vive com a esposa Aloka e três filhos, seus pais, dois irmãos mais novos e suas famílias – ao todo, 16 pessoas. Seu pai, Prodip, já possuiu mais de três hectares de terra boa para o cultivo de arroz, mas um grande proprietário rural, tendo subornado o juiz numa ação judicial, arrebatou-lhe a terra. A família ficou reduzida à posse de menos de meio hectare, a trabalhar de meeira em outro lote e cultivar legumes, cuidar de algumas árvores frutíferas e de um búfalo, duas vacas e duas cabras no terreno em torno de sua casa. Eles sobreviveram até que, num certo ano, as pragas destruíram a safra de arroz. A terra foi hipotecada ao agiota da aldeia e um dos irmãos se tornou trabalhador agrícola. Por mais dois anos, eles trabalharam duro, mas então uma tempestade derrubou todas as mangas e cocos. Tiveram que vender o búfalo e uma das vacas. O irmão mais novo de Hasari começou a tossir sangue e foi preciso conseguir dinheiro para honorários médicos e remédios. No mesmo ano, sua irmã mais moça se casou. O dote e a cerimônia custaram 2.000 rupias (cerca de US$ 200) à família. Eles gastaram suas poupanças e empenharam as jóias da família. Então veio o golpe final: a estação chuvosa não chegou, a plantação de arroz murchou no campo, os poços da aldeia secaram. A família não tinha mais patrimônio, nada que pudesse hipotecar ou empenhar, e assim Hasari Pal, Aloka e seus filhos partiram, cheios de apreensão, para começar uma nova vida em Calcutá.

O relato de Lapierre é fictício, mas baseia-se numa cuidadosa observação. Em seu livro *Jorimon*, Muhammad Yunus, o fundador do Banco Grameen, apresenta casos reais de mulheres pobres na zona rural de Bangladesh.[27] A história de Koituri não é incomum. Ela casou-se aos 13 anos com Joynal, um rapaz de 20 que trabalhava como operário. Joynal se revelou um marido cruel: ele batia na esposa, exigindo constantemente

26. LAPIERRE, D. *City of Joy*. Londres: Arrow Books, 1986. [Ed. francesa: *La Cité de la joie*. Paris: Pocket, 2000.]

27. YUNUS, M. (Org.). *Jorimon of Beltoil Village and Others: In Search of a Future*. Dhaka: Grameen Bank, 1984.

um dote, ainda que isso não tivesse constado das negociações matrimoniais. Embora Koituri houvesse gerado dois filhos, as surras continuaram até ela não mais conseguir suportar. Mudou-se para o terreno de seu pai e trabalhou nas casas de vizinhos mais prósperos, descascando arroz, limpando estábulos e fazendo trabalhos domésticos. Por esse serviço, ela recebia duas refeições por dia e um quilo de arroz. Koituri, diferentemente dos Pal, não migrou para a cidade. No Capítulo 15, eu descrevo como uma série de empréstimos do Banco Grameen ajudou-a a conquistar independência e segurança.

A primeira pergunta que devemos nos fazer é: por que deveríamos nos preocupar? Provavelmente todos que lêem este livro têm uma dieta adequada. O que nos importa que outros não sejam tão afortunados? Importa aos países industrializados que muita gente nos países em desenvolvimento esteja malnutrida? Parte da resposta a essas perguntas é política. O fim da Guerra Fria não gerou um aumento da estabilidade global. Apesar de o conflito entre Leste e Oeste ter abrandado, cresce rapidamente a separação entre o mundo das pessoas, países e regiões que "fazem parte" em termos de poder global e o das excluídas. Mais de 2 bilhões de pessoas no mundo assistem regularmente à televisão. Para os ricos, as imagens nas telas oferecem um lembrete constante dos horrores de desastres naturais, guerra civil e fome. Para os pobres, as telas retratam os luxos de todos os dias dos afluentes e bem nutridos. Globalmente, a conseqüência é uma mistura potencialmente explosiva de medos, ameaças e esperanças frustradas.

No entanto, esse conflito crescente recebe uma atenção relativamente pequena dos países industrializados. A severa recessão econômica e o fim da Guerra Fria tornaram as agendas políticas introspectivas. Governos às voltas com as altíssimas taxas de desemprego e com os custos crescentes do bem-estar social estão dando pouca atenção às necessidades de nações pobres de além-mar. O volume da ajuda agrícola que vai para países em desenvolvimento está declinando em termos reais (Figura 1.8). E a atenção do mundo industrializado a problemas externos está sendo focalizada nos antigos países do bloco oriental.

Reduções na ajuda podem ser justificáveis no curto prazo, mas não são do interesse dos países industrializados no longo prazo ou mesmo no médio prazo. Um mundo cada vez mais polarizado resultará em agitação política crescente. As conseqüências da estagnação econômica, do

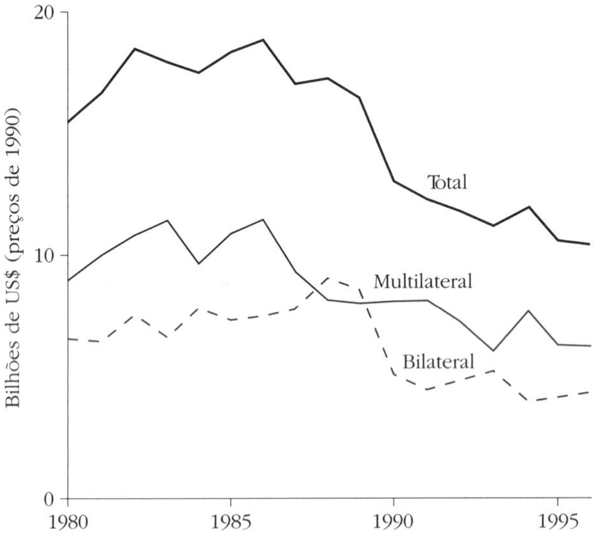

Figura 1.8 Ajuda agrícola mundial.[28]

crescimento populacional, da degradação ambiental e da guerra civil já estão produzindo movimentos sem precedentes de pessoas. Existem hoje cerca de 14 milhões de refugiados necessitados de ajuda vivendo em países estrangeiros, e o número de refugiados ou pessoas deslocadas dentro de seus próprios países é, no mínimo, o dobro.[29] A menos que os países em desenvolvimento sejam ajudados a obter alimento, emprego e moradia suficientes para suas populações crescentes ou obtenham meios de comprar alimento no exterior, a estabilidade política mundial ficará ainda mais debilitada. No mundo de hoje, pobreza e fome, por mais remotas que estejam, nos afetam a todos.

Ao mesmo tempo, a crescente interconexão mundial – o processo geralmente referido como globalização – sustenta a promessa de abrandar, se não eliminar, a pobreza e a fome. A tecnologia moderna e a pesquisa e o desenvolvimento que a acompanham estão agora espalhados pelo mundo por meio de redes internacionais de pesquisa. Boa parte

28. FAO. *Investing in Food Security*. Roma: Organização das Nações Unidas para Agricultura e Alimentação (*Paper* de resumo para a Cúpula Mundial da Alimentação), 1996; FAO. Roma: Organização das Nações Unidas para Agricultura e Alimentação (Divisão de Estatística), 1998.

29. ACNUR. *State of the World's Refugees: In Search of Solutions*. Oxford: Oxford University Press, 1995.

está nas mãos de companhias multinacionais, embora muitas tecnologias avançadas e poderosas sejam muitas vezes pequenas em escala, facilmente transferíveis e estejam se tornando baratas com o uso em massa.

Também o capital é geralmente investido em escala global. Corporações financeiras internacionais aumentam de poder à medida que o capital se torna mais móvel e os mercados financeiros são desregulados. Essas corporações não têm muitos incentivos para investir em países que lhes parecem ter recursos físicos e humanos precários. Enquanto as economias dos países recém-industrializados (PRIs) do Leste da Ásia crescem depressa, a maior parte da África subsaariana entra em estagnação ou declina. No entanto, a disponibilidade mundial de capital oferece um maior potencial para novas oportunidades econômicas. Novos sistemas bancários locais – o Banco Grameen de Bangladesh foi um pioneiro –, que se baseiam em grupos de poupadores auto-regulados, capacitam-se cada vez mais a conceder os pequenos empréstimos de que os pobres precisam.

Ao lado do capital, o comércio opera por meio de uma grande diversidade de mercados globais. Apesar de blocos comerciais como a União Européia continuarem impedindo o acesso fácil dos produtos de países em desenvolvimento, o desfecho da Rodada Uruguai de negociações provavelmente criará novas oportunidades para as exportações de produtos manufaturados e agrícolas (ver o Capítulo 15). E, por fim, a governança, forma e modo de governo, está se tornando globalizada. Padrões tradicionais estão se desgastando. A supremacia de governos nacionais está sendo desafiada, de dentro, por agrupamentos étnicos e religiosos, e de fora, por instituições supranacionais como o Fundo Monetário Internacional (FMI), o Banco Mundial, a Organização Mundial do Comércio e a União Européia. Enquanto isso, organizações não-governamentais (ONGs) estão começando a operar globalmente, pressionando por direitos de cidadania, mais desenvolvimento e a eliminação da pobreza.

Assim, a globalização, embora ameace, de um lado, concentrar poder e aumentar a divisão, de outro contém o potencial econômico e tecnológico para transformar as vidas tanto de ricos como de pobres. Acredito que a eliminação da pobreza e da fome é um objetivo ao alcance de nossa capacidade. Muito depende de quais são as nossas prioridades e, em particular, se existe acesso suficiente dos pobres às oportunidades econômicas criadas pelos produtos das novas tecnologias.

Neste livro, apresento uma abordagem e uma agenda voltadas para satisfazer as aspirações dos pobres, trazendo o poder da tecnologia moderna para lidar com o problema de proporcionar segurança alimentar para todos no século XXI.

2 O ANO 2020

Para a maior parte da humanidade, o mundo não será um lugar aprazível no século XXI. Mas não precisa ser assim. Com previsão e uma ação decisiva, pode-se criar um mundo melhor para todos.

Instituto Internacional de Pesquisa em Política Alimentar,
A 2020 Vision For Food, Agriculture, and the Environment

Se nada de novo for feito, a quantidade de pobres e famintos aumentará. Isso acontecerá, em parte, porque a maioria das populações no mundo em desenvolvimento ainda está aumentando aceleradamente. Não sou malthusiano, nem mesmo neo-malthusiano, e não pretendo entrar no debate corrente sobre a relevância das idéias de Malthus para os problemas atuais.[1] Mas o fato incontornável é que até o ano 2020, daqui a menos de 25 anos, haverá cerca de 2,5 bilhões de pessoas a mais no mundo em desenvolvimento precisando de comida. Isso além dos três quartos de bilhão de pessoas que são cronicamente subnutridas hoje.

Apesar de a taxa de crescimento da população mundial ter declinado de um pico em torno de 2% ao ano no fim dos anos 1960 para 1,6% nos anos 1990, o porte do incremento anual corrente não tem precedente.[2] Cerca de 900 milhões de pessoas se somaram à população mundial nos anos 1990, o maior aumento já registrado em qualquer década da história.[3] Durante boa parte do século XXI, 90 milhões de pessoas se somarão à população mundial a cada ano, um acréscimo de quase um

1. DYSON, T. *Population and Food: Global Trends and Future Prospects.* Londres: Routledge, 1996.
2. ONU. *World Population Prospects. The 1994 Revision.* Nova Iorque: Organização das Nações Unidas, 1995.
3. BOS, E., VU, M. T., LEVIN, A. e BULATAO, R. *World Population Projections*, ed.1992-1993. Baltimore: Johns Hopkins University Press, para o Banco Mundial, 1992; Nações Unidas. *World Population Prospects: The 1992 Revision.* Nova Iorque: Organização das Nações Unidas, 1993.

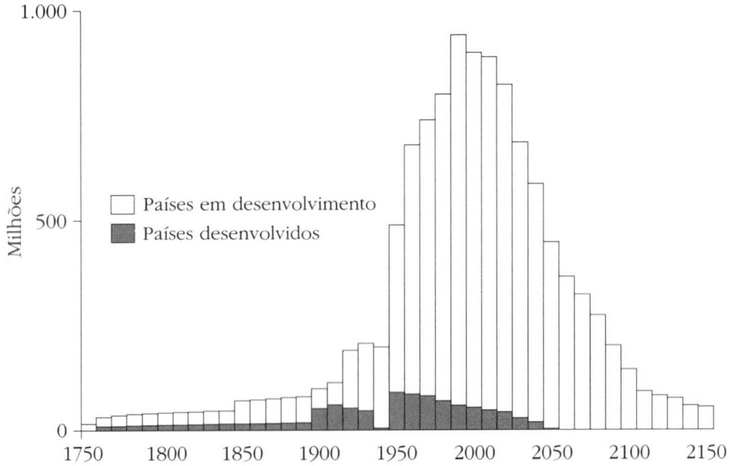

Figura 2.1 Incrementos por década da população mundial, 1750-2150.[4]

quarto de milhão de pessoas por dia (Figura 2.1). Se a proporção da população de países em desenvolvimento sem uma alimentação adequada continuar a mesma, o número de subnutridos até o ano 2020 poderá ficar acima de 1,4 bilhão.

A Organização das Nações Unidas e o Banco Mundial publicaram um leque de cenários para o crescimento da população mundial. Eles se baseiam em estimativas diferentes para a velocidade de queda das taxas de natalidade. Os cenários oferecem projeções amplamente divergentes para a população no fim do século XXI – quase 20 bilhões num extremo; 6 bilhões no outro.

Um dos fatores que determinam a queda da taxa de natalidade é a produção agrícola, mas a relação é complexa e objeto de muitas discussões. Esther Boserup, num livro famoso, *The Conditions of Agricultural Growth*, argumenta que o crescimento populacional pode estimular a inovação agrícola.[5] Sua posição é confirmada por muitos exemplos históricos e contemporâneos. Em Kakamega e outros distritos da Província Ocidental do Quênia, um rápido crescimento populacional produziu densidades da ordem de 700 pessoas por km^2, mas a terra, longe de se

4. BONGAARTS, J. Global and regional population projects to 2025. In: ISLAM, N. (Org.), *Population and Food in the Early Twenty-first Century: Meeting Future Food Demands of an Increasing Population*. Washington: Instituto Internacional de Pesquisa em Política Alimentar, p. 7-16, 1995.

5. BOSERUP, E. *The Conditions of Agricultural Growth*. Londres: Allen & Unwin, 1965.

degradar, é altamente produtiva. Quando Robert Chambers, do Instituto de Estudos de Desenvolvimento, e eu visitamos a região em 1988, vimos minúsculos lotes em encostas intensivamente cultivados com grande variedade de árvores e plantas alimentícias de colheita anual – num lote de um quarto de hectare, contei cerca de 30 espécies de plantas úteis diferentes, além de uma vaca e um bezerro (Figura 2.2). A inovação, neste caso, é parcialmente impulsionada pela pressão populacional. Entretanto, como adverte Tim Dyson, da London School of Economics, a mera velocidade do crescimento populacional contemporâneo – populações dobrando em menos de vinte anos em algumas partes da África subsaariana – impõe limites severos ao que pode ser realizado pelos esforços de agricultores sem ajuda.[6] Muito vai depender da disponibilidade de assistência tecnológica apropriada e de políticas de apoio. Em Kakamega, os agricultores têm a propriedade de sua terra garantida.

Existem também boas evidências de que uma produção agrícola intensiva pode levar a quedas na taxa de natalidade. Um dos declínios mais acelerados no crescimento populacional ocorreu no vale de Chiang Mai, no Norte da Tailândia, durante os anos 1970 e 1980. De um pico de 2,5% nos anos 1960, a população está crescendo agora a menos de 1%.[7] Parte disso em razão de uma política governamental rigorosa de fornecer acesso fácil a meios contraceptivos. Mas, como bem sabem os especialistas em planejamento familiar, o uso de contraceptivos depende de motivação. Neste caso, o desejo de limitar o tamanho da família surgiu, indiretamente, de uma rápida intensificação da agricultura no vale, que, por sua vez, foi estimulada pela maior disponibilidade de irrigação. Os agricultores começaram a fazer dois ou até três plantios por ano, seguindo a cultura tradicional de arroz com culturas de legumes de alto valor, embora de uso intensivo de mão-de-obra. As mulheres logo tomaram consciência dos benefícios relacionados ao trabalho no cultivo de legumes e da perda de renda em que incorriam durante a gravidez e a criação dos filhos. Elas começaram a ter menos bebês e a investir seus ganhos no futuro de seus filhos.

---

6. DYSON. *op. cit.*

7. GYPMANTASIRI, P., WIBOONPONGSE, A., RERKASEM, B., CRAIG, I., RERKASEM, K., GANJANAPAN, L., TITAYAWAN, M., SEETISARN, M., THANI, P., JAISAARD, R., ONGPRASERT, S., RADNACHALESS, T. e CONWAY, G. R. *An Interdisciplinary Perspective of Cropping Systems in the Chiang Mai Valley: Key Questions Research*. Faculdade de Agricultura, Universidade de Chiang Mai, 1980.

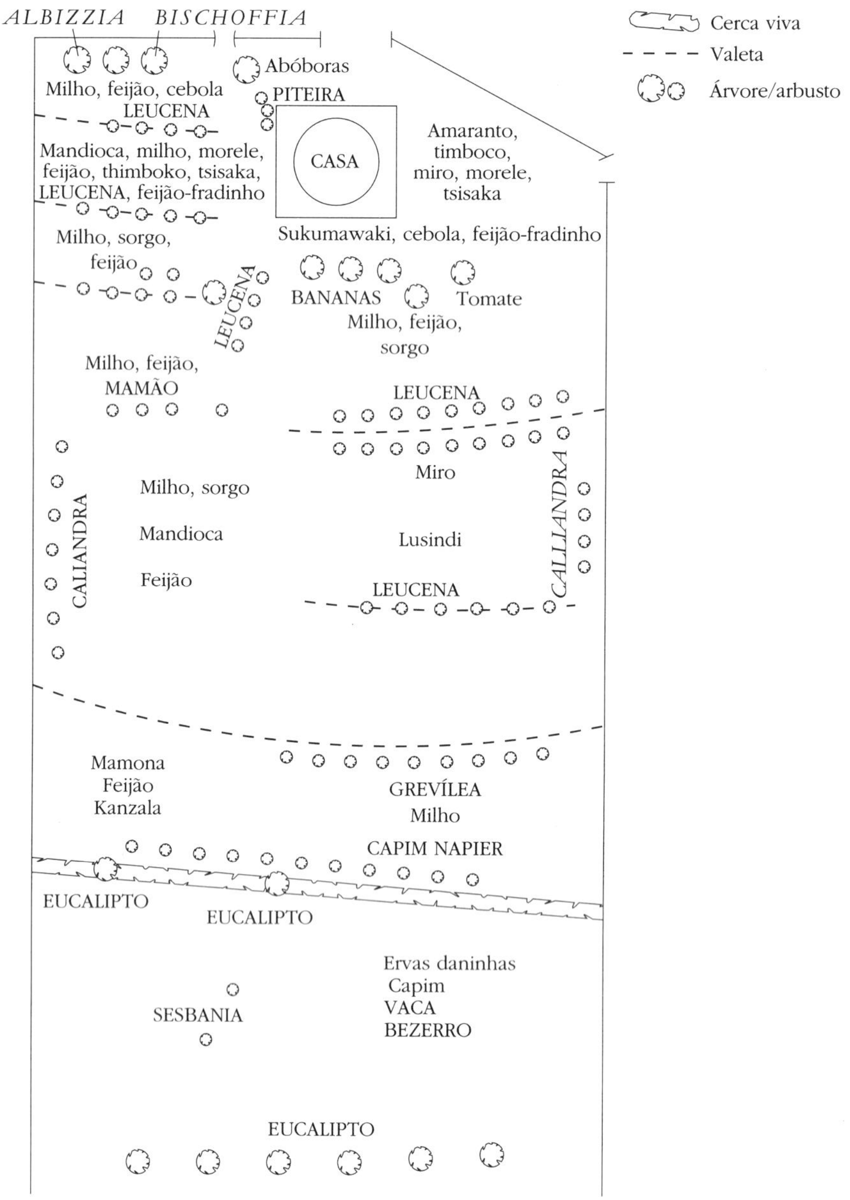

Figura 2.2 Fazenda moderna de um quarto de hectare, Kakamega, Províncias Ocidentais, Quênia.[8]

8. ROBEY, B., RUSTEIN, S. e MORRIS, L. The fertility decline in developing countries. *Scientific American*, 269, 30-37, 1993.

As taxas de natalidade em muitas partes do mundo estão caindo mais depressa do que anteriormente se esperava. O declínio começou quase simultaneamente na Ásia, na América Latina e no Oeste da Ásia/Norte da África por volta de 1970, e tem sido mais acelerado na Ásia. A China adotou uma política altamente intervencionista e agressiva, estimulando a incorporação de métodos de controle de natalidade e, desde 1979, punindo aqueles que tivessem mais de um filho por família. Mas tem havido quedas igualmente impressionantes em ambientes mais liberais. Em Bangladesh, a fertilidade caiu de 7,0 nascimentos por mulher no início dos anos 1970 para 4,7 nos anos 1990, e na Índia ela caiu agora para 3,9.[9] Mesmo em partes da África subsaariana houve uma queda significativa: no Quênia, de 8,1 nos anos 1970 para 6,3 agora, embora reste um longo caminho a percorrer para as taxas se igualarem às da Ásia.

As três projeções das Nações Unidas para 2020 não são muito divergentes: 450 milhões de pessoas a mais ou a menos da projeção média, que prevê uma população global em torno de 8 bilhões, cerca de 6,7 bilhões das quais nos países em desenvolvimento. Àquela altura, a taxa de crescimento da população mundial terá caído para 1% e o incremento anual estará caindo. Se o otimismo de alguns especialistas sobre a queda das taxas de natalidade se confirmar, a população total dos países em desenvolvimento poderia estar próxima da linha inferior da faixa, 6,2 bilhões, mas a projeção média é provavelmente a mais segura para fins de planejamento para os próximos trinta anos.[10]

Apesar das quedas significativas da fertilidade asiática nos últimos anos, o tamanho total da população asiática vai gerar incrementos muito grandes durante algum tempo. Até 2020, a população do Sul da Ásia terá crescido para cerca de 2 bilhões, enquanto a população da China permanecerá em 1,5 bilhão, equivalente à da Índia. Entretanto, a taxa de crescimento mais rápida será na África subsaariana, principalmente porque os níveis de fertilidade, exceto em alguns países (Quênia, Botsuana, Zimbábue e África do Sul), ainda precisam cair. Até 2020, a população da África subsaariana terá mais do que dobrado (Figura 2.3). Uma conclusão

9. SECKLER, P. e COX, D. *Population Projections by the United Nations and the World Bank: Zero Growth in Forty Years.* Arlington: Centro de Estudos de Política Econômica, Winrock International Institute for Agricultural Development, 1994.

10. CONWAY, G. R. e BARBIER, E. B. *After the Green Revolution: Sustainable Agriculture for Development.* Londres: Earthscan, 1990.

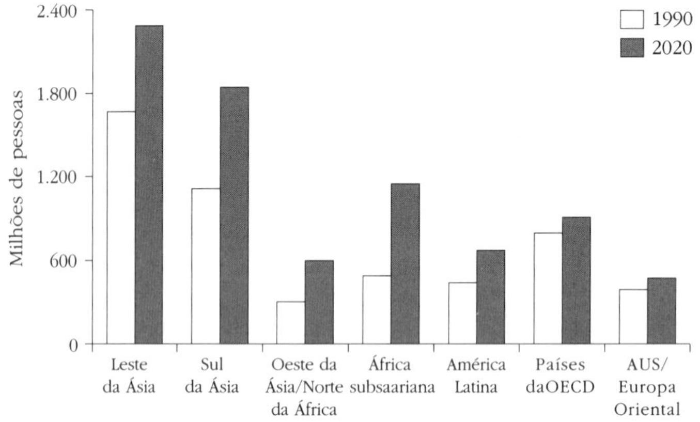

Figura 2.3 Crescimento da população até 2020.[11]

inevitável dessas projeções populacionais é que os maiores aumentos serão naquelas regiões do mundo onde os pobres e famintos estão hoje concentrados.

Uma pergunta recorrente é se essas projeções serão alteradas significativamente pela epidemia de Aids que afeta grandes populações em partes da Ásia e da África subsaariana. Cerca de 12 milhões de pessoas em países em desenvolvimento estão hoje infectadas pelo vírus HIV causador da Aids. Numa tentativa de responder a essa questão, a ONU examinou os possíveis impactos em 15 países africanos onde mais de 1% da população está infectada pelo HIV.[12] Como era de se esperar, esses países experimentarão uma redução na expectativa de vida média e um aumento na taxa de mortalidade e, como conseqüência, uma taxa de crescimento muito menor. A ONU prevê que, até 2005, essa população total será cerca de 12 milhões menor do que seria na ausência da Aids. Isso resultará numa redução da demanda alimentar; mas há outros fatores a considerar. No futuro imediato, os países mais duramente atingidos perderão uma grande proporção de sua população jovem e fisicamente capaz, a mais preparada para contribuir para a futura produção de alimentos e o crescimento da economia.[13]

11. NAÇÕES UNIDAS. *op. cit.*, 1995.
12. NAÇÕES UNIDAS. *op. cit.*, 1993.
13. HAMILTON, K. A. The HIV and AIDS pandemic as a foreign policy concern. *Washington Quarterly*, 17, 201-15, 1993.

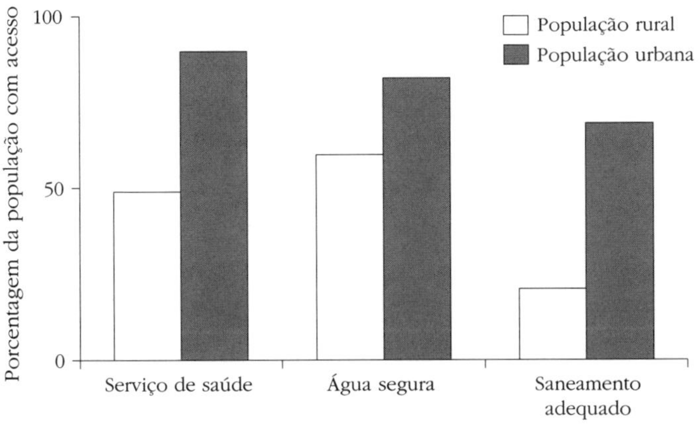

Figura 2.4 Acesso a serviços em países em desenvolvimento.[14]

Até 2020, não só haverá mais pessoas, mas uma proporção menor delas estará vivendo em áreas rurais. Nas últimas quatro décadas, tem havido um crescimento dramático da urbanização. Complexos urbanos gigantescos foram criados nos países em desenvolvimento. São Paulo possui hoje uma população acima de 16 milhões, a Cidade do México acima de 15 milhões, Bombaim e Xangai acima de 14 milhões, Jacarta e Calcutá acima de 11 milhões.[15] As populações urbanas cresceram porque, ao contrário das impressões casuais do visitante ocidental, as condições de vida nas cidades têm sido, em média, melhores que as no campo. Há mais oportunidades de se ganhar a vida trabalhando em manufatura, construção, comércio e serviços, ou pela mendicância e o roubo. A comida costuma ser mais barata e assistência médica mais prontamente acessível (Figura 2.4). Em *City of Joy*, quando Hasari Pal e sua família chegam a Calcutá, eles encontram um lugar para acampar na calçada. Hasari doa sangue em troca de umas poucas rupias e compra algumas bananas, o suficiente para manter a família alimentada por uns dias. Depois ele encontra, por acaso, alguém de sua aldeia natal, um puxador de riquixá que persuade o dono dos riquixás a deixar Hasari trabalhar no lugar de um puxador que acabara de morrer. É uma vida dura, e Hasari acaba morrendo devido ao esforço no trabalho, mas ele poupou o suficiente para um dote para a filha e sua família sobrevive.

14. UNDP. *Human Development Report 1992*. Nova Iorque: Programa de Desenvolvimento das Nações Unidas, 1992.

15. NAÇÕES UNIDAS. *World Urbanization Prospects: The 1994 Revision*. Nova Iorque: Nações Unidas, 1995.

Existe a oportunidade, ao menos para alguns, de progredir lentamente da calçada para a favela e para o início de um meio de vida decente.

A sobrevivência infantil mais alta e a expectativa de vida mais longa, combinadas com a migração interna maciça do campo para a cidade, estão fazendo as populações urbanas crescerem mais rapidamente que as populações rurais. Nos anos 1950, mais de 80% da população dos países em desenvolvimento vivia na zona rural; em 1985, esta encolheu para pouco mais de 70%; até 2020, ela ficará abaixo de 45%. Mais de 3,5 bilhões de pessoas no mundo em desenvolvimento serão moradores urbanos em 2020, e a maioria será consumidora e não produtora de alimentos. Elas precisarão de comida barata.

Qual é o prognóstico para alimentar a população mundial no século XXI? É impossível prever a situação na segunda metade desse século; seria como olhar numa bola de cristal. Prever as próximas duas décadas é mais factível, e este será o período mais crítico; depois de 2020, os incrementos anuais na população mundial começarão a decrescer significativamente. Se pudermos atingir um mundo bem alimentado até então, será possível atender as demandas futuras, desde que a base de recursos tenha sido devidamente protegida.

Fazer projeções sobre a produção mundial de alimentos é complicado. Muitas variáveis – e muitos fatores desconhecidos – precisam ser consideradas, e elas estão inter-relacionadas de maneira complexa e freqüentemente tortuosa. No jargão de sistemas, há muitos *feedback-loops* que podem causar estabilidade, crescimento ou colapso. Por exemplo, se o tamanho da população estimula a agricultura e, com isso, a produção de alimentos, o efeito líquido é estabilizar ou permitir o crescimento moderado da disponibilidade de alimentos *per capita*. Por outro lado, se o tamanho da população resultar em maior erosão do solo, ele vai causar um rápido decréscimo dos alimentos *per capita*. Ambos os efeitos são moderados, no entanto, se a disponibilidade de alimentos *per capita* provocar um declínio nas taxas de natalidade (Figura 2.5). Infelizmente, a maioria dos modelos atuais não explora este nível de sofisticação.

No momento em que este livro é escrito, a atenção maior está sendo dada a três modelos. Eles diferem em escopo e nível de detalhamento.[16]

16. QUEEN ELIZABETH HOUSE. *World Cereals Markets: A Review of the Main Models.* Oxford: Food Studies Group, Queen Elizabeth House (mimeo.), 1996.

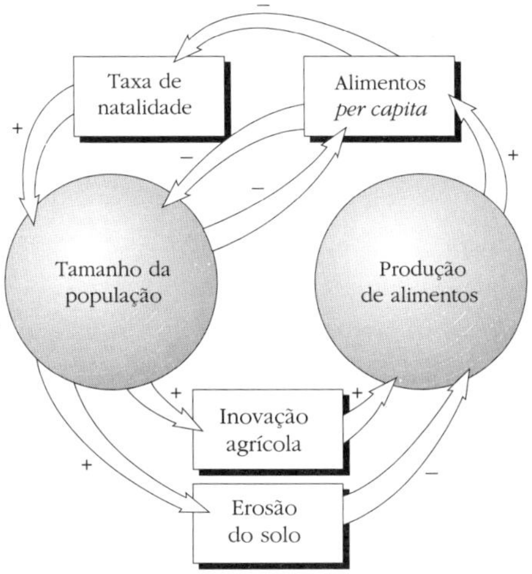

Figura 2.5 Feedback loops indicando relações possíveis entre tamanho da população e produção de alimentos.[17]

O estudo da Organização das Nações Unidas para Agricultura e Alimentação (FAO)[18] modela virtualmente cada país e abrange um amplo leque de produtos alimentícios; o estudo do Instituto Internacional de Pesquisa em Política Alimentar (IFPRI)[19] se concentra em 35 países ou regiões e em culturas e criação de animais; enquanto o Modelo Mundial de Grãos do Banco Mundial[20] restringe-se mais a trigo, arroz e grãos forrageiros como um grupo. O que os modelos todos têm em comum é sua tentativa de imitar o funcionamento de um mercado mundial em que a demanda por alimentos é suprida pela oferta.

Como acontece com todos os modelos, seus resultados dependem do pressuposto neles embutido e da validade dos dados de referência.

17. Para interpretar o diagrama, observe a direção da seta e o sinal: a erosão do solo afeta negativamente a produção de alimentos – quanto mais erosão, menos produção de alimentos, e, inversamente, quanto menos erosão, mais produção; a inovação agrícola, porém, afeta positivamente a produção de alimentos – quanto mais inovação, mais produção, e, inversamente, quanto menos inovação, menos produção.

18. ALEXANDRATOS, N. (Org.). *World Agriculture: Towards 2010. A FAO Study*. Chichester: Wiley & Sons, 1995a.

19. ROSENGRANT, M. W., AGCAOILI-SOMBILLA, M. e PEREZ, N. D. *Global Food Projections to 2020: Implications for Investment*. Washington: Instituto Internacional de Pesquisa em Política Alimentar, 1995a.

20. MITCHELL, D. O. e INGCO, M. D. Global and regional food demand and supply prospects. In: ISLAM. *op. cit.*, p. 49-60, 1995.

Eles são, essencialmente, modelos econométricos: pressupõem que a oferta atende à demanda numa economia de mercado e são elaborados para garantir que isto ocorra:

- A demanda alimentar regional ou nacional é calculada multiplicando-se o tamanho da população pela demanda *per capita*. As estimativas de população são baseadas na variante média da ONU e a demanda *per capita* é uma função da renda *per capita*, que, por sua vez, é derivada, com algumas modificações, das projeções do Produto Interno Bruto (PIB) do Banco Mundial;
- A produção de alimentos é determinada multiplicando-se a quantidade de terra cultivada pelo rendimento, que no modelo IFPRI é previsto para aumentar anualmente em aproximadamente 1,5%-1,8% ao ano, dependendo do cereal;
- Para cada país (ou região) e cada ano, a oferta anual é igualada à demanda pelos preços de mercado.

Em cada um dos três modelos, a projeção é razoavelmente otimista. A taxa de crescimento da população mundial é compensada por um crescimento similar da produção de alimentos. Os preços mundiais dos alimentos continuam em queda. Entretanto, os países em desenvolvimento, como um todo, não serão capazes de atender sua demanda de mercado. No modelo do IFPRI, a diferença total é de cerca de 190 milhões de toneladas e o modelo prevê que ela pode ser coberta por importações de países desenvolvidos (Figura 2.6).

Os países em desenvolvimento importaram cerca de 3% do total de grãos que consumiram nos anos 1960 e 1970. Isso aumentou para 9%, ou 91 milhões de toneladas, em 1990. As importações previstas para 2020 são o dobro dessa cifra e constituem 11% do consumo. A maior parte do aumento nas importações será de trigo, milho e outros grãos forrageiros; a demanda de mercado por arroz será amplamente satisfeita pela produção doméstica. Para os países desenvolvidos, o aumento das exportações líquidas representa um crescimento de 11% na produção de cereais.

O relativo otimismo deste e dos outros modelos se baseia em vários pressupostos. O primeiro é uma taxa de crescimento mais baixa, ou mesmo uma queda, no consumo médio de grãos *per capita* global. Isto, em parte, por razões aritméticas: relativamente mais pessoas estarão vivendo

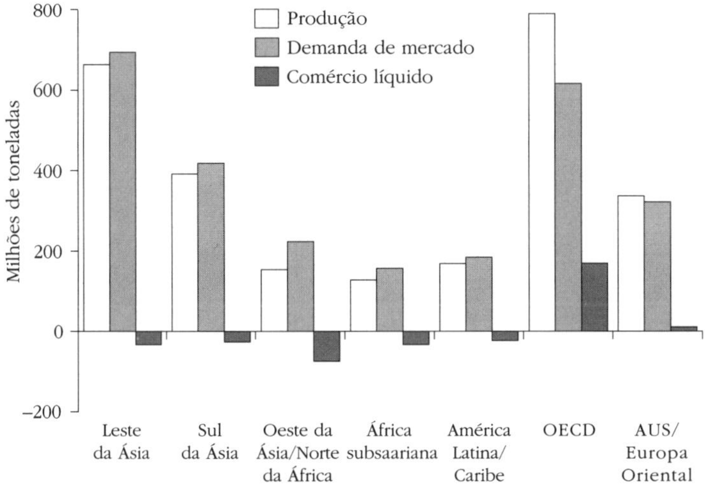

Figura 2.6 Produção de grãos e demanda de mercado (para alimentação humana e de animais) do modelo do IFPRI para o ano 2020.[21]

nos países em desenvolvimento mais pobres. Até 2020, aproximadamente 40% da população mundial estará vivendo no Sul da Ásia e na África subsaariana. Deve-se, em parte, também, ao aumento da renda nos países em desenvolvimento em melhores condições. Normalmente as economias experimentam várias fases no aumento do consumo de grãos. À medida que a renda começa a aumentar, há um rápido crescimento do consumo, mas depois, quando a renda aumenta ainda mais, o crescimento se desacelera porque os consumidores recorrem a outros tipos de alimentos. No Japão, por exemplo, o consumo de grãos cresceu mais de 3% ao ano nos anos 1960, mas caiu para cerca de 2,5% nos anos 1970 e para apenas 0,6% nos anos 1980.[22] Embora ainda ocorram aumentos rápidos em países como a Índia e o Paquistão, um padrão de crescimento declinante está surgindo agora em alguns países em desenvolvimento, em especial na China, Brasil, Indonésia e Norte da África. Na China, o PIB cresceu bem mais depressa nos anos 1980 do que nos 1970, mas o crescimento do consumo de grãos caiu de pouco mais de 5% para pouco mais de 2% ao ano.[23]

---

21. ROSENGRANT et al. *op. cit.*
22. MITCHELL e INGCO. *op. cit.*
23. *Ibid.*

Com o aumento da renda, o uso de grãos também muda: uma proporção crescente vai para alimentar animais. Mais de 60% da produção de cereais nos países desenvolvidos é consumida por animais, em comparação com apenas 17% nos países em desenvolvimento.[24] A maior parte do modesto aumento futuro do consumo de grãos nos países desenvolvidos não será para alimentação humana, mas para animais, usos industriais e outros. Essa tendência nos países em desenvolvimento é mais acentuada nas economias em rápido crescimento do Leste da Ásia; na Coréia do Sul e na Malásia, 40% do consumo de grãos está relacionado à alimentação animal. O consumo de grãos na forma de alimento humano aumentará cerca de 2% nos países em desenvolvimento como um todo, mas cerca de 4% para a alimentação de animais.[25] Isto é aproximadamente igual ao crescimento projetado para a criação de animais, que se dará sobretudo na forma de suínos e aves, ambos muito dependentes de grãos para sua alimentação.

No geral, o consumo médio de grãos *per capita* nos países em desenvolvimento não aumentou desde 1984 e deve crescer apenas cerca de 0,4% ao ano no futuro. O consumo mundial médio provavelmente também será afetado pela situação na Europa Oriental e nos países da antiga União Soviética, onde os níveis atuais de consumo de grãos são muito altos em comparação com os da Europa Ocidental, em grande medida por ineficiência e desperdício. Com o crescimento da economia de livre mercado e a redução dos subsídios, o consumo de grãos cairá.[26] O efeito líquido desses vários fatores é uma desaceleração do consumo mundial médio de grãos *per capita*. Isso significa que a demanda do mercado mundial pode ser atendida, desde que o aumento da produção total de grãos acompanhe o ritmo do crescimento populacional.

Dois outros pressupostos são críticos para os cenários otimistas dos modelos:

- Primeiro, que os países desenvolvidos aumentarão sua produção de alimentos para atender às necessidades dos países em desenvolvimento; e
- Segundo, que estes últimos poderão pagar pelo aumento das importações.

---

24. ALEXANDRATOS. *op. cit.*, 1995a.
25. ALEXANDRATOS, N. The outlook for world food and agriculture to year 2010. In: ISLAM. *op. cit.*, p. 25-48, 1995b.
26. MITCHELL e INGCO. *op. cit.*

Segundo o modelo do IFPRI, o aumento necessário da produção de grãos dos países desenvolvidos é de apenas 1% ao ano. Isso se deve, em parte, ao declínio previsto do consumo de grãos na Europa Oriental e na antiga União Soviética e ao aumento da produção ali, à medida que a privatização, as unidades de produção menores e a importação de tecnologia moderna começarem a fazer efeito. Conforme o modelo, essa região não terá mais necessidade de importar (cerca de 40 milhões de toneladas em 1991[27]) e se tornará uma exportadora modesta – de cerca de 15 milhões de toneladas.

O segundo pressuposto se baseia em projeções otimistas do Banco Mundial para o crescimento da renda nos países em desenvolvimento. Nos anos 1980, ele foi relativamente fraco. Embora tenha havido um forte crescimento da renda no Leste da Ásia, houve quedas significativas nas taxas de crescimento na África subsaariana e no resto do mundo em desenvolvimento. Segundo o Banco Mundial, isso vai mudar à medida que os programas de ajustes estruturais e as reformas econômicas correntes se efetivarem. O banco prevê um crescimento significativo da renda nos países em desenvolvimento, e inclusive uma taxa de crescimento pequena mas positiva na África subsaariana (Figura 2.7).

Dos estimados 190 milhões de toneladas de importações líquidas de grãos dos países em desenvolvimento em 2020, mais de 140 milhões de toneladas irão atender à demanda do Leste da Ásia, do Oeste da Ásia/Norte da África e da América Latina. Elas consistirão principalmente de trigo para consumo humano e milho e outros grãos forrageiros para rações para suínos e aves. Especialmente no Leste da Ásia, será difícil atender a uma demanda crescente por trigo para pão e massas com a produção da própria região, já que boa parte da terra é mais apropriada à produção de arroz. O crescimento da renda nessas regiões resultará em mudanças alimentares, em particular no crescimento no consumo de carne, bem como na capacidade de pagar as importações necessárias. No entanto, na África subsaariana e no Sul da Ásia a proporção dos grãos que irá para animais continuará sendo muito pequena e serão necessárias importações de alimentos para a população.

Embora os modelos sejam, em geral, otimistas, há cenários pessimistas para regiões consideráveis do mundo em desenvolvimento. Durante

27. ALEXANDRATOS. *op. cit.*, 1995a.

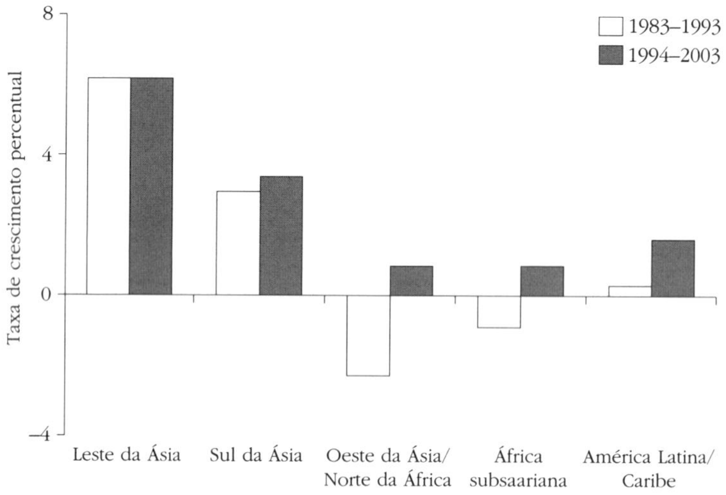

Figura 2.7 Taxas de crescimento passadas e projetadas em Produto Interno Bruto por pessoa.[28]

muito tempo, a produção de alimentos na África subsaariana será muito pressionada a acompanhar o ritmo do aumento da população. Segundo o modelo do IFPRI, até o ano 2020 o excedente da demanda de grãos no mercado em relação à produção será de aproximadamente 26 milhões de toneladas; compare-se isso às importações líquidas atuais de nove milhões de toneladas. E o Sul da Ásia exigirá mais de 22 milhões de toneladas, em comparação com 1 milhão de toneladas hoje.

Inevitavelmente, modelos desse tipo suscitam mais perguntas do que respondem. A omissão mais grave dos cálculos são as necessidades alimentares dos pobres e famintos. Como acontece no mundo real, eles são simplesmente excluídos do mercado pelos preços e suas necessidades ficam "ocultas". A lacuna entre demanda e oferta encerrada pelo modelo é a lacuna do mercado. Se convertermos a disponibilidade do mercado prevista pelo modelo do IFPRI em calorias por pessoa por dia, as médias regionais são as demonstradas na Figura 2.8. O avanço em relação às calorias atuais é pequeno. Então, como agora, há uma lacuna alimentar oculta substancial, particularmente na África subsaariana, onde a disponibilidade média de calorias permanece abaixo de 2.200 calorias por pessoa por dia, e no Sul da Ásia.

28. BANCO MUNDIAL. *Global Economic Prospects and the Developing Countries*. Washington: Banco Mundial, 1994.

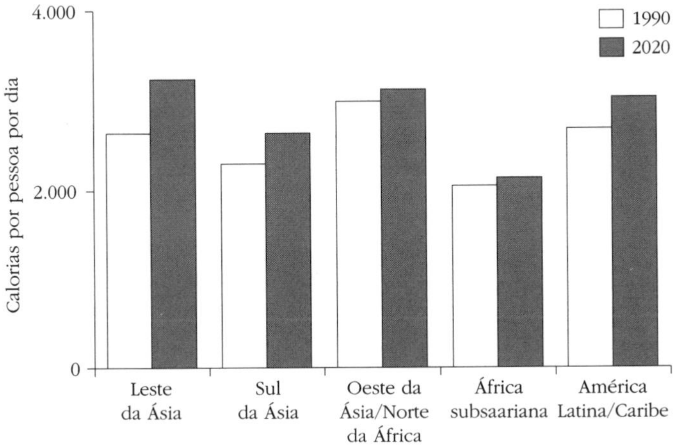

Figura 2.8 Previsão de suprimento de calorias médio *per capita* no mundo em desenvolvimento no ano 2020.[29]

Essa lacuna alimentar oculta é o que se precisa de cereais para atender às necessidades energéticas da população menos a soma da produção doméstica e importações. Peter Hazell, do IFPRI, calculou o total requerido de cereais supondo uma necessidade mínima por pessoa de 3.000 calorias de cereais por dia – o que inclui alimentos, rações para animais, sementes, perdas com armazenagem e desperdício durante o processamento. Usando a taxa de conversão de um quilo de cereais equivalente a 3.600 calorias, cada pessoa precisa então de pouco mais de 300 kg de cereais por ano. A diferença entre a necessidade total para a população toda e a demanda de mercado no modelo do IFPRI é a "lacuna oculta" (Tabela 2.1).

O pressuposto de 3.000 calorias por pessoa por dia (ou 300 kg de cereais por ano) é bem pouco generoso, mas leva a lacunas alimentares totais, em termos de cereais, de 214 milhões de toneladas para a África subsaariana e de 183 milhões de toneladas para o Sul da Ásia em 2020. Para todo esse alimento ser fornecido pelos países desenvolvidos seriam necessários aproximadamente 550 milhões de toneladas, quase três vezes a quantidade prevista pelo modelo de mercado.

Em termos humanos, a lacuna oculta pode ser traduzida na permanência de grandes quantidades de crianças malnutridas. Até 2020, a quantidade total terá diminuído levemente dos 180 milhões atuais para 155 milhões, mas na África subsaariana ela terá aumentado quase

29. ROSENGRANT et al. *op. cit.*

Zona	Lacuna alimentar oculta*	Importações	Lacuna alimentar total
Leste da Ásia	-	55,8	55,8
Sul da Ásia	160,0	22,7	182,7
Oeste da Ásia/Norte da África	-	68,5	68,5
África subsaariana	187,5	26,1	213,6
América Latina/Caribe	11,6	15,0	26,6
Total de países em desenvolvimento	359,1	188,1	547,2

* Lacuna alimentar oculta: necessidade menos produção e importações

Tabela 2.1 Necessidades alimentares ocultas e totais (em milhões de toneladas) em 2020, supondo uma necessidade de cereais equivalente a 3.000 calorias por pessoa por dia.[30]

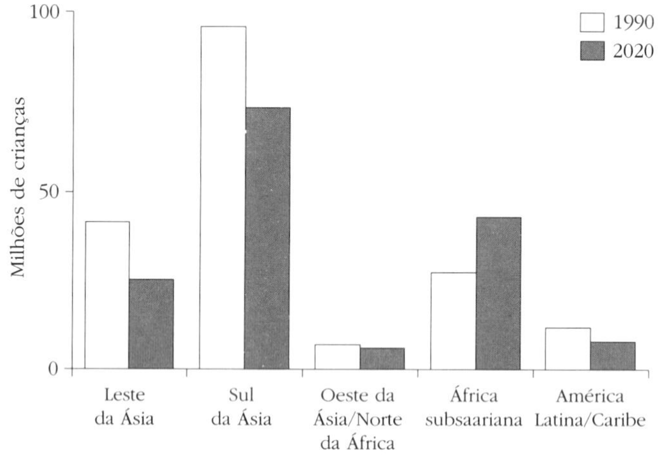

Figura 2.9 Quantidade prevista de crianças malnutridas do modelo do IFPRI.[31]

50% (Figura 2.9). E, provavelmente, haverá ainda cerca de três quartos de bilhão de pessoas cronicamente subnutridas (o modelo da FAO prevê mais de 600 milhões).[32]

30. PETER HAZELL, com. pes.
31. ROSENGRANT et al. *op. cit.*
32. ALEXANDRATOS. *op. cit.*, 1995a.

Para concluir, os modelos, embora transmitam uma mensagem que, em alguns aspectos, é otimista, deixam algumas questões cruciais sem resposta:

- O PIB dos países em desenvolvimento crescerá na velocidade prevista, aumentando a demanda e a capacidade de pagar importações?
- Os países desenvolvidos estarão dispostos a pagar os custos ambientais e outros do aumento da produção de cereais para atender à demanda de mercado dos países em desenvolvimento?
- O rendimento das colheitas de cereais aumentará conforme o previsto nos países em desenvolvimento?

e, o mais importante de tudo:

- Como serão atendidas as necessidades "ocultas" dos pobres dos países em desenvolvimento?

3 Uma Revolução Duplamente Verde

Nós, ministros, chefes de agências e delegados representando os membros do Grupo Consultivo de Pesquisa Agrícola Internacional (CGIAR)...

Convencidos de que os novos conhecimentos e tecnologias gerados pela pesquisa científica são necessários para atender a crescente demanda de alimentos de maneira sustentável no longo prazo, partindo de uma base de recursos limitada e frágil...

Fazemos um chamado à renovação e ao reforço do... trabalho, dirigido agora aos múltiplos desafios de aumentar e proteger a produtividade agrícola, salvaguardar recursos naturais e ajudar a alcançar políticas centradas nas pessoas para um desenvolvimento ambientalmente sustentável.

Declaração e Plano de Ação de Lucerna[1]

Seria fácil ficar otimista quanto às perspectivas de alimentar o mundo no século XXI a partir da leitura das projeções de modelos que descrevi no capítulo anterior. Os modelos pressupõem que as forças de mercado criarão a demanda apropriada, que, por sua vez, estimulará a inovação tecnológica e os investimentos estruturais necessários para garantir um suprimento suficiente de alimentos. Muitos países em desenvolvimento precisarão comprar alimentos, às vezes em grande quantidade, dos países desenvolvidos, mas o crescimento econômico lhes dará o necessário poder de compra.

Não acredito que isso seja satisfatório, por diversas razões.

Primeiro, essa visão do mundo ignora a grande proporção – um quinto – da população dos países em desenvolvimento que já é faminta e cujas

1. CGIAR. *Renewal of the CGIAR: Sustainable Agriculture for Food Security in Developing Countries.* Washington: Grupo Consultivo de Pesquisa Agrícola Internacional, 1995.

agruras provavelmente não serão melhoradas significativamente, e soma-se a ela uma nova geração que estará faminta por volta de 2020. Não acredito que fome e pobreza sejam condições inevitáveis. A experiência da Revolução Verde, que descrevo no próximo capítulo, demonstrou, em grande medida, a nossa capacidade de mudar para melhor a vida das pessoas. Fome e pobreza podem ser eliminadas pela aplicação da ciência e da tecnologia modernas, contanto que elas sejam usadas em larga escala e sejam sustentadas por políticas econômicas e sociais apropriadas, bem como vontade de agir.

Mesmo que um nível limitado de fome e pobreza fosse julgado politicamente tolerável, a escala de privação prevista para o Sul da Ásia e a África subsaariana é com certeza inaceitável. Levará muito tempo para os países africanos poderem gerar divisas estrangeiras suficientes para comprar as grandes quantidades de alimento necessárias para suprir sua lacuna alimentar. Os preços reais dos produtos agrícolas de exportação tradicionais da África são baixos e o setor não-agrícola é pequeno. É improvável, também, que os governos africanos conseguirão contar com ajuda alimentar suficiente para preencher essa lacuna. Pobreza e fome aumentarão rapidamente nos próximos anos a menos que algo de novo seja feito. O Sul da Ásia se sairá melhor, mas a lacuna alimentar é considerável. Embora as exportações de produtos manufaturados e o PIB tendam a crescer mais rapidamente no Sul da Ásia do que na África subsaariana, ainda assim não haverá ganho suficiente em divisas estrangeiras para adquirir o volume de cereais necessário que garanta que todos tenham uma alimentação adequada, mesmo que ele esteja disponível no mercado.

Segundo, as previsões do modelo dependem de uma taxa de crescimento econômico significativa nos países em desenvolvimento, uma taxa, como admite o Banco Mundial, maior que nos últimos anos e altamente dependente da efetividade das reformas econômicas em curso. Não posso comentar sobre a confiabilidade dessas projeções. A experiência dos primeiros cinco anos da década de 1990 indica que, ao menos na Ásia e na África subsaariana, as taxas de crescimento estão cumprindo as previsões, com taxas em 1995 em torno de 8% para Tailândia e Indonésia, 9%-10% para Vietnã, Coréia do Sul e China, 5% para Paquistão e Bangladesh e 6% para a Índia.[2] A taxa de crescimento geral para a África foi

2. FMI. *World Economic Outlook, October 1995.* Washington: Fundo Monetário Internacional, 1995.

de 3%, com muitos países superando 4%, mas persiste a preocupação quanto à estabilidade política de muitos países, inclusive alguns, como a Nigéria, que abrigam as maiores populações. Também é relevante para o cenário otimista a futura prosperidade econômica da Europa Oriental e da antiga União Soviética. Os modelos supõem que as reformas econômicas em curso serão eficazes, prevendo aumentos modestos do PIB *per capita* (1%-2%) e a produção agrícola atingindo um superávit. No entanto, a falta de infra-estrutura e os obstáculos institucionais à reforma são enormes. Se eles não forem superados, essa região poderá permanecer uma importadora significativa de grãos, competindo com os países em desenvolvimento pelas exportações da América do Norte e da Europa Ocidental. Por outro lado, o potencial de aumento da produção de grãos em países como Rússia, Ucrânia e Cazaquistão parece considerável, e é possível vislumbrar um cenário em que eles acabarão se tornando grandes supridores das necessidades dos países em desenvolvimento.

Meu terceiro motivo de insatisfação com as previsões do modelo é o seu pressuposto de aumentos contínuos no rendimento das colheitas e da produção de acordo com tendências recentes. Há vários motivos para se questionar esse pressuposto. Dados recentes sobre rendimento e produção de culturas agrícolas, que discuto no Capítulo 7, sugerem um grau de estagnação preocupante. Existem evidências generalizadas de queda nas taxas de avanço do rendimento. Existem também dados indicativos de uma maior diversidade na produção em algumas regiões, e evidências, conquanto em grande medida episódicas, de crescentes problemas de produção nos locais onde o avanço do rendimento tem sido mais acentuado.

As causas dessa desaceleração do progresso do rendimento não estão claras, embora um fator provável seja o efeito cumulativo da degradação ambiental causada, em parte, pela própria agricultura. A ladainha das perdas é familiar. Solos sofrem erosão e perdem a fertilidade, suprimentos preciosos de água são desperdiçados, pastagens são raspadas, florestas destruídas e pesqueiros superexplorados (Capítulos 11 a 14). E, como descrevo no Capítulo 6, algumas práticas agrícolas se tornaram contribuintes significativas dos poluentes globais que afetam a camada de ozônio e contribuem para o aquecimento global. Essas mudanças já estão começando a ter conseqüências adversas consideráveis na produção agrícola. Existem também evidências claras de exemplos em que pesticidas, longe de resolverem problemas de pragas, os agravam (Capítulo 11).

E, como há muito sabemos, pesticidas e fertilizantes à base de nitrato causam problemas sérios à saúde. A agricultura pode esperar maiores restrições a suas atividades na mesma linha das que já foram impostas à indústria, que limitarão o uso de alguns insumos e práticas que proporcionaram os altos níveis de produção recentes.

Acredito que essas preocupações constituem um enorme desafio. Se, nas próximas duas ou três décadas, quisermos fornecer comida suficiente para todos, teremos que:

- Aumentar a produção de alimentos numa velocidade maior que nos últimos anos;
- Fazê-lo de maneira sustentável, sem danificar de maneira significativa o meio ambiente;

e

- Garantir que os alimentos sejam acessíveis a todos.

Trata-se de uma perspectiva assustadora, cuja magnitude fica clara quando examinamos dois cenários contrastantes de como essa meta pode ser alcançada:

No *primeiro cenário*, os países desenvolvidos continuam produzindo muito mais alimentos do que precisam e exportam o excedente para atender a demanda dos países em desenvolvimento. Se, como os modelos supõem, as restrições ambientais a uma maior produção de alimentos puderem ser superadas, e se as necessidades alimentares dos pobres forem ignoradas, não haveria muito com que se preocupar. As demandas dos países em desenvolvimento, tal como se manifestam nos mercados nacionais e internacionais, serão atendidas pela produção nacional nas áreas de potencial comprovado – as terras da Revolução Verde – e por importações via comércio ou ajuda dos países desenvolvidos. Na projeção do modelo do IFPRI, isso implicaria em cerca de 190 milhões de toneladas de cereais serem vendidos aos países em desenvolvimento pelo mundo desenvolvido em 2020.

Entretanto, se as necessidades alimentares dos pobres não forem ignoradas, então, nesse cenário, outros 350 milhões de toneladas seriam necessárias em 2020 como ajuda alimentar gratuita ou subsidiada (supondo-se um requisito global para os subnutridos de 3.000 calorias por pessoa por dia). Isso corresponde a mais de trinta vezes o fornecimento atual de ajuda alimentar direta e seria extremamente dispendioso. Essa ajuda alimentar maciça implicaria pesados ônus tanto aos doadores como aos receptores. Para atender a demanda de seu próprio mercado e a dos países em desenvolvimento e fornecer a ajuda alimentar necessária, os países desenvolvidos precisariam quase dobrar a produção atual de 860 milhões de toneladas até 2020. Isso exigiria aumentar consideravelmente os rendimentos por hectare e recolocar em produção todas as terras cultivadas com grãos em meados dos anos 1980.

Os custos ambientais de um cenário desses seriam inevitavelmente altos. O uso de fertilizantes nitrogenados nos países em desenvolvimento aumentaria, resultando em níveis inaceitáveis de nitrato na água potável. Os custos para os países em desenvolvimento também seriam consideráveis. A recepção e a distribuição de ajuda alimentar requerem investimentos consideráveis em infra-estrutura e administração. Mais importante, a disponibilidade de ajuda gratuita ou subsidiada em quantidades tão grandes vai abaixar os preços locais e contribuir para o desestímulo à produção local de alimentos (Capítulo 15).

Essas questões suscitam dúvidas sobre a viabilidade desse cenário, mas uma objeção mais fundamental é a um pressuposto implícito no cenário – o de que uma grande proporção da população no mundo em desenvolvimento não conseguiria participar do crescimento econômico global. Um *cenário alternativo*, que explicitamente enfrenta essa objeção, é os países em desenvolvimento empreenderem um crescimento acelerado e de base ampla não só na produção de alimentos, mas no desenvolvimento da agricultura e dos recursos naturais como parte de um processo de desenvolvimento maior, voltado para atender a maior parte de suas próprias necessidades de produção de alimentos, inclusive as necessidades dos pobres. (Agricultura e uso de recursos naturais estão inseparavelmente relacionados. No restante deste livro, desenvolvimento agrícola é entendido como desenvolvimento da agricultura e dos recursos naturais, incluindo silvicultura e pesca).

Uma justificativa para esse cenário é o estreito vínculo entre crescimento econômico e crescimento agrícola. Os modelos que descrevi no capítulo anterior tratam do crescimento econômico como um insumo, que impulsiona o desenvolvimento agrícola, enquanto a experiência tem amplamente demonstrado o poder da agricultura como motor do desenvolvimento econômico. O aumento da produção e do emprego na agricultura e nos recursos naturais pode gerar empregos diretos e indiretos, renda e crescimento consideráveis no resto da economia.[3] Pouquíssimos países experimentaram um rápido crescimento econômico que não fosse precedido ou acompanhado pelo crescimento da agricultura.[4] Não porque a agricultura tenha uma capacidade de crescimento muito rápido, mas pelo seu tamanho. Nos países menos desenvolvidos, o setor agrícola é, tipicamente, responsável por mais de 80% da força de trabalho e 50% do PIB, e mesmo taxas modestas de crescimento têm um efeito multiplicador considerável, aumentando a renda rural que, por sua vez, cria uma demanda de consumo e, com isso, o crescimento no setor não-agrícola. A inclinação da linha na Figura 3.1 (que ignora os pontos fora da curva Cingapura, República da Coréia, Filipinas, Birmânia) sugere que para cada 1% de aceleração do crescimento agrícola há uma aceleração de cerca de 1,5% do crescimento não-agrícola.

A relação não é direta, porém, como o gráfico indica. As Filipinas não conseguiram capitalizar o rápido crescimento agrícola gerado pela Revolução Verde.[5] Mesmo quando a inovação e o desenvolvimento agrícola estimulam o crescimento econômico, isso não conduz, necessária e diretamente, a uma redução da pobreza. Muito depende da natureza das inovações e da amplitude da base do desenvolvimento agrícola que eles geram. Embora a introdução da irrigação e de novas variedades possa criar emprego e renda, alguns tipos de mecanização associados à intensificação da agricultura podem destruir empregos (ver o Capítulo 6). Para um crescimento agrícola eqüitativo, a inovação agrícola precisa estar deliberadamente centrada no aumento da produção enquanto, ao mesmo tempo, cria empregos tanto na agricultura como na indústria de base rural a ela relacionada.

Implicitamente, este cenário reconhece que a segurança alimentar não envolve apenas a produção suficiente de alimentos. É muito simplismo

3. HAZELL, P. e HAGGBLADE, S. Farm-nonfarm linkages and the welfare of the poor. In: LIPTON, M. e VAN DER GAAG, J. (Orgs.). *Including the Poor.* Washington: Banco Mundial, 1993.

4. MELLOR, J. W. Introduction. In: MELLOR, J. W. (Org.). *Agriculture on the Road to Industrialization.* Baltimore: Johns Hopkins University Press, p. 1-22, 1995.

5. BAUTISTA, R. M. Rapid agricultural growth is not enough: the Philippines, 1965-80. In: MELLOR. *op. cit.*, p. 113-49, 1995.

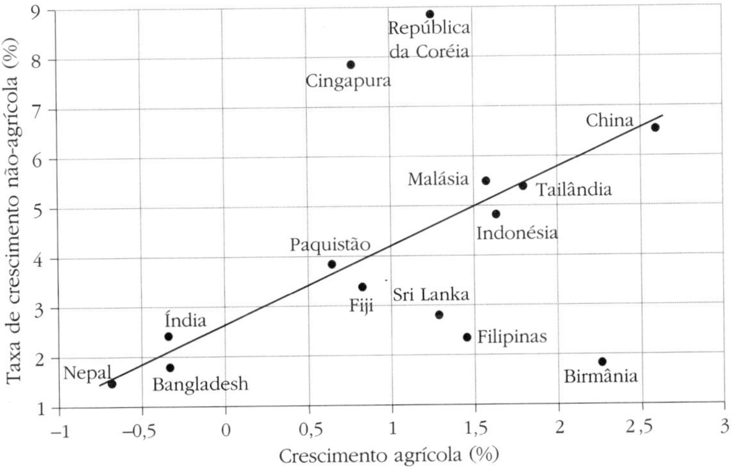

Figura 3.1 Taxas de crescimento *per capita* do PIB agrícola e não-agrícola na Ásia.[6]

somar a produção alimentar de um país e dividi-la pelo tamanho da população. Tampouco é suficiente assinalar a queda nos preços dos alimentos. Uma nação só tem segurança alimentar se cada um de seus habitantes tiver segurança alimentar, ou seja, se tiver acesso, a qualquer momento, ao alimento necessário para levar uma vida saudável e produtiva (Capítulo 15). Para conseguir isso, cada indivíduo ou, na prática, cada família precisa produzir alimentos suficientes ou ser capaz de comprar os alimentos com a renda obtida seja na venda de produtos agrícolas, seja se empregando no setor agrícola ou não-agrícola. Para os moradores urbanos, a única opção é se empregar no setor não-agrícola, mas para a enorme quantidade de pobres rurais, se eles não estiverem produzindo alimento suficiente para atender às suas necessidades precisarão ter meios para comprar os alimentos de que necessitam. Para eles, a segurança alimentar depende tanto do emprego e da renda como da produção de alimentos, e o desenvolvimento da agricultura e dos recursos naturais é decisivo em ambos os aspectos.

Com poucas e surpreendentes exceções, os agricultores de países em desenvolvimento, particularmente em ambientes pobres de recursos naturais, não dependem exclusivamente da atividade agrícola. Seu objetivo é assegurar a vida para si e para suas famílias e, para isso, geralmente

6. MELLOR. *op. cit.*, usando dados das *World Tables* do Banco Mundial. Baltimore: Johns Hopkins University Press, 1989.

realizam um leque de atividades produtivas, nem todas envolvendo diretamente a agricultura. Aliás, as maneiras pelas quais o sustento pode ser obtido na zona rural são quase incontáveis (Capítulo 9). Uma família pode viver do cultivo de plantas ou da criação de animais, da exploração de recursos naturais ou de emprego dentro ou fora da fazenda, ou, o mais comum, da combinação de tudo isso. Na prática, as famílias rurais definem metas de sustento e depois determinam a mistura ideal de atividades, dependendo de seu ambiente econômico e social e das habilidades e recursos ao seu dispor (Capítulo 15).

A segurança alimentar é, geralmente, apenas um dos objetivos; outros são renda e garantia de emprego e, associado a estas, tamanho da família. As taxas de fertilidade dependem de fatores complexos e, como descrevi no capítulo anterior, há evidências do papel-chave desempenhado pela segurança alimentar e de renda. Quanto mais confiança as mulheres tiverem no futuro imediato e no longo prazo, maior a probabilidade de elas gerarem menos filhos. As melhores oportunidades de ganho para as mulheres proporcionadas pelas atividades de produção, processamento e comércio geradas pelo amplo desenvolvimento da agricultura e dos recursos naturais contribuem para reduzir as taxas de fertilidade. Quanto maior o grau de segurança, maior o nível de sua educação, mais as mulheres se beneficiarão de novas oportunidades e planejarão o futuro delas e de suas famílias.

Além disso, o desenvolvimento apropriado da agricultura e dos recursos naturais contribui significativamente para uma maior proteção e conservação ambiental. Planejadas corretamente, abordagens sustentáveis da produção de alimentos e da gestão da silvicultura e da pesca podem reverter a degradação da terra e a contaminação de produtos com agrotóxicos, remover as pressões sobre reservas e parques naturais, conservar a biodiversidade e, simultaneamente, aumentar a segurança alimentar.

Por fim, existe uma crença de que um crescimento agrícola e econômico vigoroso pode estimular o comércio mundial, trazendo benefícios significativos para todos os países, desenvolvidos e em desenvolvimento. A parte das exportações mundiais para países em desenvolvimento cresceu de 13% no início dos anos 1970 para mais de 26% nos anos 1990. À medida que prosperam, os países em desenvolvimento importam mais – estima-se que um aumento de US$ 1 em seu crescimento agrícola induz a um aumento de 73 centavos de dólar no valor de suas importações.[7] E isso significa maior prosperidade para os países desenvolvidos – as exportações dos países desenvolvidos aos países em desenvolvimento estão avaliadas, hoje, em aproximadamente US$ 730 bilhões (US$ 197 bilhões nos EUA, onde para cada US$ 1 bilhão de exportações criam-se 20 mil empregos). É essa evidência de prosperidade mútua final – a que Per Pinstrup-Anderson e seus colegas do IFPRI se referiram como uma proposta em que todos ganham (*a win-win proposition*) – que tem conduzido os acordos alcançados na Rodada Uruguai de negociações comerciais para reduzir o protecionismo e os subsídios e abrir os mercados do mundo ao livre comércio (ver o Capítulo 15). No curto prazo, eles podem criar dificuldades, em especial para aqueles países em desenvolvimento onde um protecionismo forte se tornou institucionalizado, e será fundamental a realização de acordos para amenizar a transição e garantir que a condição dos pobres não piore. Mas, no longo prazo, a expectativa é que um comércio mais livre disseminará incentivos e oportunidades que beneficiarão significativamente os pobres. Maior prosperidade geral e inclusão mais plena, espera-se, reduzirão os conflitos e aumentarão a estabilidade, criando uma nova base para um progresso eqüitativo.

Em síntese, um grande investimento em agricultura e recursos naturais nos países em desenvolvimento poderia:

- Criar emprego e renda para a massa de pobres;
- Proporcionar segurança alimentar;
- Ajudar a reduzir as taxas de natalidade com o aumento da segurança alimentar e da renda;
- Proteger e conservar o meio ambiente;
- Estimular o desenvolvimento no resto da economia;
- Garantir a prosperidade no mundo industrializado por meio do estímulo ao comércio global; e
- Aumentar a probabilidade de estabilidade política.

Os desafios apresentados por este cenário são consideráveis. Não existe uma receita única para um desenvolvimento agrícola bem-sucedido,

7. PINSTRUP-ANDERSON, P., LUNDBERG, M. e GARRETT, J. L. *Foreign Assistance to Agriculture: A Win-Win Proposition*. Washington: Instituto Internacional de Pesquisa em Política Alimentar (Relatório de Política Alimentar), 1995.

embora exista um amplo consenso de muitos sobre os ingredientes fundamentais. Estes incluem:

- Políticas econômicas que não discriminem a agricultura, a silvicultura e a pesca[8];
- Mercados liberalizados para insumos e produtos agrícolas com grande envolvimento do setor privado;
- Instituições de financiamento rural eficientes, incluindo um acesso adequado de todo tipo de agricultores a créditos, insumos e serviços de comercialização;
- Em alguns casos, reforma ou redistribuição agrárias;
- Infra-estrutura rural adequada, incluindo irrigação, transporte e comercialização;
- Investimentos em educação rural, água limpa, saúde, programas de nutrição e planejamento familiar;
- Atenção específica à satisfação das necessidades de mulheres e de grupos de minorias étnicas e outras, e à garantia de seus direitos legais; e
- Efetivo desenvolvimento e disseminação de tecnologias agrícolas apropriadas em parceria com agricultores.

Embora listados separadamente dessa maneira, eles são estreitamente interligados. Apesar de a liberalização econômica nos países em desenvolvimento e a reforma das políticas de comércio internacionais serem pré-requisitos necessários para um crescimento agrícola significativo, elas não são suficientes. O crescimento acelerado da produção agrícola não pode ser mantido sem investimentos adequados em infra-estrutura rural e em pesquisa e extensão agrícolas. De fato, sem esses investimentos, os resultados das políticas de liberalização podem perfeitamente ficar aquém das expectativas e levar os governos a posições orientadas para o mercado.

E elas não contribuirão significativamente para o alívio da pobreza e a redução da desigualdade, ao menos no curto prazo, a não ser que se tenha, deliberadamente, os pobres como alvo. Os passos essenciais

8. BANCO MUNDIAL. *The Political Economy of Agricultural Pricing Policy*. Baltimore: Johns Hopkins University Press, 1992.

incluem a criação de emprego para os sem-terra e os com pouca terra, aumento da produção em fazendas de pequeno e médio porte, bem como nas grandes, provisão de mercados locais de entrada e saída[9] e, reconhecendo onde os pobres rurais estão mais freqüentemente localizados, atenção às regiões de potencial agroclimático e recursos naturais mais baixos, e não apenas às melhores regiões.[10]

Isso significa que a inovação agrícola, ao menos nos países em desenvolvimento, não pode ser deixada simplesmente às forças de mercado. Nos países industrializados, a produção de novas variedades e de insumos químicos para a agricultura tem sido atribuída cada vez mais ao setor privado. Os agricultores mais bem situados, muitas vezes fortemente subsidiados, podem pagar pelos produtos de uma pesquisa cara. As empresas privadas podem patentear e proteger suas descobertas por tempo suficiente para obter um lucro satisfatório. Mas, inevitavelmente, a pesquisa privada se concentra nas culturas de maior valor, nas tecnologias que economizam mão-de-obra e nas necessidades da atividade agrícola com capital intensivo. Em contraste, a pesquisa para alimentar os pobres é menos atraente. Ela freqüentemente envolve longos períodos preparatórios, por exemplo, no desenvolvimento de novos tipos de plantas de culturas menos tradicionais. Ela é arriscada, particularmente quando focada em ambientes heterogêneos sujeitos a grandes variações climáticas e outras. E os beneficiários têm pouca capacidade de pagar pela pesquisa. Os resultados não podem se restringir aos que pagam, e os direitos de propriedade intelectual raramente podem ser protegidos.

Como a história da Revolução Verde deixa claro (ver o próximo capítulo), a pesquisa com financiamento público, se voltada deliberadamente para a produção alimentar de baixo custo, traz benefícios que se estendem a agricultores, grandes ou pequenos, a outros moradores rurais e, o que é mais importante, a consumidores pobres. Se for bem planejada e dirigida, ela pode explorar o potencial para externalidades positivas,

9. BINSWANGER, H. P., DEMINGER, K. e FEDER, G. Power: distortions, revolt and reform in agricultural land relations. In: BEHRMAN, J. e SRINIVASAN, T. N. *Handbook of Development Economics*, v. IIIb. Amsterdã: Elsevier, p. 2661-772, 1995.

10. LIPTON, M. Creating rural livelihoods: some lessons for South Africa from experience elsewhere. *World Development*, 21, p. 1515-48, 1993; HAZELL, P. e GARRETT, J. L. Reducing poverty and protecting the environment: the overlooked potential of less-favoured lands. *2020 Brief*, 39. Washington: Instituto Internacional de Pesquisa em Política Alimentar, 1996.

País	Alvo da pesquisa	Anos	Taxa de retorno (%)
Bangladesh	Trigo e arroz	1961 - 77	30 – 35
Brasil	Soja	1955 - 83	46 – 69
Brasil	Arroz irrigado	1959 - 78	83 – 119
Chile	Trigo e milho	1940 - 77	21 – 34
Colômbia	Arroz	1957 - 64	75 – 96
México	Trigo	1943 - 63	90
Paquistão	Trigo	1967 - 81	58
Peru	Milho	1954 - 67	50 – 55
Filipinas	Arroz	1966 - 75	75
Ruanda	Semente de batata	1978 - 85	40
Senegal	Feijão-fradinho	1981 - 87	63

Tabela 3.1 Retornos da pesquisa e extensão agrícola financiada pelo setor público.[11]

especialmente quando beneficiam os pobres. Ela também tem um papel crescente a desempenhar para garantir que as tecnologias sejam apropriadas do ponto de vista ambiental. Inevitavelmente, os beneficiários dessas tecnologias, muitas vezes, não são os usuários, ou, pelo menos, não apenas eles, e raramente são bem servidos pelo investimento privado.

Os investimentos em pesquisa agrícola continuam trazendo altas taxas de retorno de maneira consistente. Isso ficou demonstrado repetidas vezes em análises de custo-benefício de projetos e programas de pesquisa individuais (Tabela 3.1). Exercícios do modelo do IFPRI baseados numa redução da ajuda internacional para a pesquisa agrícola nos países em desenvolvimento de US$ 1,5 bilhão resultam numa queda de 10% na sua produção de cereais.[12] Os preços sobem entre 25% e 40%, a disponibilidade de alimentos é apenas marginalmente melhor do que hoje e o número de crianças malnutridas sobe para 205 milhões. Por outro lado, um aumento de US$ 750 milhões nessa ajuda aumentará a produção em 6%, os preços não subirão e o número de crianças malnutridas cairá para 106 milhões.

11. ECHEVERRIA, R. G. Assessing the impact of agricultural research. In: ISNAR. *Methods for Diagnosing Research System Constraints and Assessing the Impact of Agricultural Research*, v. II, *Assessing the Impact of Agricultural Research*. Haia: Serviço Internacional para Pesquisa Agrícola Nacional, 1989.

12. ROSENGRANT, M. W., AGCAOILI-SOMBILLA, M. e PEREZ, N. D. *Global Food Projections to 2020: Implications for Investment*. Washington: Instituto Internacional de Pesquisa em Política Alimentar (*Paper* para Discussão 5 sobre Alimentos, Agricultura e Meio Ambiente), 1995.

Existe ainda um benefício direto considerável da pesquisa agrícola nos países em desenvolvimento para os países desenvolvidos. A pesquisa empreendida como parte da Revolução Verde sobre a redução do tamanho de cereais e sua resistência a doenças, como a ferrugem de caule, ajudou a aumentar e a estabilizar a produção de cereais na América do Norte e na Europa. Segundo a análise detalhada das terras cerealíferas norte-americanas feita pela equipe do IFPRI no começo dos anos 1990, cerca de um quinto do total dos trigais norte-americanos estava sendo semeado com variedades derivadas, em parte ou inteiramente, daquelas desenvolvidas pelo Centro Internacional de Melhoramento de Milho e Trigo (CIMMYT) do México; e para a safra de trigo de primavera da Califórnia, isso foi quase 100%.[13] E 73% das culturas de arroz nos EUA estavam sendo plantadas com variedades derivadas, em parte, de variedades desenvolvidas pelo Instituto Internacional de Pesquisa do Arroz (IRRI) das Filipinas. Desde o início dos anos 1960, os EUA investiram US$ 71 milhões no CIMMYT e US$ 63 milhões no IRRI. Os retornos calculados foram de até US$ 13 bilhões e de até US$ 1 bilhão, respectivamente.

Acredito que os argumentos apresentados neste capítulo, tomados em conjunto, apontam para a necessidade de um maior investimento público em pesquisa agrícola – de fato, numa segunda Revolução Verde, mas uma revolução que não reflita simplesmente os êxitos da primeira. As tecnologias da primeira Revolução Verde foram desenvolvidas em estações experimentais favorecidas por solos férteis, fontes de água bem controladas e outros fatores propícios a uma alta produção (ver o capítulo seguinte). Havia pouca percepção da complexidade e diversidade dos ambientes físicos dos agricultores, para não falar na diversidade do ambiente econômico e social. Na expressão de Randolph Barker e seus colegas: "Infelizmente, os cientistas muitas vezes achavam que sua responsabilidade se encerrava nos portões da estação experimental."[14] A nova Revolução Verde não só precisa beneficiar mais diretamente os pobres, como ser aplicável em condições altamente diversas, e ser ambientalmente sustentável. Conseqüentemente, ela precisa fazer um uso maior dos recursos locais complementados por um uso muito mais judicioso dos aportes externos.

---

13. PARDEY, P. G., ALSTON, J. M., CHRISTIAN, J. E. e FAN, S. *Hidden Harvest: US Benefits from International Research Aid*, 1996.

14. BARKER, R., HERDT, R. W. e ROSE, B. *The Rice Economy of Asia*. Washington: Recursos para o Futuro, 1985.

Na verdade, precisamos de uma Revolução Duplamente Verde, uma revolução que seja ainda mais produtiva do que a primeira Revolução Verde e ainda mais "verde" em termos de conservação dos recursos naturais e do meio ambiente.[15]

Nas três próximas décadas, ela deve:

- Repetir os êxitos da Revolução Verde;
- Ter escala global;
- Ocorrer em muitos locais diferentes;

e ser:

- Eqüitativa;
- Sustentável; e
- Propícia ao meio ambiente.

Enquanto a primeira Revolução Verde tomou como ponto de partida o desafio biológico de produzir novos cultivos alimentares de alto rendimento e depois procurou determinar como os benefícios poderiam alcançar os pobres, esta nova revolução precisa inverter a cadeia da lógica, começando pelas demandas socioeconômicas das famílias pobres e depois procurando identificar as prioridades de pesquisas apropriadas. Sua meta é a criação de segurança alimentar e meios de vida sustentáveis para os pobres.

Os êxitos não serão alcançados aplicando-se ou a ciência moderna e a tecnologia, de um lado, ou implementando-se a reforma econômica e social, de outro, mas por meio de uma combinação inovadora e imaginativa de ambas. Ela vai requerer um esforço concertado por parte da comunidade mundial, tanto em países industrializados como em desenvolvimento, a aplicação de novas descobertas científicas e tecnológicas de um modo sensível ao meio ambiente e, sobretudo, como se discute no Capítulo 10, a criação de novas parcerias entre cientistas e agricultores que atendam as necessidades dos pobres. Nos capítulos seguintes eu amplio as justificativas para esse novo conceito e desenvolvo o que é preciso para garantir o sucesso.

---

15. CONWAY, G. R., LELE, U., PEACOCK, J. e PIÑEIRO, M. *Sustainable Agriculture for a Food Secure World*. Washington: Grupo Consultivo de Pesquisa Agrícola Internacional/Estocolmo, Agência Sueca para Cooperação em Pesquisa com Países em Desenvolvimento, 1994.

4 Êxitos anteriores

Os japoneses fizeram do cultivo de trigo anão uma arte. A haste do trigo raramente cresce mais do que 50 a 60 centímetros. A espiga é pequena, mas pesada. Por mais fertilizante que se use, a planta não ficará mais alta; mas o comprimento da espiga de trigo aumenta. Mesmo nos solos mais ricos, os pés de trigo jamais tombam.

Consultor norte-americano do governo Meiji, 1873[1]

Sem a Revolução Verde, a quantidade de pobres e famintos seria hoje bem maior. Há 35 anos, segundo a FAO, havia aproximadamente 1 bilhão de pessoas nos países em desenvolvimento que não obtinham o suficiente para comer, o equivalente a 50% da população, contra 20% hoje.[2] Se a proporção permanecesse inalterada, os famintos já seriam mais de 2 bilhões – mais do que o dobro da quantidade atual. A conquista da Revolução Verde foi ter permitido aumentos anuais na produção de alimentos que acompanharam, com folga, o crescimento da população.

Muitos fatores contribuíram para essa história de sucesso, mas foi de importância primordial a aplicação da ciência e da tecnologia modernas à tarefa de aumentar a produtividade das culturas. O rendimento dos cereais, a produção total de cereais e a produção total de alimentos nos países em desenvolvimento mais do que dobraram entre 1960 e 1985. No mesmo período, sua população cresceu em torno de 75%. Em conseqüência, o suprimento diário médio de calorias nos países em desenvolvimento aumentou em um quarto, de menos de 2.000 calorias por

1. HANSON, H., BORLAUG, N. E. e ANDERSON, R. G. *Wheat in the Third World*. Boulder: Westview Press, 1982.
2. A base para determinar quem é "faminto" mudou com o tempo, e o número provavelmente seria mais baixo se fosse usado o método atual de determinar a "subnutrição crônica". Ver GRIGG, D. *The World Food Problem* (2ª ed.). Oxford: Blackwell, 1993.

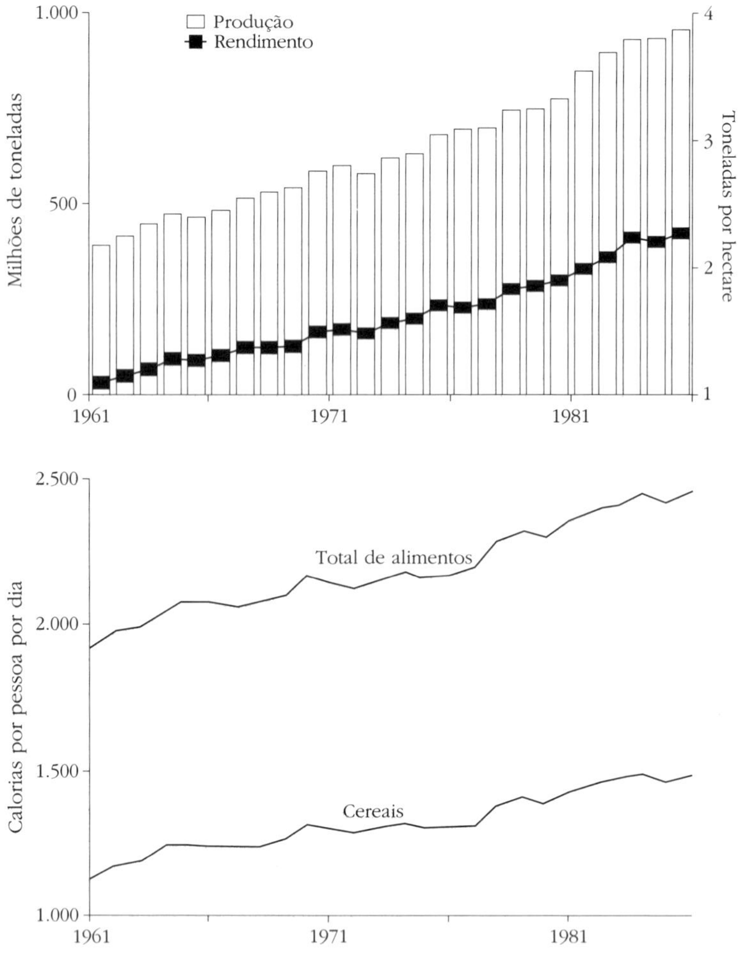

Figura 4.1 Produção de cereais, rendimentos de cereais e suprimento de calorias nos países em desenvolvimento, 1961-86.

pessoa, no início dos anos 1960, para cerca de 2.500 calorias em meados dos anos 1980, 1.500 dessas provenientes de cereais (Figura 4.1).[3]

A história da Revolução Verde é bastante conhecida, mas vale a pena recontá-la aqui como um lembrete do poder e dos limites da inovação tecnológica e da importância crucial, para o seu êxito, do ambiente econômico, social e institucional dentro do qual ela tem de operar.

3. ALEXANDRATOS, N. (Org.). *World Agriculture: Towards 2010. A FAO Study*. Chichester: Wiley & Sons, 1995.

Uma análise cuidadosa das tendências da produtividade agrícola em diversos países, tanto desenvolvidos como em desenvolvimento, sugere que há um ponto de inflexão na história quando os rendimentos começam a disparar.[4] Enquanto a produção agrícola permanece assentada em práticas tradicionais, com pouco ou nenhum insumo, os ganhos de produtividade são modestos, da ordem de 1% ou menos por ano. O aumento da produção mal aparece e se deve, em grande parte, ao aumento da área cultivada, até que um patamar crítico seja atingido, provocando uma transição para uma nova base de produção. Surgem variedades muito melhoradas, os fazendeiros recorrem a fertilizantes inorgânicos e pesticidas sintéticos, investem em irrigação e drenagem e adotam um leque de outras tecnologias novas, inclusive a compra de maquinário agrícola.

Cornelius de Wit e seus colegas da Universidade de Wageningen, na Holanda, concluem de suas análises que essa transição ocorre quando os rendimentos dos cereais alcançam em torno de 1.700 kg/ha. Abaixo do ponto de aceleração, os aumentos de rendimento são da ordem de 17 kg/ha por ano; depois, são de 50-85 kg/ha. Há exceções, por certo: alguns países (a China é um exemplo) experimentaram acelerações de níveis de rendimento muito mais baixos; outros, como a Grã-Bretanha e o Japão, tiveram vários surtos de crescimento com taxas relativamente baixas nos intervalos. No Japão, a seleção de variedades indígenas de arroz combinada com uma maior irrigação resultou num aumento anual do rendimento da ordem de 40 kg/ha entre a década de 1880 e a Primeira Guerra Mundial.[5] Os rendimentos aumentaram mais lentamente entre as duas guerras mundiais e depois voltaram a disparar depois da Segunda Guerra Mundial, com crescimentos anuais do rendimento de 75 kg/ha por ano.

Na maioria dos países desenvolvidos, as acelerações ocorreram logo depois do fim da Segunda Guerra. Variedades de maior rendimento, novas fórmulas de fertilizantes e pesticidas mais eficazes chegaram ao mercado,

4. DE WIT, C. T., VAN LAAR H. H. e VAN KEULEN, H. Physiological potential of food production. In: SNEEP J. e HENRICKSON A. J. T. (Org.). *Plant Breeding Perspectives*. Wageningen: Centre for Agricultural Publishing and Documentation (Publ. n. 118, PUDOC), p. 47-82, 1979; PLUCKNETT, D. L. *Science and Agricultural Transformation*. Washington: International Food Policy Research Institute (Lecture Series), 1993.

5. ISHIZUKA, Y. Engineering for higher yields. In: EASTIN, J. D., HASKINS, F. A., SULLIVAN, C. Y. e VAN BAVEL, C. H. M. (Orgs.). *Physiological Aspects of Crop Yield*. Madison: American Society of Agronomy and Crop Science Society of America, p. 15-26; GRIGG. *op. cit.*, 1969.

juntamente com máquinas que permitiram melhorar as operações agrícolas. Incentivos econômicos, incluindo garantia de preços e outras formas de subsídios, contribuíram para a ampla adoção das novas tecnologias. Dali em diante, o crescimento na produção resultou, quase inteiramente, do aumento do rendimento; na maioria dos países desenvolvidos, a área cultivada diminuiu desde 1950.

As acelerações nos países em desenvolvimento ocorreram, sobretudo, no fim dos anos 1960, quando as novas variedades produzidas pela Revolução Verde começaram a ser amplamente adotadas. O administrador da USAID, William Gaud, foi o primeiro a cunhar o termo "Revolução Verde".[6] Na época, ele descrevia, de maneira adequada, um acontecimento de enorme importância. Hoje, "verde" significa o meio ambiente; então, a imagem que ela transmitia era a de um mundo forrado de plantações exuberantes e produtivas – as extensões verdes de trigais e arrozais viçosos. Ela foi uma verdadeira revolução também na escala da transformação que provocou, embora, como veremos, não foi longe o bastante.

As origens da revolução estão numa *joint venture* entre o Escritório de Estudos Especiais, criado pelo Ministério da Agricultura do México, e a Fundação Rockefeller em 1943.[7] Na época, o rendimento dos grãos mexicanos era muito baixo; o rendimento do milho era, em média, um quarto do norte-americano; e o trigo rendia menos de 800 kg/ha, apesar de a grande maioria dos trigais ser irrigada. O Escritório era chefiado por George Harrar e incluía Edwin Wellhausen, um plantador de milho, Norman Borlaug, um fitopatologista, e William Colwell, um cientista de solo. O escritório chegaria a ter 21 cientistas norte-americanos e cem mexicanos trabalhando principalmente numa estação experimental em Chapingo, no chuvoso planalto central mexicano. Sua incumbência era melhorar o rendimento das culturas alimentares básicas: milho, trigo e feijão.

O programa de pesquisa se concentrou inicialmente no milho, o esteio da alimentação mexicana, consumido na forma do pão fino, chato

6. CHANDLER, R. F. *An Adventure in Applied Science: A History of the International Rice Research Institute*. Los Baños: International Rice Research Institute, 1982.

7. STAKMAN, E. C., BRADFIELD, R. e MANGELSDORF, P. C. *Campaigns against Hunger*. Cambridge: Harvard University Press, 1967. DE ALCANTARA HEWITT, C. *Modernizing Mexican Agriculture: Socioeconomic Implications of International Change, 1940-1970*. Genebra: UNRISD (Report n. 76.5), 1967.

e não fermentado chamado *tortilla*. Agrônomos mexicanos já haviam descoberto que a maioria das cepas de milho cultivadas nos Estados Unidos não era bem adaptada às condições mexicanas, de forma que o programa estabeleceu que tentaria repetir o feito norte-americano de cultivar variedades de milho híbrido de alto rendimento, mas usando como base variedades nativas. O cultivo de milho é feito por polinização cruzada, de modo que a semente que o agricultor colhe em sua safra no final da temporada é, em geral, altamente variável. Híbridos mais uniformes e de rendimento mais alto podem ser criados pelo cruzamento deliberado de duas linhagens distintas que tenham sido congênitas durante várias gerações por autopolinização. Os híbridos resultantes combinam as melhores características das duas linhagens e em geral têm um certo vigor híbrido adicional.[8] Quando o programa mexicano começou, cerca da metade dos milharais dos EUA era plantada com híbridos. Mas a desvantagem dos híbridos é que as novas sementes para cada temporada precisavam ser produzidas pela repetição do cruzamento, pois as sementes colhidas no fim da temporada da safra híbrida teriam perdido o vigor híbrido e se contaminado. Uma abordagem alternativa adotada por Edwin Wellhausen era cultivar quatro ou mais linhagens congênitas num campo isolado e deixá-las cruzarem naturalmente. Essas, chamadas "sintéticas", rendiam 10-25% mais do que as melhores variedades existentes, e os fazendeiros poderiam simplesmente guardar sementes de suas melhores plantas de um ano para outro.[9]

O sucesso não demorou a chegar. Em 1948, 1.400 toneladas de sementes das variedades melhoradas de milho foram plantadas. A nova semente, o tempo favorável da estação e a pronta disponibilidade de fertilizantes resultaram numa safra recorde e, pela primeira vez desde a revolução de 1910, o México não precisou importar milho. Nos anos 1960, mais de um terço dos milharais mexicanos estavam sendo cultivados com variedades novas de alto rendimento e os rendimentos chegavam, em média, a 1.000 kg/ha. A produção total havia aumentado de 2 milhões de toneladas para 6 milhões.

Embora o milho fosse sua principal cultura básica, o México importava quase um quarto de milhão de toneladas de trigo por ano. Os rendimentos

---

8. LAWRENCE, W. J. *Plant Breeding*. Londres: Edward Arnold (Studies in Biology n. 12), 1968.
9. STAKMAN et al. *op. cit.*

eram muito baixos – "a maioria das variedades era uma mixórdia de muitos tipos diferentes, altos e baixos, com e sem praganas, de amadurecimento precoce ou tardio. Em geral, os campos amadureciam de maneira tão irregular que era impossível colhê-los todos de uma só vez sem perder muitos grãos maduros demais ou incluir muitos grãos verdes demais na colheita".[10] No Norte e no centro do México, os solos haviam perdido boa parte da fertilidade. Nas terras mais novas e mais bem irrigadas da costa do Pacífico, no Noroeste do país, o solo era, em geral, suficientemente fértil para produzir altos rendimentos, mas a ferrugem de caule era muito destrutiva. Em Sonora, epidemias em três anos consecutivos, de 1939 a 1941, fizeram muitos fazendeiros reduzirem seus trigais ou pararem por completo de cultivar trigo.

O programa do trigo, sob a direção de Norman Borlaug, começou testando mais de 700 variedades nativas e importadas de trigo quanto à sua resistência à ferrugem.[11] Embora algumas variedades importadas fossem ao mesmo tempo mais resistentes à ferrugem e de maior rendimento que as variedades mexicanas, elas tinham a desvantagem do amadurecimento tardio. Elas precisavam dos dias mais longos dos verões do Norte para amadurecer. Mas cruzando as variedades importadas com as melhores variedades mexicanas, Borlaug produziu, em 1949, quatro variedades resistentes à ferrugem adaptadas a uma particular região ecológica do México. O trigo é uma cultura de autopolinização, de modo que os cruzamentos precisam ser feitos à mão, mas, uma vez criadas, as novas variedades se reproduzem sozinhas e os fazendeiros podem usar as sementes colhidas para a safra do ano seguinte. Em 1951, as novas variedades eram cultivadas em 70% dos trigais, e cinco anos depois o México produzia mais de 1 milhão de toneladas de trigo com um rendimento nacional médio de 1.300 kg/ha. Já não era preciso importar trigo.

O próximo passo no programa do trigo foi melhorar os rendimentos aumentando o uso de fertilizantes. Experimentos com solos irrigados de maneira adequada mostraram que 140 kg/ha de nitrogênio mais do que quadruplicavam o rendimento. Mesmo nos solos bem umedecidos pela chuva, os rendimentos mais do que dobraram, e a adição de fosfato

10. *Ibid.*

11. HANSON et al. *op. cit.*

produziu aumentos de cinco ou seis vezes. Mas as variedades tradicionais tinham a tendência de ficarem altas e quebrarem, isto é, elas vergavam sob o peso da folhagem exuberante produzida pela absorção extra de nutrientes, favorecendo o apodrecimento e dificultando a colheita do grão. Os plantadores perceberam também a necessidade de variedades que retivessem os grãos até eles ficarem suficientemente maduros para a colheita e o descascamento mecânicos. Variedades de trigo de melhor qualidade de moagem e assadura eram necessárias agora que o México passara a depender exclusivamente das suas próprias e não as misturava com variedades importadas mais resistentes.

Como bem atesta a citação no começo deste capítulo, já se cultivavam variedades de palhas curtas no Japão há muito tempo. Em 1935, os japoneses haviam produzido uma nova variedade anã, a Norin 10, cruzando uma de suas anãs tradicionais com variedades mediterrâneas e russas importadas dos EUA.[12] Isso foi percebido por um funcionário norte-americano da agricultura que trabalhava no Japão em 1946 e foram enviadas sementes à Universidade Estadual de Washington. Inicialmente, os cruzamentos com variedades de trigo norte-americano resultaram em descendentes estéreis, mas depois foi feito um cruzamento fértil do qual, dez anos depois, Orville Vogel, do Departamento de Agricultura dos EUA (USDA), produziu uma nova variedade semi-anã denominada Gaines, que rendeu um recorde mundial de mais de 14 t/ha.

Norman Borlaug soube do trabalho de Vogel e, em 1953, obteve um pouco de seu antigo material de reprodução para cruzar com variedades mexicanas tradicionais. Cultivando duas safras por ano, uma safra de verão em Chapingo e uma de inverno numa segunda estação experimental no estado de Sonora, na rica planície irrigada no Noroeste Pacífico do México, ele produziu, em tempo recorde, duas variedades novas superiores de trigo anão. Elas estavam adaptadas a uma ampla gama de durações do dia e outros fatores ambientais, e eram altamente sensíveis a aplicações de fertilizantes (Figura 4.2). Em 1966 as novas variedades rendiam 7 t/ha. Uma década depois, virtualmente todos os trigais do México estavam cobertos por essas variedades e o rendimento médio do país estava próximo de 3 t/ha, havendo quadruplicado desde 1950 (Figura 4.3). Em 1985, a produção total crescera para 5,5 milhões de toneladas.

---

12. *Ibid.*

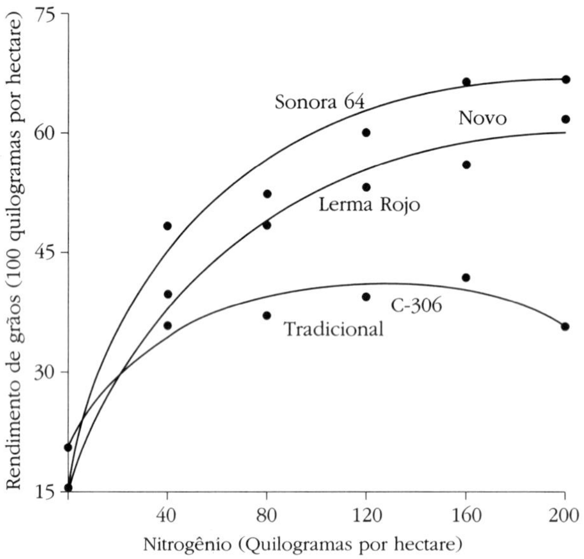

Figura 4.2 Respostas de novas e tradicionais variedades de trigo a fertilizantes.[13]

Depois do sucesso das novas variedades de trigo e milho na América Latina, a atenção se voltou para as necessidades da Ásia. Em boa parte deste continente, a alimentação básica era, e ainda é, o arroz. Diferentemente do trigo, o arroz é cultivado em geral por pequenos proprietários (em fazendas com menos de três hectares) para consumo doméstico. Nos anos 1950, mais de 90% do arroz produzido no mundo era cultivado na Ásia; os rendimentos nacionais estavam, em média, entre 800 e 1.900 kg/ha.[14]

No início do século XX, Japão, China e Taiwan desenvolveram algumas variedades novas de arroz que provocaram aumentos significativos na produção, mas o principal impacto nos rendimentos do arroz asiático veio nos anos 1960 como resultado dos esforços competentes de dois grupos de plantadores, trabalhando sem conhecimento mútuo, na China e nas Filipinas. Os benefícios de cientistas poderem perseguir objetivos claros em equipes multidisciplinares convenceram os envolvidos no

13. WRIGHT, B. C. Critical requirements of new dwarf wheat for maximum production. In: *Proceedings of the Second FAO/Rockefeller Foundation International Seminar on Wheat Improvement and Production, March 1968*. Beirute: Ford Foundation, 1972.

14. BARKER, R., HERDT, R. W. e ROSE, B. *The Rice Economy of Asia*. Washington: Recursos para o Futuro, 1985.

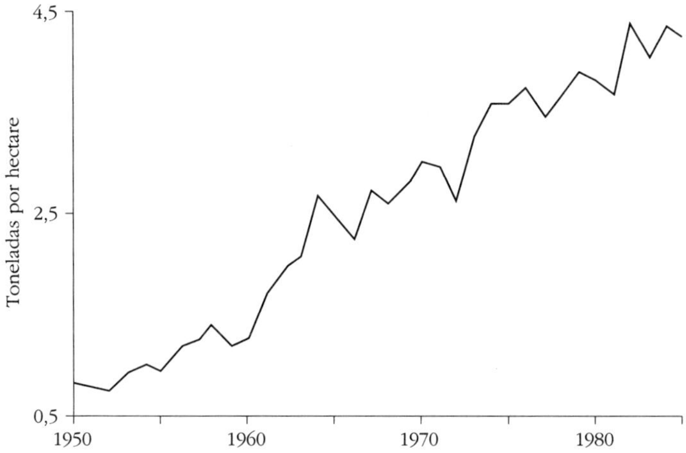

Figura 4.3 Aumento dos rendimentos do trigo no México.

programa mexicano da necessidade de criar institutos de pesquisa com fins específicos que atrairiam cientistas do mais alto calibre. Em 1961, foi criado o Instituto Internacional de Pesquisa do Arroz (IRRI) em Los Baños, na província filipina de Luzon, como uma *joint venture* entre o governo das Filipinas e as fundações Ford e Rockefeller. Ele foi o primeiro de uma família de novos institutos de pesquisa equipados com laboratórios de primeira classe e terrenos experimentais adjuntos localizados em terras boas e irrigadas.[15] Condições de vida excelentes e salários internacionais contribuíram para atrair os melhores cientistas de todo o mundo.

A Fundação Ford se tornou uma parceira em parte porque seu programa de desenvolvimento comunitário na Índia, criado em 1951, havia realçado a importância da pesquisa agrícola. O programa, conduzido sobretudo por cientistas sociais, partia do pressuposto de que uma tecnologia melhorada era facilmente acessível e precisava apenas de um programa de educação vigoroso para ser implementada. Mas os trabalhadores de extensão rural da aldeia se mostraram muitas vezes inexperientes em agricultura e, mais importante, o estímulo ao maior uso de fertilizantes se mostrou ineficaz porque as variedades tradicionais de grãos se espalhavam. Forrest Hill, economista agrícola e vice-presidente da fundação, concluiu que esta havia "colocado o carro na frente dos bois". O que era

15. A lista completa dos Centros Internacionais de Pesquisa Agrícola é fornecida no Apêndice; BAUM, W. C. *Partners against Hunger: The Consultative Group on International Agricultural Research*. Washington: Banco Mundial, 1986.

preciso, acreditava ele, era uma pesquisa agrícola inovadora para apoiar o trabalho de extensão.

O primeiro diretor do IRRI foi Robert Chandler, que reuniu uma equipe de *experts* em arroz oriundos dos EUA, Índia, Japão, Taiwan, Ceilão e Filipinas.[16] A experiência com o programa de trigo no México e o conhecimento já obtido em programas de cultivo na Índia forneceram um modelo para as novas variedades de arroz necessárias (Box 4.1). Uma grande coleção de tipos de arroz foi rapidamente formada em Los Baños e, dos cruzamentos feitos em 1962, uma combinação particularmente promissora foi a da variedade alta e vigorosa Peta, da Indonésia, com a Dee-geo-woo-gen, uma variedade baixa, de palha rija, de Taiwan, que continha um único gene anão recessivo. Em 1966, a nova variedade, denominada IR8, foi liberada para o plantio comercial nas Filipinas. Ela foi um sucesso imediato e, em meio a uma publicidade considerável, foi batizada de "o arroz milagroso".

Paralelamente ao trabalho do IRRI, um programa de reprodução muito parecido fora iniciado na Academia de Ciências Agrícolas da província chinesa de Guandong.[17] Embora isso só viesse a público muito tempo depois, as equipes chinesa e filipina estavam usando material reprodutivo com o mesmo gene anão – a variedade taiwanesa Dee-geo-woo-gen havia surgido, provavelmente, no Sul da China. Em 1959, os chineses produziram seu primeiro cruzamento bem-sucedido, semelhante, em muitos aspectos, à IR8, e conhecido como Guang-chai-ai. Ele foi rapidamente adotado na província de Guandong e em Jiangsu, Hunan e Fujian. Em 1965, um ano antes da liberação da IR8, estava sendo cultivado em 3,3 milhões de hectares.

A IR8 combinava o vigor da Peta com a palha curta da Dee-geo-woo-gen. Ela era, assim como as novas variedades de trigo cultivadas no México, altamente responsiva a fertilizantes e fundamentalmente indiferente ao fotoperiodismo, amadurecendo em 130 dias. Com irrigação, a IR8 rendia 9 t/ha na estação seca e, na fazenda do IRRI, quando cultivada continuamente com uma rotação rápida de culturas, produzia rendimentos anuais médios acima de 20 t/ha. Em experimentos regionais asiáticos, a IR8 superou o rendimento de virtualmente todas as outras variedades, produzindo de 5 a 10 t/ha.

16. CHANDLER. *op. cit.*

17. BARKER et al. *op. cit.*

Box 4.1 Um modelo para as novas variedades de arroz[18]

- talo curto, rijo (90-110 cm), dando resistência ao tombamento
- folhas estreitas, eretas, resultando numa maior eficiência na utilização da luz solar
- alto brotamento e uma relação de grão para palha de 1:1, produzindo uma maior resposta a fertilizantes
- tempo de florescimento indiferente à duração do dia, dando flexibilidade à data e ao local do plantio
- maturação precoce (menos de 130 dias), proporcionando uma maior produção por hectare por dia
- resistência à maioria das pragas e doenças graves: broca de talo e ferrugem do arroz
- ampla adaptabilidade na Ásia
- altamente nutritivo, com alto conteúdo de proteínas e um melhor equilíbrio de aminoácidos
- alta palatabilidade

Houve um impacto imediato na produção filipina de arroz. Em 1970, 1,5 milhão de hectares, metade dos arrozais, estavam plantados com as novas variedades, e a aceleração do rendimento havia ocorrido. As Filipinas se tornaram auto-suficientes na produção de arroz em 1968-1969 pela primeira vez em décadas, embora esta condição fosse perdida temporariamente no começo dos anos 1970 devido ao mau tempo e a surtos de doenças. Uma década mais tarde, 75% dos arrozais estavam plantados com as novas variedades, os rendimentos médios estavam acima de 2.000 kg/ha e cresciam em torno de 70 kg/ha por ano (Figura 4.4).

No começo, as novas variedades foram distribuídas um tanto aleatoriamente. Quando a IR8 foi liberada, os fazendeiros que recorressem ao IRRI podiam obter 2 kg de sementes de graça, contanto que deixassem seu nome e endereço. A semente se espalhou, em alguns meses, para dois terços das províncias das Filipinas. Mais tarde, as sementes foram distribuídas por agências do governo e por uma recém-criada Associação dos Plantadores de Arroz, formada por fazendeiros privados que tanto cultivavam como comercializavam a nova semente. A Standard Oil of New Jersey (ESSO) também criou 400 centros de serviços agrícolas nas Filipinas para servirem de pontos de comercialização não só de fertilizantes, mas de sementes, pesticidas e implementos agrícolas.[19]

18. STAKMAN et al. *op. cit.*; BARKER et al. *op. cit.*

19. BROWN, L. *Seeds of Change*. Nova Iorque: Praeger, 1970.

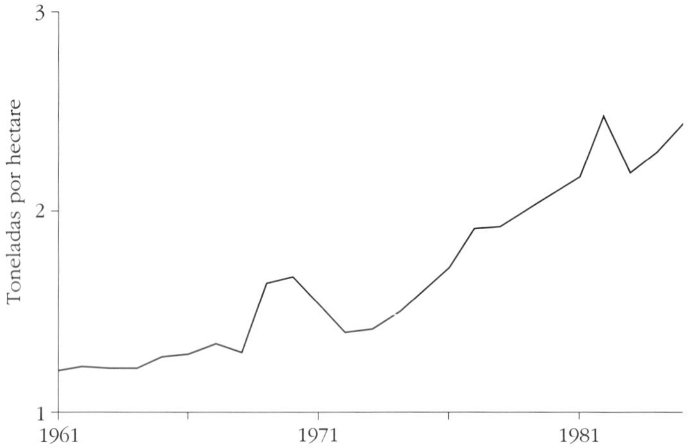

Figura 4.4 Rendimentos do arroz nas Filipinas, 1961-85.

Dois consultores agrícolas mexicanos que trabalhavam em El Salvador tiveram a idéia de reunir num pacote todos os insumos básicos que um fazendeiro precisaria para testar uma nova variedade num pequeno lote. A idéia se espalhou rapidamente para outros países e foi testada em escala maciça nas Filipinas, onde um pacote típico continha 0,9 kg de semente IR8, 19 kg de fertilizante e 2,7 kg de inseticida. Os pacotes eram produzidos pelos governos e também vendidos por empresas de fertilizantes.[20] Além de continuar seu programa de ajuda alimentar, a agência de ajuda americana USAID começou a apoiar o envio de fertilizantes na década de 1960 e a financiar infra-estrutura rural – estradas das fazendas aos mercados e projetos de irrigação e de eletrificação rural. A USAID também financiava um grande contingente de *experts* em assistência técnica. Foram firmados contratos com os land-grant colleges americanos que tinham fazendas experimentais para assistirem na criação de instituições de ensino, pesquisa e extensão e para universidades agrícolas na tradição desse tipo de faculdade. Uma das parcerias mais bem-sucedidas foi entre a Universidade Cornell e a Universidade das Filipinas em Los Baños, ao lado do campus do IRRI.

Um objetivo consciente da Revolução Verde, desde o início, era produzir variedades que pudessem ser cultivadas num amplo leque de condições em todo o mundo em desenvolvimento. Para atingir esse objetivo,

20. *Ibid.*

os plantadores do México haviam cultivado, com êxito, os novos tipos de trigo para serem indiferentes ao fotoperiodismo, isto é, eles poderiam florescer e produzir grãos em qualquer época do ano, ao contrário de variedades tradicionais que tendem a florescer em certas estações, por exemplo, quando os dias são mais curtos. Contanto que a temperatura ficasse acima de determinado grau mínimo e houvesse água suficiente, as novas variedades cresceriam em quase toda parte.

Já no começo dos anos 1950, testes bem-sucedidos com as novas variedades mexicanas de milho e de trigo foram realizados na América Latina e na Ásia. As novas variedades rendiam na Índia pelo menos uma tonelada a mais do que as variedades locais. Entretanto, as pragas e doenças locais e problemas no manejo do solo específicos do lugar continuaram sendo grandes obstáculos. E a importância de obter o pacote certo foi ilustrada por uma tentativa de introduzir as novas variedades de trigo mole mexicano na Tunísia, onde os fazendeiros estavam acostumados a cultivar trigo duro, comido na forma de cuscuz.[21] No primeiro ano, os testes deram um rendimento médio de 1,5 t/ha, três vezes maior que o do trigo duro. O amadurecimento precoce das variedades de trigo mole significava também que elas podiam ser colhidas rapidamente, antes de a estiagem chegar. Mas o plantio enormemente expandido no terceiro ano foi uma catástrofe, com rendimentos de apenas 300 kg/ha. A qualidade da semente era ruim e, por complicações burocráticas, ela foi distribuída tarde demais. Os fazendeiros também as plantaram muito fundo, com medo da seca, e não conseguiram conter as ervas daninhas. No quarto ano, eles voltaram às variedades tradicionais de trigo duro.

Para supervisionar o esforço internacional, um programa de melhoramento de trigo e de milho foi estabelecido em 1966 sob o guarda-chuva do Centro Internacional para o Melhoramento de Milho e de Trigo, localizado em Chapingo, no México, e conhecido pelas iniciais (de seu nome espanhol) CIMMYT. A maioria das novas sementes era exportada a um preço um pouco superior ao preço mundial de mercado. Em 1967-8, o Paquistão importou uma quantidade suficiente das novas sementes de trigo para plantarem mais de 400 mil hectares. A disparada dos rendimentos no Paquistão e na Índia ocorreu em 1967; os aumentos subseqüentes no

21. HAURI, I. *Le Projet Céréalier en Tunisie: Études aux Niveaux National et Local.* Genebra: United Nations Research Institute for Social Development (Report n. 74.4), 1974.

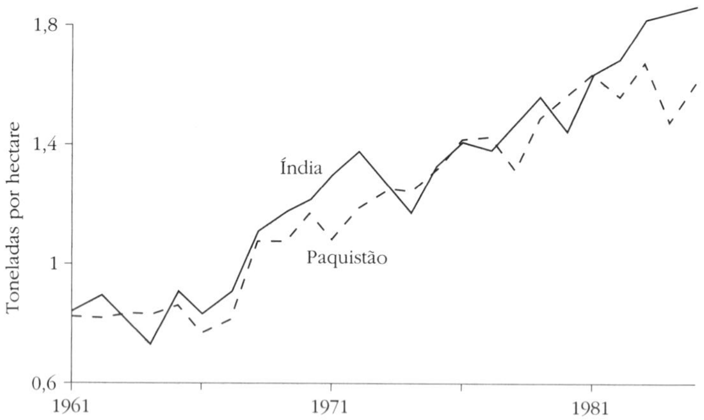

Figura 4.5 Aumento dos rendimentos do trigo na Índia e no Paquistão.

rendimento ficaram em torno de 50 kg/ha por ano (Figura 4.5). Um grande impulso para a rápida escalada das novas variedades no Sul da Ásia foram as duas falhas consecutivas das monções em 1966 e 1967. Os EUA, único país com reservas alimentares de porte, responderam enviando um quinto de sua safra de grãos para a Índia.[22] Esse grau de dependência foi considerado arriscado e indesejável por ambos os lados. Em alguns casos, os acordos de ajuda alimentar permitiram que países pusessem de lado planos sérios de desenvolvimento agrícola, e os grandes volumes de alimentos recebidos haviam abaixado os preços e reduzido o incentivo para os fazendeiros aumentarem a produção. Depois, as falhas da monção ajudaram a exaurir os excedentes mundiais e os preços subiram drasticamente (o arroz passou de US$ 120 a tonelada para mais de US$ 200 em 1967). Diante de uma crise alimentar dessa magnitude, alguns líderes de países em desenvolvimento reconheceram prontamente o potencial das novas variedades. Os presidentes Ayub, do Paquistão, e Marcos, das Filipinas, e o primeiro-ministro Demirel, da Turquia, envolveram-se pessoal e ativamente na promoção da Revolução Verde, levando parte do crédito por seus êxitos. A reeleição do presidente Marcos, em 1969, muito se deveu à conquista da auto-suficiência na produção de arroz.

As novas variedades de trigo também se mostraram populares na Argentina, onde sua maturidade precoce as tornou apropriadas para o plantio

22. BROWN. *op. cit.*

alternado com a soja.[23] E no Egito, o rendimento do trigo disparou em 1969, crescendo inicialmente mais de 60 kg/ha por ano, e, depois de 1980, 200 kg/ha.[24] As novas variedades de milho híbrido também foram introduzidas com sucesso no Egito, no Quênia e no Zimbábue. Mas o maior impacto veio com a sua adoção na América Latina. No começo ela foi lenta, porque os agricultores camponeses tradicionais relutavam em trocar as variedades livremente polinizadas que podiam ser guardadas para sementes na safra do ano seguinte. Mas no começo dos anos 1980, metade da área de milho da América Latina estava semeada com híbridos e os rendimentos haviam aumentado em um terço desde 1960. O Chile, em particular, experimentou um crescimento excepcional, acima de 200 kg/ha por ano depois do início da aceleração em 1964. Segundo Donald Plucknett, do CGIAR, esta foi a mais alta taxa de crescimento sustentado apresentada por qualquer cereal até então.[25] Os rendimentos médios em 1985 estavam se aproximando de 6 t/ha.

A aceleração do rendimento das novas variedades de arroz também foi sensacional. Vinte toneladas da semente IR8 foram enviadas à Índia em 1966 e cinco toneladas a outros países asiáticos e latino-americanos. Na Colômbia, isso deu origem a algumas variantes locais desenvolvidas pelo Centro Internacional de Agricultura Tropical (CIAT) que logo substituíram as variedades nativas. Em 1985, os rendimentos médios estavam se aproximando de 5 t/ha e o arroz havia se tornado a cultura alimentar básica dominante na Colômbia.[26] Outra transformação notável ocorreu na Indonésia, onde as receitas do petróleo foram usadas para financiar a adoção das novas variedades e os pacotes que as acompanhavam. A disparada aconteceu em 1967, com aumentos subseqüentes do rendimento do arroz acima de 100 kg/ha (Figura 4.6).

Na China, os rendimentos do arroz receberam um impulso extra do desenvolvimento do arroz híbrido. O arroz, como o trigo, se reproduz por autopolinização, mas os chineses desenvolveram uma técnica barata para a polinização cruzada em larga escala. O arroz híbrido resultante tem as mesmas qualidades de vigor híbrido que o milho híbrido: os rendimentos

23. GRIGG. *op. cit.*
24. PLUCKNETT. *op. cit.*
25. *Ibid.*
26. GRIGG. *op. cit.*

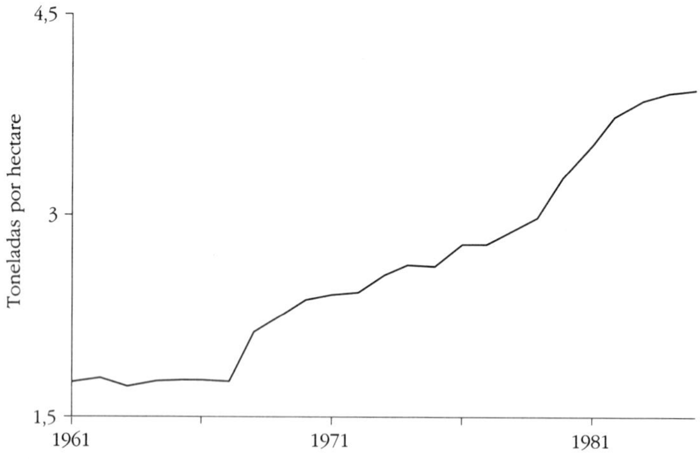

Figura 4.6 Aumento dos rendimentos do arroz na Indonésia.

são de aproximadamente 20%, ou cerca de 1 tonelada, maiores que os do arroz semi-anão. O primeiro arroz híbrido foi distribuído em 1974 e, poucos anos depois, estava sendo plantado em 15% dos arrozais chineses. A China introduziu também as novas variedades de trigo de alto rendimento do México e as cruzou com variedades locais. Os rendimentos dos grãos aumentaram regularmente nos anos 1970 e se aceleraram a partir de 1978 depois da dissolução das comunas, do restabelecimento da família como unidade de produção e do estímulo a mercados locais (Figura 4.7).[27]

Na década de 1980, a Revolução Verde e as novas variedades chinesas dominavam as plantações de cereais do mundo em desenvolvimento (Figura 4.8).[28]

Como seria inevitável, foram muitos os "problemas de crescimento" nos primeiros anos. Muitos governos estavam despreparados para o rápido aumento da produção. A superfície de terra plantada com a IR8 no Paquistão aumentou cem vezes, para mais de 400 mil hectares, em apenas um ano. Sistemas de armazenamento, transporte e comercialização ficaram muitas vezes sobrecarregados. A safra de trigo indiana de 1968

27. *Ibid.*

28. DALRYMPLE, D. *Development and Spread of High Yielding Wheat Varieties in Developing Countries*. Washington: United States Agency for International Development, 1986; *Development and Spread of High Yielding Rice Varieties in Developing Countries*. Washington: United States Agency for International Development, 1986.

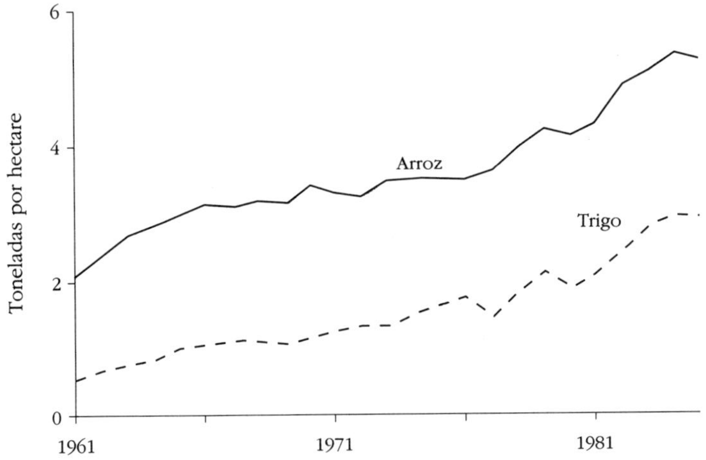

Figura 4.7 Aumento dos rendimentos de arroz e trigo na China.

foi um terço maior que o recorde anterior e escolas foram fechadas para armazenar mais grãos.[29] Uma enorme safra foi perdida em Kalimantan, na ilha de Bornéu, pela falta de transporte suficiente para levá-la aos centros de demanda em Java. Mas esses foram problemas do sucesso, rapidamente superados.

Outro problema inicial foi a pouca aceitação de algumas variedades novas. Apesar de pobres, as pessoas subnutridas conservam o orgulho de comer grãos de boa qualidade. Na Índia e no Paquistão havia uma preferência por *chapatis** feitos com os grãos brancos tradicionais em vez dos grãos avermelhados das novas variedades, mas esse problema logo foi resolvido com o cultivo de grãos de cor branca.[30] O grão das primeiras variedades de arroz do IRRI, como a IR8, também foi rejeitado porque costumava endurecer demais durante o cozimento e os agricultores recebiam um preço menor por eles do que pelos grãos tradicionais. A qualidade melhorou com variedades posteriores, mas muitos fazendeiros continuaram preferindo o gosto tradicional. Na Indonésia, o cultivo de variedades tradicionais de arroz foi proibido, um impedimento executado,

29. HANSON et al. *op. cit.*

* Pão de massa dura, feita de farinha e água, enrolada como uma panqueca e assada em grelha. (N.T.)

30. HANSON et al. *op. cit.*

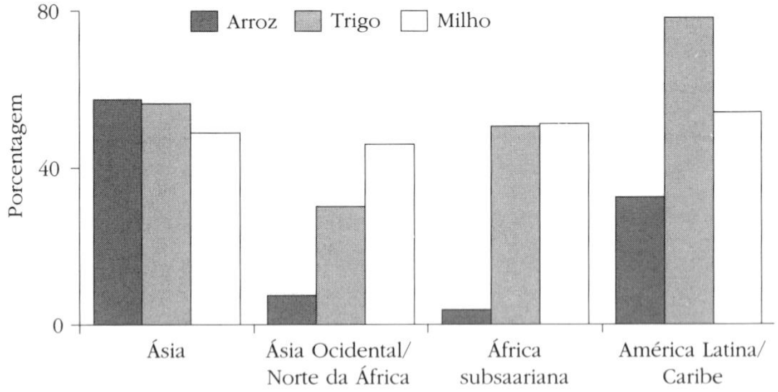

Figura 4.8 Proporção de plantações de cereais com as novas variedades da Revolução Verde ou chinesas no início da década de 1980.[31]

algumas vezes, com a destruição de plantações nos campos. Os fazendeiros responderam cultivando o arroz tradicional em seus quintais domésticos ou nas margens de campos cultivados com as novas variedades.

Outros problemas foram mais persistentes e menos sensíveis a soluções simples. Eles muitas vezes exigiram mudanças nas políticas governamentais e a criação de novas agências. As soluções criaram inevitavelmente novos problemas. Um exemplo foram as necessidades de crédito da nova tecnologia. A adoção dos pacotes de alto rendimento custava caro. Em Bangladesh, o custo dos insumos necessários para as novas variedades era 60% maior que para as variedades tradicionais. Os pequenos agricultores de subsistência, muitas vezes arrendatários ou meeiros, só podiam arcar com os custos dos novos pacotes tomando dinheiro de prestamistas locais, invariavelmente com altas taxas de juros. Nas Filipinas, onde a maioria dos agricultores é composta de arrendatários, o dinheiro era tomado dos donos de terras a taxas de 60-90% ao ano, causando muitas vezes um estado de endividamento permanente. A resposta do governo foi a criação de um Fundo de Empréstimo Agrícola Garantido, estabelecido no Banco Central. Este, por sua vez, amparava numerosos bancos rurais privados que emprestavam sem aval e com taxas de juros razoáveis. Isso foi um fator importante para uma ascensão muito rápida das novas variedades nas Filipinas.

Houve contratempos, porém. No sistema feudal tradicional, os arrendatários prestavam serviços pessoais ao dono da terra, recolhendo

31. LIPTON, M. e LONGHURST, R. *New Seeds and Poor People*. Londres: Unwin Hyman, 1989.

lenha ou auxiliando os consertos da casa. Em troca, os proprietários ajudavam com arroz ou dinheiro em tempos de dificuldade econômica, propiciando-lhes um certo grau de proteção contra o mundo externo.[32] Com o advento da Revolução Verde, essa relação se tornou mais comercial. Ambos os lados se beneficiaram: os rendimentos das fazendas arrendadas aumentaram rapidamente à medida que os agricultores ganhavam com o maior acesso do proprietário a informações técnicas, máquinas e insumos. Mas os insumos tinham de ser pagos e, nos anos ruins, não havia mais larguezas. Os pagamentos dos créditos no esquema do governo deviam ser feitos no prazo e os inadimplentes eram punidos. Os bancos eram menos tolerantes que os proprietários rurais.

Os governos muitas vezes intervinham diretamente para assegurar o fornecimento de insumos. A demanda por fertilizantes cresceu rapidamente nos primeiros anos, às vezes excedendo a oferta e fazendo os preços subirem.[33] A resposta foi fixar preços e fornecer subsídios generosos. Pelo programa BIMAS, na Indonésia, foram concedidas cotas a importadores licenciados, preços foram fixados e distribuidores e varejistas foram encaminhados diretamente às cooperativas em nível de aldeia. Em meados dos anos 1980, o subsídio para fertilizantes havia atingido 68% do preço mundial, 40% para pesticidas e quase 90% para a água. Esses altos níveis de subsídio criaram problemas ambientais graves (ver o Capítulo 6). Também pelo fato de a distribuição de insumos subsidiados permanecer nas mãos de agências governamentais ou paragovernamentais, a corrupção se generalizou e, em algumas situações, se institucionalizou. Isso ficou mais evidente em esquemas de irrigação do governo (ver o Capítulo 13).[34]

Uma conseqüência especialmente grave da Revolução Verde foram os surtos de pragas e doenças.[35] Em alguns casos, a relação causa-efeito

---

32. PEARSE, A. *Seeds of plenty, Seeds of Want: Social and Economic Implications of the Green Revolution*. Oxford: Clarendon Press, 1980; CASTILLO, G. T. *All in a Grain of Rice*. Laguna: Southeast Asian Regional Center for Graduate Study and Research in Agriculture, 1975.

33. BARKER et al. *op. cit.*

34. CHAMBERS, R. *Managing Canal Irrigation: Practical Analysis From South Asia*. Nova Délhi: Oxford and IBH Publishing Co., 1988.

35. SMITH, R. F. The impact of the Green Revolution on plant protection in tropical and subtropical areas. *Bulletin of the Entomological Society of America*, 18, 7-14, 1972.

é simples. Populações de pragas cresceram em resposta às maiores aplicações de nitrogênio, e doenças proliferaram no microclima criado pelas variedades de trigo e arroz com folhagens densas e palhas curtas. Mas freqüentemente foi uma combinação de fatores – nível mais alto de nutrientes, estoque genético limitado, plantação contínua uniforme e mau uso de pesticidas – que criou as condições que estimularam o ataque de pragas e doenças (ver o Capítulo 11).

Para alguns críticos da Revolução Verde, o crescimento da produção deveu-se pouco às novas variedades e sim, principalmente, à expansão agrícola, às áreas cultiváveis que avançavam para terras cada vez mais distantes. Mas as evidências são outras: embora os aumentos de área tenham sido importantes nos anos 1950, os ganhos subseqüentes resultaram em grande parte do rendimento crescente por hectare. Outras fontes alegam que o crescimento da produção se deveu mais a mudanças infra-estruturais e institucionais que a inovações técnicas específicas, apontando a falta de sinais do impacto das novas variedades nos dados regionais.[36] Mas isso aconteceu porque as acelerações no rendimento individual dos países tão claramente indicadas nos gráficos deste capítulo eram escalonadas e, portanto, ficam mascaradas quando reunidas num todo.

No entanto, os aumentos de rendimento não podem ser atribuídos exclusivamente às novas variedades. Elas foram necessárias, mas não suficientes para o sucesso. Seu potencial só poderia ser percebido se elas fossem supridas com altas quantidades de fertilizantes e contassem com suprimentos ideais de água. Como logo se evidenciou, as novas variedades rendiam mais que as tradicionais com qualquer nível de aplicação de fertilizantes, mas sem fertilizantes elas às vezes se saíam pior em solos pobres.[37] Não espanta que as taxas médias de aplicação de fertilizantes nitrogenados, na maioria das vezes sulfato de amônia e uréia, dobraram e redobraram num período de tempo muito curto (Figura 4.9).

Como as novas variedades eram mais exigentes nos seus requisitos, uma boa irrigação, ao proporcionar um ambiente controlado para o

36. DYSON, T. *Population and Food: Global Trends and Future Prospects*. Londres: Routledge, 1996.

37. BARKER, R. Yield and fertilizer input. In: IRRI. *Changes in Rice Farming in Selected Areas of Asia*. Los Baños: International Rice Research Institute, 1978.

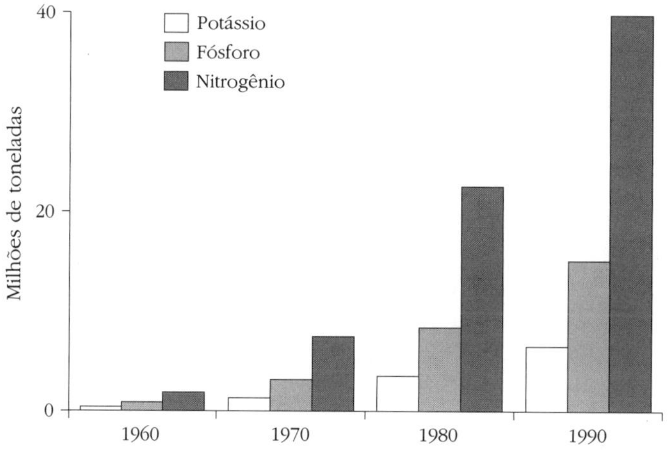

Figura 4.9 Aumento do uso de fertilizantes nos países em desenvolvimento.[38]

crescimento, tornou-se essencial. A maioria dos países em desenvolvimento tem estações de cultivo tanto secas como úmidas. Potencialmente, os rendimentos de estações secas são 50-100% maiores que os das úmidas, mas a falta de chuvas na estação seca e as altas taxas de evapotranspiração resultantes da ausência de nuvens tornam as culturas passíveis de estresse de água. Sem irrigação adequada, os rendimentos tendem a ser baixos e variáveis, independentemente do grau de aplicação de fertilizantes. Com irrigação e aplicação intensa de fertilizantes foram obtidos alguns dos maiores rendimentos de grãos do mundo. No Sul e no Sudeste da Ásia, a área irrigada aumentou de cerca de 40 milhões de hectares para 65 milhões de hectares entre 1960 e 1980, uma taxa de crescimento de 2,2% por ano. Em 1980, um terço da área plantada com arroz era irrigado, produzindo um rápido aumento da safra de arroz na estação seca.

É motivo de disputa quanto da produção aumentada de cereais se deveu à disponibilidade de novas variedades, quanto ao uso aumentado de fertilizantes e quanto ao crescimento da irrigação. Uma análise dos oito países (Bangladesh, Birmânia, China, Índia, Indonésia, Filipinas, Sri Lanka e Tailândia) responsáveis por 85% da safra asiática de arroz sugeriu que os três fatores tiveram uma contribuição aproximadamente igual. Dos 117 milhões de toneladas extras produzidas entre 1965 e 1980,

38. FAO [disquetes com dados sobre fertilizantes]. Roma: Organização das Nações Unidas para Agricultura e Alimentação, 1994.

27 milhões de toneladas eram atribuídas às novas variedades, 29 milhões ao uso aumentado de fertilizantes e 34 milhões à irrigação.[39]

Como seria inevitável, a necessidade de prover altos níveis de fertilizantes e ambientes irrigados e controlados significava que alguns locais eram mais favorecidos do que outros. A aceleração foi mais rápida e mais drástica nas regiões como Sonora, no México, Luzon, nas Filipinas, nas terras baixas de Java e no Punjab da Índia e do Paquistão, onde a irrigação já estava bem desenvolvida e os fazendeiros, que geralmente possuíam lá maiores extensões que no resto do país, tinham um bom acesso ao crédito, maior disposição de assumir riscos e provavelmente adotaram rapidamente as novas variedades. O mais importante é que a inovação e a adoção foram apoiadas nesses locais por governos dispostos e capazes de fazer e dirigir os investimentos necessários, inclusive a estrutura de pesquisa necessária para adaptar as novas variedades às condições locais. Essas terras, espalhadas por toda a Ásia e América Latina, tornaram-se as terras da chamada Revolução Verde.

Em síntese, a Revolução Verde teve êxito porque se concentrou em três ações inter-relacionadas:

- Programas de reprodução de cereais básicos para criar variedades de maturação precoce, indiferentes à duração do dia e de alto rendimento;
- Organização e distribuição de pacotes de insumos de alto retorno, como fertilizantes e pesticidas, e regularização da água;
- Implementação dessas inovações técnicas nas regiões agroclimáticas mais favoráveis e para as classes de agricultores com as melhores possibilidades de obter os rendimentos potenciais.

Sob muitos aspectos, isso foi um triunfo mais da tecnologia que da ciência. Os genes anãos já eram conhecidos há décadas na China e no Japão e a maioria das técnicas de cultivo estava bem estabelecida. O que fez a diferença foi o investimento – na China e, independentemente, no resto do mundo em desenvolvimento – em instituições e na organização do provimento dos insumos necessários para tornar a ciência produtiva.

39. HERDT, R. W. e CAPULE, C. *Adoption, Spread, and Production Impact of Modern Rice Varieties in Asia.* Los Baños: International Rice Research Institute, 1983; PINSTRUP-ANDERSON, P. e HAZELL, P. B. R. The impact of the Green Revolution and prospects for the future. *Food Reviews International,* 1, 1-25, 1985.

O sucesso é indiscutível, mas tratou-se de uma revolução com sérias limitações. Em particular:

- Seu impacto sobre os pobres tem sido menor que o esperado;
- Ela não reduziu, e em alguns casos estimulou, a degradação dos recursos naturais e os problemas ambientais;
- Seu impacto geográfico foi localizado; e
- Há sinais de queda nos retornos.

Essas são as questões que discuto mais detalhadamente nos próximos três capítulos.

5 A PRODUÇÃO DE ALIMENTOS E OS POBRES

Verde, sim; revolução, não... o resultado obtido não foi suficiente para melhorar muito o consumo de alimentos pelas pessoas pobres.

Michael Lipton e Richard Longhurst, *New Seeds and Poor People*[1]

O efeito mais controverso da Revolução Verde tem sido seu impacto na vida dos pobres.[2] Na opinião de muitas fontes, as novas tecnologias eram inerentemente favoráveis aos ricos, beneficiando grandes fazendeiros à custa dos pequenos, e proprietários de terras à custa dos arrendatários. Eles viram poucas evidências de benefícios "escorrendo" dos ricos para os pobres e argumentaram que, sem reformas institucionais adequadas, os esforços para introduzir as novas tecnologias eram um desperdício de dinheiro. Segundo outros, entre eles Michael Lipton e Richard Longhurst, as tecnologias, a despeito de seus empecilhos evidentes, foram fundamentais para o aumento da produção e a atendimento da demanda de mão-de-obra em face do rápido crescimento da população e do pouco espaço para a expansão do cultivo. Eles apresentaram a seguinte questão: "Na falta da Revolução Verde, a situação não teria sido muito pior?" A resposta parece ser sim. Nos últimos trinta anos, os preços mundiais dos grãos declinaram em termos reais e os suprimentos de calorias *per capita* nos países em desenvolvimento aumentaram consistentemente.

1. LIPTON, M. e LONGHURST, R. *New Seeds and Poor People*. Londres: Unwin Hyman, 1989.
2. BARKER, R., HERDT, R. W. e ROSE, B. *The Rice Economy of Asia*, Washington: Resources for the Future, 1985; LIPTON e LONGHURST. *op. cit.*; ANDERSON, R. S., BRASS, P. R., LEVY, E. e MORRIS, B. M. (Orgs.). *Science, Politics and the Agricultural Revolution in Asia*. Boulder: Westview Press, 1982; PEARSE, A. *Seeds of Plenty, Seeds of Want: Social and Economic Implications of the Green Revolution*. Oxford: Clarendon Press, 1980; RUTTAN, V. W. e BINSWANGER, H. P. Induced innovation and the Green Revolution. In: BINSWANGER, H. P. e RUTTAN, V. W. (Orgs.). *Induced Innovation: Technology, Institutions and Development*. Baltimore: Johns Hopkins University Press, p. 358-408, 1978; HAYAMAI, Y. e KIKUCHI, M. *Asian Village Economy at the Crossroads*. Tóquio: Tokyo University Press, 1981.

Em média, todos deveriam estar mais bem alimentados e a incidência da pobreza, reduzida.

Em todo o mundo em desenvolvimento tem havido um declínio significativo da incidência da pobreza nos últimos trinta anos. O consumo por pessoa aumentou 70% entre 1965 e 1985, mas este número esconde uma variação considerável.[3] Embora tenha havido crescimento em quase todos os países na década de 1960, as regiões começaram a se diferenciar fortemente na década de 1970, com pouco ou nenhum crescimento na África subsaariana e um crescimento apenas modesto no Sul da Ásia (Figura 5.1). Vários países do Leste da Ásia foram particularmente bem-sucedidos em reduzir a pobreza; a Indonésia levou menos de uma geração para o índice de pobreza passar de 60% para menos de 20%. Em outros lugares, o progresso tem sido modesto. Na Índia, a pobreza permaneceu em torno de 55% de 1960 a 1974, caiu para menos de 40% em 1989, subiu novamente para quase 50% entre 1989 e 1992 e agora está de volta ao nível aproximado de 1989.[4] O Paquistão reduziu fortemente a pobreza nos anos 1970, embora os progressos na região tenham sido menores nos anos 1980. A pobreza em parte da América Latina aumentou nos anos 1980, mas começou a declinar nos anos 1990. Na maior parte da África subsaariana, a pobreza continuou crescendo.

Neste capítulo, investiga-se até que ponto a Revolução Verde foi bem-sucedida na redução da fome e no alívio da pobreza com três perguntas:

- A produção mais barata e a disponibilidade mais ampla de grãos reduziram a desnutrição e a má-nutrição?
- A Revolução Verde beneficiou agricultores pobres aumentando sua renda familiar e seu consumo com o aumento da produção?
- Houve algum efeito positivo, direto ou indireto, no emprego e na renda do trabalhador rural?

As respostas são complexas e dependem, inevitavelmente, de circunstâncias geográficas, sociais e políticas.[5]

3. BANCO MUNDIAL. *World Development Report, 1990*. Londres: Oxford University Press, 1990.
4. DATT, G. e RAVALLION, M. *Macroeconomic Crises and Poverty Monitoring a Case Study for India*. Washington: Food Consumption and Nutrition Division, International Food Policy Research Institute (Discussion Paper no. 20), 1996.
5. LIPTON e LONGHURST. *op. cit.*

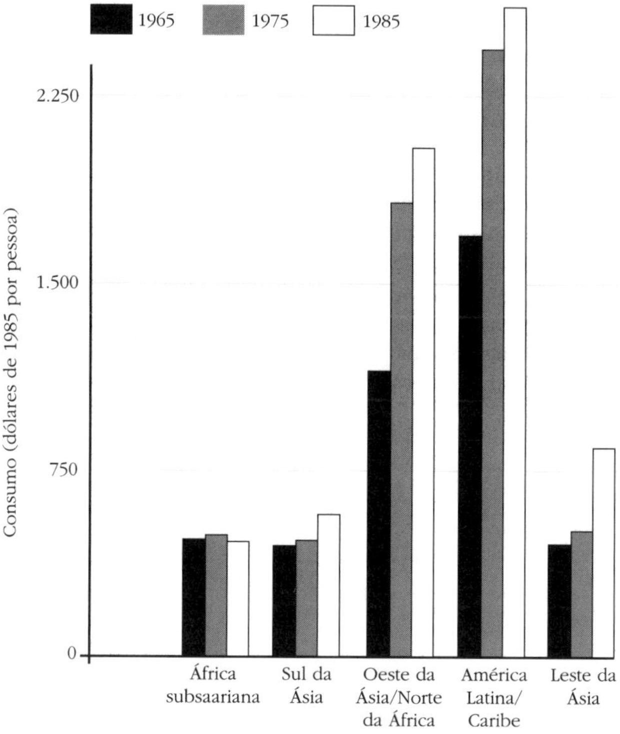

Figura 5.1 Consumo por pessoa no mundo em desenvolvimento.[6]

O impacto da Revolução Verde na fome tem sido desigual (Figura 5.2). Entre os pobres urbanos, a incidência e a gravidade da subnutrição declinaram, particularmente na China, e também entre os pobres rurais que vivem em terras da Revolução Verde no Leste e no Sul da Ásia, Oeste da Ásia/Norte da África e América Latina, mas, provavelmente, não em outros lugares. Na melhor das hipóteses, a subnutrição nas regiões não relacionadas à Revolução Verde foi impedida de crescer; na pior, muitas famílias rurais pobres dessas regiões podem estar consumindo menos alimentos, pois o rendimento de seus grãos aumentou pouco e estão com preços mais baixos.[7] Na África subsaariana, tanto a proporção como o número de subnutridos aumentaram.

Os pobres urbanos se beneficiaram mais onde as políticas públicas garantiram que os excedentes de grãos derrubassem os preços domésticos. Na

6. BANCO MUNDIAL. *op. cit.*

7. *Ibid.*

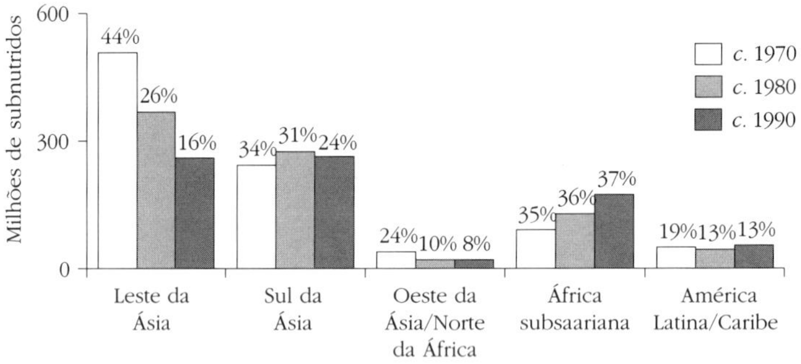

Figura 5.2 Mudanças nos números e proporção (porcentagens) de subnutridos crônicos em países em desenvolvimento.[8]

Colômbia, o crescimento da oferta de arroz baseado no cultivo das novas variedades conteve os preços dos alimentos, com benefícios reais para os pobres estimados como equivalente a um aumento de mais de 12% da renda de famílias com menos de 6.000 dólares colombianos por ano.[9] O governo indiano, ao contrário, preferiu usar a produção doméstica aumentada para substituir importações e formar estoques.[10] As possíveis situações de fome que teriam ocorrido depois da seca de 1987 foram evitadas, mas o impacto geral sobre a subnutrição crônica foi pequeno.

Algumas das melhorias mais visíveis e significativas na nutrição vieram do uso da maior disponibilidade de suprimentos alimentares para sustentar intervenções muito focadas.[11] Os alvos podem ser escolhidos de diferentes maneiras. Preços subsidiados para grãos forrageiros beneficiaram os pobres no Egito. Na Jamaica, foram fornecidos cupons de alimentação, por meio de centros de saúde registrados, a grupos bem definidos, como mulheres grávidas ou que amamentavam e crianças com menos de cinco anos. Outra abordagem foi visar algumas regiões carentes, como ocorreu nas Filipinas. Ali, arroz e óleo de cozinha subsidiados foram colocados à disposição de vilarejos pobres em varejistas locais. O Projeto de Nutrição

8. FAO. *World Food Supplies and Prevalence of Chronic Undernutrition in Developing Regions as Assessed in 1992*. Roma: Organização das Nações Unidas para Agricultura e Alimentação (Documento ESS/MISC/1992), 1992.

9. SCOBIE, G. M. e POSADA, R. The impact of technical change on income distribution: the case of rice in Colombia. *American Journal of Agricultural Economics*, 60, 85-92, 1978.

10. LIPTON e LONGHURST. *op. cit.*

11. ALEXANDRATOS, N. (Org.). *World Agriculture: Towards 2010. A FAO Study*. Chichester: Wiley and Sons, 1995.

Integrada de Tamil Nadu, no Sul da Índia, combinou algumas metas, centradas em crianças de 6 a 36 meses de idade nos seis distritos com o mais baixo consumo de calorias do estado. O suplemento alimentar só é fornecido até as crianças atingirem um ganho de peso satisfatório, quando então é interrompido, evitando-se a dependência no longo prazo.

A questão seguinte é: como se saíram os produtores? A maioria das fazendas pobres possui, geralmente, menos de um hectare de terra arável – e não surpreende a relutância inicial dos fazendeiros pobres na adoção das novas variedades.[12] Eles eram, freqüentemente, arrendatários ou meeiros com segurança precária, e praticavam uma agricultura predominantemente de sobrevivência, sem excedentes para vender e, por isso, sem renda para investir. Crédito e insumos, como fertilizantes, eram relativamente mais caros para eles devido aos custos extras de embalá-los e supri-los em pequenas quantidades. A adoção das novas tecnologias parecia um empreendimento caro e de alto risco, apesar da promessa de rendimentos muito maiores. Essa situação, porém, logo começou a mudar. O acesso a crédito barato, insumos subsidiados, e o fato de os proprietários rurais experimentarem os benefícios em suas próprias terras animaram seus arrendatários a fazer o mesmo. Pequenos fazendeiros começaram a inovar, ainda que passo a passo e numa velocidade menor que os grandes fazendeiros.[13] F. Bari, da Academia de Desenvolvimento Rural de Bangladesh, conta sobre um fazendeiro que levou quatro anos para adotar integralmente as novas tecnologias. No primeiro ano, ele se opôs à idéia por motivos religiosos, mas, no segundo, plantou as novas sementes e começou a usar água irrigada e, no quarto ano, aplicou fertilizantes.[14] Não demorou para que, em todas as terras da Revolução Verde, virtualmente todos os fazendeiros começassem a se engajar no processo de mudança, os mais conservadores seguindo os mais aventureiros à medida que os benefícios se tornavam claramente visíveis.

12. FRANKE, F. R. *India's Green Revolution: Economic Gains and Political Costs.* Princeton: Princeton University Press, 1971.

13. LOCKWOOD, B., MUKHERJEE, P. K. e SHAND, R. T. *The HYV Program in India.* Part 1, Nova Délhi: Planning Commission with Australian National University, 1971; SCHLUTER, M. G. G. *Differential Rates of Adoption of the New Seed Varieties in India: The Problem of Small Farms.* Ithaca: USAID/Department of Agricultural Economics, Cornell University (Occasional Paper n. 47), 1971.

14. BARI, F. *An Innovator in a Traditional Environment.* Comilla: Bangladesh Academy for Rural Development, 1974.

Em meados dos anos 1970, os pequenos fazendeiros haviam se equiparado aos grandes, e, em várias situações, foram os primeiros a adotar as novas tecnologias.[15] Eles às vezes não permaneciam nelas, voltando às variedades tradicionais por conta de fracassos de safras ou falta de extensão e de outros apoios. Também ocorriam problemas quando os fazendeiros desviavam muito a atenção de outras atividades para as novas variedades. Eles podiam perder o acesso ao crédito e se arriscavam a conseqüências sérias na eventualidade de um fracasso. Mas, em geral, embora os grandes fazendeiros fossem os maiores beneficiários, os pequenos fazendeiros nas terras da Revolução Verde logo começaram a perceber o aumento de sua produtividade e de sua renda, e de modo significativo.

Uma vez engajados, os pequenos fazendeiros freqüentemente reservavam para as novas variedades uma porção maior de terra que os grandes. Eles também costumavam liderar no uso de fertilizantes e inseticidas, enquanto os grandes fazendeiros evidentemente foram os primeiros na adoção de tratores e debulhadoras mecânicas.[16] Tanto fazendas pequenas como grandes podem recorrer à mão-de-obra familiar, mas as pequenas fazendas, por conta de seu tamanho, tendem a usar o trabalho de maneira mais intensiva e podem se beneficiar dos retornos de culturas de mão-de-obra intensiva.[17] Tradicionalmente, isso tem significado melhor controle de ervas daninhas, mas também tem permitido que pequenas fazendas consigam mais retorno de insumos modernos, como fertilizantes e água de irrigação, onde existe uma demanda complementar por mão-de-obra. Ao contrário, elas se beneficiam menos da introdução de maquinário agrícola. Ele é caro e, embora esteja muitas vezes disponível para alugar, o custo por hectare provavelmente será alto devido ao pequeno porte da operação. Além disso, sua disponibilidade pode ser limitada e os arrendatários podem ter de esperar até que os donos do

---

15. PRAHLADCHAR, M. Income distribution effects of the Green Revolution in India: a review of empirical evidence. *World Development*, 11, 927-44, 1983; FARMER, B. (Org.). *Green Revolution?* Londres: Macmillan, 1977.

16. BARKER, R. e HERDT, R. Equity implications of technology changes. In: IRRI. *Interpretive Analysis of Selected Papers in Rice Farming in Selected Areas of Asia*. Los Baños: International Rice Research Institute, 1978.

17. BINSWANGER, H. P., DEININGER, K. e FEDER, G. Power, distortions, revolt and reform in agricultural land relations. In: BEHRMAN, J. e SRINIVASAN, T. N. *Handbook of Development Economics*, vol. IIIb, Amsterdã: Elsevier, p. 2661-772, 1995.

maquinário terminem as operações em sua própria terra, provocando atrasos na aradura ou na colheita com a conseqüente perda de rendimento. Para os fazendeiros maiores, a família provavelmente não será suficiente. Resta-lhes então a opção de contratar mão-de-obra ou instalar maquinário. Eles têm adotado cada vez mais esta última opção e, como se discute mais adiante, ficaram assim com uma parcela maior do retorno das novas variedades.

Os grandes fazendeiros tenderam também a ganhar a chamada "renda dos inovadores", que vai para os primeiros que adotam uma nova tecnologia.[18] À medida que a produção aumentava, os preços caíam, e os que a adotavam tardiamente auferiam um retorno mais modesto. Em alguns países, grandes fazendeiros ficaram ricos muito depressa, usando a nova renda para comprar terra dos pobres. A extensão da irrigação e o maior rendimento nas terras da Revolução Verde no México trouxeram grande prosperidade, mas esta se concentrou cada vez mais nas mãos de um pequeno número de fazendeiros, estimado em menos de 200, cada um com uma média de 500 hectares de terra.[19]

No entanto, o tamanho da fazenda foi apenas um fator na determinação da adoção das novas tecnologias. Geralmente, a topografia do terreno, a qualidade do solo e, o mais decisivo, o acesso à irrigação foram mais importantes do que a quantidade de terra disponível.[20] No México, os que adotaram as novas tecnologias tinham um pouco menos de terra do que os que não as adotaram, mas suas terras eram de melhor qualidade.[21] Na Índia, a adoção esteve fortemente vinculada ao suprimento de água. Nos locais onde a irrigação estava bem desenvolvida, por exemplo, no Punjab e em Haryana, a adoção atingiu 100% para todos os tamanhos de fazendas, mas nos estados orientais da Índia, onde o regime de água é pobre, a adoção foi baixa, de menos de 50%, mesmo em terras irrigadas. A natureza do sistema de irrigação pesou; poços tubulares geralmente

---

18. BINSWANGER, H. Income distribution effects of technical change: some analytical issues. *South East Asian Economic Review*, 1, 179-218, 1980; DALRYMPLE, D. The adoption of high yielding grain varieties in developing countries. *Agricultural History*, 53, 704-26, 1979.

19. DE ALCANTARA HEWITT, C. *Modernizing Mexican Agriculture: Socioeconomic Implications of Technological Change, 1940-1970*. Genebra: UNRISD Report n. 76.5, 1976.

20. LIPTON e LONGHURST. *op. cit.*

21. BURKE, R. V. Green Revolution technology and farm class in Mexico. *Economic Development and Cultural Change*, 28, 135-54, 1979.

proporcionam uma fonte mais controlada de água para as novas variedades do que canais de irrigação, mas por serem um investimento caro os poços tubulares geralmente não são acessíveis aos pequenos fazendeiros. Na Índia e em outras partes do mundo em desenvolvimento, as novas variedades tiveram menos impacto nas terras menos favorecidas – não-irrigadas, com problemas de solo e topografia. Apenas recentemente, com o desenvolvimento de novos tipos de arroz não irrigados e de sorgo e painço de alto rendimento, foi que a Revolução Verde avançou para fora das terras da Revolução Verde. A maioria dos pequenos fazendeiros de terras menos favoráveis recebeu poucos benefícios e, em alguns casos, ficaram mais pobres, pelo menos enquanto produtores, com a queda do preço dos grãos.

Tamanho, composição e estratégia de subsistência da família rural são também importantes na determinação do impulso de inovação dos fazendeiros. As famílias tomam decisões complexas que levam em conta não só os prováveis benefícios da adoção de novas tecnologias, mas também seus custos de oportunidade (ver o Capítulo 9). O sucesso tem sido maior nos locais em que as famílias têm a tradição de "olhar para fora". Os inovadores costumam ter uma "experiência de mundo" maior, adquirida por membros da família que trabalham em tempo integral ou parcial em cidades próximas. A renda não-agrícola, que alcança geralmente um terço da renda familiar líquida, é muitas vezes crucial e fornece dinheiro para a compra de insumos e uma base para assumir riscos.[22] E a existência de um mercado para produtos cultivados para venda pode ser um incentivo importante. No Leste da Ásia, onde o arroz é a principal cultura de subsistência, as novas variedades permitiram que os fazendeiros, particularmente os de médio porte, mantivessem seu nível de produção de arroz numa área menor, liberando terra para culturas mais lucrativas para venda.[23]

A terceira questão é: qual tem sido o impacto no emprego e na renda do trabalho rural? Desde o início, a Revolução Verde foi percebida como uma fonte de oportunidades, embora também representasse uma ameaça aos meios de vida dos trabalhadores rurais. Em alguns países, a captação

22. CHUTA, F. e LIEDHOLM, C. *Rural Non-Farm Employment. A Review of the State of the Art*. East Lansing: Michigan State University, 1979.

23. BRAY, F. *The Rice Economies: Technology and Development in Asian Societies*. Berkeley: University of California Press, 1986.

inicial dos benefícios pelos grandes fazendeiros provocou uma luta por empregos. Em dezembro de 1968, em Tanjore – um dos projetos de desenvolvimento agrícola modelo da Índia –, 42 pessoas foram queimadas até a morte num trágico enfrentamento entre dois grupos de trabalhadores sem-terra. Eles disputavam a melhor forma de obter uma parte dos benefícios das novas variedades que estavam sendo plantadas pelos donos das terras do distrito. Um grupo de sem-terra estava disposto a trabalhar pelos salários vigentes, enquanto os outros queriam impingir um boicote até os donos se disporem a elevar os salários e repartir um pouco da nova riqueza.[24]

Muitas das características das novas variedades e tecnologias afins têm o potencial de aumentar o emprego rural. É necessário trabalho extra para atender aos padrões mais altos e densidades de semeadura e plantio (por exemplo, na preparação de sementeiras para as novas variedades de arroz), garantir um controle preciso da água, capinar, aplicar as quantidades aumentadas de fertilizantes e pesticidas e colher e debulhar as safras aumentadas. Mas o maior impacto veio do aumento generalizado das safras duplas ou triplas em terras irrigadas, possibilitadas pelo menor tempo de crescimento das novas variedades. Na Índia, logo se percebeu que, como as novas variedades de trigo podiam ser plantadas em dezembro, trinta dias depois das tradicionais, e mesmo assim serem colhidas no tempo usual, na primavera, era possível inserir uma cultura de arroz antes. George Blyn, da Universidade Rutgers, descreve o padrão de cultivo numa fazenda do estado indiano de Haryana.[25] O proprietário, Atwahl Swaran Singh, possui 11 hectares onde cultiva quatro safras por ano: um trigo novo colhido na primavera, seguido por adubação verde; depois, arroz ou batata de curta duração, conduzindo-se ao plantio principal de trigo. Grandes extensões de terra que se estendem do Punjab ao Bengala Ocidental adotaram rotações semelhantes de arroz e trigo.[26]

O cultivo contínuo de arroz também é possível em alguns locais. Nas Filipinas, um fazendeiro engenhoso desenvolveu uma horta de arroz

24. *New York Times*, 28 dez. 1968, p. 3, citada em BROWN, L. *Seeds of Change*. Nova Iorque: Praeger, 1970.

25. BLYN, G. The Green Revolution revisited. *Economic Development and Cultural Change*, 31, 705-27, 1983.

26. HANSON, H., BORLAUG, N. E. e ANDERSON, R. G. *Wheat in the Third World*. Boulder: Westview Press, 1982.

onde o cereal era plantado com intervalos de alguns dias, criando um mosaico de cultivo intensivo. Fazendeiros do vale de Chiang Mai, no Norte da Tailândia, que abriga aproximadamente 150 mil hectares de terra arável (ver o Capítulo 10), desenvolveram mais de 20 sistemas diferentes de rotação de culturas que envolvem variedades de arroz novas e tradicionais, plantas leguminosas e verduras, e outros cultivos para venda, como tabaco e soja. Em situações como essa, a demanda por trabalho durante o ano todo aumentou e se estabilizou, reduzindo as flutuações de emprego e renda (Figura 5.3).

Mas, contrariando essas tendências, a Revolução Verde proporcionou um forte incentivo à mecanização.[27] As rendas aumentadas, especialmente nas fazendas maiores, produziram capital para investimento, mas, sobretudo, aumentaram o poder de os grandes fazendeiros fazerem *lobby* por subsídios e créditos substanciais. Em Sri Lanka, os incentivos incluíram tarifas aduaneiras reduzidas para tratores, alocações preferenciais de câmbio, concessões fiscais sobre provisões de depreciação e empréstimos caracterizados por critérios comerciais mais suaves, taxas de juros subsidiadas e restrições à reintegração de posse em caso de não pagamento.[28] As taxas de juros reais dos empréstimos para a compra de tratores no Brasil, nos anos 1960, eram negativas, variando de -4% a -42%.[29] E a economia de custos decorrente para os fazendeiros foi considerável. Na Índia, na década de 1960, o bombeamento de aproximadamente 1.000 m^3 de água à mão custava 495 rupias, 345 rupias se a água fosse bombeada por uma roda acionada por animais de tração e apenas 60 rupias usando uma bomba a diesel.[30]

O ritmo da mecanização variou de país para país. A China adotou uma política de mecanização acelerada, inicialmente como um meio de promover a coletivização. Entre 1965 e 1980, o número de tratores

---

27. BINSWANGER, H. *The Economics of Tractorization in South Asia*. Washington: Agricultural Development Council, 1978.

28. FARRINGTON, J. e ABEYRATNE, F. The impact of small firm mechanisation in Sri Lanka. In: FARRINGTON, J., ABEYRATNE, F. e GILL, G. J. *Farm Power and Employment in Asia*. Colombo: Agrarian Research and Training Institute/Bangcoc, Agricultural Development Council, 1984.

29. THIRSK, W. R. *The Growth and Impact of Farm Mechanization in Latin America*. Washington: Agriculture and Rural Development Department, Banco Mundial, 1985.

30. BALIS, J. S. *An Analysis of Performance and Costs of Irrigation Pumps Utilizing Manual, Animal and Engine Power*. Nova Délhi: Agency for International Development, 1968.

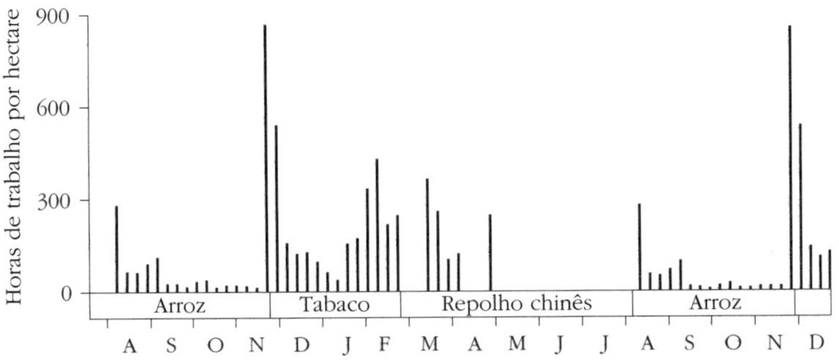

Figura 5.3 Demanda de trabalho para a safra tripla no vale de Chiang Mai, na Tailândia.[31]

cresceu 17% ao ano e para cultivadores motorizados de duas rodas a taxa de crescimento anual foi superior a 50%. Isso desacelerou depois da mudança para a produção de base familiar no começo dos anos 1980. Houve uma forte redução do cultivo com trator e uma maior dependência ainda de cultivadores motorizados que produziu, como em outras economias de mercado, uma variação nas misturas de fontes de energia – cultivadores, trabalho animal e humano – em fazendas individuais.[32] Os cultivadores motorizados também se tornaram comuns nas áreas de terras pantanosas do Sudeste Asiático, embora sua adoção tenha sido mais lenta no resto da Ásia e em outras regiões do mundo em desenvolvimento. Nos anos 1980, as máquinas mais comuns na China e na Índia eram as bombas para irrigação e drenagem. O uso de tratores também cresceu rapidamente no Oeste da Ásia/ Norte da África, mas foi mais lento e menos penetrante na América Latina. A região menos mecanizada é a África subsaariana (Figura 5.4). Embora, em teoria, a mecanização devesse ser mais comum onde a mão-de-obra é escassa e a terra abundante, na prática o grau de intensificação da agricultura foi mais decisivo.[33]

Essas diversas formas de mecanização têm conseqüências muito diferentes para a produção e para o emprego. O uso de máquinas para

31. GYPMANTASIRI, P., WIBOONPONGSE, A., RERKASEM, B. et al. *An Interdisciplinary Perspective of Cropping Systems in the Chiang Mai Valley: Key Questions for Research*. Faculty of Agriculture, University of Chiang Mai, 1980.

32. BANCO MUNDIAL. *Agricultural Mechanization: Issues and Options*. Washington: Banco Mundial, 1987.

33. PINGALI, P., BIGOT, Y. e BINSWANGER, H. P. *Agricultural Mechanization and the Evolution of Farming Systems in Sub-Saharan Africa*. Baltimore: Johns Hopkins University Press, 1987.

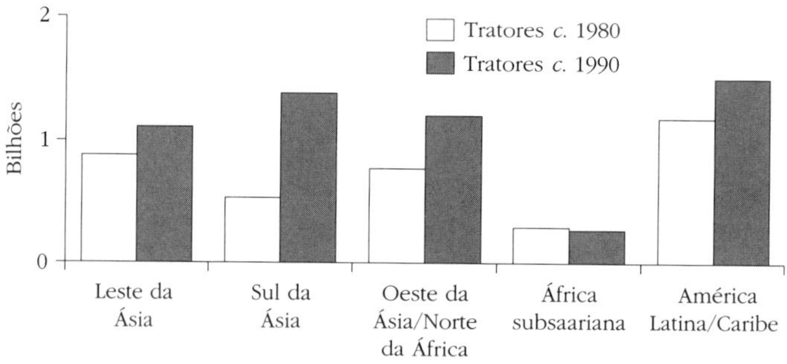

Figura 5.4 Tratores de quatro rodas no mundo em desenvolvimento.[34]

pulverizar inseticida pode aumentar o rendimento e, geralmente, não substitui a mão-de-obra. Dispositivos de irrigação mecânica, como bombas d'água, produzem rendimentos maiores e podem ou não dispensar mão-de-obra. Ao contrário, a pulverização de herbicidas e a introdução de tratores e cultivadores motorizados de duas rodas para preparar a terra, e de máquinas para colher, debulhar e moer o grão, produzem relativamente pouco efeito direto nos rendimentos e substituem fortemente a mão-de-obra.[35]

O maior impacto vem da introdução de colheitadeiras. Uma análise de Gerald Gill, da Winrock International, sobre a introdução de colheitadeiras na região de Chilalo, na Etiópia (ver p. 110, último parágrafo), sugere que uma colheitadeira pode ceifar um hectare de trigo entre uma hora e uma hora e meia, comparada com até 50 pessoas-dia usando foices, trilhadura e joeiramento.[36] Em um estudo sobre o Punjab e os estados vizinhos do Norte da Índia, H. Laxminarayan e seus colegas da Universidade de Délhi estimaram que as colheitadeiras provocavam uma queda de 95% no emprego, prejudicando especialmente os migrantes sazonais que vêm dos estados mais pobres para o leste.[37] Segundo seus cálculos, se todos os fazendeiros do Punjab que cultivassem mais de

34. FAO. *FAO Yearbook, Production Vol. 48*. Roma: Organização das Nações Unidas para Agricultura e Alimentação (FAO Statistics Series n. 125), 1995.

35. BARKER et al. *op. cit.*

36. GILL, G. J. *Seasonality and Agriculture in the Developing World: A Problem of the Poor and Powerless*. Cambridge: Cambridge University Press, 1991.

37. LAXMINARAYAN, H., GUPTA, D. P., RANGASWAMI, P. e MALIK, R. P. S. *Impact of Harvest Combines of Labour Use, Crop Pattern and Productivity*. Nova Délhi: Agricultural Economics Research Centre, University of Delhi e Agricole Publishing Academy, 1981.

quatro hectares viessem a adotar colheitadeiras, haveria uma perda em torno de 40 milhões de pessoas-dia de trabalho, e sem nenhum aumento evidente na produção agrícola ou na intensidade de cultivo. A única vantagem seria livrar o fazendeiro do trabalho de recrutar e supervisionar grandes grupos de mão-de-obra temporária.

Os efeitos da mecanização foram mais acentuados no cultivo de arroz. Este é inerentemente mais intensivo em trabalho que o cultivo de outros cereais básicos, exigindo até o dobro de mão-de-obra por hectare.[38] Esta é uma das razões pelas quais as fazendas de arroz tendem a ser pequenas, em geral com menos de 2 hectares, e muito dependentes do trabalho familiar. Uma família plantadora de arroz em Java investirá, em média, mais de 40 horas semanais durante o ano todo. O trabalho feminino é particularmente importante, contribuindo de um terço à metade do trabalho total nos sistemas de cultivo de arroz.[39] No Sul e no Leste da Ásia, as mulheres tradicionalmente fizeram a maior parte dos trabalhos de transplante, mondadura e colheita, embora existam variações regionais. Conseqüentemente, em alguns países tem havido um maior emprego de mulheres, em particular por famílias sem-terra. Nos primeiros anos da Revolução Verde na Índia, a mão-de-obra feminina contratada era maior nas fazendas que cultivavam as variedades novas, em grande parte pelo aumento da demanda para mondadura e colheita.[40] Mas o efeito não foi universal. Houve quedas tanto da demanda por mão-de-obra feminina como masculina nas Filipinas e na Indonésia em conseqüência da semeadura mecânica direta, da introdução de transplantadores em multifileiras, do uso de mondadoras rotativas e, o mais importante, das novas práticas de colheita e de debulha e moagem mecanizadas.[41]

38. ISHIKAWA, S. *Labour Absorption in Asian Agriculture*. Bangcoc: International Labour Office, 1978.

39. BARKER et al. *op. cit.*; BOSERUP, E. *Women's Role in Economic Development*. Nova Iorque: St Martin's Press, 1970.

40. AGRAWAL, B. Rural women and high-yielding rice technology. *Economic and Political Weekly*, 19, A39 – 52, 1984.

41. RES, A. Changing Labor allocation patterns of women in iloilo rice firm households, 1983; SAJOGYO, P. Impact of new farming technology in women's employment, 1983; WHITE, B. Women and the modernization of rice agriculture: some general issues and a Javanese case study. *Papers* apresentados na Conference on Women in Rice Farming Systems, International Rice Research Institute, Los Baños (26-30 set. 1983), Filipinas, 1983.

O método tradicional de colher arroz na Indonésia consistia em usar uma pequena faca *ani-ani*. O trabalho era geralmente realizado por mulheres que cortavam os talos de arroz a cerca de seis polegadas (aproximadamente 15 cm) abaixo das panículas de grãos. Cada colhedora recebia do fazendeiro uma parte dos grãos que colhia.[42] A divisão era de um quarto para os parentes do fazendeiro, entre um quarto e um sexto para os vizinhos próximos, e um décimo para os demais aldeões. Era um sistema um tanto dispendioso, pois o alto número de trabalhadores causava perdas consideráveis por pisar, roubar e manusear o arroz. Mas como a colheita era aberta a todos os membros da comunidade, o sistema proporcionava uma garantia de renda até para as famílias mais pobres. A *ani-ani* começou a ser substituída pela foice nos anos 1950 e, com a introdução das novas variedades que amadurecem quase simultaneamente, houve pressões para uma colheita mais rápida e mais bem organizada. Na década de 1970, os homens assumiram a colheita, no início por uma proporção fixa ou um pouco inferior em relação à colheita na base tradicional, ou em troca de trabalhos de mondadura e outros. Por fim, foi introduzido o sistema de contrato, sobretudo como resposta ao número crescente de trabalhadores sem-terra, que estava dificultando para os fazendeiros controlarem o número de colhedores e sua participação. A safra plantada era vendida a intermediários dez dias antes da colheita; estes contratavam trabalhadores, que eram pagos em dinheiro. Contratos parecidos foram introduzidos para a mondadura.

Um dos impactos mais significativos na demanda de trabalho na Ásia foi a introdução de descascadoras mecânicas para substituir a moagem manual do arroz. Em Bangladesh, o arroz é tradicionalmente pilado usando-se um sistema de almofariz e pilão acionado por um pedal chamado *dheki*.[43] Ele proporciona o emprego tão necessário, particularmente para mulheres pobres sem-terra, e é muitas vezes a única fonte de renda para divorciadas e viúvas, numa cultura em que as mulheres

42. UTAMI, W. e IHALAUW, J. Some consequences of small farm size. *Bulletin of Indonesian Economic Studies*, 9, 46-56, 1973.

43. CAIN, M. et al., *Class, Patriarchy and the Structure of Women's Work in Rural Bangladesh*, Nova Iorque: Center for Policy Studies, Population Council (Working Paper 43), 1979; GREELEY, M. *Post-harvest Losses, Technology and Unemployment: the Case of Bangladesh*. Boulder: Westview, 1987; SCOTT, G. C. e CARR, M. *The Impact of Technology Choice on Rural Women in Bangladesh: Problems and Opportunities*, Washington: Banco Mundial (Staff Working Paper 731), 1985.

precisam observar a reclusão da *purdah*. Um moinho reduz a carga de trabalho de 270 para cinco horas por tonelada. Nos anos 1980, mais de 40% do arroz em Bangladesh era pilado mecanicamente e a introdução anual de 700 novos pilões substituía de 100 mil a 140 mil mulheres por ano.

O argumento mais poderoso para a introdução de tratores e outras máquinas é a possibilidade de passar para uma intensidade de cultivo mais alta que, por sua vez, pode provocar um aumento do emprego geral. Vários estudos sugerem, porém, que as perdas superam os ganhos. O cultivo mais intenso combinado com a tecnologia relacionada a sistemas de trigo-arroz na parte ocidental do estado indiano de Uttar Pradesh aumentou a demanda de trabalho em mais de 60 horas por hectare, mas a introdução de tratores resulta numa perda de mais de 110 horas.[44]

Mesmo onde houve ganhos substanciais, eles não duraram. Em Taiwan, onde a transformação agrícola aconteceu mais cedo do que na maioria dos países em desenvolvimento, a demanda de trabalho decorrente da cultura múltipla atingiu um pico nos anos 1960, mas depois começou a cair com o crescimento da mecanização.[45] Na Figura 5.5, a Birmânia representa na década de 1930 o padrão pré-Revolução Verde de baixos rendimentos produzidos por uma baixa incidência de trabalho humano suplementado por energia animal. Nos anos 1970, as novas variedades eram plantadas em países como o Sri Lanka. Fertilizantes e pesticidas estavam sendo aplicados; o uso do trabalho era alto, mas os rendimentos ainda não tinham conseguido atingir seu potencial. O contraste entre a Taiwan dos anos 1960 e 1970 mostra os efeitos da mecanização. Foram conseguidos rendimentos de 4-5 toneladas, inicialmente com maior ingresso de trabalho, mas depois recuando, não para níveis pré-Revolução Verde, mas para ao menos um terço do máximo atingido. Um padrão similar está surgindo nas terras da Revolução Verde. Em Laguna, nas Filipinas, o trabalho por hectare na estação úmida cresceu de 86 para 112 dias entre 1966 e 1975, mas depois, com o uso crescente de debulhadoras e herbicidas, recuou para 93 dias em 1981. A proporção

44. JOSHI, P. K., BAHL, D. K. e JHA, D. Direct employment effect of technical change in UP agriculture. *Indian Journal of Agricultural Economics*, 36, 1-4, 1981.

45. LEE, T., CHAN, H. e CHEN, Y. Labour absorption in Taiwan agriculture. In: ILO. *Labour Absorption in Agriculture: The East Asian Experience*. Bangcoc: International Labour Organization, p. 167-236, 1980.

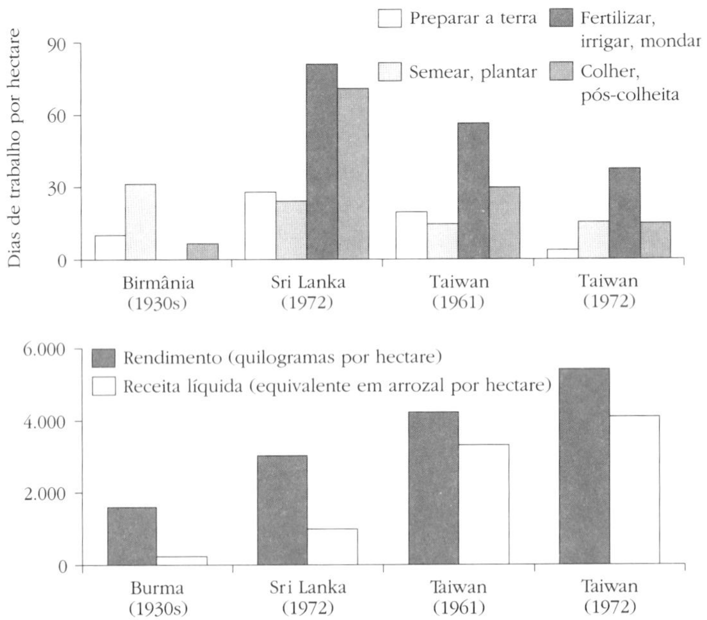

Figura 5.5 Utilização de trabalho em sistemas de arroz na Ásia.[46]

de trabalho contratado cresceu de 60% para 80% e depois caiu para pouco mais de 70%.[47]

Nos primeiros anos da Revolução Verde, a introdução da irrigação, o maior uso de fertilizantes e as variedades modernas elevaram a demanda de trabalho em cerca de 20% por hectare.[48] A duplicação dos rendimentos aumentou a demanda em até 30-50%.[49] Mas o crescimento subseqüente da mecanização reverteu parcialmente esses ganhos. Duplicações de rendimentos hoje produzem um aumento de 10-30% apenas.[50] Ao mesmo tempo, tem havido um crescimento constante na oferta

46. BARKER et al. *op. cit.*

47. KIKUCHI, M. e HAYAMI, Y. *New Rice Technology, Intra-rural Migration and Institutional Innovation in the Philippines.* Los Baños: International Rice Research Institute (Research Paper n. 86), 1983.

48. BARKER e HERDT. *op. cit.*

49. JAYASURYIA, S. K. e SHAND, R. T. Technical change and labour absorption in Asian agriculture: some emerging trends. *World Development,* 14, 415-28, 1986; LIPTON e LONGHURST. *op. cit.*

50. LIPTON e LONGHURST. *op. cit.*; SINGH, D., V. K. e R. Changing patterns of labour absorption on agricultural farms in Eastern U.P. *Indian Journal of Agricultural Economics,* 36, 39-44, 1981.

de trabalho rural em boa parte do mundo em desenvolvimento, da ordem de 2-3% ao ano.[51] Ambas as tendências restringiram o crescimento do salário real.

Mesmo nos lugares onde houve um grande impacto da Revolução Verde no emprego, por exemplo no Punjab indiano, o aumento dos salários reais foi muito lento.[52] Imigrantes sazonais de áreas pobres remotas de Bihar e do Leste de Uttar Pradesh estavam dispostos a trabalhar por salários quase de subsistência. E sempre que o trabalho se tornou muito caro, os grandes proprietários rurais conseguiram recorrer ao crédito e aos subsídios para aumentar a mecanização. Tem havido uma emigração líquida do Punjab nos últimos anos, com uma proporção crescente de migrantes oriundos das castas "escaladas" e outras castas baixas.[53]

Para as terras da Revolução Verde como um todo, os salários reais continuaram os mesmos ou subiram pouco, e a participação do trabalho na renda agrícola caiu porque o preço da terra aumentou em relação ao do trabalho.[54] Por exemplo, num distrito do Sul da Índia, a relação entre a renda da terra e o salário dobrou nos anos 1970.[55] Como expõem Michael Lipton e Richard Longhurst, com a introdução das novas variedades "o emprego do trabalho sobe um pouco, o salário real não sobe muito e as remunerações (preço, renda) da terra crescem bastante, provavelmente reduzindo a parte do trabalho na renda". Com efeito, os maiores benefícios das novas variedades foram mais para os donos da terra do que para os trabalhadores. Uma conseqüência disso é a ampliação da distância entre os que possuem ou arrendam um pouco de terra e os que são verdadeiramente sem-terra. O número de sem-terra cresceu rapidamente, embora seja difícil obter boas estimativas porque as definições dos censos nem sempre são consistentes. Para os sem-terra, a única

51. LIPTON e LONGHURST. *op. cit.*

52. BHALLA, S. Real wage rates of agricultural labourers in the Punjab, 1961-1977: a preliminary analysis. *Economic and Political Weekly,* 14, A57-A68, 1979; BLYN. *op. cit.*; LEAF, M. J. The Green Revolution and cultural change in a Punjab village. *Economic Development and Cultural Change,* 31, 227-70, 1983.

53. OBERAI, A. S. e MANMOHAN SINGH, H. K. Migration flows in Punjab's Green Revolution belt. *Economic and Political Weekly,* 16, A2–4, 1980.

54. LIPTON e LONGHURST. *op. cit.*

55. RAJAGOPALAN, V. e VARADARAJAN, S. Nature of new farm technology and its implications for factor shares: a case study in Tamil Nadu. *Indian Journal of Agricultural Economics,* 38, 4, out.-dez., 1983.

opção, quando não há emprego local disponível, é migrar para outras zonas rurais onde os salários são maiores, e para as cidades.

Subjacente a esses efeitos, tem havido uma mudança nas relações sociais e econômicas tradicionais.[56] Um sistema de agricultura de auto-ajuda comunal e mais centrado na subsistência tem sido substituído por um que depende inteiramente das forças do mercado. Os pobres e os sem-terra que no passado conseguiam obter comida por trabalho ou com o uso de esquemas de troca de trabalho, ou que realmente conseguiam alimentos de terras comunais ou não cultivadas, já não podem mais fazer isso. As propriedades ficaram maiores e o poder dos proprietários cresceu. Ao mesmo tempo, muitos dos benefícios foram para gente de fora.

Na agricultura tradicional, somente terra, trabalho e um capital limitado – por exemplo, animais de tração e melhoramento da terra – são usados na produção, e a renda é distribuída aos donos de cada um desses fatores. Mas à medida que as economias se desenvolvem aparecem novos beneficiários, um maior fluxo da renda vai para os provedores da nova tecnologia, para os fornecedores urbanos ou estrangeiros de insumos, especialmente fertilizantes, e para os fabricantes e reparadores de máquinas, deixando freqüentemente tanto o trabalho como a terra com uma pequena parcela da receita bruta. No entanto, no lado positivo da contabilidade, os trabalhadores agrícolas obtêm comida mais barata, de forma que seus salários compram mais. E, sem as novas variedades, os salários teriam caído ainda mais.[57] A questão é: no geral, a eqüidade aumentou ou diminuiu? Segundo a maioria dos estudos de aldeias, todas as classes se beneficiam com a introdução da irrigação combinada com o plantio das novas variedades. Mas os fatores determinantes cruciais são a extensão da mecanização, que substitui o trabalho humano, e a disponibilidade de empregos alternativos.

Um exemplo clássico da crescente desigualdade é oferecido pelo Projeto de Desenvolvimento Agrícola de Chilalo, na Etiópia, analisado por John Cohen, da Universidade Cornell. O projeto, iniciado em 1967, visava melhorar os meios de vida de aproximadamente 600 mil famílias que cultivavam trigo, cevada e linho. Foi-lhes fornecido crédito barato para comprarem fertilizantes e sementes de variedades novas. O abastecimento

56. BARKER et al. *op. cit.*

57. HAYAMI e KIKUCHI. *op. cit.*

de água e as estradas vicinais foram melhorados e foram iniciados programas de educação e desenvolvimento de comunidades. Os rendimentos e a produção geral cresceram, com aumentos reais na renda de 69-90% entre as famílias participantes. Mas os benefícios foram rapidamente abocanhados pelas elites rurais. Em 1972, grandes proprietários rurais haviam introduzido tratores e colheitadeiras e estavam empenhados na expulsão dos arrendatários. Antes do Projeto, a taxa de arrendamento estava em torno de 50%; em 1972, ela havia declinado, em algumas regiões, para menos de 12%, com muitos milhares de arrendatários sendo expulsos da terra. Os preços da terra subiram, assim como os dos aluguéis, e boa parte dos ganhos de renda dos arrendatários e pequenos fazendeiros foi para o pagamento de funcionários corruptos. Devido à fraqueza da economia local, havia menos oportunidade de emprego para os que foram desalojados da terra.

Ao contrário, as novas tecnologias, quando colocadas dentro de um contexto mais amplo de desenvolvimento agrícola, podem oferecer uma difusão eqüitativa de benefícios. Um exemplo esclarecedor é a história recente da North Arcot no Sul da Índia, estudada por Peter Hazell, do IFPRI, e C. Ramasamy, do Tamil Nadu Agricultural College.[58] North Arcot é um distrito produtor de arroz dependente da irrigação por tanques e poços tubulares. Não é uma área preferencial da Revolução Verde, e os benefícios gerais não foram tão grandes quanto no Punjab, mas foram expressivos: a produção de arroz aumentou quase 60% entre meados dos anos 1960 e o fim dos anos 1970. A maioria das empresas é pequena (1-2 hectares em média) e um terço das famílias rurais consiste de trabalhadores sem-terra. Inicialmente, os fazendeiros maiores (com cerca de 2 hectares de terra) foram os primeiros a adotar as novas tecnologias. Mas, no começo dos anos 1980, cerca de 90% da terra estava plantada com variedades novas – sem nenhuma diferença entre as fazendas grandes e pequenas, em boa parte como resultado do melhor acesso ao crédito e à liberação de novas variedades mais bem adaptadas a empreendimentos com abastecimento de água menos confiável.

A instalação de bombas de irrigação e máquinas debulhadoras produziu uma queda na demanda de trabalho com um aumento do trabalho

58. HAZELL, P. B. R. e RAMASAMY, C. *The Green Revolution Reconsidered: The Impact of Hight-Yielding Varieties in South India.* Nova Délhi: Oxford University Press, 1991.

familiar, enquanto o trabalho contratado diminuía 25% por fazenda. Isso teria sido pior se tivesse havido um aumento no uso de tratores, o que provavelmente era inibido pelo tamanho pequeno das fazendas. No entanto, os salários subiram, assim como os ganhos de emprego, por duas razões:

- Como conseqüência parcial da crescente economia do arroz, aumentaram as oportunidades para atividades em laticínio e não-agrícolas: programas de emprego do governo, uma indústria florescente de tecelagem de seda e vários serviços de pequena escala e indústrias familiares (cada dólar de renda gerado na agricultura gerava outros 80 centavos em atividades não-agrícolas); e
- Houve uma migração expressiva para áreas urbanas.

Como resultado, não houve nenhum aumento no número de sem-terra e pouco ou nenhum aumento no tamanho das fazendas. Todos os grupos se beneficiaram de um crescimento da renda e dos gastos de consumo, e da sua alimentação: as calorias diárias equivalentes a um adulto subiram em média, entre os plantadores de arroz, de aproximadamente 1.800 calorias para mais de 3.000, e para os trabalhadores sem-terra de 1.700 calorias para mais de 2.500 (Figura 5.6). Os benefícios relativamente mais fracos para as fazendas grandes se deveram aos fortes aumentos nos custos de fertilizantes e do trabalho.

Em síntese, houve uma redução significativa da pobreza e da fome nos países diretamente afetados pela Revolução Verde. Os pobres urbanos tiveram o benefício da comida mais barata. Os pequenos fazendeiros se beneficiaram com o aumento da renda nas terras da Revolução Verde; o mesmo aconteceu com os sem-terra, em algumas situações, com salários reais maiores. Mas a introdução da mecanização tendeu a corroer esses benefícios. E em muitas áreas rurais em geral intocadas pela Revolução Verde, tanto fazendeiros pobres como sem-terra sofreram perdas na renda real e com o aumento da fome. Como disseram com justeza Michael Lipton e Richard Longhurst na citação no início deste capítulo, os benefícios para os realmente pobres não foram tantos assim. O coração da tecnologia da Revolução Verde – as novas variedades – são atenuantes potenciais da pobreza. Os rendimentos mais altos, a produção de alimentos mais baratos e a maior demanda de trabalho decorrentes

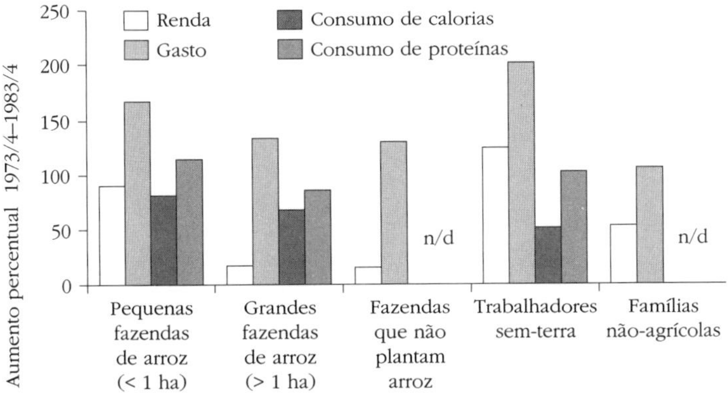

Figura 5.6 Melhorias no padrão de vida em North Arcot, Sul da Índia.[59]

das culturas múltiplas podem reduzir a pobreza e a fome, mas somente se a inovação tecnológica for colocada dentro de um desenvolvimento agrícola e rural mais amplo. As tecnologias em si não bastam. Como diz Michael Lipton, "há um limite para curas técnicas de patologias sociais".[60] Com muita freqüência, as novas tecnologias foram introduzidas em comunidades com populações em rápido crescimento já dominadas por desigualdades gritantes em que, na falta de políticas compensatórias, os poderosos e mais ricos receberam a maior parcela dos benefícios. Como conseqüência, uma alta proporção – mais de 20% – da população do mundo em desenvolvimento ainda é pobre e faminta.

59. *Ibid.*

60. LIPTON, A. com. pes.

6 PRODUÇÃO DE ALIMENTOS E POLUIÇÃO

O aumento da produção agrícola é limitado também pela poluição. A indústria é a principal culpada, mas a agricultura pode ser, a um só tempo, culpada e vítima.

Gordon Conway, Uma Lele, Jim Peacock e Martin Piñeiro,
Sustainable Agriculture for a Food Secure World[1]

Na década de 1960, quando a Revolução Verde começava a causar impacto, pouco se atentou para suas conseqüências ambientais. Elas eram julgadas insignificantes ou, pelo menos, fáceis de serem reparadas numa data futura, quando a tarefa principal de alimentar o mundo estivesse concluída. Havia também uma posição vigorosamente defendida, e ainda hoje comumente expressa, de que uma agricultura produtiva e saudável necessariamente beneficiaria o meio ambiente. Boa agronomia era igual à boa gestão do meio ambiente. O argumento tem uma certa força. A agricultura tradicional é geralmente informada pela sabedoria ecológica. As tecnologias modernas podem ser igualmente sensíveis às questões ambientais, mas somente se forem planejadas e usadas com os benefícios do saber ecológico moderno.

Com muita freqüência, nos últimos trinta anos, as tecnologias que acompanharam a Revolução Verde revelaram efeitos ambientais adversos. A utilização intensa de pesticidas causou problemas graves. Há um aumento da morbidade e da mortalidade humanas enquanto, ao mesmo tempo, populações de pragas estão se tornando resistentes e escapando do controle natural. Nas terras intensamente cultivadas tanto de países desenvolvidos como em desenvolvimento, aplicações pesadas de fertilizantes

1. CONWAY, G. R., LELE, U., PEACOCK, J. e PIÑEIRO, M. *Sustainable Agriculture for a Food Secure World.* Washington/Estocolmo: Consultative Group on International Agricultural Research/Swedish Agency for Research Cooperation with Developing Countries, 1994.

estão produzindo quantidades de nitrato na água potável que se aproximam ou excedem os níveis permitidos, aumentando a probabilidade de restrições governamentais ao uso de fertilizantes. A contribuição da agricultura para a poluição global aumentou, com conseqüências potencialmente graves. E, como se discutirá nos Capítulos 13 e 14, tem havido uma forte deterioração do patrimônio de recursos naturais dos países em desenvolvimento. A terra está sendo degradada, as florestas e a biodiversidade perdidas, as pastagens e pesqueiros explorados em demasia. Sob muitos aspectos, a agricultura é, a um só tempo, vítima e culpada.

Os pesticidas não só causam ou agravam os problemas de pragas (ver o Capítulo 11), mas contaminam o meio ambiente e podem ter conseqüências graves para a saúde humana.[2] Seus efeitos na vida selvagem estão bem documentados. Inseticidas organoclorados, como o DDT e o dieldrin, que eram de uso comum nos anos 1950 e 1960, são altamente persistentes. Nos países desenvolvidos, eles causaram reduções drásticas no número de aves de rapina como o falcão peregrino, e conseqüências perniciosas menos visíveis, embora igualmente sérias, numa grande variedade de outros animais selvagens. Efeitos parecidos devem ter ocorrido nos países em desenvolvimento, embora as evidências não sejam tão completas. No Suriname, a intensa pulverização de arrozais com endrin provocou uma acumulação de resíduos nas cadeias alimentares e a morte de garcetas, garças e outras aves que se alimentam de peixes. Existem muitas evidências episódicas da mesma natureza; por exemplo, há muitos registros de mortes de gado e de outros animais de criação. Alguns pesticidas também são responsáveis pela erradicação de peixes, camarões e caranguejos em arrozais – importantes fontes de proteína para os pobres e os sem-terra.[3] Nos últimos anos, os organoclorados foram substituídos em larga escala por inseticidas organofosfatados e piretróides, que não são tão persistentes. A julgar pela experiência nos países desenvolvidos, os efeitos danosos ao meio ambiente são menores, mas não insignificantes.

O uso de pesticidas nos países em desenvolvimento cresceu rapidamente nos anos 1960 e 1970, atingindo um total de mais de meio bilhão

2. CONWAY, G. R. e PRETTY, J. N. *Unwelcome Harvest: Agriculture and Pollution.* Londres: Earthscan, 1991; BULL, D. *A Growing Problem: Pesticides and the Third World Poor.* Oxford: Oxfam, 1982.

3. BULL. *op. cit.*

de toneladas (em termos de ingredientes ativos) em meados dos anos 1980, aproximadamente um quinto do consumo mundial.[4] O Leste da Ásia responde por quase 40% do uso entre os países em desenvolvimento, mas tem havido um rápido crescimento também no Sul da Ásia (Figura 6.1). Na Índia, onde a maioria dos pesticidas é produzida domesticamente, a área tratada se expandiu de 6 milhões de hectares em 1960 para cerca de 80 milhões de hectares em meados dos anos 1980.[5] No entanto, as taxas de uso ainda estão bem abaixo das vigentes nos países desenvolvidos e em desenvolvimento do Leste da Ásia. Cerca da metade do consumo nos países em desenvolvimento é de inseticidas – compostos responsáveis pelos mais sérios problemas ambientais e sanitários – e a metade do consumo mundial de inseticidas é feita por países em desenvolvimento. Em contraste, os países desenvolvidos respondem por 90% do uso de herbicidas, compostos que, em geral, são mais seguros.

Embora o uso de pesticidas seja mais baixo que nos países desenvolvidos, o impacto relativo na saúde humana nos países em desenvolvimento é provavelmente maior. Isso se deve, em parte, à alta proporção do uso de inseticidas. E, o que é mais importante, a falta de legislação adequada, a ignorância generalizada dos riscos envolvidos, a rotulação precária, a supervisão inadequada e o desconforto de usar roupas totalmente protetoras em climas quentes aumentam enormemente o risco de danos tanto para os trabalhadores agrícolas como para o público em geral. Os riscos são agravados pelo uso contínuo de compostos como DDT e chlordane, que foram proibidos ou sofreram sérias restrições nos países desenvolvidos. Segundo a Food and Drug Administration (FDA) norte-americana, 5% dos alimentos importados pelos EUA em 1988 continham resíduos de pesticidas proibidos, o que indica seu uso generalizado.[6]

Muitas vezes os relatórios são pouco confiáveis. As melhores estimativas disponíveis sugerem cerca de meio milhão de casos de envenenamento acidental por pesticidas por ano nos países em desenvolvimento

4. ALEXANDRATOS, N. (Org.). *World Agriculture: Towards 2010. A FAO Study*. Chichester: Wiley & Sons, 1995a.

5. POSTEL, S. *Defusing the Toxics Threat: Controlling Pesticides and Industrial Waste*. Washington: Worldwatch Institute (Worldwatch Paper n. 79), 1987.

6. GAO. *Export of Unregistered Pesticides is Not Adequately Monitored by the EPA*. Washington: US General Accounting Office, 1989.

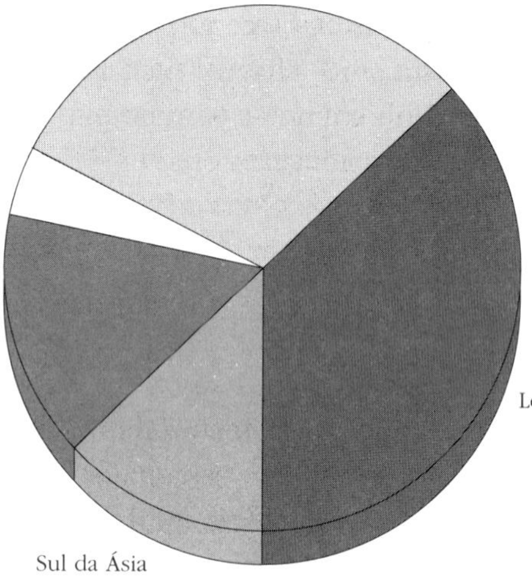

Figura 6.1 Divisão do uso de pesticidas nos países em desenvolvimento em meados dos anos 1980.[7]

e 2.300 mortes (compare-se isso com 360 mil casos e mil mortes nos países desenvolvidos).[8] Mas é bem provável que as doenças e mortes relacionadas com pesticidas estejam consideravelmente mal documentadas. Os sintomas de envenenamento por pesticidas são muitas vezes confundidos com doenças respiratórias e cardiovasculares, ou com epilepsia, tumores cerebrais e derrames.

A região central de Luzon, nas Filipinas, é uma das áreas da Revolução Verde onde a pulverização de pesticidas no arroz foi particularmente intensa. Depois da introdução das novas variedades, os fazendeiros estavam pulverizando quatro ou cinco vezes por temporada com compostos organoclorados classificados como altamente ou extremamente perigosos. Em 1985, Michael Loevinsohn, um estudante de pós-graduação do Imperial College que investigava a ecologia das pragas do arroz, ficou preocupado ao notar como os pesticidas estavam sendo aplicados e decidiu examinar os registros locais de mortalidade. Os resultados foram estarrecedores. Segundo os registros, no período em que o uso de pesticida foi duplicado, a taxa de mortalidade diagnosticada por envenenamento

7. ALEXANDRATOS. *op. cit.*

8. LEVINE, R. S. Assessment of mortality and morbidity due to unintentional pesticide poisonings, *paper* funcional apresentado ao Consultation of Planning Strategy for the Prevention of Pesticide Poisoning, Genebra (Doc. n. WHO/VCB/86.926), 1986.

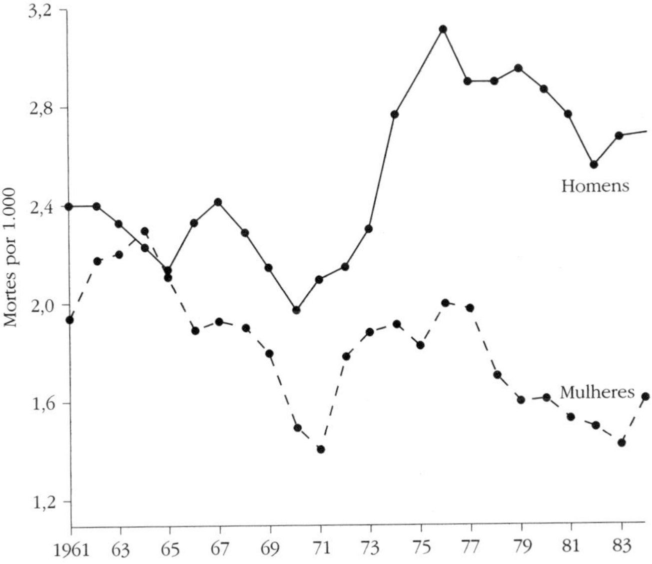

Figura 6.2 Mortes não-traumáticas entre homens e mulheres rurais em Nueva Ecija, Luzon, Filipinas.[9]

com pesticidas havia aumentado quase 250%, e 40% para outros sintomas que poderiam estar relacionados ao uso de pesticidas. A maior mortalidade estava restrita aos homens; para mulheres e crianças, ela declinou (Figura 6.2).[10] Além disso, as mortes atingiam um pico em agosto, quando a pulverização era mais intensa; depois da introdução do duplo cultivo, em meados dos anos 1970, um segundo pico apareceu em fevereiro, quando as novas culturas de estação seca eram pulverizadas.

As evidências de Loevinsohn são circunstanciais, mas foram suficientemente fortes para estimular novos estudos. Metade dos fazendeiros de arroz que responderam a uma pesquisa realizada por Agnes Rola, da Universidade das Filipinas, acusou doenças devido ao uso de pesticidas.[11] Ela e Praphu Pingali, do IRRI, fizeram em seguida um estudo detalhado que revelou uma série de sintomas mórbidos em agricultores expostos

9. A taxa de mortalidade está ajustada por idade e grafada como uma média móvel de três anos. LOEVINSOHN. *op. cit.*

10. LOEVINSOHN, M. E. Insecticide use and increased mortality in rural Central Luzon, Philippines. *Lancet*, 13 jun. 1987, p. 1359-62, 1987.

11. ROLA, A. *Pesticides, Health Risks and Farm Productivity: A Philippine Experience*. Los Baños: University of the Philippines (Agricultural Policy Research Program Monograph, 89-01), 1989.

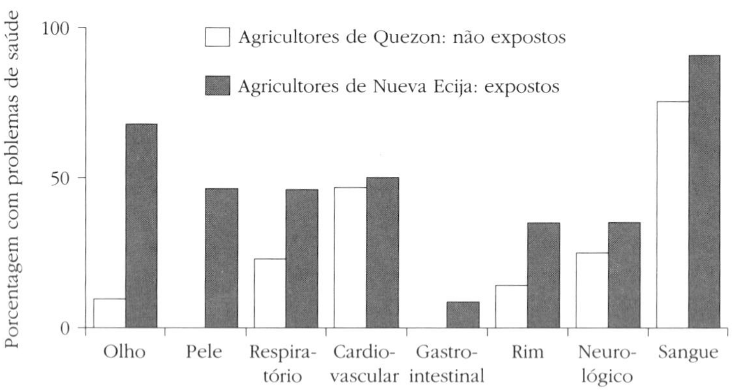

Figura 6.3 Problemas de saúde de agricultores expostos e não-expostos ao uso de pesticidas nas Filipinas.[12]

ao uso de pesticidas, expressivamente maior do que nos não expostos (Figura 6.3). Esses resultados parecem respaldar as descobertas de Loevinsohn e, juntos, eles implicam que, nas Filipinas, muitos milhares de mortes por ano resultam do uso de pesticidas. Embora os modernos inseticidas organofosfatados sejam bem menos tóxicos, crescem os temores de que a exposição prolongada a eles possa resultar em danos ao sistema nervoso humano e no desenvolvimento de cânceres.

Altos níveis de resíduos organoclorados se acumularam tanto em moradores de zonas rurais como urbanas nos países em desenvolvimento. As principais fontes de contaminação foram a pulverização de mosquitos para o controle da malária e as aplicações de inseticidas particularmente intensas em culturas não alimentícias como o algodão, mas cujos resíduos apareceram em alimentos humanos. É comum, na Índia, que as dietas contenham níveis de pesticida acima da Ingestão Diária Aceitável (IDA) (Figura 6.4).[13] Existem também registros da Malásia de alto nível de resíduos em peixes apanhados em arrozais.

O aumento do uso de fertilizantes nos países em desenvolvimento também trouxe problemas no início, embora, felizmente, alguns temores

12. Todas as diferenças são significativas, exceto para os danos neurológicos. ROLA, A. e PINGALI, P. *Pesticides, Rice Productivity, and Farmers Health: An Economic Assessment*. Los Baños: International Rice Research Institute, 1993.

13. A Ingestão Diária Aceitável é determinada pela Comissão Codex Alimentarius da FAO/OMS e é calculada como cem vezes menor que a quantidade que causaria o mínimo efeito detectável se aquele nível fosse ingerido regularmente durante toda a vida.

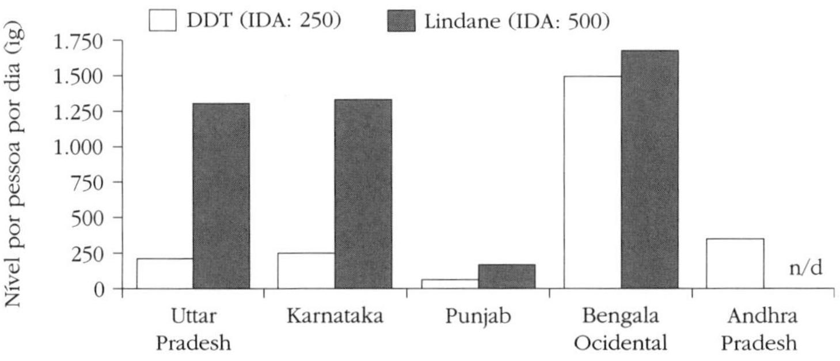

Figura 6.4 Níveis de resíduos de pesticidas em dietas indianas.[14] O IDA é a Ingestão Diária Aceitável.

iniciais se mostraram infundados. Idealmente, todos os nutrientes de fertilizantes são absorvidos pelas culturas em crescimento; na prática, a maior parte é perdida, até 70% em arrozais. Nos trópicos sazonais, os nutrientes se acumulam na estação seca e depois escoam dos campos com a chegada da monção. As perdas também são altas na irrigação. A aplicação de fertilizantes nitrogenados, sejam eles sintéticos ou orgânicos (derivados de restos de plantas e estercos animais) resulta, pois, em níveis crescentes de nitrato nas águas escoadas e, através da percolação, em aqüíferos e lençóis freáticos. Nas terras da Revolução Verde como, por exemplo, no Punjab, em Sonora e em Luzon, as aplicações de nitrogênio são tão altas quanto nos países desenvolvidos. Com essas taxas, os níveis decorrentes de nitratos em aqüíferos e na água potável podem ser maiores que o limite superior da OMS de 50 mg/litro de nitrato, e provavelmente representar riscos à saúde. A contaminação não está restrita às terras da Revolução Verde, no entanto. Uma pesquisa com a água de 3 mil poços cavados em aldeias indianas revelou que cerca de 20% continham nitratos acima do limite da OMS.[15] Mas, na maioria dos casos, os nitratos procediam de dejetos humanos e animais e não de fertilizantes.

Em teoria, níveis altos de nitrato na água potável poderiam ser responsáveis pelo aumento de alguns tipos de câncer.[16] Os nitratos são convertidos

14. CONWAY e PRETTY. *op. cit.*

15. HANDA, B. K. Effect of fertilizer use on groundwater quality in India. In: INTERNATIONAL ASSOCIATION OF HYDROLOGICAL SCIENCES. *Groundwater in Resources Planning*, v. II, p. 1105-9 (IAHS publ. n. 142), 1983.

16. CONWAY e PRETTY. *op. cit.*

em nitritos no corpo e ali se combinam com substâncias comuns na alimentação, conhecidas como aminas, para produzir nitrosaminas, que são sabidamente carcinógenas.

A questão é se isso realmente acontece, e a resposta parece ser não, ao menos nos países desenvolvidos. Um estudo de 1973 na cidade de Worksop, Inglaterra, que apresentava altos níveis de nitrato – acima de 90 mg/litro em sua água potável –, revelou uma incidência mais alta de câncer gástrico que nas cidades vizinhas com níveis baixos de nitrato na água potável.[17] Essa descoberta atraiu uma atenção considerável e estimulou medidas para restringir o uso de fertilizantes. Mas o estudo deixou de fora um número expressivo de fatores, inclusive a alta proporção de mineiros de carvão na população de Worksop. Os mineiros e suas esposas estão mais propensos a contrair câncer gástrico do que a população em geral. Uma reavaliação subseqüente dos dados e novos estudos em outros lugares não mostraram evidências de uma ligação entre níveis de nitrato e câncer gástrico. Aliás, análises em âmbito nacional no Reino Unido revelaram uma correlação inversa – a incidência de câncer é maior nas áreas com nível baixo de nitrato na água potável.[18] Os nitratos podem desempenhar um papel, mas outros fatores parecem ser muito mais importantes.

Provavelmente, há um maior fundamento na preocupação com os países em desenvolvimento. O câncer gástrico é particularmente comum em países com altas taxas de uso de fertilizantes nitrogenados. O Chile é o único país com depósitos naturais de nitratos, na forma de salitre, e tem uma longa tradição de uso pesado de fertilizantes e uma das taxas de câncer gástrico mais altas do mundo.[19] Mas não há nenhuma correlação com os níveis de nitrato na água potável. Uma explicação possível, no Chile e na Colômbia, onde também ocorre uma alta incidência de câncer gástrico, é a ingestão de nitratos contidos em verduras e legumes,

---

17. HILL, M. J., HAWKSWORTH, G. e TATTERSHALL, G. Bacteria, nitrosamine and cancer of the stomach. *British Journal of Cancer*, 28, 562-7, 1983; DAVIES, J. M. Stomach cancer mortality in Worsop and other Nottinghamshire mining towns. *British Journal of Cancer*, 41, 438-45, 1980.

18. BERESFORD, S. S. A. Is nitrate in the drinking water associated with the risk of cancer in the urban UK? *Journal of Epidemiology*, 14, 57-63, 1985.

19. ARMIJO, R. e COULSON, A. N. Epidemiology of stomach cancer in Chile: the role of nitrogen fertilizers. *International Journal of Epidemiology*, 4, 301-9, 1975.

como o feijão.[20] Outro enigma é a relação entre aplicações nitrogenadas e câncer de bexiga no Egito. Há uma alta incidência desse tipo de câncer nas terras intensamente cultivadas do delta do Nilo e ela parece estar associada, de maneira complexa, com aplicações de fertilizantes muito nitrogenados (260 kg N/ha), contaminação bacteriana da água e uma predominância da doença parasítica esquistossomose.[21]

Um risco mais preocupante é o da metaemoglobinemia, ou síndrome do "bebê azul", que afeta bebês nos primeiros meses de vida.[22] O nitrito na corrente sangüínea – derivado do nitrato da água potável – combina-se com a hemoglobina do sangue para produzir a metaemoglobina. Esta interfere no processo normal pelo qual a hemoglobina se combina com o oxigênio e o transporta para diferentes partes do corpo. Quando mais de 10% da hemoglobina foi convertido em metaemoglobina, os bebês começam a mostrar os sintomas típicos de falta de oxigênio. Eles começam a adquirir uma coloração cinza-azulada, no início ao redor dos lábios, depois nos dedos dos pés e das mãos. Em 70% ou mais dos casos, os bebês morrem.

Ocorreram mortes nos EUA e na Europa, mas, na maioria dos casos, somente onde a água potável estava seriamente contaminada por bactérias. Algumas cepas de bactérias agudamente patogênicas, como *Vibrio* e *Salmonella*, que são uma causa comum de diarréia em países em desenvolvimento, podem converter nitrato em nitrito. E como os bebês com dietas deficientes em vitamina C são mais propensos à metaemoglobinemia, esta deveria ser muito comum nos países em desenvolvimento. No entanto, depois de um exame atento da literatura, Jules Pretty, do IIED, e eu só conseguimos encontrar uma referência. A metaemoglobina no sangue de 500 bebês com menos de um ano numa área rural da Namíbia havia sido medida, revelando que cerca de 8% dos bebês tinham mais de 5% de metaemoglobina, e um deles, perto da morte, apresentava

20. ARMIJO, R., GONZALEZ, A., ORELLANA, M., COULSON, A. N., SAYRE, J. W. e DETELS, R. Epidemiology of gastric cancer in Chile; II – Nitrate exposures and stomach cancer frequency. *International Journal of Epidemiology*, 10, 57-62, 1981; FONTHAM, E., ZAVALA, D., CORREA, P. et al. Diet and chronic atrophic gastritis: a case-control study. *Journal of the National Cancer Institute*, 76, 621-7, 1986.

21. HICKS, R. M., ISMAIL, M. M., WALTERS, C. L. et al. Association of bacteriuria and urinary nitrosamine formation with *Schistosoma haematobium* infection in the Qalyub area of Egypt. *Transactions of the Royal Society of Tropical Medicine and Hygiene*, 76, 519-27, 1982; CONWAY e PRETTY. *op. cit.*

22. CONWAY e PRETTY. *op. cit.*

um nível de 35%. Todos estavam recebendo água carregada de nitrato retirada de poços contaminados por excrementos de animais. Os bebês que ingeriam regularmente vitamina C em suas dietas eram menos afetados (Figura 6.5). Devido à pesada contaminação da água potável por dejetos humanos e animais em países em desenvolvimento, ao uso crescente de fertilizantes nitrogenados e aos baixos níveis de ingestão de vitamina C na alimentação era de se esperar uma incidência comunicada da síndrome do bebê azul muito maior. É possível que a doença seja ocultada pela ocorrência comum de disenteria e de outros distúrbios.

Os fertilizantes não são diretamente tóxicos para a vida selvagem, mas podem danificar plantas silvestres ao causar um crescimento excessivo, e podem afetar gravemente alguns ecossistemas naturais. A conseqüência mais danosa da contaminação por fertilizantes talvez seja o enriquecimento de nutrientes – eutroficação – de rios, lagos e águas costeiras. Nitratos e fosfatos que escoam da terra são responsáveis pela geração de densas proliferações de algas e plantas de superfície, como os aguapés. Elas fazem sombra nas plantas aquáticas submersas que, quando morrem e se decompõem, retiram oxigênio da água, causando a mortandade de peixes. Uma próspera indústria de criação de peixes no lago costeiro de Laguna de Bay, em Luzon, é freqüentemente danificada dessa maneira e, embora o grosso dos nutrientes que entram no lago provenham de lixo humano, um aporte significativo é o nitrogênio de fertilizantes dos arrozais intensamente explorados da redondeza.[23]

Os riscos à saúde observados pela presença de nitratos na água potável geraram limites legais e medidas para restringir as taxas de aplicação de fertilizantes em muitos países desenvolvidos. Embora os limites da OMS visem uma aplicação mundial, eles provavelmente não serão implementados nos países em desenvolvimento no futuro próximo. No entanto, haverá um dia em que o uso de fertilizantes nitrogenados ficará sujeito ao mesmo tipo de restrições atualmente em vigor nos países desenvolvidos. Sob certos aspectos, acredito que isso seja desejável. Apesar de agroquímicos modernos como fertilizantes e pesticidas serem inquestionavelmente úteis para aumentar os rendimentos, há uma grande dose de desperdício causada, em parte, pelos altos níveis de subsídios.

23. EDRA, R. B. Laguna de Bay: an example of a fresh and brackish water fishery under stress of the multiple-use of a river basin. *FAO Fish Report*, 288, 119-24, 1983.

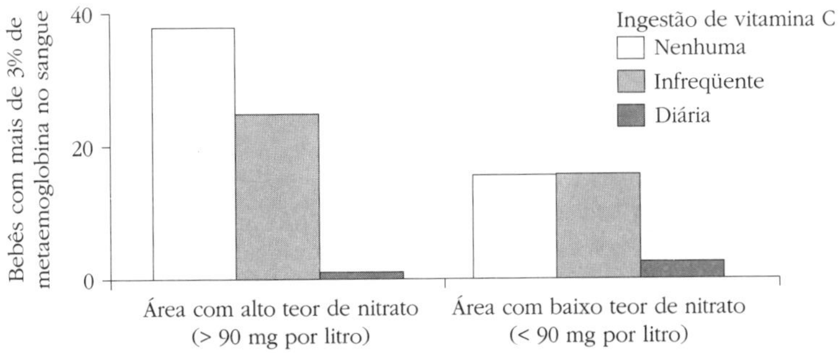

Figura 6.5 Síndrome do bebê azul em bebês na Namíbia.[24]

Na Indonésia, os subsídios para fertilizantes chegaram a quase 70%, e para pesticidas, a 40% dos preços mundiais no início dos anos 1980.[25] Isso explica o rápido aumento do uso de fertilizantes na Indonésia, de quase 80% entre 1980 e 1985, e as taxas de aplicação muito mais altas, 75 kg/ha de terra arável em média, em comparação com a metade e um terço dessa quantidade nas Filipinas e na Tailândia, respectivamente. Em tais situações, as restrições ao uso de fertilizantes poderiam resultar numa aplicação mais eficiente e em menos danos ambientais, sem prejuízo do rendimento.

O uso maior e ineficiente de pesticidas e de fertilizantes nitrogenados produz uma poluição grave, mas seu efeito é principalmente local. Outros poluentes agrícolas têm o potencial de causar danos numa escala muito maior. Embora a culpa seja, muitas vezes, da indústria, a agricultura está se tornando uma importante contribuinte para a poluição regional e global, produzindo níveis expressivos de metano, dióxido de carbono e óxido nitroso (Figura 6.6).[26] Esses gases são gerados por processos naturais, mas a intensificação da agricultura, tanto nos países em desenvolvimento como nos desenvolvidos, aumentou as taxas de emissão. Os arrozais irrigados tiveram um aumento de área de 40% na Ásia a partir de 1970, contribuindo assim para uma maior produção de metano e amônia. As emissões de óxido nitroso cresceram em paralelo ao uso de fertilizantes nitrogenados. As emissões de amônia e metano aumentaram

24. SUPER, M., HESSE, H. de V. e MACKENZIE, D. et al. An epidemiological study of well water nitrates in a group of SW African/Namibian infants. *Water Research*, 15, 1265-70, 1981.

25. BANCO MUNDIAL. *Indonesia: Agricultural Policy, Issues and Options*. Washington: Banco Mundial, 1987.

26. CONWAY e PRETTY. *op. cit.*

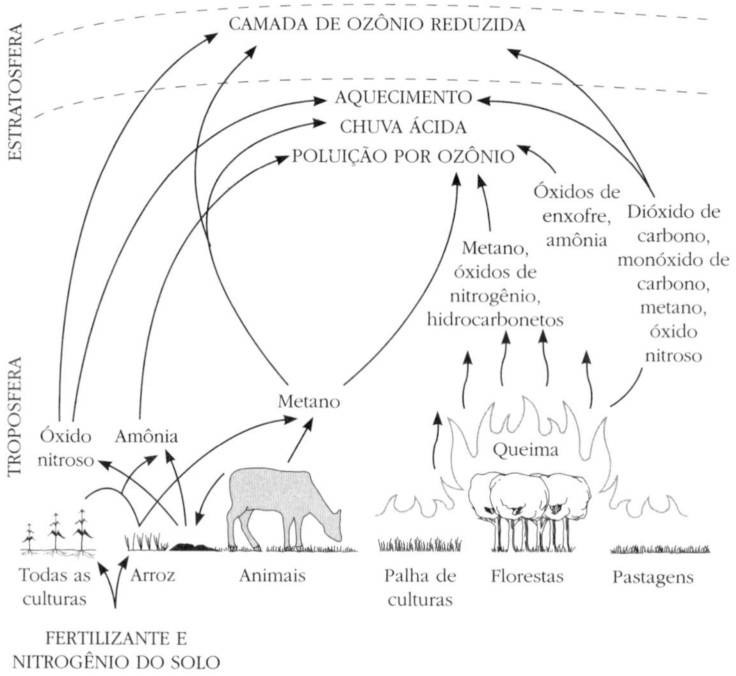

Figura 6.6 Poluição global causada pela agricultura.[27]

em conseqüência da intensificação da pecuária. E o desmatamento de florestas e pastagens para a obtenção de terras aráveis aumentou a produção de óxido de carbono e de nitrogênio.

Cerca da metade das emissões de metano do mundo é de origem agrícola. O gás é produzido por bactérias especializadas em ambientes sem oxigênio (anaeróbicas), como as terras pantanosas naturais e seu equivalente agrícola, o arrozal de alagado.[28] As terras pantanosas e os arrozais produzem cada qual cerca de 20% das emissões globais de metano.[29]

Uma segunda fonte agrícola é a bactéria anaeróbica que vive nos intestinos de animais ruminantes. Os bovinos produzem 35-55 kg/ano,

27. CONWAY e PRETTY. *op. cit.*

28. HOLZAPFEL-PSHORN, A. e SEILER, W. Methane emissions during a cultivation period from an Italian rice paddy. *Journal of Geophysical Research*, 91, 11803-14, 1986.

29. BOUWMAN, A. F. Land use related sources of greenhouse gases. *Land Use Policy*, abr. 1990. p. 154-64, 1990; WATSON, R. et al. Greenhouse gases and aerosols. In: IPCC. *The Scientific Assessment of Climate Change*, Working Group 1, Section 1, avaliação revista por pares para o Grupo de Trabalho 1, Plenária, 25 abr. 1990, Genebra: World Meteorological Office, 1990.

ovelhas e cabras, 5-15 kg/ano.[30] No geral, os animais ruminantes são causadores de aproximadamente 15% das emissões globais de metano. E outros 8% resultam da queima de sobras agrícolas e lenha, e da queima de savanas e vegetação maninha. O metano atmosférico aumentou duas vezes e meia desde o início do século XIX, em conseqüência do aumento da atividade agrícola e da queima e da mineração de combustíveis fósseis.

A agricultura tem um impacto relativamente menor, mas ainda assim importante, no ciclo global do óxido nitroso (N_2O).[31] Ele é produzido naturalmente pela ação de bactérias em compostos de nitrogênio em solos tropicais, particularmente nos solos cobertos pela floresta virgem tropical do Amazonas e outros locais. Isso causa 20-30% das emissões totais de N_2O. As bactérias também liberam óxido nitroso de fertilizantes nitrogenados, algumas das emissões mais altas se originando na decomposição da uréia – o fertilizante de aplicação mais comum em muitos países em desenvolvimento. Os fertilizantes contribuem com 5-20% das emissões globais, que aumentaram quase 13% desde a época da Revolução Industrial.

A maior parte da amônia presente na atmosfera vem da agricultura, principalmente da volatilização da urina e dos excrementos do gado – entre 20 e 30 milhões de toneladas por ano, em todo o mundo.[32] Os maiores emissores são Índia e China, produzindo mais de 5 milhões e mais de 3 milhões de toneladas, respectivamente (os EUA produzem em torno de 2,2 milhões de toneladas).[33] As emissões de amônia resultam também de aplicações de fertilizantes, e são particularmente altas em arrozais fertilizados.[34]

Uma das principais fontes de poluição da atmosfera global é a queima de vegetação, em especial durante o desmatamento de florestas, matas

30. CRUTZEN, P. J., ASELMANN, I. e SEILER, W. Methane production by domestic animals, wild animals and other herbivorous fauna, and humans. *Tellus*, 3813, 271-84, 1988.

31. WATSON et al. *op. cit.*

32. GALBALLY, I. E. The emission of nitrogen to the remote atmosphere. In: GALLOWAY, J. N., CHARLSON, R. J., ANDREAE, M. O. e RODHE, H. (Orgs.). *The Biogeochemical Cycling of Sulfur and Nitrogen in the Remote Atmosphere*. Hingham: D. Reidel, 1985.

33. CONWAY e PRETTY. *op. cit.*

34. MIKKELSON, D. S. e DE DATTA, S. K. Ammonia volatilisation from wetland rice soils. In: IRRI. *Nitrogen and Rice*. Los Baños: International Rice Research Institute, 1979.

e pastagens para abrir espaço para a agricultura.[35] Quando a vegetação é queimada, o fósforo e o potássio acumulados podem retornar ao solo, enquanto o carbono, o enxofre e o nitrogênio escapam na atmosfera como gases. O fenômeno não é novo, mas a escala do desmatamento aumentou muito nas três últimas décadas. Grandes áreas são desmatadas anualmente para fins de cultivo. Florestas e cerrados são destruídos; a vegetação derrubada é queimada e a terra é plantada com culturas durante alguns anos, até que os nutrientes são esgotados, as ervas daninhas proliferam e os rendimentos declinam. O cultivo pode durar até dez anos antes de o ciclo se repetir, mas em solos pobres ou áreas de alta densidade populacional os fazendeiros podem abandonar o cultivo depois de dois ou três anos. As estimativas são difíceis: provavelmente entre 200 e 300 milhões de pessoas são sustentadas pelo cultivo em áreas desmatadas móveis. Elas desmatam de 20 a 60 milhões de hectares por ano, queimando entre 1 e 2 bilhões de toneladas de matéria seca.[36] Esse total inclui a queima, a cada três a cinco anos, da vegetação morta das savanas africanas e sul-americanas para aumentar o cultivo de capins e melhorar as pastagens. Durante a estação seca, o cerrado sul-americano, que se estende por uma área de 40.000 km^2, fica geralmente coberto por uma densa camada de fumaça. Além disso, de 8 a 15 milhões de hectares de florestas e savanas são transformados a cada ano em culturas permanentes e pastagens para a criação de gado, além de cederem lugar para povoamentos e estradas. A crescente população de gado responde, sozinha, por cerca de metade do desmatamento global, e por até 90% na Amazônia. Um satélite norte-americano fotografou, em 1987, cerca de oito mil incêndios separados, cada um com pelo menos 1 km^2 de área, na Bacia Amazônica. A camada de fumaça que pairava entre 1.000 e 4.000 metros acima do solo se estendia por muitas centenas de quilômetros quadrados.[37]

Em escala global, 1 a 2 bilhões de toneladas de carbono, na forma de dióxido de carbono, são emitidos da biomassa queimada.[38] Isso equivale

35. CONWAY e PRETTY. *op. cit.*

36. SEILER, W. e CRUTZEN, P. J. Estimates of gross and net fluxes of carbon between the biosphere and the atmosphere from biomass burning. *Climatic Change*, 2, 207-47, 1980.

37. ROCHA, J. Ozone fears as Amazon Forest burns, citando Paul Crutzen e Richard Stolarski. *Guardian*, 18 abr. 1988, p. 6, 1988.

38. WATSON et al. *op. cit.*; BOUWMAN. *op. cit.*

a 50%-100% do dióxido de carbono resultante da queima de combustíveis fósseis. A queima de biomassa produz também grandes quantidades de metano e óxido nitroso, e cerca de 30 milhões de toneladas de matéria particulada. A quantidade de dióxido de carbono na atmosfera aumentou 25% no século XIX, e continua crescendo.

Em síntese, a agricultura é uma contribuinte altamente significativa e crescente das emissões totais de gases de importância global (Tabela 6.1). Individualmente ou combinados, esses gases estão contribuindo para:

- O depósito ácido;
- A destruição do ozônio estratosférico;
- A acumulação de ozônio na atmosfera inferior; e
- O aquecimento global.

Os efeitos sobre o meio ambiente natural e o bem-estar humano são bastante conhecidos e não precisam ser reiterados aqui, mas em cada caso há efeitos adversos significativos na agricultura.

A acidificação do ar, do solo e da água é primeiramente uma conseqüência da liberação de dióxido de enxofre e óxidos de nitrogênio pela queima de combustíveis fósseis, mas a amônia também tem uma participação nesse processo.[39] Segundo pesquisas feitas na Europa, a amônia pode ter contribuído para o definhamento de florestas e para mudanças de longo prazo em comunidades naturais de plantas, em especial nos solos com poucos nutrientes.

Muitas regiões de países em desenvolvimento estão experimentando também um maior depósito de ácidos, em grande parte como resultado da queima de combustíveis fósseis. No Sul da China, a queima generalizada de carvão com alto teor de enxofre, particularmente em fogões domésticos e em indústrias de pequena escala, está produzindo chuva ácida danosa. Ao redor de Chongqing, grandes extensões de arrozais amarelaram repentinamente depois de chuvas ácidas, e o trigo da região sofreu danos graves e queda de rendimento.[40]

39. CONWAY e PRETTY. *op. cit.*

40. ZHAO, D. e XIONG, J. Acidification in Southwestern China. In: RODHE, H. e HERRERA, R. (Orgs.). *Acidification in Tropical Countries*. Chichester: (SCOPE report n. 36), Wiley & Sons, p. 317-46, 1988.

Contribuinte	Metano	Óxido nitroso	Dióxido de carbono	Amônia
Arrozais	21	-	-	Desconhecido
Animais e dejetos	15	Desconhecido	-	80-90
Fertilizantes	-	5-20	-	< 5
Queima de biomassa	8	5-20	20-30	Desconhecido
Total	44	10-25	20-30	90

Tabela 6.1 Contribuições da agricultura para as emissões globais totais de gás (em porcentagem).

A chuva ácida resulta também dos óxidos de nitrogênio produzidos no desmatamento de florestas e savanas. Na Venezuela, a queima de 15 milhões de hectares de savanas a cada ano produz cerca de 27 mil toneladas de óxidos de nitrogênio, que geram chuva ácida nas primeiras chuvas depois da estação seca.[41] Embora ainda existam poucas evidências de danos em países tropicais e subtropicais, eles podem correr um risco maior de acidificação porque seus solos já são normalmente ácidos e não conseguem absorver novos aumentos de acidez.

Os efeitos dos diversos gases produzidos pela agricultura no ozônio são aparentemente paradoxais[42]:

- Nas camadas inferiores da atmosfera – a troposfera –, vários gases, entre eles o metano e o monóxido de carbono, interagem para aumentar a concentração de ozônio; enquanto que
- Na atmosfera superior – a estratosfera, que se estende de dez a cinqüenta quilômetros acima da superfície da Terra –, alguns gases, notadamente o metano e o óxido nitroso, destroem o ozônio.

Em ambos os casos, as reações químicas envolvidas são muito complexas. A radiação ultravioleta durante o dia oxida o monóxido de carbono, o metano e outros hidrocarbonetos da troposfera para produzir ozônio. De noite, o processo se inverte, mas a inversão não é necessariamente completa e o ozônio se acumula. Nas zonas tropicais e subtropicais, os

41. SANDUEZA, E., CUENCA, G., GOMEZ, M. J. et al. Characterisation of the Venezuelan environment and its potential for acidification. In: RODHE e HERRERA. *op. cit.*, p. 197-256, 1988.

42. CONWAY e PRETTY. *op. cit.*

altos níveis de radiação ultravioleta produzem uma acumulação considerável, particularmente perto de cidades em virtude dos hidrocarbonetos emitidos por veículos a motor. Mas os níveis de ozônio também podem ser altos em zonas rurais. Na Bacia Amazônica, o ozônio está geralmente presente numa concentração de 10 a 15 ppb (partes por bilhão), mas chega a 40 ppb durante as temporadas de desmatamento e queimada.[43] Um efeito semelhante ocorre quando as savanas são queimadas.

Níveis altos de ozônio na atmosfera inferior danificam as plantas. Algumas culturas vegetais são resistentes; outras, como os legumes, são muito sensíveis. Experimentos com arroz mostraram que o ozônio reduz a altura das plantas e o peso das sementes e aumenta o número de panículas estéreis, reduzindo assim os rendimentos.[44] Nos arredores de Tóquio, onde as concentrações de ozônio chegam a atingir regularmente 200 ppb, as perdas de arroz podem chegar a 30%, e experimentos recentes sugeriram altas perdas de rendimento em países em desenvolvimento com níveis muito mais baixos de ozônio.[45] Nigel Bell, do Imperial College, e colegas da Universidade do Punjab, no Paquistão, usaram câmaras com tampo aberto para cultivar arroz e trigo em condições mais próximas possíveis das naturais num local ao sul de Lahore. Quando o ozônio poluente do ar foi filtrado, os rendimentos foram 40% mais altos para algumas variedades, um efeito muito maior que o registrado nos países desenvolvidos. Os motivos não são claros, mas pode haver um efeito sinérgico entre o ozônio e outros poluentes como o óxido nitroso.

Cerca de 90% de todo o ozônio na atmosfera está nas camadas superiores, a estratosfera. Ali, o ozônio é produzido pela ação da luz ultravioleta sobre o oxigênio, e é decomposto num processo que envolve uma variedade de moléculas, inclusive o cloro, o íon hidroxila e o óxido nítrico.[46] Uma causa importante da recente destruição da camada

43. KIRCHHOFF, V. W. J. H. Surface ozone measurements in Amazonia. *Journal of Geophysical Research*, 93, 1469-76, 1988.

44. KATS, G., DAWSON, P. J., BYTNEROWICZ, A. et al. Effects of ozone and sulphur dioxide on growth and yield of rice. *Agriculture Ecosystems, Environment*, 14, 103-17, 1985.

45. WAHID, A., MAGGS, R., SHAMSI, S. R. A., BELL, J. N. B. e ASHMORE, M. R. Air pollution and its impact on wheat yield in the Pakistan Punjab. *Environmental Pollution*, 88, 147-54, 1995; Effects of air pollution on rice yield in the Pakistan Punjab. *Environmental Pollution*, 90, 323-9, 1995.

46. UK SORG. *Stratospheric Ozone*. Stratospheric Ozone Review Group. Londres: Her Majesty's Stationery Office, 1988.

de ozônio é o cloro produzido pelos clorofluorcarbonos usados como propelentes de aerossóis e líquidos refrigerantes, mas a agricultura tem sua parte de culpa, pois o íon hidroxila é derivado do metano e o óxido nítrico do óxido nitroso.

Os processos são extremamente complexos e ainda não foram compreendidos por inteiro. Para citar apenas uma complicação: o metano pode ser importante também na remoção do cloro transformando-o em ácido hidroclorídrico, que é então lavado da estratosfera pela chuva. O metano desempenha, pois, vários papéis importantes e opostos na química do ozônio, produzindo ozônio na troposfera, destruindo ozônio na estratosfera, e ao mesmo tempo removendo também outros agentes destrutivos. Cientistas tentaram modelar esses processos, mas os cálculos envolvidos são assustadores. Um modelo totalmente abrangente conteria mais de 30 constituintes e 200 reações, e precisaria ser reproduzido para diferentes altitudes e latitudes e para diferentes épocas do ano.

Os modelos são inevitavelmente simplificados, deixando os resultados abertos a um debate considerável. Até os anos 1980, os modelos previam pouco efeito das crescentes emissões causadas pelo homem. Mas em 1985 a British Antarctic Survey, chefiada por Joe Farman, constatou a existência de um grande "buraco" na camada de ozônio, durante a primavera, sobre a Antártica.[47] Observações diretas registraram o que os modelos não conseguiram prever. Desde então, o buraco tem permanecido constante em extensão, mas tem se aprofundado a cada primavera. Ele também começou a aparecer no Hemisfério Norte, estendendo-se sobre o Norte da Europa e a América do Norte. Até agora, porém, não tem havido sinais de perda sobre regiões tropicais.

A existência da camada de ozônio é importante para a vida no planeta, já que ela serve de filtro para a entrada de radiação ultravioleta (UV). Níveis altos de luz UV causam câncer de pele em seres humanos e danificam as plantas.[48] Os cereais são relativamente tolerantes, mas muitas outras

47. FARMAN, J. C., GARDINER, B. G. e SHANKLIN, J. D. Large losses of total ozone in Antarctica reveal seasonal ClO_x/NO_x interaction. *Nature,* 315, 207-10, 1985.

48. WORREST, R. C. e GRANT, L. D. Effects of ultraviolet-B radiation on terrestrial plants and marine organisms. In: RUSSEL-JONES, R. e WIGLEY, T. (Orgs.). *Ozone Depletion: Health and Environmental Consequences.* Chichester: Wiley & Sons, 1989.

culturas, entre elas de verduras, abóboras e repolhos, são facilmente prejudicadas. Os rendimentos são menores e, nas culturas de soja e batata, o conteúdo de óleo e proteína é reduzido.

Mais grave que a diminuição da camada de ozônio é o efeito de longo prazo das atividades agrícolas no clima global. Juntamente com o vapor d'água, vários gases emitidos na atmosfera pela agricultura – dióxido de carbono, metano e óxido nitroso – absorvem o calor irradiado pela superfície da Terra. O efeito sobre o clima global é semelhante à retenção de calor numa estufa. Não há dúvida de que estamos testemunhando um aumento significativo da temperatura média global, que começou na primeira parte do século XX e é maior do que qualquer aumento nos últimos quinhentos anos (Figura 6.7). Esse aquecimento global pode ser uma ocorrência natural, mas a opinião mais bem informada, em particular a do Painel Internacional sobre Mudança Climática (IPCC), acredita que ele foi uma conseqüência direta do aumento da emissão dos chamados gases do efeito estufa.[49]

O dióxido de carbono é o gás mais importante do efeito estufa, contribuindo com mais da metade do aquecimento global, sendo o metano e o óxido nitroso responsáveis por um quinto dele nos anos 1980.[50] Segundo o IPCC, os aumentos de todos esses gases já provocaram um aumento de temperatura de 0,3 a 0,6° C nos últimos cem anos. Houve uma forte tendência ascendente nos últimos dez anos, embora 1992 e 1993 tenham sido relativamente mais frios em conseqüência do material expelido na atmosfera pelas erupções vulcânicas do Monte Pinatubo, em 1991. Os anos seguintes a 1993 foram os mais quentes já registrados.

Se nada for feito para controlar as emissões de gases do efeito estufa, a temperatura média global poderá aumentar em mais 0,4° C até 2020 e até 2° C até o fim do século XXI.[51] Esses, porém, são números da temperatura média global. As mudanças de temperatura e seus efeitos vão variar de um lugar para outro de uma maneira ainda não totalmente previsível. As maiores alterações de temperatura ocorrerão em latitudes

---

49. HOUGHTON, J. T., MEIRA FILHO, L. G., CALLANDER, B. A. et al. *Climate Change 1995: The Science of Climate Change*. Contribuição do Grupo de Trabalho I para o segundo Relatório de Avaliação do Painel Intergovernamental sobre Mudança Climática. Cambridge: Cambridge University Press, 1996.

50. LEGGETT, J. The nature of the greenhouse threat. In: LEGGETT, J. (Org.). *Global Warming: The Greenpeace Report*. Oxford: Oxford University Press, 1990.

51. HOUGHTON et al. *op. cit.*

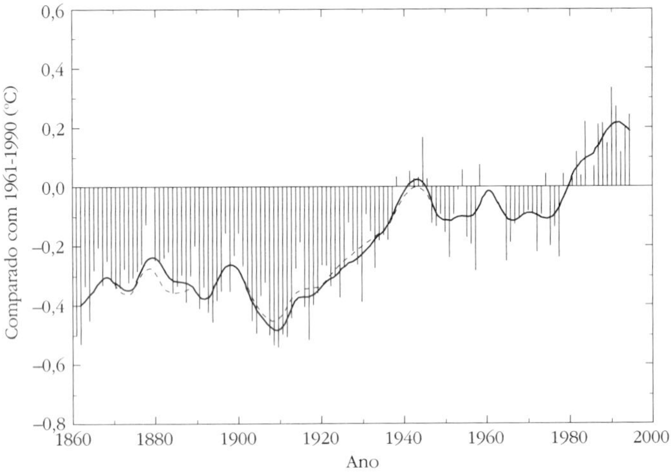

Figura 6.7 O aumento da temperatura global.[52]

altas, mas a disponibilidade de água poderá piorar em latitudes mais baixas. Até que ponto essas mudanças vão afetar a agricultura é difícil avaliar neste estágio. Na análise mais completa até agora, Martin Parry, do University College, em Londres, acredita que o calor e a falta de água poderão resultar em quedas nos rendimentos, especialmente nas latitudes baixas, onde está situada a maioria dos países em desenvolvimento.[53] Ao contrário, nas latitudes médias e altas, o aumento do CO_2 terá um efeito fisiológico que estimulará o crescimento das culturas, particularmente das chamadas culturas C_3, como trigo, cevada, arroz e batata.[54] Em média, uma duplicação do CO_2 provoca um aumento de 30% no rendimento dessas culturas.[55] Combinado com temperaturas médias mais

52. Gráfico superior: temperaturas de verão no hemisfério norte extraídas de anéis de árvores, núcleos de gelo e registros documentais. Gráfico inferior: temperaturas combinadas da superfície da terra e do mar. HOUGHTON et al. *op. cit.*

53. PARRY, M. *Climate Change and World Agriculture*. Londres: Earthscan, 1990; ROSENZWEIG, C. e PARRY, M. L. Potential impact of climate change on world food supply. *Nature* 367, 133-8, 1994.

54. C_3 e C_4 referem-se a mecanismos fotossintéticos diferentes. A maioria das culturas, especialmente em habitats mais frios e mais úmidos, é C_3. Plantas como capins tropicais, milho, cana-de-açúcar e sorgo são C_4.

55. REILLY, J. Agriculture in a changing climate: impacts and adaptation. In: WATSON, R. T., ZINYOWERA, M. C. e MOSS, R. H. *Climate Change 1995: Impacts, Adaptations and Mitigation of Climate Change: Scientific-technical Analyses*. Contribuição do Grupo de Trabalho II ao segundo Relatório de Avaliação do Painel Intergovernamental sobre Mudança Climática. Cambridge: Cambridge University Press, p. 427-67, 1996.

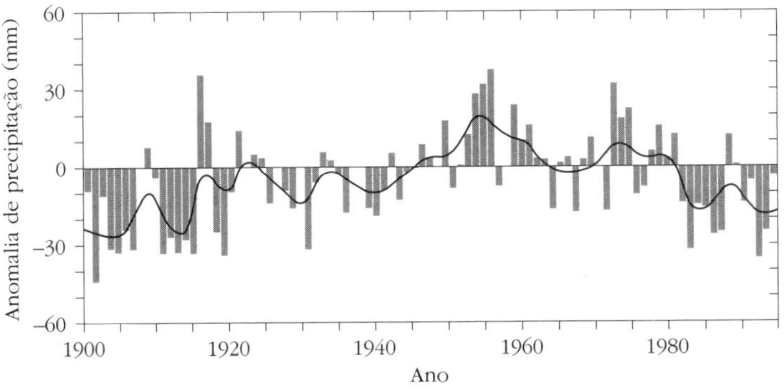

Figura 6.8 Mudanças na precipitação global.[56]

altas, isso poderá aumentar a produção de grãos e de outras culturas nos países desenvolvidos.

O nível dos mares também deverá subir, inicialmente pela expansão térmica dos oceanos e, por fim, talvez, como resultado do derretimento das calotas polares. A melhor estimativa para as taxas atuais de aquecimento global é de que o nível médio do mar suba até 15 centímetros até 2020.[57] Isso não é muito, mas poderá gerar um maior risco de enchentes em países como Bangladesh, onde boa parte do cultivo se localiza de maneira precária no delta do Brahmaputra.

As conseqüências mais graves ocorrerão num futuro mais distante, perto do fim do século XXI. Muitos duvidam de que um aumento de mais 0,4° C até 2020 tenha um efeito importante na produção agrícola.[58] O IFPRI ignorou qualquer efeito do aquecimento global em seu exercício de modelagem para 2020. Mas pode haver motivos de preocupação. Já houve uma queda expressiva da precipitação nas regiões tropicais e subtropicais desde 1960 (Figura 6.8). Se essa tendência continuar, ela logo poderá ter efeitos graves na produção agrícola, particularmente nos trópicos semi-áridos. As mais recentes projeções do IPCC indicam uma redução na precipitação produzida pela monção no Sul da Ásia como decorrência do aquecimento global.

---

56. HOUGHTON et al. *op. cit.*

57. HOUGHTON et al. *op. cit.*

58. DYSON, T. *Population and Food: Global Trends and Future Prospects.* Londres: Routledge, 1996.

Outra conseqüência do aquecimento global talvez seja uma maior variabilidade do tempo e uma maior incidência de condições climáticas extremas, com efeitos imprevisíveis.[59] Enchentes, secas, furacões, temperaturas extremamente elevadas e geadas severas podem se tornar mais comuns. Nos países em desenvolvimento, a precipitação atmosférica pode se tornar mais variável, possivelmente com uma freqüência maior de fortes tempestades que provoquem enchentes e agravem a erosão do solo.[60] A estação chuvosa também poderá ficar mais curta, reduzindo as chuvas pré-monção, cruciais para a germinação das culturas. Há alguns sinais recentes de uma maior freqüência desses eventos extremos. Tanto na América do Norte como na África subsaariana houve estiagens severas nos anos 1980 e elas podem ser responsáveis pela maior variabilidade na produção de cereais, no mesmo período, nessas regiões (Figura 6.9).

Na opinião pública, a poluição é motivo de crescente preocupação, particularmente nos países desenvolvidos, e, embora a indústria seja vista como a principal culpada, há uma percepção crescente do papel significativo desempenhado pela agricultura. A demanda por alimentos "produzidos organicamente" nos países desenvolvidos está começando a provocar um impacto nas práticas agrícolas desses países, e algumas conseqüências logo poderão se fazer sentir nos países em desenvolvimento. Mais sérias provavelmente serão as restrições a insumos e práticas que são, ou ao menos parecem ser, poluidores. Os países em desenvolvimento dependentes da exportação de frutas e legumes de alto valor se verão pressionados a reduzir ou eliminar o uso de pesticidas nessas culturas. Poderá haver pressões pela adoção dos limites globais da OMS para os nitratos na água potável, provocando uma redução do uso de fertilizantes. Os fabricantes multinacionais de agroquímicos também poderão diminuir a pesquisa e o investimento em novos produtos, mesmo de produtos mais seguros, se acreditarem que suas vendas serão reduzidas devido à consciência do público. A pesquisa e o desenvolvimento de inseticidas declinaram significativamente nos últimos anos, em parte pelos custos proibitivos de desenvolver novos produtos que atendam às normas mundiais.[61]

59. KATZ, R. W. e BROWN, R. G. Extreme events in a changing climate: variability is more important than averages. *Climate Change*, 21, 289-302, 1992; REILLY. *op. cit.*

60. PARRY. *op. cit.*

61. CONWAY e PRETTY. *op. cit.*

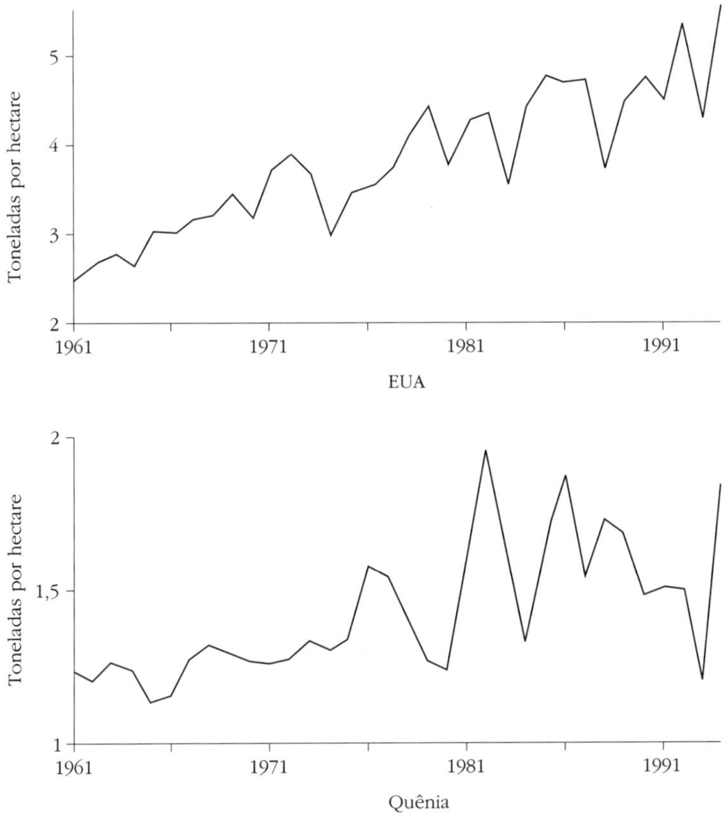

Figura 6.9 Variabilidade aumentada de rendimentos de cereais no Quênia e nos EUA.

Uma conseqüência disso é a escassez de compostos seletivos novos (e muito necessários), particularmente para culturas com uma produção global relativamente pequena. A ameaça da poluição global, ainda um pouco distante quanto ao efeito direto na produção agrícola, poderá começar a provocar também restrições a práticas agrícolas, a menos que se encontrem maneiras de minimizar os gases prejudiciais.

7 Tendências e prioridades

À medida que o mundo avança pela década de 1990, cada ano traz novas evidências de que estamos entrando numa nova era, uma era muito diferente das últimas quatro décadas. Uma era de relativa abundância alimentar está sendo substituída por uma de escassez.

Lester Brown, *Who Will Feed China?*[1]

O resultado relativamente favorável dos modelos descritos no Capítulo 2 depende de o crescimento no rendimento das colheitas continuar no índice experimentado nos últimos anos. Se isso não acontecer, a demanda de mercado no ano 2020 será atendida por um nível de produção muito inferior e a necessidade oculta dos famintos crescerá, aumentando o número dos subnutridos crônicos. Na primeira parte deste capítulo, eu pergunto: a suposição de crescimento contínuo do rendimento é consistente? Há evidências de restrições ambientais e outras que imponham um limite à produção futura?

De início, é preciso salientar a importância do aumento do rendimento. Embora exista um potencial considerável para a expansão das terras cultivadas nos países desenvolvidos, com a reutilização na produção de terras em pousio e para conservação (ver página 145), há menos espaço para expansão nos países em desenvolvimento, ao menos nos países que possivelmente estariam mais pressionados. O mundo em desenvolvimento contém cerca de 2,6 bilhões de hectares de terras com potencial para o cultivo arável, dos quais cerca de 750 milhões de hectares estão atualmente cultivados.[2] Se o 1,8 bilhão de hectares restantes vier a

1. BROWN, L. *Who Will Feed China? Wake-up Call for a Small Planet.* Nova Iorque: W. W. Norton, 1995.
2. ALEXANDRATOS, N. (Org.). *World Agriculture: Towards 2010. A FAO Study.* Chichester: Wiley & Sons, 1995.

alcançar o rendimento de grãos médio atual dos países em desenvolvimento, isto é, 2,56 t/ha, a produção total poderia crescer em torno de 4,5 bilhões de toneladas. Em teoria, isso poderia garantir um mundo bem alimentado por muitas gerações; mas, por diversas razões, essa opção não é prática.

A distribuição das novas terras aráveis em potencial é altamente irregular. Mais de 90% estão na África subsaariana e na América Latina, e mais de um terço em apenas dois países: 27% no Brasil e 9% no Zaire (Figura 7.1). Há pouco espaço para expansão no Sul da Ásia e no Oeste da África/Norte da África. Quase metade da terra arável "potencial" no Sul da Ásia está ocupada por cidades e outros povoamentos humanos.

A maior parte das terras cultiváveis em potencial fica distante dos principais centros de pressão populacional. Na África subsaariana, as densidades mais altas – cem ou, às vezes, mais de 250 pessoas por km^2 – estão na Nigéria e nos planaltos etíopes e leste-africanos.[3] A densidade no Zaire alcança apenas 18 habitantes por km^2, com pequena probabilidade de imigração em larga escala de outras partes da África. Mais factível é o reassentamento dentro dos países, pessoas sendo deslocadas ou mudadas de regiões densamente povoadas para novas terras inexploradas – no interior do Brasil ou nas ilhas exteriores da Indonésia. Aliás, isso já está acontecendo, mas os problemas são enormes. A qualidade da terra é pobre e três quartos do potencial na África subsaariana e na América Latina estão sujeitos a limitações de solo e terreno (Figura 7.2). Essas limitações podem ser superadas em muitas situações, mas só com extrema atenção à manutenção da estrutura e da fertilidade do solo e a correção de várias deficiências e toxicidades.[4]

Boa parte da terra arável potencial "inexplorada" está coberta por florestas primárias nas bacias do Amazonas e do Congo e na ilha de Bornéu. As florestas primárias dão a impressão de uma vegetação imensa e exuberante, mas a produtividade pode ser frágil, dependendo da reciclagem de nutrientes da copa das árvores para formar o húmus da floresta e realimentá-la diretamente através das raízes. Muitas vezes não

3. DYSON, T. *Population and Food: Global Trends and Future Prospects.* Londres: Routledge, 1996.

4. SANCHEZ, P. A. Productivity of soils in rainfed farming systems: examples of long-term experiments. In: IRRI. *Potencial Productivity of Field Crops under Different Environments.* Los Baños: International Rice Research Institute, 1983.

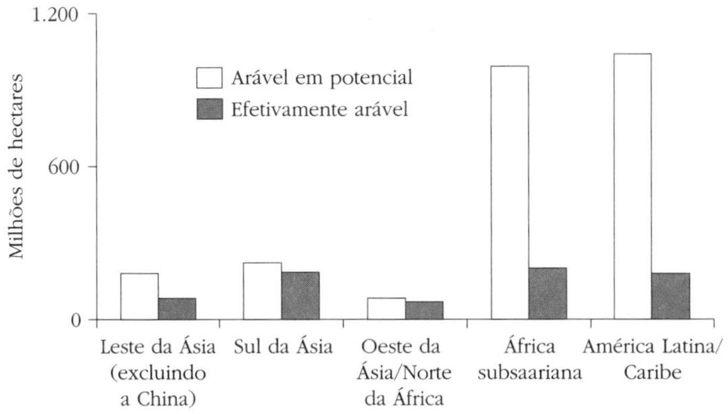

Figura 7.1 Terra arável potencial nos países em desenvolvimento.[5]

há uma fertilidade de solo profunda, e deficiências em micronutrientes são comuns. Nos anos 1970, trabalhei com indonésios num esquema de transmigração no delta do Upang, em Sumatra. Havendo desmatado a floresta pantanosa, eles estavam cultivando arroz em águas fortemente salobras, tentando controlar a salinidade com um complicado sistema de eliminação dos sais por esguicho. Mas posteriormente ocorreu uma rápida deterioração dos solos de turfa e o objetivo original de dobrar a safra de arroz teve um sucesso limitado. A partir de 1969, mais de 600 mil famílias foram reassentadas de Java para Sumatra, Kalimantan, Sulawesi e Irian Jaya, e o plano era reassentar cerca de 10 milhões até a virada do século.[6] A maior parte da terra, porém, é imprestável para arroz e outras culturas anuais. Ela é ácida, tem baixo conteúdo orgânico e mineral, drenagem pobre e é propensa a uma forte erosão. Se for preciso cultivar terras florestais, o melhor é que elas sejam substituídas por culturas florestais como dendezeiros e cacaueiros do que por cereais. Em outro projeto de transmigração em Kalimantan, na ilha de Bornéu, onde os colonos foram direcionados para o cultivo de arroz, eles inseriam fileiras de coqueiros nos arrozais, transformando gradualmente suas fazendas em pequenas plantações de coco, embora isso fosse contra a política do governo.

5. ALEXANDRATOS. *op. cit.*

6. KARTASUBATRA, J. Indonesia. In: NATIONAL RESEARCH COUNCIL. *Sustainable Agriculture and the Environment in the Humid Tropics.* Washington: National Academy Press, p. 393-439, 1987.

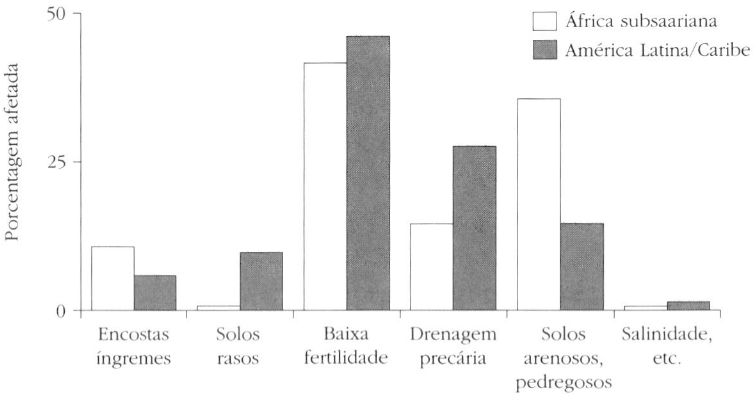

Figura 7.2 Porcentagem de terras cultiváveis potenciais com limitações de solo e terreno.[7]

Nikos Alexandratos, da FAO, fez uma análise detalhada do potencial de expansão da área cultivável nos países em desenvolvimento levando em conta esses e outros fatores, e estima que, até 2010, haverá um aumento de apenas cerca de 90 milhões de hectares, aproximadamente 5% do "potencial". Quase três quartos das terras cultiváveis extras estarão na África subsaariana e na América Latina, com alguma expansão no Leste da Ásia (sobretudo na Indonésia e no Camboja), mas virtualmente nada em outros lugares. Na Ásia como um todo, o 0,15 hectare de terra cultivável por pessoa atualmente disponível cairá para mero 0,09 hectare até 2020. E, segundo estimativas de Lester Brown, do Instituto Worldwatch, as terras cerealíferas da China se reduzirão para menos de 0,05 hectare por pessoa.

Nos locais com irrigação disponível, a área cultivada pode ser expressivamente aumentada pelo cultivo de mais de uma safra por ano. Em média, uma safra e meia é cultivada agora em cada hectare arável na China, razão pela qual os rendimentos do arroz são maiores que os da Índia. Alexandratos estima que, até 2010, a área cultivada poderá aumentar outros 34 milhões de hectares além dos mais de 90 milhões de hectares de terras novas, como resultado do aumento de culturas múltiplas na Ásia e de um encurtamento do pousio na África subsaariana. Um aumento de 124 milhões de hectares da área cultivada nos países em desenvolvimento traria uma contribuição significativa para a produção agrícola total, mas isso não seria fácil. Hoje, as terras não

7. *Ibid.*

cultivadas geralmente têm limitações sérias e o aumento do cultivo múltiplo requer padrões de acesso à irrigação raramente encontrados. Na maioria dos países do mundo em desenvolvimento, uma produção maior terá de resultar do aumento do rendimento. A partir da década de 1950, aproximadamente 90% do aumento da produção de cereais se deveu a rendimentos maiores[8]; no futuro, a proporção terá de ser ainda maior.

Não há, em teoria ao menos, nenhuma grande restrição fisiológica, genética ou agronômica para se alcançar ganhos anuais de rendimento de 2% ou mais. As técnicas convencionais de cultivo, melhoradas cada vez mais pela engenharia genética (ver o próximo capítulo), deveriam ser capazes de produzir tipos de plantas melhorados aptos a proporcionar rendimentos significativamente mais altos em todas as partes do mundo. Segundo cálculos de um grupo de cientistas holandeses, as terras mais produtivas do mundo são potencialmente capazes de produzir rendimentos anuais acima de 25 toneladas de equivalentes de grãos por hectare, dadas as condições ideais de nutrientes, água e luz solar, e a inexistência de pragas e doenças.[9] Na verdade, poucos registros se aproximam desse nível. Uma única safra de milho nos EUA rendeu quase 24 toneladas; na China, o trigo seguido de duas safras de arroz produziu mais de 24 toneladas.[10] Somente algumas terras têm essa qualidade elevada e estão situadas onde há abundância de luz solar e água, mas boa parte delas está nos países em desenvolvimento. O grupo holandês avaliou as terras de cada continente do mundo em termos de produtividade potencial, levando em consideração a radiação solar, a duração da estação de cultivo e outros fatores, e produziu para cada um deles um rendimento máximo teórico médio (Figura 7.3). O que mais surpreendeu, talvez, foi que os máximos mais altos ocorrem nos continentes que contêm os países em desenvolvimento; mas não surpreende que é nessas regiões que as distâncias entre os rendimentos teóricos e os realizados são maiores.

---

8. DYSON. *op. cit.*

9. LINNEMAN, H., DE HOOGH, J., KEYSER, M. A. et al. *MOIRA: Model of International Relations in Agriculture*. Amsterdã: North Holland, Report of the Project Group, Food for a Doubling World Population, 1979.

10. PLUCKNETT, D. L. *Science and Agricultural Transformation*. Washington: International Food Policy Research Institute (Lecture Series), 1993.

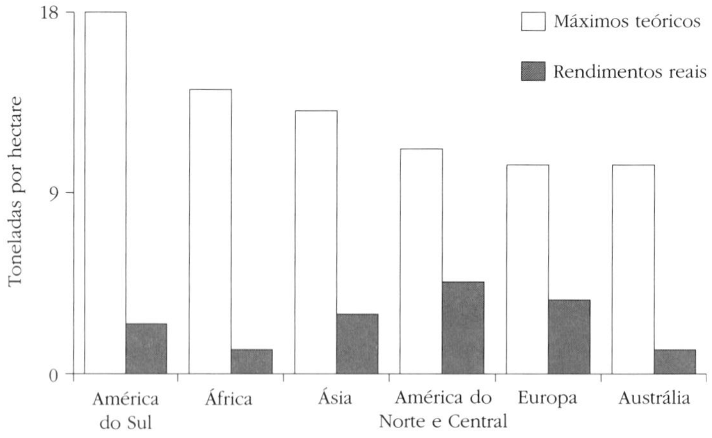

Figura 7.3 Rendimentos teóricos máximos em equivalentes de grãos e rendimentos médios de grãos existentes para todos os continentes.[11]

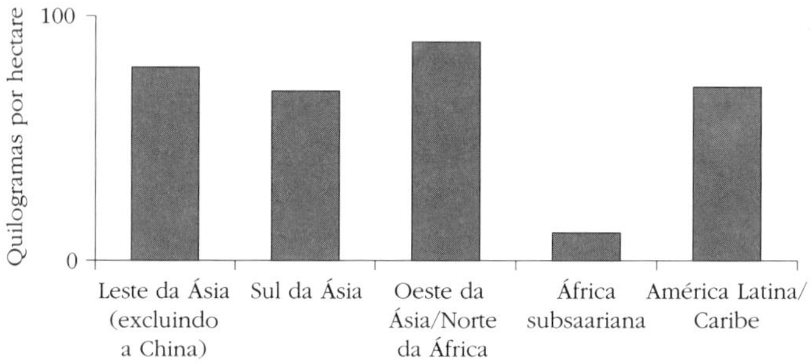

Figura 7.4 Taxas médias de aplicação de fertilizantes no mundo em desenvolvimento.[12]

Uma maneira de atingir esses rendimentos altos consiste em aplicar mais fertilizantes. Os níveis atuais de aplicação variam entre as regiões em desenvolvimento, mas estão bem abaixo dos comuns nos países desenvolvidos – 402 kg/ha no Japão e 624 kg/ha na Holanda (Figura 7.4). E embora o consumo de fertilizantes tenha aumentado rapidamente nos anos 1970 e início dos anos 1980, ele caiu nos países desenvolvidos durante a última década e agora está dando sinais de desaceleração nos países em desenvolvimento (Figura 7.5).

11. LINNEMAN et al. *op. cit.*; FAO, AGROSTAT.TS. Roma: Organização das Nações Unidas para Agricultura e Alimentação.

12. ALEXANDRATOS. *op. cit.*

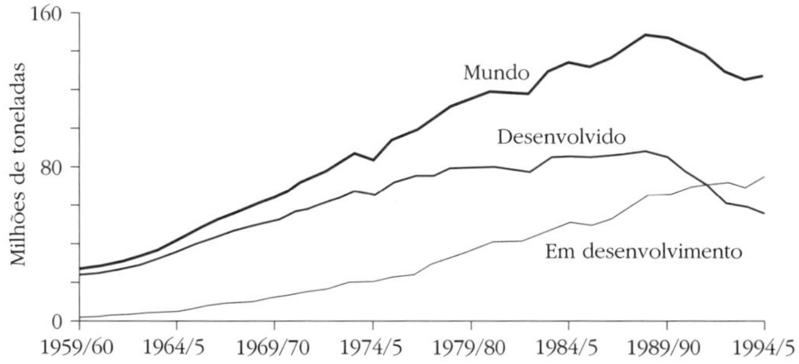

Figura 7.5 Uso total de fertilizantes nos países desenvolvidos e em desenvolvimento.[13]

Igualmente crucial para rendimentos mais altos é o suprimento de água. As terras irrigadas são aproximadamente 16% das terras cultivadas do mundo, mas produzem 40% dos alimentos do planeta.[14] No Capítulo 4, descrevi o reconhecimento inicial da importância de um abastecimento de água garantido e bem controlado para as novas variedades atingirem seu potencial. Aproximadamente mil grandes açudes entraram em operação por ano em todo o mundo nas décadas de 1950 e 1960, mas esta alta taxa de expansão não durou. Nos anos 1990, o número de novos açudes grandes caiu para 260 ao ano.[15] Embora o crescimento da terra irrigada continue com uma leve desaceleração apenas na Índia, houve uma desaceleração considerável nas Filipinas e no Paquistão, enquanto na China, México, Malásia e Egito atingiu-se uma estabilização em meados dos anos 1970 (Figura 7.6). Só recentemente surgiram sinais de uma retomada do crescimento na China e no México.

Mesmo em seu auge, o avanço da irrigação foi menor que a taxa de crescimento populacional, e a redução da quantidade de terra irrigada por pessoa nos países em desenvolvimento se acelerou desde o fim dos anos 1970 (Figura 7.7).

Segundo o Banco Mundial, os 170 milhões de hectares de terras irrigadas hoje existentes nos países em desenvolvimento poderiam ser

13. BUMB, B. L. e BAANANTE, C. A. *The Role of Nitrogen Fertilizer in Sustaining Food Security and Protecting the Environment.* Washington: International Food Policy Research Institute (*Paper* 17 de discussão da Organização das Nações Unidas para Agricultura e Alimentação) (dados do FAO Fertilizer Disk, 1994, 1996), 1996.

14. POSTEL, S. *Dividing the Waters: Food Security, Ecosystem Health, and the New Politics of Scarcity.* Washington: Worldwatch Institute (Worldwatch Paper 132), 1996.

15. MCCULLY, P (no prelo). *Silenced Rivers.* Londres: Zed Books.

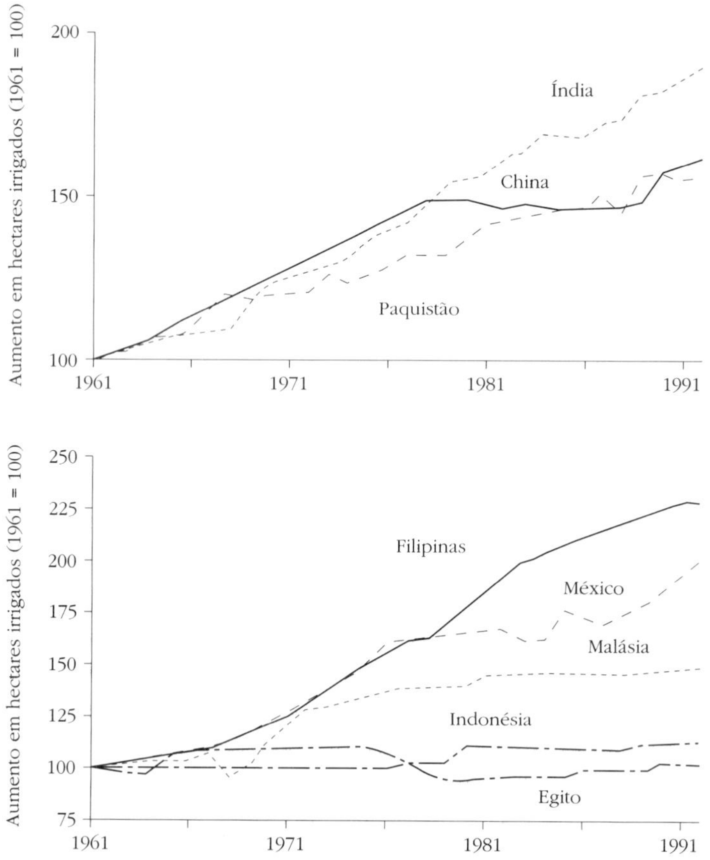

Figura 7.6 Crescimento da terra irrigada em países em desenvolvimento selecionados.

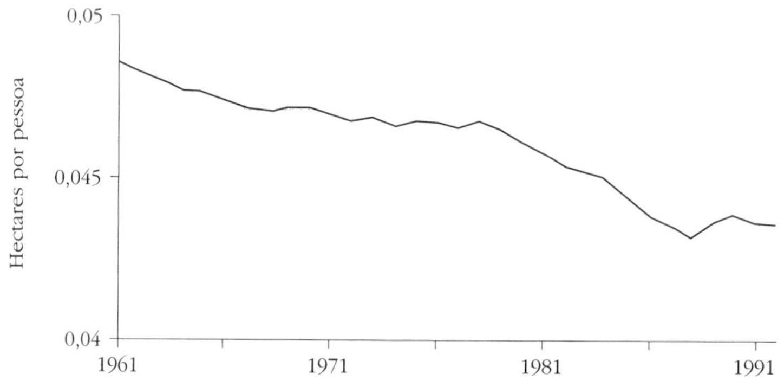

Figura 7.7 Terra irrigada por pessoa nos países em desenvolvimento.

expandidos em quase 60%, estando o maior potencial na Ásia.[16] Na década de 1980, a China estava construindo 183 represas com cerca de trinta metros de altura, e a Índia outras 160 represas. Atualmente estão sendo empreendidos alguns projetos grandiosos, entre eles o do Vale Narmada, na Índia, e o de Três Gargantas, no rio Yangtsé, na China. Mas o investimento é considerável e, como as experiências recentes de projetos de irrigação deixam claro, eles enfrentam limitações tecnológicas, ambientais e sociais tremendas (ver o Capítulo 13). Não é a menor das dificuldades a crescente competição por água, entre o fornecimento para a irrigação da agricultura e a satisfação das crescentes demandas domésticas e industriais. A agricultura absorve aproximadamente 70% dos recursos hídricos administrados, 21% vão para o uso industrial e 6% para o doméstico, e a parte da agricultura provavelmente diminuirá.[17] Cidades como Jacarta e Cairo estão localizadas em boas terras cultiváveis e ambas tiram terra e água da produção agrícola. A agricultura perde porque os usuários industriais e domésticos podem pagar mais pela água e têm mais influência política.

Alexandratos calcula que, até 2010, somente cerca de 23 milhões de hectares poderão ser acrescentados ao estoque de terras irrigadas nos países em desenvolvimento. E isso supõe uma reposição ou substituição de terras perdidas para a salinização e outras formas de degradação. Hoje, cerca de 25 milhões de hectares sofrem globalmente com a salinização e 2 milhões de hectares de terras salinas estão sendo agregados a cada ano (ver o Capítulo 13).[18] Segundo David Seckler, do Instituto Internacional de Administração da Irrigação, em Sri Lanka, "o aumento líquido da área irrigada no mundo provavelmente se tornou negativo".[19] Os ganhos mais significativos provavelmente virão do armazenamento de água em pequena escala, especialmente na África subsaariana (Capítulo 13).

Outras limitações a rendimentos mais altos são as deficiências em micronutrientes e outras toxicidades do solo, aridez, alagamento e ataques de pragas, patógenos e ervas daninhas (ver os Capítulos 11-14). As solu-

16. CROSSON, P. e ANDERSON, J. R. *Resources and Global Food Prospects*. Washington: Banco Mundial (Technical Paper 184), 1992.

17. ALEXANDRATOS. *op. cit.*

18. UMALI, D. L. *Irrigation Induced Salinity*. Washington: Banco Mundial, 1993.

19. SECKLER, D. *The New Era of Water Resources Management: From 'Dry' to 'Wet' Water Savings*. Washington: Consultative Group on International Agricultural Research, 1996.

ções são tecnicamente factíveis, em geral, mas a um custo de investimento de capital ou pesquisa, ou de oportunidades perdidas, e com o risco de as soluções criarem novos problemas. A reprodução no campo de ganhos de rendimento alcançáveis no laboratório ou num terreno experimental é limitada, menos por restrições estritamente biológicas e mais por fatores ambientais, econômicos e sociais mais amplos. A questão é se essas restrições mais amplas estão produzindo um efeito grave agora. Existirão sinais de que se está atingindo um limite na produção e nos rendimentos?

Em nível global, o crescimento da produção de cereais se desacelerou de uma taxa em torno de 3,5% nos anos 1960 para menos de 3% nos anos 1970, e para menos de 2% nos anos 1980.[20] O declínio se acentuou desde meados dos anos 1980, chegando a cerca de 1%. Como conseqüência, a produção de cereais *per capita* parou de crescer e, na verdade, começou a cair (Figura 7.8). Diante de tudo isso, trata-se de uma tendência bastante preocupante, que vem provocando muitos comentários – um exemplo é o citado por Lester Brown, do Worldwatch Institute, no início deste capítulo.[21] Entretanto, a situação é complexa e os números demandam uma análise cuidadosa.

Boa parte da diminuição da taxa de crescimento ocorreu nos países desenvolvidos, que contribuem com metade da safra mundial de grãos.[22] Diante de preços em queda, exportações estagnadas e estoques se acumulando, eles reduziram a produção, sendo os principais responsáveis pela queda de 38 milhões de hectares de área cultivada com cereais no mundo desde o pico atingido em 1981 (Figura 7.9).[23] As reduções adquiriram várias formas. Nos EUA, a aprovação da Lei de Segurança Alimentar em 1985 concedeu subsídios à exportação de cereais e iniciou um processo de redução de custos de suporte, especialmente para o milho e o trigo. A terra arável assim liberada foi revertida para esquemas de preservação, como o Programa de Pesquisa em Conservação, com o qual

20. ALEXANDRATOS. *op. cit.*

21. BROWN, L. Facing food insecurity. In: BROWN, L. (Org.) *State of the World*. Nova Iorque: W. W. Norton (Worldwatch Institute Report), 1994.

22. ALEXANDRATOS. *op. cit.*

23. MITCHELL, D. O. e INGCO, M. D. Global and regional food demand and supply prospects. In: ISLAM, N. (Org.). *Population and Food in the Early Twenty-first Century: Meeting Future Food Demands of an Increasing Population*. Washington: International Food Policy Research Institute, p. 49-60, 1995.

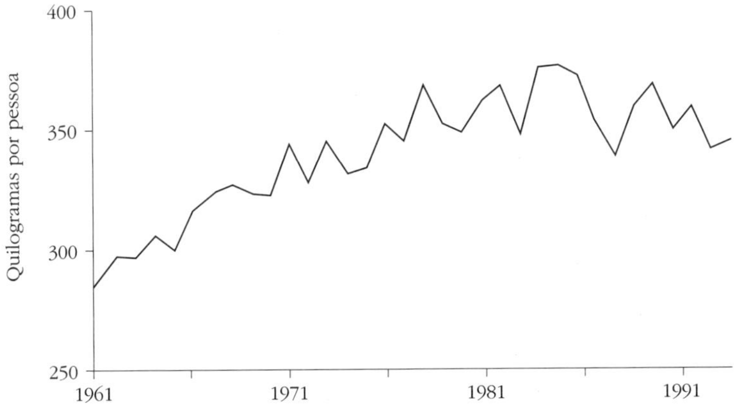

Figura 7.8 Produção mundial de cereais *per capita* 1961-94.

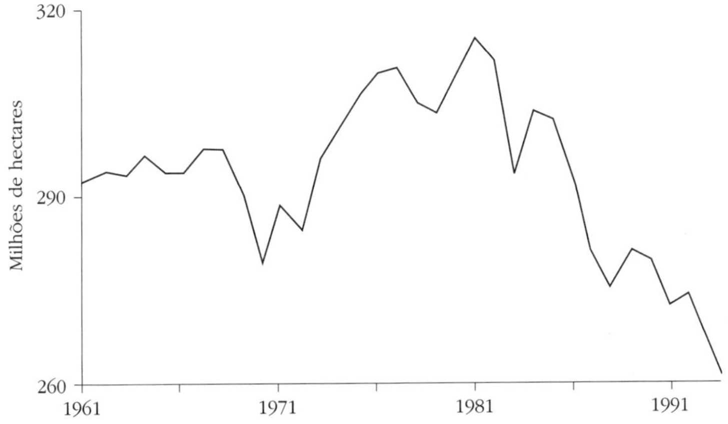

Figura 7.9 Queda na área cultivada com cereais no mundo desenvolvido.

cerca de 20 milhões de hectares foram deixados para reserva em 1987 e 1988.[24] Na Europa, houve programas similares de "reserva" e a substituição de cereais por culturas alternativas, como colza e linho. A Argentina, outro grande exportador, diante da competição subsidiada vinda dos EUA e da União Européia, reduziu sua área cultivada de aproximadamente 11 milhões de hectares para pouco mais de 8 milhões, com boa parte da terra sendo convertida ao cultivo de soja. A maior redução ocorreu

24. ECONOMIC RESEARCH SERVICE. *Agricultural Resources: Cropland, Water, and Conservation, Situation and Outlook.* Washington: USDA, 1992.

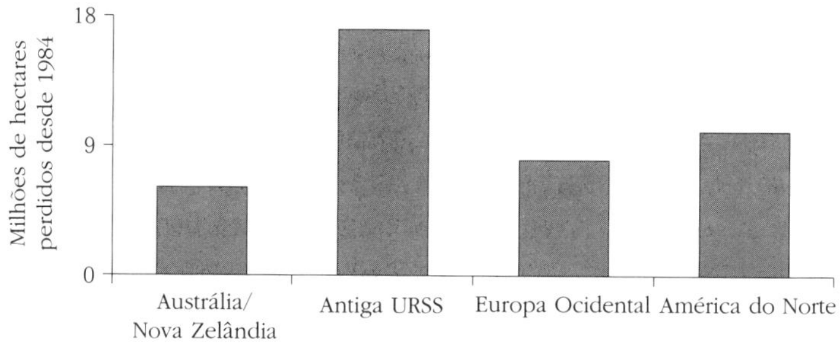

Figura 7.10 Queda na área cultivada com cereais em países desenvolvidos na década de 1980.

na antiga União Soviética – apesar de ser uma grande importadora –, em parte pela interrupção do cultivo de terras marginais, onde a erosão se tornou um problema grave (Figura 7.10).

No entanto, a queda da produção em países desenvolvidos é uma explicação apenas parcial dos níveis *per capita* gerais mais baixos. Como indicado no Capítulo 4, o impacto da Revolução Verde foi muito desigual geograficamente (Figura 7.11) A Ásia foi, de longe, a maior beneficiária. Isso se deveu, em parte, à maior disponibilidade de irrigação, em parte porque os dois principais grãos da Revolução Verde – trigo e arroz – são os alimentos básicos da maioria dos povos da Ásia, e em parte porque – na Indonésia, Malásia, Tailândia e Filipinas, bem como na Índia e no Paquistão – existem governos dispostos e capazes de fazer e direcionar os investimentos necessários, inclusive a estrutura de pesquisa necessária que, pela reprodução posterior e pela seleção, pode adaptar as novas variedades às condições locais.

O aumento da produção na América Latina progrediu menos, em parte por causa da dupla natureza acentuada da economia agrícola. Desde os anos 1960, as *haciendas* tradicionais foram transformadas em grandes fazendas com investimento intensivo de capital, concentradas no cultivo de produtos de exportação. A produção de alimentos foi deixada para os pequenos fazendeiros, que têm sido lentos na adoção das novas tecnologias. As terras irrigadas nos anos 1950 totalizavam meros 6,5 milhões de hectares e só aumentaram 10 milhões de hectares desde então. E duas das principais culturas alimentares básicas da região – batata e mandioca – não estavam entre as primeiras visadas pelos criadores da Revolução Verde. Na América Latina como um todo, a produção de grãos aumentou, mas principalmente como resultado da colonização de novas

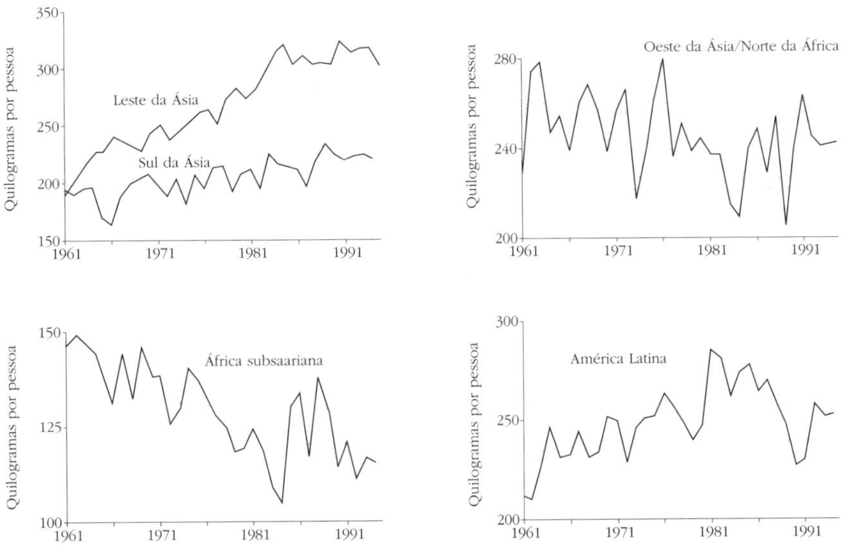

Figura 7.11 Produção de cereais *per capita* no mundo em desenvolvimento.

terras. A produção *per capita* aumentou durante os anos 1960 e 1970, mas caiu fortemente depois de 1985, com o retraimento da produção argentina de trigo. Excluindo-se os números relativos à Argentina, a queda da produção *per capita* na América Latina continua existindo, mas é muito menor.[25]

No Oeste da Ásia/Norte da África, a produção *per capita* flutuou em torno de uma linha de tendência descendente nos anos 1960 e 1970. Desde 1985, porém, houve um aumento expressivo da produção graças, em grande parte, à expansão da área cultivada, envolvendo a regeneração e a irrigação de estepes e desertos, inclusive um grande empreendimento de cultivo de trigo na Arábia Saudita baseado na mineração de água fóssil profunda.

A Revolução Verde foi menos bem-sucedida na África subsaariana. Os rendimentos de cereais mudaram pouco nos últimos quarenta anos e a produção de cereais *per capita* regrediu sistematicamente. Como na América Latina, a maioria dos cereais era produzida por pequenos proprietários e menos de um quarto da produção de alimentos das fazendas era vendido.[26] A quantidade de terra irrigada é ínfima – apenas

25. DYSON. *op. cit.*

26. GRIGG, D. *The World Food Problem* (2a. ed.). Oxford: Blackwell, 1993.

3 milhões de hectares em 1960 e somente 6 milhões ainda agora, menos de 5% da terra arável. Metade do aumento da produção de cereais veio da expansão das terras, seja pela abertura de terras marginais, seja pela redução do período de pousio. As culturas de grãos alimentícios importantes em boa parte do continente são de milho, painço, sorgo e raízes, para as quais, com exceção do milho, poucas variedades de alto rendimento foram produzidas.

Em suma, embora a produção *per capita* continue crescendo no Sul da Ásia e, nos últimos anos, no Oeste da Ásia/Norte da África, há uma desaceleração do crescimento no Leste da Ásia e na América Latina, e um declínio rápido contínuo na África subsaariana. Esses números se referem, porém, à produção de cereais; uma questão mais importante é o que aconteceu com os rendimentos. Para respondê-la, é preciso examinar os dados dos países e, em particular, as tendências de rendimento recentes em terras da Revolução Verde.

No Sul da Ásia, o crescimento dos rendimentos do trigo no Paquistão se desacelerou nos anos 1980, mas na Índia não houve enfraquecimento (Figura 7.12). Os rendimentos do arroz continuaram crescendo, nos anos 1980, na Índia e em Bangladesh – e a uma velocidade um pouco mais alta na Índia –, mas há sinais de estabilização em ambos os países nos últimos cinco anos. No Leste da Ásia, a desaceleração do crescimento do rendimento é mais visível. Tanto nas Filipinas como na Indonésia, os rendimentos estão aumentando numa velocidade menor do que nos anos 1970, e isso vale também para o arroz e o trigo na China.

Desacelerações similares são visíveis nos rendimentos do trigo na América Latina e no Norte da África. O aumento nos rendimentos do milho continuou baixo, embora no México e em outros países da América Latina tenha havido um súbito aumento nos rendimentos, depois de uma estabilização nos anos 1980 (Figura 7.13). A maior parte dos ganhos de rendimento em milho na África subsaariana ocorreu nos anos 1950 e início dos 1960. Aumentos de rendimento subseqüentes foram muito irregulares. Os rendimentos de painço e sorgo permaneceram mais ou menos constantes, em parte por sua substituição pelo milho nas melhores terras.

Há muitas razões possíveis para a desaceleração generalizada do aumento do rendimento, e não está claro qual delas é a mais importante. Nos primeiros anos da Revolução Verde, a reprodução de plantas provocou fortes aumentos nos rendimentos potenciais máximos de cada

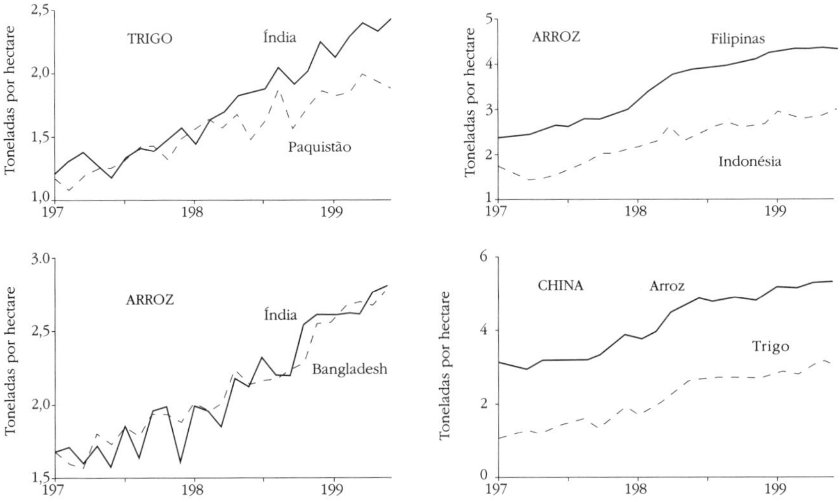

Figura 7.12 Crescimento dos rendimentos do trigo e do arroz na Ásia.

nova variedade que entrava em uso. Subseqüentemente, os aumentos foram muito menores porque os criadores se concentraram em outras características, como resistência a pragas e doenças (ver o próximo capítulo). É improvável, porém, que esta seja uma causa da desaceleração do crescimento do rendimento médio, pois os rendimentos médios estão bem abaixo dos potenciais alcançados em estações experimentais. Uma causa mais significativa e mais amplamente aceita é a difusão das novas variedades para terras mais marginais, para as quais elas são menos adequadas e onde os ganhos de rendimento são consideravelmente mais difíceis.

Mais preocupante, no longo prazo, é a evidência que vem de alguns locais experimentais de rendimentos decrescentes em condições de cultivo intensivo em algumas das melhores terras. Parte do motivo parece ser a inesperada importância das deficiências em microelementos e as toxicidades. No vale de Chiang Mai, no Norte da Tailândia (Capítulo 10), os rendimentos do arroz em sistemas de duplo e triplo cultivo, em rotação com vegetais e outras culturas, aumentaram rapidamente no início dos anos 1970, mas depois declinaram para um terço do nível máximo atingido.[27] Fazendeiros do vale reclamam que sua terra ficou "sem vida". Os solos passaram por alterações físicas e químicas consideráveis sob o cultivo

27. GYPMANTASIRI, P., WIBONPONGSE A., RERKASEM, B. et al. *An Interdisciplinary Perspective of Cropping Systems in the Chiang Mai Valley: Key Questions for Research*. Chiang Mai: Faculdade de Agricultura, Universidade de Chiang Mai, 1980.

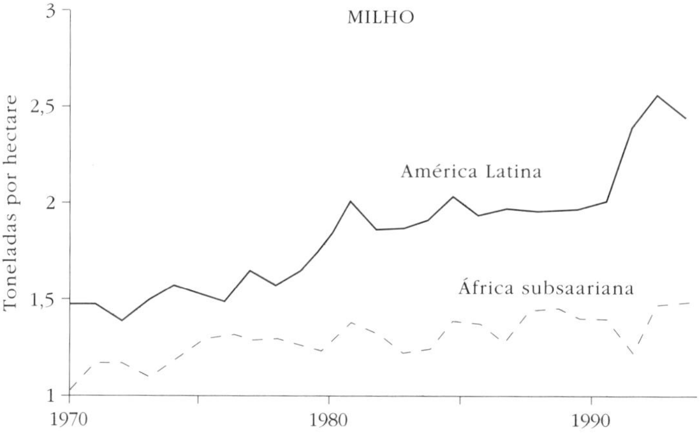

Figura 7.13 Crescimento nos rendimentos de trigo no Egito e no México e dos rendimentos de milho na América Latina e na África subsaariana.

intensivo; em particular, houve um problema crescente de deficiência de boro. Esse não parece ser um fenômeno isolado.[28] Na estação de pesquisa do IRRI nas Filipinas houve uma queda considerável dos rendimentos num experimento de arroz de longo prazo conduzido desde os anos 1960. O declínio tem sido maior no rendimento da variedade IR8 original, o "arroz do milagre", que sofreu com o desenvolvimento crescente das pragas do arroz, mas é observável também no desempenho das variedades mais resistentes e de mais alto rendimento nos testes anuais (Figura 7.14).

28. PINGALI, P. L. Technological prospects for reversing the declining trend in Asia's rice productivity. In: ANDERSON, J. R. (Org.). *Agricultural Technology: Policy Issues for the International Community*. Wallingford: CAB International, p. 384-401, 1994.

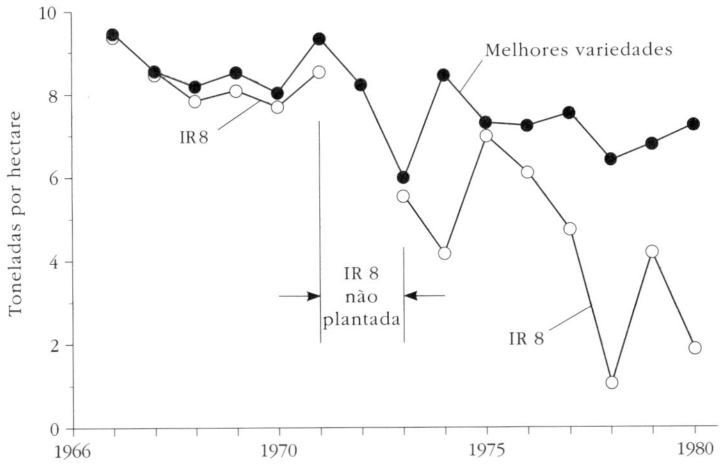

Figura 7.14 Quedas no rendimento no IRRI na estação seca (fertilizante aplicado a 120 kg/ha).[29]

A causa parece ter sido o desenvolvimento de uma deficiência de zinco e a toxicidade do boro, uma conseqüência do uso de água de irrigação proveniente de poços alcalinos com alto teor de boro. Ocorreram quedas no rendimento do arroz, também em condições de cultivo intensivo, em muitos outros lugares das Filipinas, devidas, na maioria das vezes, à deficiência crescente de fósforo e potássio.[30] No Punjab indiano há sinais crescentes de deficiência de zinco, bem como de enxofre, manganês e cobre. Na maioria dos casos, é impossível corrigir essas deficiências.

Mais graves são outras tendências adversas em que a reversão é impossível ou provavelmente muito cara. No Punjab, os rendimentos aumentaram drasticamente desde os anos 1950. Noventa por cento da terra arável é irrigada, fertilizantes nitrogenados são aplicados numa base média de 100 kg/ha e a intensidade do cultivo é de quase 180%. No fim dos anos 1980, as rotações de arroz e trigo em algumas regiões do Punjab geravam rendimentos de 13,4-14,5 t/ha – não longe do potencial biológico máximo (Figura 7.3). Os rendimentos do trigo ainda estão aumentando, mas este feito está sendo agora seriamente ameaçado.[31] Mais

29. FLINN, J. C., DE DATTA, S. K. e LABADAN, E. An analysis of long-term rice yields in a wetland soil. *Field Crops Research*, 5, 201-16, 1980.

30. DE DATTA, S. K e GOMEZ, K. A. Changes in the soil fertility under intensive rice cropping with improved varieties. *Soil Science*, 120, 361-6, 1975.

31. RANDHAWA, N. S. *Some Concerns for the Future of Punjab Agriculture*. Nova Délhi, (mimeo.), s. d.

preocupante é a crescente escassez de água. Segundo várias estimativas, a disponibilidade de água de boa qualidade no estado está pouco acima de 30 milhões de litros, mas a demanda da cultura intensiva existente é de cerca de 44 milhões de litros. Existem cerca de três quartos de milhão de poços tubulares extraindo água numa velocidade maior que a taxa de reposição, e o Diretório de Recursos Hídricos declarou 82 blocos como hidricamente críticos. Nos distritos mais intensivamente cultivados de Patiala e Ludhiana, o lençol freático desceu para uma profundidade entre nove e quinze metros e está baixando cerca de meio metro por ano. Esses dois distritos e o distrito igualmente afetado de Sangrur contribuem com cerca de 40% do trigo e do arroz do estado. À medida que a água desce abaixo de quinze metros, os poços tubulares vão sendo substituídos por bombas submersíveis, com uma despesa considerável. A salinização também é grave, afetando 9% da área cultivada total, e quase 300 mil hectares no Sudoeste do Punjab; cerca de 100 mil hectares estão também alagados. A regeneração é possível, mas, de novo, a um custo elevado. Essa e outras evidências, embora episódicas, em Luzon, Java e Sonora sugerem a existência de ameaças graves e crescentes à capacidade de sustentação dos rendimentos e da produção nas terras da Revolução Verde.

Felizmente, há poucos sinais de queda de rendimentos nos países desenvolvidos (Figura 7.15). Os rendimentos de cereais na América do Norte e na Europa Ocidental aumentaram de aproximadamente 4 t/ha para 5 t/ha na última década. Não há nenhuma razão técnica evidente para os rendimentos não poderem atingir mais de 6 t/ha até 2020. Ocupando na totalidade qualquer 118 milhões de hectares de terras cerealíferas, atualmente em cultivo na América do Norte e na Europa Ocidental, uma tonelada extra seria suficiente para fornecer mais 118 milhões de toneladas de grãos para exportação. Mas há fatores ambientais a considerar. A produção extra exigiria um aumento na aplicação de fertilizantes que, pelo menos na Europa Ocidental, certamente implicaria em restrições à água potável. E há que se considerar o possível efeito da poluição global e do aquecimento global em particular. Os níveis do ozônio atmosférico estão aumentando na Europa e poderão começar a limitar seriamente o aumento dos rendimentos. Temperaturas médias e níveis de CO_2 mais altos na América do Norte e na Europa tenderão a aumentar os rendimentos, mas se o aquecimento global vier acompanhado de

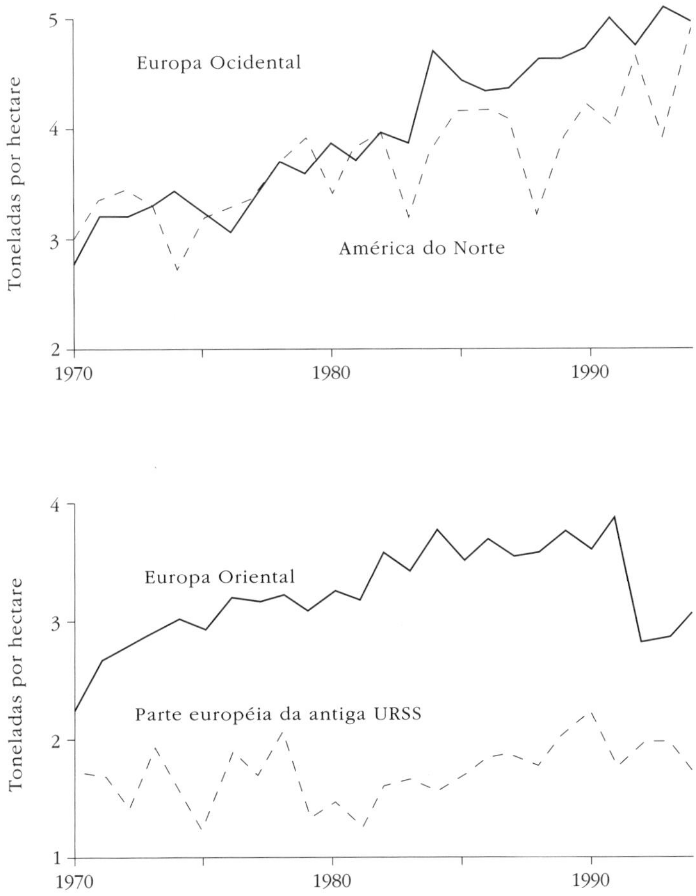

Figura 7.15 Rendimentos de cereais nos países desenvolvidos.

extremos climáticos maiores, os rendimentos ficarão mais incertos, ameaçando os estoques globais e a estabilidade no comércio de grãos. As várias estiagens graves que ocorreram na América do Norte nos anos 1980 podem ter sido os primeiros sinais dos efeitos do aquecimento global. Os rendimentos na América do Norte ainda estão crescendo, mas se as flutuações piorarem, o potencial exportador em qualquer ano poderá ser menos confiável.

Se a demanda global de mercado aumentar acima do previsto pelo modelo do IFPRI, uma resposta seria utilizar para o cultivo de cereais as terras hoje deixadas de lado na América do Norte e na Europa. Juntas, essas regiões possuíam 25 milhões de hectares extras cultivados com cereais em 1981. Se forem trazidas de volta à produção de grãos, com um rendimento médio de 5 t/ha, elas poderiam contribuir com mais 125 milhões de toneladas para exportação. Mas, de novo, haveria sérias restrições ambientais, não menores no aumento do uso de fertilizantes. Lester Brown afirma que todos os 14 milhões de hectares do Programa de Reserva para Conservação dos EUA são altamente suscetíveis à erosão, embora Robert Paarlberg, do Wellesley College, citando várias fontes, conteste essa afirmação.[32] Os progressos alcançados em cultivo de preservação nas duas últimas décadas permitiriam que um terço das terras de reserva fossem trazidas de volta à produção com segurança, embora os rendimentos médios dessas terras provavelmente sejam da ordem de 3,5 t/ha.

Um fator desconhecido na produção mundial futura de grãos é o potencial de crescimento do rendimento na Europa Oriental e na antiga União Soviética.[33] Atualmente, os rendimentos são baixos e dão poucos sinais de crescimento, embora, em 1992, os rendimentos na Hungria e na antiga Tchecoslováquia foram de aproximadamente 4 t/ha (comparáveis a apenas 2,5 t/ha na Polônia). Existe potencial para rendimentos muito mais altos na Europa Oriental, assim como na antiga União Soviética (onde os rendimentos médios na Rússia estão em torno de 1,5 t/ha, mas na Ucrânia estão acima de 2,7 t/ha). No momento, há uma grande ineficiência na produção e um desperdício considerável pós-colheita. As tão necessárias reformas da agricultura acabarão fazendo a diferença, mas provavelmente não terão um efeito expressivo no comércio mundial antes de 2020. A Rússia pôde recolocar na produção de cereais mais de 44 milhões de hectares de terra extra na década de 1970, mas parte do motivo para a sua retirada, conforme se noticiou, foram os altos níveis de erosão. Um cenário mais provável é a repetição de períodos em que essas regiões se tornem importadoras líquidas expressivas.

Outro fator desconhecido nos cenários alimentares globais são os requisitos comerciais futuros da China. Em 1995, Lester Brown publicou um livro extremamente provocativo argumentando que, em breve, a

32. BROWN. *op. cit.*, 1995; PAARLBERG, R. Feeding China: a confident view. Wellesley: Wellesley College (mimeo.), 1995.

33. VON BRAUN, J., SEROVA, E., THO SEETH, H. et al. Russia's food economy in transition: what do reforms mean for the long-term outlook? *2020 Brief*, 36. Washington: International Food Policy Research Institute, 1996.

China teria de começar a exibir algumas características dos países industrializados do Leste da Ásia, notadamente Japão, Coréia do Sul e Taiwan.[34] A história destes mostra um declínio significativo da produção de cereais no período mais avançado da industrialização, não por quedas nos rendimentos, mas como resultado da redução das áreas cultivadas com cereais na medida em que a terra era ocupada para outros usos, em especial o transporte e o desenvolvimento urbano. O Japão perdeu mais de 50% e a Coréia do Sul e Taiwan cerca de 40% de suas áreas cerealíferas nas últimas décadas. Ao mesmo tempo, à medida que a renda *per capita* aumentava, as populações subiram na cadeia alimentar em termos de dieta, consumindo mais produtos de origem animal, especialmente aves e suínos. Isso resultou no aumento da demanda de cereais para ração, que teve de ser suprida por importações. Por volta de 1994, os três países estavam importando coletivamente mais de 70% de suas necessidades de grãos. O argumento de Brown é que a China está seguindo o mesmo caminho. Sua área cerealífera por pessoa é de 0,08 ha, a mesma do Japão em 1950, e a área total de cereais colhida caiu cerca de 1 milhão de hectares por ano na década de 1990, uma taxa de declínio semelhante à experimentada por Japão, Coréia do Sul e Taiwan durante sua industrialização.[35] E a renda *per capita* média na China está aumentando, bem como o consumo de carne e outros produtos de origem animal. Brown calcula que o aumento dos grãos necessários para rações animais resultará numa demanda total de 641 milhões de toneladas até 2030. Com a produção atual em torno de 340 milhões de toneladas e nenhum aumento no rendimento, isso originaria uma demanda de importação maciça, aumentada ainda mais se as previsões de Brown sobre a queda de 1% ao ano da área cultivada com cereais se confirmarem.

Desnecessário dizer que essas hipóteses e previsões são vigorosamente contestadas.[36] No modelo do IFPRI, mesmo com um crescimento da população e da renda excepcionalmente alto, as importações líquidas

---

34. BROWN. *op. cit.*, 1995.

35. USDA. *Production, Supply, and Demand Views.* Washington: Economic Research Service, United States Department of Agriculture (banco de dados eletrônico), 1994; *World Agricultural Production.* Washington: Economic Research Service, United States Department of Agriculture, 1995

36. HUANG, S., ROZELLE, S. e ROSENGRANT, M. China and the future global food situation. *2020 Brief*, 20. Washington: International Food Policy Research Institute, 1995.

de grãos da China não deverão exceder 96 milhões de toneladas até 2020.[37] Robert Paarlberg acredita que Brown é pessimista demais. Por várias razões, inclusive a evasão de impostos territoriais e os altos requisitos de entrega de grãos, os fazendeiros chineses mantiveram uma parte de sua terra sem registrar. O USDA acredita que o número real da quantidade de terra arável disponível é 32% maior que o registrado, e, por conseqüência, que os rendimentos foram inflados em cerca de 20%.[38] Existe, pois, muito mais terra disponível para a produção de cereais do que Brown relata e os rendimentos publicados de 4,5 t/ha estão possivelmente mais próximos de 3,5 t/ha, com um bom caminho a percorrer para alcançar as 6 t/ha atuais da Coréia do Sul. Uma produção extra de 1,5 t/ha nos 120 milhões de hectares que compõem as terras cerealíferas reais da China (supondo que um terço a mais de terra esteja disponível além dos 90 milhões reportados) poderia gerar mais 180 milhões de toneladas no ano de 2020, e, uma década depois, mais 1 tonelada a elevaria à estimativa de demanda de Brown.

Até aqui, neste livro, eu me concentrei nos cereais e, em particular, nos cereais da Revolução Verde: arroz, trigo e milho. O quadro geral é um pouco melhor se observarmos a produção de alimentos como um todo – não só as culturas principais, mas outros cereais e raízes, legumes, frutas e produtos de origem animal. À medida que as rendas sobem e os preços caem, grãos de qualidade superior substituem as culturas tradicionais de qualidade inferior. No entanto, sorgo e painço continuam sendo importantes em boa parte da África subsaariana e no Sul da Ásia, e batata, mandioca e inhame são bases de consumo importantes em regiões da América Latina, da África subsaariana e do Pacífico. As raízes amiláceas são responsáveis por cerca de um quinto do consumo de calorias na África subsaariana.

Por diversas razões, essas culturas não foram visadas nos primeiros anos da Revolução Verde. Arroz, trigo e milho foram considerados mais

37. HUANG, S., ROZELLE, S. e ROSENGRANT, M. W. *Supply, Demand and China's Future Grain Deficit*, *paper* apresentado no Workshop on Projections and Policy Implications of Medium and Long-Term Rice Supply and Demand, 23-26 abr. 1995. Pequim: International Food Policy Research Institute, 1995.

38. CROOK, F. Could China starve the world? Comments on Lester Brown's article. *Asia and Pacific Rim Agriculture and Trade Notes*, 15 set. 1994. Washington: Economic Research Service, United States Department of Agriculture, 1994; SMIL, V. Feeding China. *Current History*, set. 1995, p. 282, 1995.

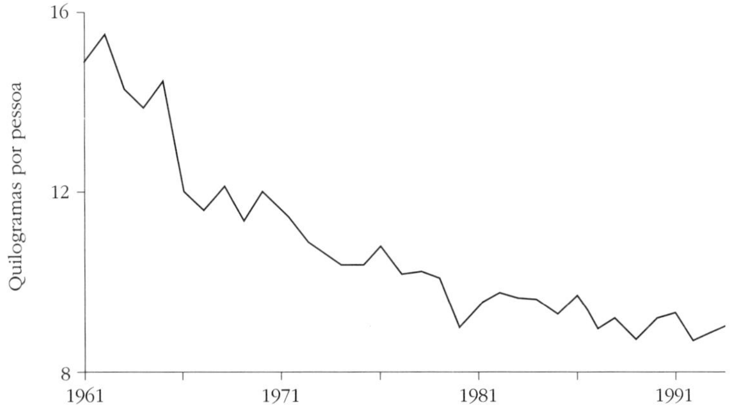

Figura 7.16 Produção de leguminosas nos países em desenvolvimento.

desejáveis. Eles são fontes de proteínas de alta qualidade além de carboidratos, e são fáceis de armazenar, processar e preparar para comer. Sobretudo, eles têm maior chance de aumentos rápidos e substanciais no rendimento. Como seria inevitável, isso causou a negligência de outras culturas básicas. Na Indonésia, a ênfase no cultivo de arroz se deu às custas do milho, do taro e do sagu, preferidos nas ilhas exteriores e muitas vezes mais ecologicamente adequados às condições áridas ou pantanosas do que o arroz. A produção de sementes leguminosas (como lentilha, fava e ervilha) na Indonésia continuou mais ou menos inalterada durante a década de 1960, e na Índia, de fato, caiu.[39] Para os países em desenvolvimento como um todo, a safra de leguminosas *per capita* diminuiu nos últimos trinta anos (Figura 7.16). Isso pode não ter muita importância, pois, se os rendimentos forem suficientemente altos, as novas variedades de cereais poderão fornecer mais proteínas por hectare do que as leguminosas que eles substituem. O trigo contém de 8% a 12% de proteína em comparação com 15% a 25% dos legumes. Assim, uma duplicação no rendimento do trigo poderia compensar a produção de legumes perdida. Mas, em solos mais marginais, as leguminosas podem ser uma fonte mais barata e mais confiável de proteínas para os pobres.

A negligência com culturas menos básicas e legumes começou a ser corrigida nas décadas de 1970 e 1980 depois da criação de uma segunda

39. RYAN, J. G. e ASOKAN, M. The effects of the Green Revolution in wheat on the production of pulses and nutrients in India. *Indian Journal of Agricultural Economics*, 32, 8-15, 1977.

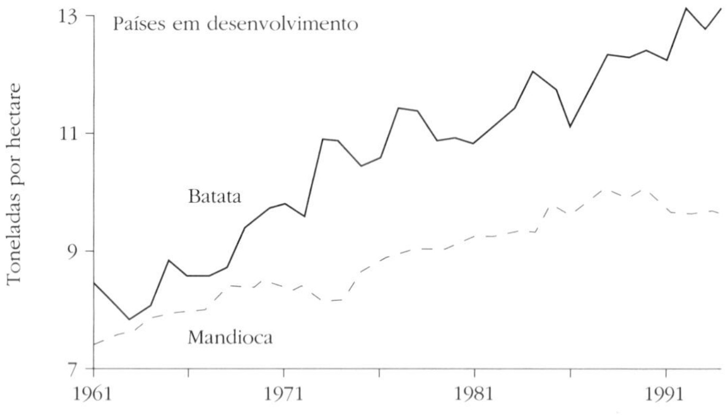

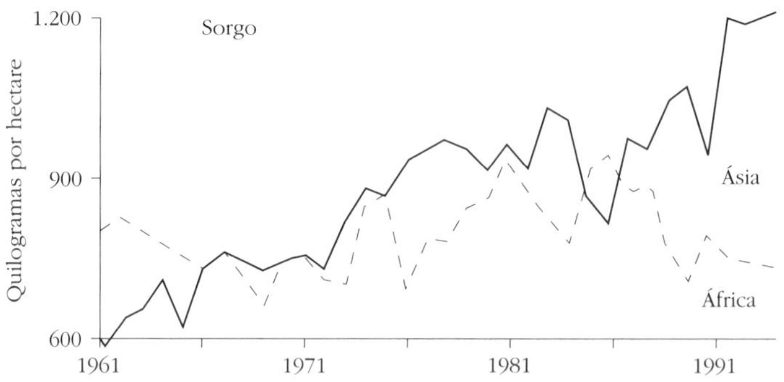

Figura 7.17 Rendimentos de batata, mandioca e sorgo nos países em desenvolvimento.

geração de Centros Internacionais de Pesquisa Agrícola. A batata tornou-se o foco do Centro Internacional da Batata, no Peru (CIP), sorgo e legumes, do Centro Internacional de Pesquisa nos Trópicos Semi-Áridos (ICRISAT), na Índia, e mandioca, inhame, banana, banana-da-terra e legumes, do Instituto Internacional de Agricultura Tropical (IITA), na Nigéria (ver Apêndice). A produção de batata e mandioca aumentou muito, assim como os rendimentos (Figura 7.17). E, recentemente, novas variedades de sorgo e milho miúdo produzidas na Índia elevaram os rendimentos, embora ainda não tenham causado um impacto expressivo na África.[40]

Quando a renda aumenta ainda mais, as pessoas se voltam para alimentos não integrantes das culturas básicas – verduras, frutas, produtos de origem animal, peixes e outros produtos aquáticos. A produção de

40. JODHA, N. S. e SINGH, R. P. Factors constraining growth of coarse grain crops in semi-arid tropical India. *Indian Journal of Agricultural Economics*, 37, 346-54, 1982.

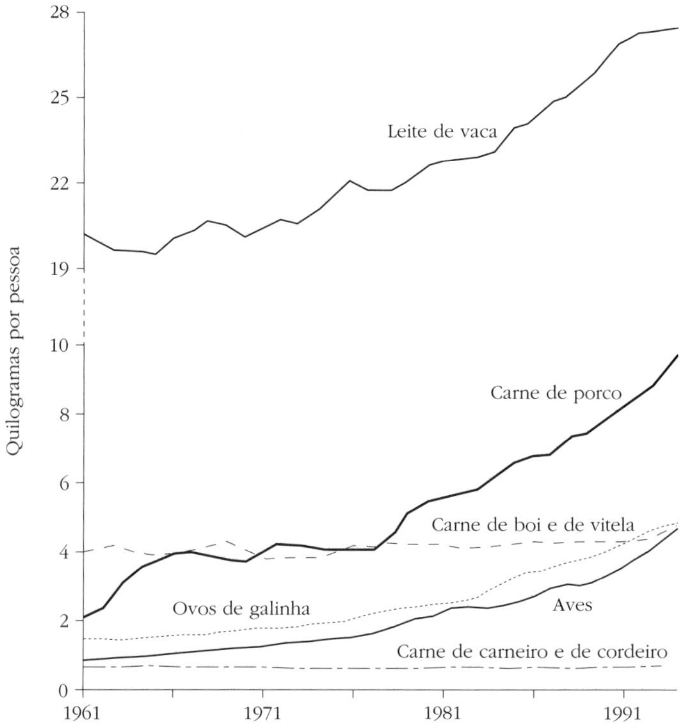

Figura 7.18 Produção de origem animal *per capita* nos países em desenvolvimento.

verduras e frutas *per capita* nos países em desenvolvimento aumentou em um terço, mas os maiores aumentos percentuais foram nos produtos de origem animal, particularmente leite, aves, ovos e carne de porco (Figura 7.18). Uma das taxas de crescimento mais altas ocorreu na China. Com 32 kg *per capita*, o consumo de carnes, exceto de aves, na China é agora maior que nos EUA, embora o componente principal seja a carne suína e não a bovina.

Para os países em desenvolvimento como um todo, essas tendências resultaram numa triplicação da produção total de alimentos desde a década de 1960 e num aumento da produção de alimentos *per capita* em cerca de um terço (Figura 7.19). Mais importante, a taxa de crescimento aumentou nos anos 1980, mas as variações regionais são significativas (Figura 7.20). Alguns países tiveram um desempenho melhor do que a média e alguns foram muito piores do que ela. O Leste da Ásia teve o desempenho mais notável, respondendo por uma alta proporção do aumento da produção de animais e alimentos em geral. A produção de alimentos na

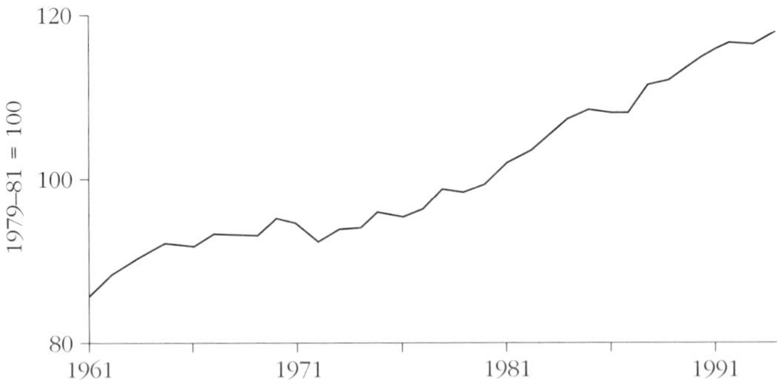

Figura 7.19 Produção de alimentos *per capita* nos países em desenvolvimento.

China cresceu 35% na década de 1980. O Sul da Ásia também experimentou um crescimento expressivo. A produção indiana de alimentos se manteve um pouco à frente do crescimento populacional nas décadas de 1950, 1960 e 1970, mas começou a se acelerar na de 1980. Ao contrário, houve pouca melhora na América Latina, e no Oeste da Ásia/Norte da África e na África subsaariana ocorreu uma firme deterioração.

Essa avaliação das tendências atuais oferece, portanto, pouca base para complacência e justifica, em parte, o pessimismo de Lester Brown citado no início do capítulo. Os rendimentos dos cereais estão mostrando sinais de um crescimento mais lento em quase todas as regiões dos países em desenvolvimento e, por conseqüência, exceto no Sul da Ásia, a produção de cereais *per capita* está se nivelando ou caindo. O quadro é melhor se considerarmos a produção total de alimentos, que está crescendo rapidamente no Sul e no Leste da Ásia. Contudo, embora as tendências no Sul da Ásia sejam ascendentes, elas não estão no caminho de produzir alimentos suficientes para todos. Somente no Leste da Ásia os rendimentos e a produção provavelmente aumentarão até o ponto de erradicar a subnutrição crônica. Ao contrário, o prognóstico para a produção de alimentos na África subsaariana é sombrio. A produção de cereais e de alimentos *per capita* está declinando rapidamente e é provável que a subnutrição aumente.

Como argumentei no Capítulo 3, essas tendências só serão revertidas se embarcarmos numa nova revolução na pesquisa agrícola internacional. Para ter êxito, ela terá de partir, de maneira significativa, da Revolução Verde das últimas décadas. O desenvolvimento de novas variedades de alto rendimento para terras de alto potencial continuará sendo essencial. Mas ele terá de se vincular a questões cruciais de sustentabilidade.

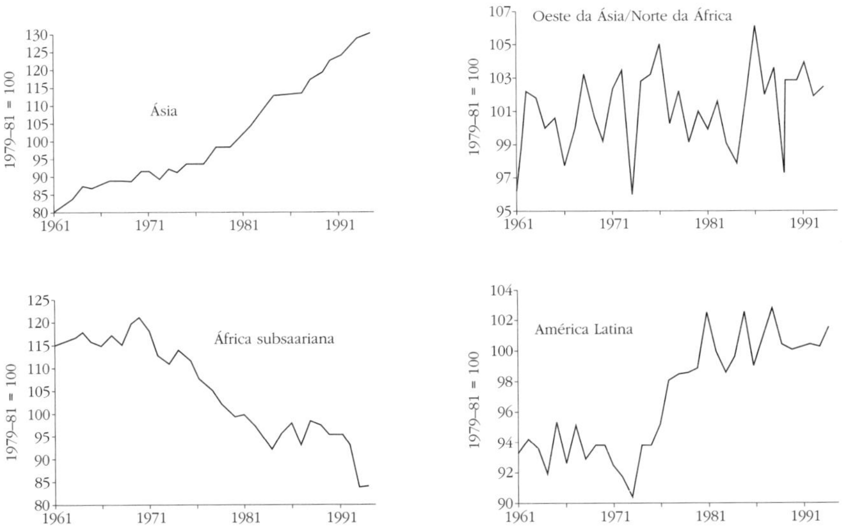

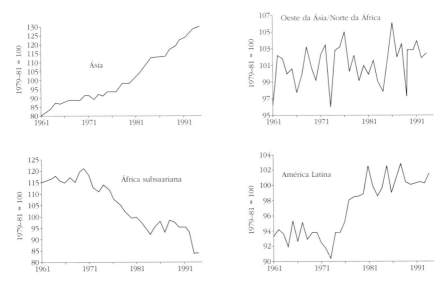

Figura 7.20 Produção regional de alimentos *per capita*.

Precisamos saber urgentemente por que as taxas de crescimento do rendimento estão cedendo em muitos países e, em particular, por que em algumas terras mais intensivamente cultivadas ocorrem quedas no rendimento real. Nos locais onde está havendo degradação ambiental, precisamos buscar meios de reverter a salinização, o alagamento e o rebaixamento dos lençóis freáticos. Uma produção mais sustentável no futuro também dependerá de um uso menor de pesticidas e fertilizantes inorgânicos e da redução das emissões de gases do efeito estufa e outros poluentes globais.

O retorno a níveis elevados de crescimento do rendimento nas terras da Revolução Verde será fundamental para a produção de alimentos em quantidade suficiente para as prolíficas populações urbanas dos países em desenvolvimento. Ele será igualmente importante – mas somente se estiver vinculado à maior criação de renda e empregos – no fornecimento de comida para as populações crescentes de sem-terra e quase sem-terra rurais. Vivem em terras da Revolução Verde 280 milhões das pessoas mais pobres dos países em desenvolvimento (ver a Figura 1.6).

Em síntese, as prioridades são:

- Rendimentos por hectare mais altos;
- Menor custo;
- Menos danos ambientais;

- A criação de oportunidades de emprego e renda para os sem-terra; e combinando com
- Políticas de preço, comercialização e distribuição que assegurem que os pobres ganhem.

O Box 7.1 contém alguns exemplos de temas de pesquisa possíveis. Entretanto, a nova revolução precisa também reconhecer que essas terras não são agora a única, ou mesmo a principal meta de pesquisa e implementação inovadoras. A maioria dos pobres rurais (370 milhões dos mais pobres) vive em áreas com poucos recursos, altamente heterogêneas e propensas a riscos. Eles vivem nas regiões empobrecidas do Nordeste do Brasil, às margens das savanas e desertos com baixa precipitação de chuvas do Sahel, nas ilhas exteriores das Filipinas e da Indonésia, nos deltas inconstantes de Bangladesh e nos altiplanos do Sul da Ásia e dos Andes, na América Latina. A pior pobreza está freqüentemente localizada em zonas áridas e semi-áridas ecologicamente vulneráveis. Ali, os pobres ficam isolados em todos os sentidos. Eles têm posses ou acesso à terra precários, pouco ou nenhum capital e escassas oportunidades de emprego não-agrícola. A demanda de trabalho é freqüentemente sazonal e incerta. Serviços avulsos são esparsos e a pesquisa especificamente direcionada para suas necessidades é rara.

A produção agrícola nessas áreas é limitada pelo baixo índice de precipitação e o potencial limitado para irrigação, ou pela estrutura de solo

Box 7.1 Exemplos de temas de pesquisa para as terras de alto potencial

- Análises das razões para o declínio dos rendimentos de cereais importantes em sistemas cerealíferos intensamente cultivados
- Desenvolvimento de novas variedades e espécies por reprodução convencional e engenharia genética que produzam rendimentos mais altos com base em menos insumos
- Elaboração de programas integrados de nutrientes e manejo de pragas
- Desenvolvimento de sistemas sustentáveis de culturas de alto valor para exportação
- Evolução de sistemas melhorados para fornecimento e manutenção de irrigação
- Desenvolvimento de sistemas integrados de aqüicultura
- Produção reduzida de poluentes globais (especialmente óxido nitroso e metano) nas práticas agrícolas
- Criação de atividades geradoras de emprego com base em processamento e comercialização agrícolas

pobre ou muito íngreme, ou pela falta de macronutrientes e micronutrientes, ou pela presença de sais e outros compostos tóxicos, ou ainda por alguma combinação disso tudo. Obter rendimentos maiores é fundamental, mas para superar os enormes obstáculos será preciso uma abordagem mais integrada da pesquisa, com maior ênfase na melhoria de sistemas de cultivo e não em *commodities* específicas, e uma maior confiança na exploração de recursos originados dentro da fazenda e da localidade. Insumos de fora, muitas vezes de alta tecnologia, continuarão sendo fundamentais para atingir uma maior produtividade. Mas também será preciso dar mais atenção a um uso melhorado dos recursos nativos, que são inerentemente baratos e que, com competência e engenho, podem ser usados para gerar uma maior produtividade numa base sustentável.

Pesquisas futuras nessas áreas devem visar:

- Rendimentos mais altos por hectare;
- Rendimentos a um custo muito baixo;
- O máximo uso de recursos físicos, biológicos e humanos nativos;
- Uma base sustentável;

combinados com a pesquisa para a

- Melhoria dos meios de vida das famílias pobres rurais por meio de atividades agrícolas ou relacionadas à agricultura geradoras de renda e emprego.

Alguns exemplos de temas de pesquisa possíveis estão listados no Box 7.2.

A complexidade desses desafios de pesquisa, tanto para terras de alto como de baixo potencial, é assustadora, em muitos aspectos de um grau de sofisticação maior do que antes. Evidentemente, está fora de questão deixar a tecnologia de lado. Aliás, desde o início, precisamos reconhecer que ainda há muita tecnologia que não foi totalmente aplicada. Em muitas regiões, os rendimentos médios das fazendas estão abaixo dos possíveis com um aumento apenas modesto nos insumos, e muito abaixo dos alcançáveis em condições de estações experimentais.

No entanto, a despeito do que possa ser feito com essas tecnologias bem testadas, acredito que o desafio da Revolução Duplamente Verde

Box 7.2 Exemplos de temas de pesquisa para as terras de potencial mais baixo

- Maior compreensão de agroecossistemas críticos selecionados, como os vales do altiplano do Sul da Ásia
- Novas variedades obtidas por reprodução convencional e por engenharia genética que produzam rendimentos mais altos em face do desgaste ambiental
- Tecnologias para o cultivo de arroz de sequeiro e de alagado
- Sistemas de irrigação e conservação de água em pequena escala geridos por comunidades
- Sistemas agrícolas com base em cereais mais produtivos no Leste e no Sul da África
- Sistemas agroeconômicos melhorados adequados a solos ácidos e deficientes em minerais específicos das savanas da América Latina
- Sistemas sinergéticos de cultivo e criação de gado que produzam rendimentos maiores e mais estáveis nos altiplanos do Oeste da Ásia
- Alternativas agroflorestais produtivas e sustentáveis para substituir o cultivo móvel
- Exploração sustentável, geradora de renda e emprego, de florestas, pesqueiros e outros recursos naturais

provavelmente só será resolvido pela exploração de dois avanços recentes decisivos da ciência moderna. O primeiro é o surgimento da biologia celular e molecular, uma disciplina, com suas tecnologias associadas, que tem tido conseqüências de longo alcance em nossa capacidade de compreender e manipular organismos vivos. O segundo é o desenvolvimento da ecologia moderna, uma disciplina que está aumentando rapidamente nossa compreensão da estrutura e dinâmica de ecossistemas agrícolas e de recursos naturais e fornecendo pistas para seu manejo produtivo e sustentável. No restante deste livro, defendo que essas tecnologias e outras a elas relacionadas, usadas com sabedoria, podem nos ajudar a atingir a meta de um mundo bem alimentado e ambientalmente sustentável.

8 Plantas e animais planejados

A engenharia genética trará infortúnios e bobagens no seu início. Mas, no geral, é altamente provável que ela venha a ser uma coisa boa, cujos benefícios superarão consideravelmente os riscos.

Nicholas Schoon, *Independent*[1]

O melhoramento de plantas e animais é uma arte quase tão antiga quanto a própria agricultura. Por etapas, capins selvagens foram transformados em cereais domésticos – trigo, cevada, milho, arroz – e o processo de seleção foi criando variedades distintas adaptadas a condições e necessidades locais. Os agricultores logo saíram em busca de mutantes promissores e híbridos naturais. O trigo de pão, um cruzamento natural entre o trigo *emmer* e uma variedade de *Triticum monococcum* silvestre que surgiu há aproximadamente 7.000 anos em algum lugar no Sudoeste do Mar Cáspio, foi reconhecido e cultivado pelos primeiros agricultores, tornando-se a pedra fundamental da agricultura européia e, por fim, mundial. O cruzamento deliberado foi praticado inicialmente no melhoramento de animais. Animais selvagens – carneiros, bodes, touros, búfalos da Índia e porcos, entre outros – foram domados e depois domesticados, e os fazendeiros passaram a escolher cada vez mais os pais de cada nova geração. Muito tempo depois, os cultivadores de vegetais aprenderam a cruzar plantas e adicionaram isso ao processo de seleção.

Durante milhares de anos, o melhoramento de plantas e animais foi um assunto familiar, realizado na moradia rural e em sua volta por homens e mulheres que usavam regras simples e básicas apoiadas na intuição, na própria experiência e no conhecimento transmitido de uma geração para outra. No século XIX, a ciência juntou-se às artes e ofícios. Charles Darwin, em suas discussões sobre o melhoramento de pombos

1. SCHOON, N. Nothing to fear from techno-corn. *Independent*, 11 dez. 1996.

e de cães, explicou os fundamentos da seleção, e Gregor Mendel, usando a ervilha-de-cheiro de jardim, a natureza particulada dos fundamentos da hereditariedade. Uma conseqüência foi o surgimento de profissionais, melhoristas em institutos e estações de pesquisa, que identificavam e explicavam os mecanismos subjacentes e, com isso, tornavam o processo mais previsível e eficiente. Hoje, o melhoramento é bem mais sofisticado do que há cem anos, mas, no essencial, mudou pouco. Mendel, se fosse vivo, reconheceria o processo de melhoramento que levou à criação das variedades de trigo e arroz da Revolução Verde. As fontes de melhoramento de variedades anãs são meros genes dominantes, de forma que o cruzamento de trigo ou arroz anão importados com uma variedade nativa alta resulta num descendente de palha curta e responsivo a fertilizantes que todavia conserve muitas, senão todas, as características desejáveis do parente local. Trata-se de um processo simples e poderoso, cujo sucesso depende da presença de genes naturalmente existentes capazes de serem facilmente transferidos de uma planta para outra pelos métodos tradicionais da reprodução vegetal.

Boa parte do êxito do cultivo de plantas teve essa característica. Os melhoristas aperfeiçoaram aos poucos um conjunto relativamente pequeno de variedades "básicas" cruzando-as com variedades locais incomuns ou, em muitos casos, parentes silvestres, identificados como portadores de características desejáveis: resistência a pragas e doenças, tolerância à seca, melhor qualidade para moagem ou sabor. Foram criadas variedades de arroz resistentes à cigarrinha parda e a um amplo leque de outras pragas e doenças (Tabela 8.1), e foram criadas variedades de trigo resistentes à ferrugem e com tolerância ao alumínio. No futuro imediato, existe uma necessidade premente, em todas as nossas culturas alimentares básicas, de uma maior resistência a vírus e pragas de insetos, de tolerância ao sal, à seca e ao calor, de grãos e outros produtos de qualidade superior, e, o objetivo mais exigente de todos, de sistemas melhorados de fixação do nitrogênio.

O melhoramento de plantas e, em particular, de animais também tem sido orientado para melhorar a estrutura e a fisiologia geral das plantações e dos animais. O objetivo, em poucas palavras, tem sido aumentar o "índice de colheita" – a proporção da energia e dos materiais da planta ou do animal, em particular, carboidratos e proteínas, que entra no produto final obtido. O melhoramento dos gados bovino e ovino tem sido feito para oferecer uma alta porcentagem de "descarnadura", a proporção da

	Bruzone	Crestamento bacteriano	*Grassy stunt*	Tungro	BPH 1 2 3	Cigarrinha verde	Broca-de-talo
IR8						++	
IR20	+	++		+		++	+
IR26	+	++	+	+	++ ++	++	+
IR36	+	++	++	++	++++	++	+
IR42	+	++	++	++	++++	++	+
IR56	+	++	++	++	++++++	++	+
IR72	+	++	++	++	++++++	++	+

Tabela 8.1 Resistência a pragas e patógenos nas variedades de arroz do IRRI (++ resistente, + moderadamente resistente, os demais, suscetível).[2]

carne bovina ou ovina, depois do abate, no peso total; vacas leiteiras para uma alta produção de leite e galinhas para o número de ovos por dia. O índice de colheita para cereais é a relação de grãos por palha, conseguido nos primeiros anos da Revolução Verde com a introdução de genes anãos que tiveram o duplo efeito de permitir uma absorção maior de nutrientes e garantir que eles fossem principalmente destinados aos grãos. Nos últimos anos, as metas dos melhoristas de plantas começaram a incluir a "arquitetura" geral de plantas de maneira semelhante às preocupações tradicionais dos melhoristas de animais para que as raças animais se conformem a um certo "tipo".[3]

No IRRI, os melhoristas traçaram planos para novos tipos de arroz adequados a condições ambientais distintas (Figura 8.1). Nas terras irrigadas bem favorecidas, eles estão tentando obter variedades muito baixas e de rápido crescimento que possam ser semeadas diretamente. O objetivo é uma planta com apenas 3-4 rebentos, todos eles produzindo panículas (comparável aos 20-25 rebentos que produzem cerca de 15 panículas das variedades existentes), alimentada por folhas verde-escuras ricas em clorofila que aflorem através das panículas. Plantas com essa arquitetura devem produzir um índice de colheita muito alto e um rendimento máximo de 15 t/ha. Os melhoristas já avançaram muito na direção dessa meta. Em 1994, Gurdev Khush e sua equipe do IRRI

2. KHUSH, G. S. Multiple disease and insect resistance for increased yield stability in rice. In: IRRI. *Progress in Irrigated Rice Research*. Los Baños: International Rice Research Institute, 1990; Selecting rice for simply inherited resistances. In: STALKER, H. T. e MURPHY, J. P. (Orgs.). *Plant Breeding in the 1990s: Proceedings of the Symposium on Plant Breeding in the 1990s*. Wallingford: CAB International, p. 303-22, 1992.

3. LERNER, M. e DONALD, H. P. *Modern Developments in Animal Breeding*. Londres: Academic Press, 1966.

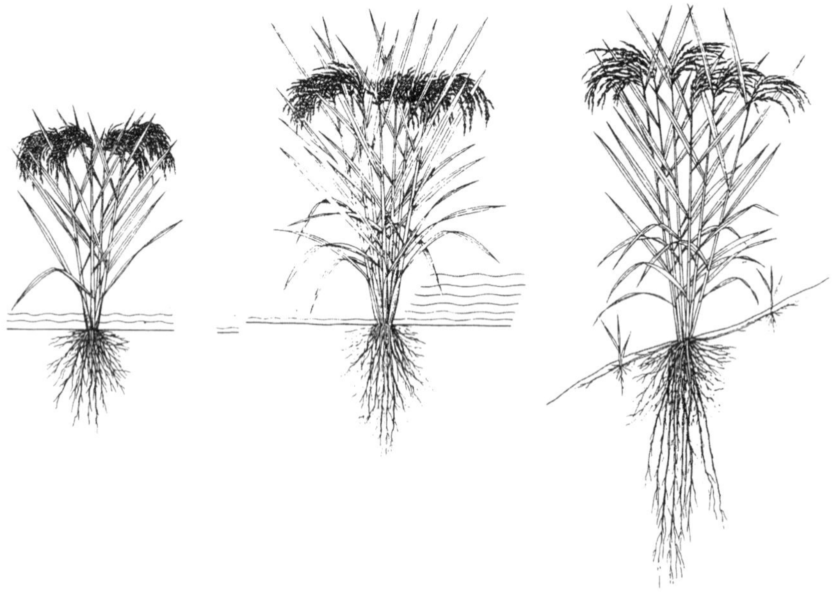

Arroz irrigado semeado diretamente

- 3-4 panículas por pé
- sem brotos improdutivos
- 200-250 grãos por panícula
- talos muito robustos
- folhas verde-escuras, eretas, espessas
- 90 cm de altura
- tempo de crescimento de 100-130 dias
- sistema de raízes vigoroso
- resistência a várias doenças e insetos
- índice de colheita 0,6
- potencial de rendimento de 13-15 t/ha

Arroz de terras baixas alimentado por chuvas

- 6-10 panículas por pé
- sem brotos improdutivos
- 150-200 grãos por panícula
- talos muito robustos
- folhas verde-escuras, eretas ou moderadamente caídas
- 130 cm de altura
- tempo de crescimento de 120-150 dias
- resistência a várias doenças e insetos
- sistema de raízes extenso
- forte tolerância à submersão
- forte dormência do grão
- potencial de rendimento de 5-7 t/ha

Arroz de terras altas perene

- 5-7 panículas por pé
- 100-150 grãos por panícula
- talos muito robustos
- folhas superiores eretas, folhas inferiores caídas
- 130-150 cm de altura
- raízes grossas profundas com rizomas acidentais
- 3-5 anos de permanência no campo
- resistência a várias doenças e insetos
- capacidade de fixar nitrogênio
- grão aromático
- potencial de rendimento de 3-4 t/ha

Figura 8.1 Metas para o melhoramento do arroz.[4]

produziram um novo "super-arroz" com aproximadamente oito rebentos, todos portando panículas com aproximadamente 200 grãos (contra 100 nas variedades existentes) cada. Seu potencial de rendimento, com a introdução de resistência a pragas e doenças, é de aproximadamente 13 toneladas. Para as planícies abastecidas de água da chuva, eles estão pesquisando variedades de porte mais próximo do médio, tolerantes à submersão e de enraizamento profundo para melhorar sua resistência à seca. A meta mais ingeniosa talvez seja para os planaltos, onde eles visualizam um arroz perene capaz de fixar seu próprio nitrogênio. Essas

4. IRRI. *IRRI Toward 2000 and Beyond*. Los Baños: International Rice Research Institute, 1989.

metas podem ser parcialmente alcançadas pela transferência de genes individuais que conferem traços particulares, mas muito da estratégia depende da manipulação de uma grande quantidade de características interagentes. O novo "super-arroz" foi produzido como resultado de uma pesquisa completa da coleção de arroz do IRRI em busca de plantas com menos rebentos, mais grãos por panícula e raízes mais fortes.

Às vezes, a reprodução tradicional de plantas com o uso de técnicas sofisticadas pode dar resultados surpreendentes. Está sendo feita atualmente uma tentativa de produzir um novo trigo para pão cruzando-se o *Triticum tauschii* com trigo duro. O *Triticum tauschii* possui 14 pares de cromossomos apenas, enquanto o trigo duro possui 28. Entretanto, é possível usar um tratamento químico para duplicar a quantidade total, viabilizando o cruzamento. A esperança é que esses cruzamentos possam melhorar a resistência a doenças como helmintosporiose, fusariose e alforra e, se possível, a tolerância à salinidade e à seca.

Alguns dos mais animadores progressos no melhoramento tradicional de plantas foram a produção de milho e arroz híbridos (Capítulo 4). A pesquisa atual está procurando meios baratos e de larga escala para produzir trigo híbrido. A vantagem desses cruzamentos é seu vigor intensificado, que tipicamente aumenta em 20% ou mais seu rendimento em relação aos pais. A desvantagem é que, para os agricultores manterem os rendimentos, eles precisam comprar as sementes todos os anos. Uma meta dos melhoristas é desenvolver um tipo de milho e de arroz que se reproduzam de maneira assexuada – por apomixia. Com isso, a semente de um híbrido com esse traço pode ser conservada de um ano para o outro. No caso do milho, é possível, embora difícil, transferir a apomixia de um parente próximo, o *Tripsacum*. Este exemplo e os anteriores ilustram a importância crucial de se conservar germoplasma que represente uma ampla gama de variação em culturas vegetais e seus parentes. A FAO estima que existem no mundo cerca de 6 milhões de seqüências genéticas armazenadas em mais de mil bancos de genes. Algumas das maiores coleções em países em desenvolvimento estão na China e na Índia, e há grandes coleções na maioria dos Centros Internacionais de Pesquisa Agrícola.[5]

5. FAO. *Seeds of Life*. World Food Summit. Roma: Organização das Nações Unidas para Agricultura e Alimentação, 1996; CHING, T. T. Availability of plant germplasm for use in crop improvement. In: STALKER e MURPHY. *op. cit.*, p. 17-35, 1992.

Técnicas convencionais de melhoramento como essas têm muito a oferecer, mas, como já se percebeu, elas têm limitações práticas. O processo de cruzar duas plantas aparentadas, cada uma com características desejáveis, na expectativa de produzir descendentes com uma combinação nova e melhorada dessas características é, essencialmente, um processo aleatório. Existe normalmente um certo grau de sucesso, e a repetição de cruzamento e seleção produzirá, com cuidados e atenção, variedades superiores. Inevitavelmente, porém, há inconvenientes. Embora algumas características desejáveis possam vir juntas, outras podem se perder. O rendimento potencial pode aumentar, mas freqüentemente à custa da resistência a pragas e doenças ou de alguma outra característica já presente, como a qualidade superior do grão. E à medida que plantas e animais se tornam mais aprimorados, mais sofisticados em termos genéticos, o progresso se torna mais difícil devido à complexidade da manipulação genética exigida. Existem também limitações naturais ao melhoramento tradicional de plantas. Os traços que um melhorista deseja incorporar numa planta ou animal podem não estar presentes em nenhuma espécie passível de cruzamento, embora possam ocorrer em espécies bem pouco relacionadas a ela.

O melhoramento tradicional de plantas é também um processo relativamente lento. Em climas tropicais, aumentando a irrigação, é possível completar três gerações de um cereal, como o arroz, em um ano. Mas em muitas culturas importantes, a mudança de geração é muito mais lenta. Para alguns dos produtos comerciais mais importantes dos países em desenvolvimento – borracha, dendê, cacau, café e coco – podem ser necessárias algumas décadas para se conseguir avanços que, com o arroz, poderiam ser alcançados em no máximo dois ou três anos. Os melhoristas de plantas estão acostumados com esse ritmo de progresso, mas para os agrônomos e agricultores ele pode ser frustrante.

É por razões como essas que as conquistas revolucionárias da biologia celular e molecular são tão importantes.[6] Elas se baseiam nos avanços notáveis das técnicas de laboratório que estão permitindo que cientistas investiguem e experimentem processos fundamentais para a vida, aumentando nossos conhecimentos e, ao mesmo tempo, permitindo que manipulemos esses processos em nosso benefício. Sob o título geral de

6. STALKER e MURPHY. *op. cit.*

Box 8.1 Aplicações potenciais da biotecnologia na agricultura[7]

Melhoramento de culturas vegetais

- Fusão de protoplastas e hibridização somática para produzir novos cruzamentos
- Propagação de plantas sem doenças
- Produção de mapas genéticos
- Fixação biológica de nitrogênio
- Esterilidade masculina obtida por engenharia genética para produzir variedades híbridas
- Plantas transgênicas com resistência a pragas
- Conservação, armazenamento e distribuição de germoplasma *in vitro*

Melhoramento de animais

- Produção de hormônios do crescimento com o uso de bactérias transgênicas
- Manipulação de embriões para introduzir novos traços
- Animais transgênicos para uma melhor eficácia alimentar
- Novas vacinas
- Diagnóstico de doenças

"biotecnologia", tais técnicas já estão produzindo um enorme impacto na medicina, e estamos apenas começando a perceber seu potencial no melhoramento de plantas e animais (Box 8.1).

A contribuição prática mais importante da biologia celular tem sido a capacidade de isolar células animais e vegetais e cultivá-las, ou desenvolvê-las, em organismos completos perfeitamente maduros e capazes de reprodução independente. Em plantas, as técnicas recebem o nome de "cultura de células ou tecidos". Às vezes é um embrião que é cultivado. Em 1977, o IRRI teve êxito em transferir resistência ao vírus do raquitismo de um arroz silvestre, *Oryza nivara*, usando essa técnica.[8] O arroz silvestre tem um número diferente de cromossomos; os cruzamentos com as variedades domésticas de arroz são possíveis, mas os embriões normalmente não sobrevivem. Entretanto, eles podem ser "resgatados" logo depois da fertilização, cultivados num meio de cultura em tubo de ensaio até germinarem e depois plantados numa estufa ou no

7. HERDT, R. W. Perspectives of agricultural biotechnology research for small countries. *Journal of Agricultural Economics*, 42, 298-308, 1991.

8. IRRI. The tools of rice biotechnology, *IRRI Reporter*, mar. 1993, 3-9, 1993.

campo. Outro possível cruzamento com o arroz silvestre *Oryza australiensis* poderia ser uma fonte de tolerância à seca.

A cultura de tecidos permite também uma aceleração do processo de melhoramento de plantas.[9] Plantas autogâmicas, como o trigo e o arroz, são em geral "geneticamente puras" – já que os cromossomos de cada par são idênticos, cada descendente é igual a seus pais. Quando um cruzamento é feito de dois pais diferentes, os cromossomos já não são mais todos idênticos e são necessárias gerações de autofertilização até ficarem assim. Mas é possível acelerar o processo cultivando as anteras – os órgãos reprodutivos masculinos – do cruzamento. As células das anteras são haplóides, contendo somente um membro de cada cromossomo. Elas podem ser colocadas numa cultura onde dupliquem cada cromossomo, gerando dessa maneira uma nova planta que produzirá então descendentes idênticos com as novas características. Melhoristas na China produziram novas variedades em apenas cinco anos com essa técnica, em comparação com os doze anos ou mais do ciclo normal.

A cultura de células implica a remoção da parede de uma célula individual usando-se uma mistura de enzimas digestivas e deixando-a encerrada numa membrana flexível. Essa nova célula desnudada, conhecida como protoplasta, pode ser cultivada num meio rico em açúcares, vitaminas e minerais. Sob influência de uma combinação ótima de hormônios de plantas, a célula se divide, produzindo, por fim, um embrião que pode ser acondicionado numa matriz, secado e depois plantado como se fosse uma semente. A planta resultante é um produto apenas da célula original e, por isso, portadora fiel de todas as suas características. Essa é uma técnica valiosa para a obtenção de cruzamentos exóticos.[10] Nos casos em que plantas diferentes podem não cruzar naturalmente ou com técnicas convencionais de reprodução vegetal, é bastante fácil pegar células e convertê-las em protoplastas, que podem então ser fundidos. Por enquanto, a técnica tem funcionado com plantas que têm relação relativamente próxima, por exemplo, batata e tomate, ou brassicas diferentes como couve-flor e repolho. Protoplastas de tomates com resistência ao crestamento bacteriano ou ao oídio (*soft rot*) são irradiados com raios gama para terem seus cromossomos quebrados em pedaços

9. LARKIN, P. J. (Org.) *Genes at Work: Biotechnology*. Canberra: CSIRO, 1994.

10. *Ibid*.

pequenos. Eles são então fundidos com protoplastas de batata. Os novos protoplastas são cultivados, produzindo muitos milhares de plantas que são então testadas quanto à resistência, e as que revelam o traço são multiplicadas por meios convencionais.

Acontece que as células dessas culturas exibem também uma freqüência alta de mutações: em particular, os chamados genes silenciosos são ativados. Isso tem sido usado para produzir novas linhagens de tomates e bananas resistentes a doenças, e batatas de maior rendimento. O ciclo rápido de células em culturas resulta também em ruptura e recombinação de cromossomos, e isso está sendo explorado para desenvolver resistência a um vírus comum que ataca o trigo e outros cereais conhecido como vírus anão amarelo de cevada (BYDV, na sigla em inglês).[11] A resistência está presente em capins selvagens como o trigo-grama intermediário. Eles cruzam com o trigo, mas os cromossomos não combinam. Mas retirando-se células dos cruzamentos e colocando-as em culturas tem sido possível cultivar algumas plantas em que os processos de quebra e recombinação na cultura fizeram os genes de resistência ao vírus se incorporarem ao cromossomo do trigo.

O melhoramento tradicional de animais, assim como o melhoramento de plantas, é limitado pela natureza aleatória do cruzamento normal e também pelos tempos longos de geração. Por meio de técnicas com alguma semelhança com as de cultura de tecidos vegetais, os avanços da biologia celular e da fisiologia animal permitiram focar e acelerar o processo de reprodução. A técnica mais regularmente usada consiste em tirar óvulos das mães, fertilizá-los no laboratório e depois reimplantá-los. Normalmente, uma vaca gera até quatro bezerros durante sua vida, mas produz milhares de óvulos. Coletando os óvulos, fertilizando-os e devolvendo-os é possível que uma vaca de raça superior gere mais de cem bezerros em sua vida. A técnica permite também que os embriões sejam manipulados antes de serem devolvidos. É possível dividir embriões, aumentando assim a incidência de gêmeos e, com isso, a velocidade de multiplicação de novas linhagens.

As técnicas celulares podem por si só aumentar em muito o poder de reprodução tradicional das plantas, mas combinadas com os avanços revolucionários da biologia molecular elas abrem um novo mundo, onde

---

11. *Ibid.*

os melhoristas podem planejar e construir deliberada e rapidamente novos tipos de plantas e animais, dependendo muito menos de processos aleatórios. Essa revolução na engenharia genética tem origem na descoberta de James Watson e Francis Crick, há pouco mais de quarenta anos, da estrutura da molécula de DNA que contém os genes dos organismos vivos. Como eles brilhantemente demonstraram, a molécula consiste de duas cadeias entrelaçadas numa "dupla hélice". Ao longo das cadeias estão seqüências de quatro bases químicas diferentes em várias permutações que constituem o código genético – um alfabeto que, apesar de se basear em apenas quatro letras, transmite mensagens de grande sutileza. Pesquisas posteriores mostraram como os organismos vivos podem ler o código e traduzir a seqüência de bases do DNA em proteínas que funcionam então como enzimas, anticorpos e hormônios, construindo e conservando os tecidos que vão formar plantas e animais completos.

Cada gene compõe-se de muitos milhares de bases ligadas através das duas fitas da hélice do DNA. Trechos de DNA, rodeados por uma carapaça de proteína, constituem os cromossomos, geralmente presentes como pares nos núcleos das células de plantas e animais. Há 21 pares de cromossomos no trigo, 12 no arroz, 30 em bovinos e 27 em ovinos. Os cromossomos e os genes que eles contêm constituem o genoma de um organismo – uma espécie de enciclopédia com milhares de receitas. Nessa analogia, cada par de cromossomos é um volume individual da enciclopédia, cujos verbetes individuais, os cerca de mil genes, fornecem receitas para a fabricação de uma proteína. Um gene pode agir sozinho produzindo uma proteína particular cuja função específica cria uma característica reconhecível na planta ou no animal – resistência a uma praga, por exemplo – ou um gene pode se combinar com outros genes de maneira complexa. O rendimento, por exemplo, raramente é função das ações de um único gene.

Em certa época, mapear o genoma identificando a seqüência de bases em cada tira de DNA parecia uma tarefa impossível. Novas técnicas de laboratório que permitem o reconhecimento e a caracterização de pedaços de DNA facilitaram a tarefa, embora ela exija tempo e paciência. O genoma da levedura já foi totalmente mapeado e o projeto Genoma Humano, uma colaboração mundial que se propôs a tarefa de mapear os 50.000-100.000 genes do genoma humano, já identificou aproximadamente

17.000 genes.[12] Felizmente, existe uma similaridade considerável na disposição dos cromossomos de espécies afins. Embora o trigo tenha 21 cromossomos muito grandes e o arroz 12 pequenos, seus genes, como aliás os genes de todos os cereais, são singularmente parecidos. Eles também ficam dispostos nas mesmas seqüências ao longo dos cromossomos. A diferença entre trigo e arroz resulta das longas seqüências repetitivas de "lixo de DNA" nos cromossomos do trigo sem qualquer finalidade detectável. Como o genoma do arroz é menor, ele é mais fácil de ser trabalhado. O Projeto Genoma Japonês do Arroz já cumpriu metade da tarefa de mapear os cerca de 30 mil genes do arroz. [Tarefa esta terminada em 2002. (N.E.)]

A ferramenta de laboratório mais importante no mapeamento do genoma é uma classe de compostos conhecidos como enzimas de restrição, que foram desenvolvidas por bactérias aparentemente como defesa contra a invasão de DNA estranho. Elas agem como uma espécie de bisturi molecular. São conhecidas perto de mil enzimas de restrição. Cada uma é capaz de reconhecer uma seqüência particular de bases na hélice do DNA, e, quando isso acontece, a enzima realiza um corte. Usando combinações dessas enzimas é possível dividir o DNA em fragmentos com o comprimento aproximado de um gene (Figura 8.2). O passo seguinte é incorporar cada fragmento numa bactéria, seja por via de uma forma de vírus (um bacteriófago ou fago) seja como um plasmídeo, uma espiral simples de DNA. A bactéria, geralmente uma forma inofensiva de *Escherichia coli* (*E. coli*), é então cultivada num meio de ágar. O estágio seguinte é o mais difícil: identificar a presença de genes individuais inteiros nas colônias de bactérias usando uma sonda de DNA; mas, uma vez identificado um gene, o plasmídeo ou fago portador pode ser multiplicado muitas vezes para produzir o gene em grandes quantidades. É um trabalho de detetive penoso e, muitas vezes, frustrante.

Quando a hélice de DNA é cortada, um par de bases é deixado com as pontas expostas. Elas podem ser juntadas com outro par nas pontas cortadas de um segundo pedaço de DNA, desta vez com a ajuda de uma enzima conhecida como ligase de DNA, que age como uma sutura molecular. Por esse processo de microcirurgia, podem ser tirados genes de uma hélice de DNA, emendados em outra e, em seguida, transferidos

12. SCHULER, G. D. et al. A gene map of the human genome. *Science*, 274, 540-46, 1996; GOFFEAU, A. et al. Life with 6000 genes. *Science*, 274, 546-8, 1996. [O sequenciamento do genoma humano foi encerrado em 2000, com cerca de 30.000 genes. (N.E.)]

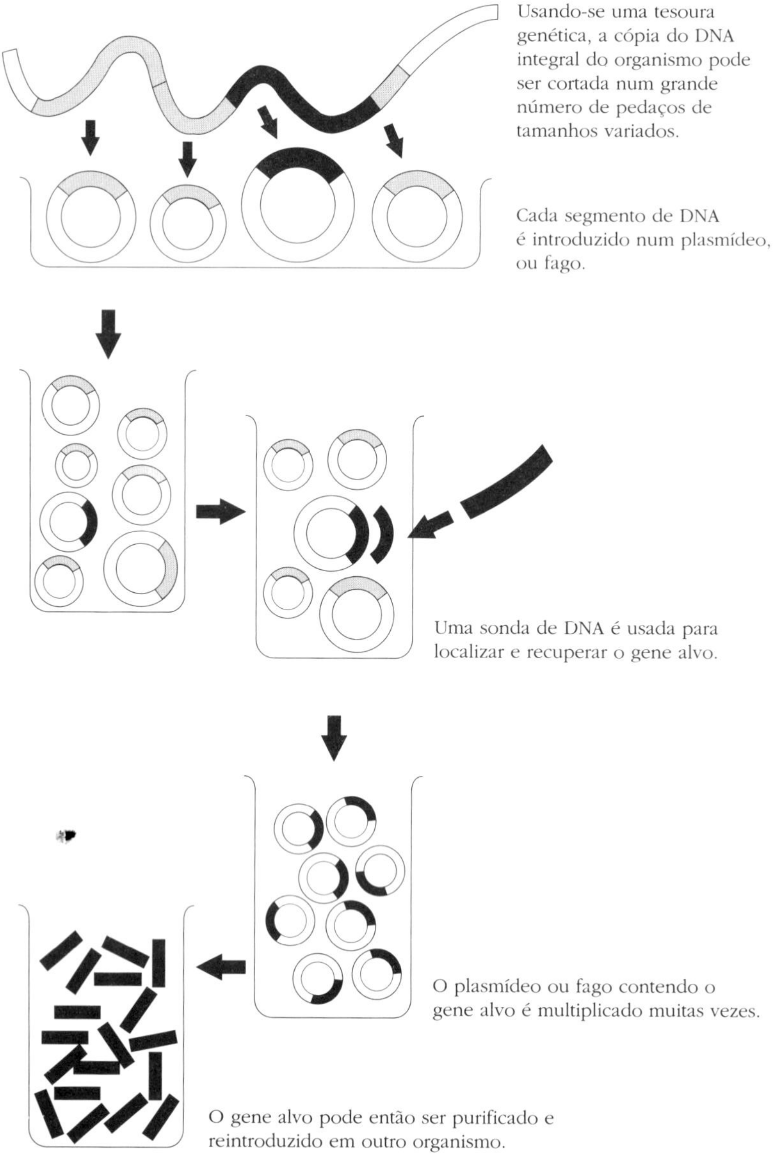

Figura 8.2 O isolamento de genes.[13]

13. LARKIN. *op. cit.*

de um cromossomo para outro. Embora seja um ato artificial, trata-se, em essência, do mesmo processo que ocorre quando um melhorista de plantas ou animais cruza uma planta com outra, ou um animal com outro. Durante o processo de cruzamento, cromossomos transferem pedaços uns para os outros, mas as novas combinações geralmente são determinadas de maneira aleatória. A grande vantagem da tecnologia de DNA recombinante – ou engenharia genética, como é popularmente chamada – é que as novas combinações são determinadas de antemão e, com habilidade e cuidado, obtidas com precisão. Como resultado, o melhorista de plantas já não fica limitado à variação genética que surge em programas tradicionais de melhoramento.

Evidentemente, a inserção de um gene em um novo ambiente hospedeiro não é direta. Transferir genes de uma espécie para outra não relacionada a ela – por exemplo, de um pé de ervilha para um de trigo, ou, mais radicalmente, de uma espécie animal para uma vegetal – requer várias medidas de suporte para o gene não ser rejeitado. Os genes possuem regiões de controle – seqüências promotoras e limitadoras – que determinam como um gene é feito e sua resposta a sinais do meio ambiente. Os engenheiros genéticos pegam essas regiões de um gene que funcionam bem na nova espécie e as fixam aos genes que querem introduzir. Por exemplo, um gene produtor da clara de ovo (albumina) em galinhas pode ser introduzido numa planta de trevo adicionando-se seções de controle de um gene de trevo bem-sucedido. O resultado é uma planta de trevo que acumula albumina em suas folhas, aumentando seu valor para criações de ruminantes. Os genes também podem se tornar mais efetivos com a introdução de um promotor mais forte e sua posterior devolução ao hospedeiro original. Essa técnica permitiu o desenvolvimento de animais capazes de produzir uma quantidade maior de hormônio do crescimento bovino. A possibilidade mais radical é o melhoramento de cromossomos artificiais e sua introdução em novos organismos.

O processo de transferir um gene para um novo animal ou planta pode seguir um dentre vários caminhos. Uma das primeiras técnicas foi colonizar o gene em *Agrobacterium tumefaciens,* uma bactéria que invade pés de batata, de tomate e de lucerna (alfafa), entre outras plantas. O processo é surpreendentemente simples: pedaços de folhas são mergulhados numa suspensão de bactérias, depois são cultivados para produzir plantas completas que contêm o novo gene. Para trigo, cevada e arroz, que não são invadidos por essa bactéria, o DNA do gene precisa ser introduzido de maneira mais forçada. Uma maneira é usar um pulso elétrico de alta tensão, que permite a entrada do DNA num protoplasta; a alternativa é aplicar o DNA como revestimento sobre partículas inertes de ouro ou tungstênio, que são então disparadas na célula da planta com uma pistola de gene para micropartículas. Em 1996, a empresa britânica Zeneca descobriu um método extraordinariamente simples, mas eficaz: se células da planta, DNA e cristais de carboneto de silício forem agitados juntos num tubo de ensaio, os cristais perfuram as paredes celulares, permitindo a entrada do DNA.[14] É costumeiro o tratamento com milhões de células; aquelas em que o novo gene se alojou são identificadas por um marcador e cultivadas.

Para animais, a técnica consiste em injetar o DNA no núcleo de uma única célula de um óvulo fertilizado usando-se uma agulha de vidro mais fina que um fio de cabelo humano. Isso geralmente é feito de doze a catorze horas depois da fertilização. O ovo é implantado então no útero de uma fêmea adulta e se desenvolve de maneira normal. Se esses processos de transferência forem bem-sucedidos, as plantas e animais transgênicos resultantes não só portarão o novo gene e exibirão suas propriedades como, na maturidade, serão capazes de transmiti-lo à sua prole pelo processo normal de reprodução sexuada.

A engenharia genética tem um valor especial para a produção agrícola nos países em desenvolvimento. Ela tem o potencial de enfrentar os problemas específicos detalhados no capítulo anterior, criando novas variedades de plantas e raças de animais que não só produzem rendimentos mais altos como contêm as soluções internas para desafios bióticos e abióticos, reduzindo a necessidade de insumos químicos como fungicidas e pesticidas, e aumentando a tolerância à seca, salinidade, toxicidade química e outras condições adversas. Sobretudo, a engenharia genética provavelmente será tão valiosa para as terras de potencial mais baixo como para as de potencial alto. Ela pode ser direcionada não só para aumentar a produtividade, mas para produzir níveis superiores de estabilidade e sustentabilidade. Muito vai depender de como o poder da

14. COOKSON, C. The nature of things: evolution of long-running cereals. *Financial Times*, 2, 4 jul. XIII, 1994.

Box 8.2 Passos de um programa de engenharia genética

- Determinar o objetivo: por exemplo, a resistência a uma praga em particular numa determinada lavoura
- Identificar o possível mecanismo de resistência e as proteínas envolvidas
- Identificar a provável fonte de um gene útil, por exemplo, uma planta selvagem
- Cultivar fragmentos de DNA da fonte
- Encontrar e sintetizar uma sonda para o gene apropriado
- Isolar o gene
- Decodificar (seqüenciar) o gene para determinar sua estrutura
- Redesenhar o gene para o ambiente da nova planta
- Inserir o gene em células individuais da planta alvo
- Cultivar as células transformadas em plantas completas
- Testar as novas plantas transgênicas quanto à sua resistência e quanto a outras características, no laboratório e no campo
- Avaliar completamente os riscos prováveis, por exemplo, os danos a insetos benéficos
- Multiplicar as novas plantas para serem distribuídas aos agricultores
- Distribuir as novas plantas como parte de um novo programa de manejo integrado de pragas

técnica será usado, que metas serão estabelecidas, como o processo será administrado e financiado, e como os produtos serão usados.

O Box 8.2 apresenta os passos fundamentais de um programa de engenharia genética usando como exemplo o objetivo de melhorar a resistência de uma lavoura a pragas. Algumas das aplicações mais promissoras estão na concessão de resistência a pragas e a doenças virais e bacterianas. A resistência a vírus pode ser conseguida transferindo-se para as plantas alguns genes codificadores da proteína que reveste o vírus. Quando a proteína é liberada pela planta, ela impede o vírus invasor de se desfazer de sua capa. O DNA do vírus não consegue entrar na célula da planta e fica impedido de se replicar. A técnica tem sido usada contra diversos vírus importantes: o "*rice stripe virus*" (RSV), o vírus "mosaico" da alfafa e o "*leaf roll virus*" da batata (PLRV). Outra abordagem consiste em usar ribozimas, também conhecidas como "tesouras de genes". Estas são uma forma de RNA (um parente próximo do DNA) presente em certos parasitas de vírus, capaz de visar e destruir outro pedaço de RNA. Alguns genes codificam a produção de ribozimas que, introduzidas em células vegetais ou animais, destroem vírus invasores.

A engenharia genética oferece algumas novas maneiras de combater as pragas. As bactérias produzem, às vezes, proteínas inseticidas. No intestino do inseto, elas danificam células usadas na absorção de nutrientes: os insetos param de se alimentar e morrem. Uma bactéria, a *Bacillus thuringiensis* (*Bt*), produz proteínas cristalinas desse tipo que matam muitas pragas, particularmente pragas importantes de lagartas, mas são relativamente seguras para insetos benéficos, como as abelhas melíferas e predadores de insetos. Elas também não prejudicam os seres humanos. Os genes que codificam essas proteínas foram isolados pela primeira vez no começo da década de 1980 e já foram transferidos para algumas culturas (Figura 8.3). Agricultores nos EUA cultivam regularmente milho, batata e algodão que contêm o gene *Bt*. Ele também foi transferido para o arroz, no qual seu potencial reside no controle de brocas-de-talo, uma praga importante contra a qual o melhoramento tradicional de plantas avançou pouco.[15]

O gene *Bt* tem um papel particularmente importante em programas de manejo integrado de pragas (IPM, na sigla em inglês) (ver o Capítulo 11). Embora a toxina seja letal para brocas-de-talo, ela tem pouco efeito sobre outras pragas do arroz. Há contratempos, porém. Da mesma forma que os insetos adquirem resistência a inseticidas químicos sintéticos aplicados nas lavouras, eles também podem desenvolver resistência a inseticidas produzidos pelas próprias plantas. Existem atualmente nos EUA oito espécies de insetos resistentes a toxinas *Bt*, e existe o perigo de que o uso generalizado de plantas transgênicas contendo o gene *Bt* aumente o nível geral de exposição à toxina entre populações de pragas, acelerando assim o desenvolvimento da resistência.[16] Uma maneira para desacelerar esse processo pode ser misturar plantas, com e sem o gene *Bt*, seja numa lavoura única, seja garantindo que os agricultores façam a rotação de variedades resistentes e não resistentes.[17] Desse modo, a pressão evolutiva é enfraquecida.

No longo prazo, porém, a melhor atitude é desenvolver e utilizar o máximo de formas de resistência possível, inclusive a introdução nas

15. IRRI. *Bt Rice: Research and Policy Issues*. Los Baños: International Institute for Rice Research (IRRI Information Series n. 5), 1996.

16. TABASHNIK, B. E. Evolution of resistance to *Bacillus thuringiensis*. *Annual Review of Entomology*, 39, 47-79, 1994.

17. IRRI. *op. cit.*, 1996.

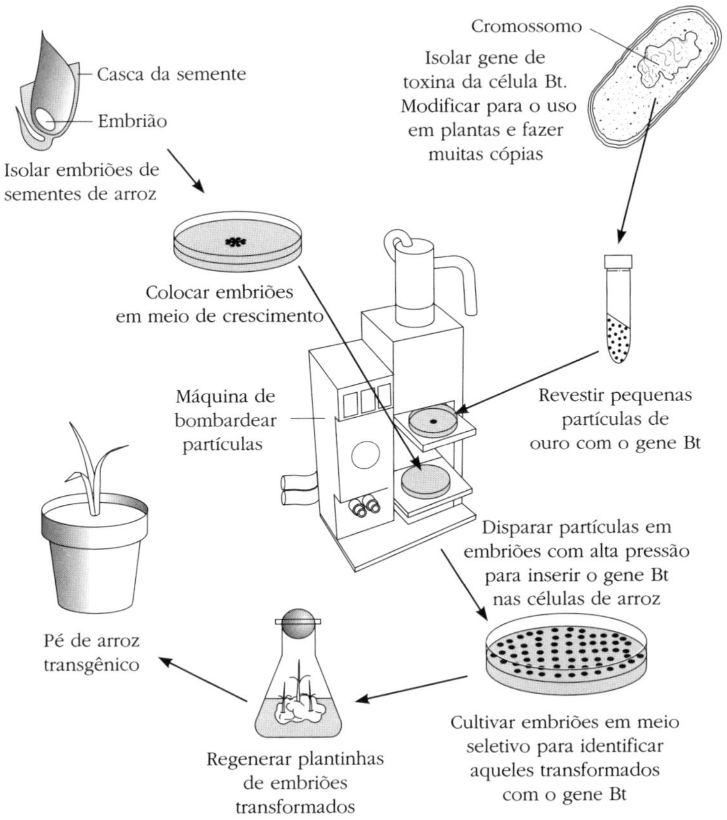

Figura 8.3 Passos para a produção do arroz com Bt.[18]

plantas de vários genes tóxicos, cada um com um modo diferente de ação. Um companheiro promissor para o gene *Bt* é um outro gene que codifica um inibidor de proteinase contido no inhame gigante tropical e confere uma alta resistência a ataques de insetos. A proteína provavelmente desativa as proteases de um inseto, fazendo-o morrer de inanição, um mecanismo inseticida muito diferente daquele do *Bt.* Outro gene potencialmente útil torna o *polyhedrosis maculovirus* (NPV) mais letal ao curuquerê. Como a toxina só é expressa em células onde o vírus está se desenvolvendo ativamente, há pouco ou nenhum perigo para organismos não visados.

18. MCGAUGHEY, W. e WHALON, M. Managing insect resistance to *Bacillus thuringiensis* toxins. *Science*, 258, 1451-5, 1992; RISSLER, J. e MELLON, M. *The Ecological Risks of Engineered Crops.* Cambridge: MIT Press, 1996.

Nos países desenvolvidos, boa parte da atenção dos engenheiros genéticos tem se concentrado na criação de tolerância a herbicidas. O objetivo geral é tornar segura a aplicação de herbicidas a culturas em crescimento de forma a matar as ervas daninhas sem prejudicar as lavouras. Várias técnicas estão sendo desenvolvidas. Por exemplo, se um herbicida funciona inibindo uma determinada enzima, o gene codificador pode ser desenvolvido de forma a ter uma manifestação mais forte, talvez até dez vezes o nível de tolerância. Isso foi conseguido para lavouras como milho e soja tratadas com o herbicida *glifosato*. É possível também usar os genes em bactérias do solo que metabolizam herbicidas, por exemplo, 2,4-D e *bromoxynil*, em compostos químicos inócuos.

Entretanto, há receios consideráveis de que a criação de maior tolerância a herbicidas possa encorajar o uso indiscriminado de herbicidas. Como a capina manual em países em desenvolvimento é uma fonte importante de emprego rural, o maior uso de herbicidas poderia reduzir as oportunidades de renda para os pobres (ver o Capítulo 5). No entanto, pode haver vantagens em algumas situações. Nos locais onde os herbicidas já estiverem em uso, a capacidade de pulverizar a lavoura em crescimento com os chamados herbicidas pós-emergência aos quais a lavoura é resistente reduzirá a dosagem pesada com herbicidas preventivos antes de a plantação se desenvolver. Os herbicidas poderiam ser mais orientados e empregados somente quando fossem necessários, reduzindo assim o nível de contaminação ambiental. Há também um papel especial para herbicidas pós-emergência em alguns solos tropicais que carecem de uma melhor conservação. O solo pode ser protegido da erosão com a semeadura direta no restolho da cultura anterior. Entretanto, isso pode causar problemas sérios com ervas daninhas. Se a monda manual não for possível, serão necessários herbicidas pós-emergência.

Identificar e transferir genes para a resistência de vários tipos é agora relativamente fácil. Bem mais difícil é a engenharia genética da fixação do nitrogênio.[19] As bactérias que fixam nitrogênio convertem a amônia atmosférica em nitrogênio usando uma enzima, a nitrogenase. Para isso, elas precisam de energia que as formas simbióticas, conhecidas como rizóbios, obtêm vivendo no interior das plantas. As plantas fornecem alguns dos produtos de sua fotossíntese e as bactérias retribuem, suprindo-as

19. POSTGATE, J. Fixing the nitrogen fixers. *New Scientist*, 3 fev., p. 57-61, 1990.

de nitrogênio. Virtualmente todas as relações simbióticas ocorrem com legumes, como ervilha, tremoço, trevo e alfafa (a única exceção é a planta tropical *Parasponia*). Os cereais e todas as outras culturas alimentares não leguminosas dependem de outras fontes de nitrogênio e, cada vez mais, do fertilizante nitrogenado inorgânico comprado pelo agricultor.

A primeira tarefa é tentar melhorar a eficiência de bactérias simbióticas, e isto pode ser feito transferindo-se genes de uma classe para outra. Mais desafiadora é a meta de criar simbioses com trigo, arroz e outros cereais. No laboratório, foi possível, via tratamento químico, permitir que rizóbios invadissem pés de trigo e de arroz, que então desenvolveram estruturas parecidas com nódulos, mas os cientistas ainda estão longe de transformar isso numa associação estável. O maior desafio é fazer a planta fixar seu próprio nitrogênio. Em 1971, Ray Dixon, da Unidade de Fixação de Nitrogênio do Conselho de Pesquisa Agrícola da Universidade de Sussex, no Reino Unido, obteve sucesso na transferência do complexo de genes conhecido como *nif* de uma bactéria fixadora de nitrogênio de vida livre, *Klebsiella*, para a bactéria *E. coli*. Desde então o conjunto de genes *nif* na *Klebsiella* foi identificado como sendo composto de 20 genes enfileirados que codificam para a fabricação de nitrogenase e garantem que ela funcione com eficiência. Em teoria, poderíamos transferir o conjunto todo para células vegetais normais. Infelizmente, como diz John Postgate, "genes bacterianos não fazem sentido para plantas (nem para animais, aliás – meu sonho predileto é um bode capaz de fixar nitrogênio que possa converter todo nosso lixo de papel e celulose diretamente em carne)".[20] Embora plantas, animais e bactérias compartilhem o mesmo código genético, eles têm sistemas de leitura diferentes: os promotores, o número de genes lidos de cada vez e o modo de manejar a mensagem genética diferem. Esses são obstáculos formidáveis e serão necessários anos de pesquisa fundamental para superá-los. Mas se essa meta puder ser alcançada, os benefícios serão incalculáveis. A poluição ambiental causada por fertilizantes inorgânicos seria bastante reduzida, bem como os custos para os agricultores pobres obterem rendimentos mais altos com lavouras de cereais e outras em terras secundárias.

---

20. *Ibid.*

Uma maneira de o melhoramento de animais se beneficiar da engenharia genética é a provisão de melhores rações. Porcos e frangos precisam de lisina em sua alimentação, mas o conteúdo desta em cereais é pobre em comparação com legumes como ervilha e tremoço. Por outro lado, os legumes são pobres em aminoácidos com enxofre, como a metionina e a cisteína, necessárias para aumentar a produtividade de carne, leite e lã nos gados bovino e ovino. Níveis elevados desses aminoácidos estão presentes na semente de girassol e na proteína do ovo de galinha, a ovalbumina, e os genes codificadores já foram clonados e inseridos em ervilhas. O próximo passo é inserir os mesmos genes, ou outros similares, em plantas forrageiras como a alfafa e o trevo, com promotores adequados de forma que eles se manifestem na folhagem. Uma abordagem alternativa consiste em introduzir genes para a biossíntese do aminoácido com enxofre, presente na bactéria *E. coli*, diretamente em ovelhas, contornando a necessidade de forragem melhorada.

A maior parte da fibra das forrageiras para animais não é digerida, e as forragens tropicais são particularmente ricas em fibras e lignina. Uma má digestibilidade resulta numa menor absorção de alimentos e no ganho lento de peso. Uma abordagem é o uso de tesouras genéticas para bloquear o caminho que produz a lignina. As chamadas mutantes de "nervura parda" com esse efeito ocorrem, às vezes, em milho, sorgo e painço. São produzidos 50% menos de lignina e a digestibilidade aumenta de 10% a 30%. A pesquisa está voltada agora para clonar esses genes e inseri-los em legumes forrageiros.

Como acontece com as plantas, algumas das aplicações mais promissoras da engenharia genética em animais estão direcionadas para o controle de pragas e doenças. Já se conseguiu um progresso considerável na produção de vacinas por engenharia genética. Até então, as vacinas consistiam de vírus e outros patógenos mortos ou vivos, mas atenuados. Os patógenos nessa forma são inofensivos, mas fornecem antígenos que estimulam a produção de anticorpos no animal vacinado e, com isso, dão-lhe proteção caso seja invadido pelos patógenos vivos e virulentos. Mas esse método tradicional de vacinação pode ser perigoso. As vacinas vivas, em particular, carregam outros materiais, além dos antígenos, que podem causar efeitos colaterais indesejáveis. A vantagem das vacinas transgênicas – produzidas por culturas de bactérias que contêm genes codificadores de antígenos – é que elas se compõem exclusivamente dos antígenos necessários. Os genes que codificam a resistência a pragas e doenças também podem ser diretamente transferidos de um animal para outro, e, em alguns casos, de plantas para animais. Moscas-varejeiras que se alojam na pele de animais de criação são mortas pela quitinase, a enzima que quebra a quitina formadora do seu exosqueleto. Os genes codificadores de quitinase são encontrados em várias plantas. Outra possibilidade é introduzir o gene *Bt* no gado.

As potencialidades da engenharia genética são quase infinitas. Mas há riscos sérios, alguns facilmente perceptíveis, outros ainda a serem descobertos.[21] Já me referi ao provável maior uso de herbicidas depois da introdução de culturas resistentes a herbicidas e ao desenvolvimento de resistência a toxinas obtidas por engenharia genética, como a *Bt*. O risco mais óbvio talvez seja a possibilidade de um gene transferido ser passado adiante por processos naturais para outro organismo, com efeitos danosos.[22] Uma controvérsia recente que atraiu grande atenção da mídia surgiu com a importação pela Europa de milho americano transformado geneticamente para apresentar resistência a brocas-de-talo. O perigo está menos no gene de resistência transferido e mais no gene marcador associado, resistente a um antibiótico, usado para identificar se o gene de resistência está presente. A finalidade principal do milho é a produção de rações animais e, como argumentam os adversários da importação, com alguma razão, existe risco de o gene resistente a antibióticos ser transferido para o gado que se alimentar do milho.

O fato de muitas culturas terem parentes silvestres e híbridos pode ocorrer naturalmente, o que permitiria a saída dos novos genes da cultura. Nos EUA, o sorgo cruza com o capim Johnson, produzindo híbridos agressivamente daninhos. Os pés de arroz são autógamos, mas não exclusivamente. Ocorre um certo grau de polinização cruzada em condições naturais, tanto entre pés de arroz cultivados como entre pés de arroz cultivados e silvestres. Existe, pois, uma possibilidade de o *Bt* se transferir para parentes silvestres na Ásia, particularmente o *Oryza nivara*

21. MOONEY, H. A. e BERNDARDI, G. (Orgs.). *Introduction of Genetically Modified Organisms into the Environment.* Scientific Committee of Problems of the Environment. Chichester: Wiley & Sons, 1990; CASPER, R. e LANDSMANN, J. (Orgs.) *The Biosafety Results of Field Tests of Genetically Modified Plants and Microorganisms.* Braunschweig: Biologische Bundesanstalt für Land-und Forstwirtschaft, 1992.

22. RISSLER e MELLON. *op. cit.*

e o *O. rufipogon.*[23] Eles poderiam então se tornar ervas daninhas sérias, embora as evidências sugiram que elas não são atualmente limitadas por brocas-de-talo e outras lagartas. A transformação em ervas daninhas é um fenômeno complexo resultante de uma combinação de muitas características. A transferência de genes que aumentam a competitividade ou a resistência ao estresse de uma planta a tornará mais passível de virar uma erva daninha. Em alguns casos, isso pode resultar de interações imprevistas entre os genes introduzidos e os que já estão presentes.

Outro risco reside na possibilidade de o uso de genes de resistência a vírus, como os que codificam a proteína da capa do vírus, resultar no desenvolvimento de novas linhagens de vírus ou num aumento dos tipos de culturas que eles atacam.[24] Existem evidências de que podem ocorrer trocas entre o ácido nucléico de um gene de proteína da membrana envolvente e o ácido nucléico de um vírus afim, mudando as características do vírus. Outra possibilidade é a proteína da membrana produzida pelo gene envolver um outro vírus, o que o tornaria mais facilmente transmissível para outras lavouras. Como mostra esse exemplo, estamos lidando cada vez mais, nas palavras de Jane Rissler e Margaret Mellon, da Union of Concerned Scientists dos EUA, com riscos que "podem não ser percebidos simplesmente porque a compreensão da fisiologia, genética e evolução, entre outras disciplinas, é limitada. Quais seriam esses riscos, por definição, é algo difícil de imaginar".[25]

Os países desenvolvidos estão nitidamente mais bem equipados para avaliar esses riscos. Eles podem mobilizar um amplo leque de competências e a maioria deles já criou órgãos reguladores e está insistindo em testes cuidadosamente monitorados para tentar identificar os riscos prováveis antes que plantas e animais geneticamente modificados sejam liberados no meio ambiente. Por enquanto, poucos países em desenvolvimento criaram regulamentos do gênero, suscitando temores de que corporações de países desenvolvidos possam usar locais em países em desenvolvimento como laboratórios não controlados, com conseqüências potencialmente graves. Minha crença pessoal é que os riscos são muitas vezes

23. CLEGG, M. T., GIDDINGS, L. V., LEWIS, C. S. e BARTON, J. H. (Orgs.). *Report of the International Consultation on Rice Biosafety in Southeast Asia, 1-2 September 1992.* Washington: Banco Mundial (Technical Paper, Biotechnology Series n. 1), 1993.

24. RISSLER e MELLON. *op. cit.*

25. *Ibid.*

exagerados, mas para os benefícios evidentes serem percebidos nos países em desenvolvimento, os cientistas dos países desenvolvidos – tanto de agências públicas como do setor privado – precisam assegurar que as avaliações de risco sejam tão rigorosas quanto em seus próprios países.

Mais importante do que os riscos potenciais, ao menos para mim, é a questão de quem se beneficia da engenharia genética e, naturalmente, dos processos de melhoramento convencionais. Se o trabalho tiver financiamento privado, os produtos podem ser caros e protegidos por patentes altamente restritivas. O melhoramento moderno de plantas e animais, seja tradicional, seja por engenharia genética, é, em geral, muito caro. Segundo uma estimativa, a clonagem de um único gene custa cerca de US$ 1 milhão.[26] No entanto, as oportunidades de mercado e os retornos potenciais são consideráveis. Nos EUA, há cerca de cem pequenas empresas especializadas em biotecnologia agrícola gastando uma média de US$ 4 milhões a US$ 6 milhões por ano em pesquisa e desenvolvimento.[27] Há muitas empresas grandes envolvidas também, geralmente comercializando suas próprias sementes e, no caso de culturas resistentes a herbicidas, vendendo a semente com o herbicida.

O investimento depende de as companhias privadas obterem um retorno comercial adequado – que cubra seus custos de desenvolvimento, dê lucro para os acionistas e recursos para investir em novos laboratórios e produtos. A existência de legislações de patentes é, portanto, um incentivo crucial, mas, em alguns casos, as companhias têm reivindicado patentes muito abrangentes. A Agracetus, primeira empresa americana a transferir genes para a soja usando a técnica da "pistola", recebeu patentes na Europa para toda soja transgênica, independentemente do método de transferência utilizado. Por certo, se for aplicado com rigidez, esse tipo de patente poderá limitar a pesquisa e o desenvolvimento independentes.

A engenharia genética é um negócio altamente competitivo e, inevitavelmente, o foco das empresas de biotecnologia tem sido os mercados públicos de países desenvolvidos onde as vendas potenciais são altas, as patentes são bem protegidas e os riscos menores. Nessas circunstâncias, as parcerias entre o setor público e o privado serão essenciais para

26. ODI. *Agricultural Biotechonology and the Third World*. Londres: Overseas Development Institute (Briefing Paper), 1988.

27. DIBNER, M. Tracking trends in US biotechnology. *Bio/Technology*, 9, 1991.

os países em desenvolvimento se beneficiarem.[28] A Fundação Rockefeller tem gasto cerca de US$ 5 milhões a US$ 6 milhões por ano na biotecnologia do arroz, sobretudo na Ásia, com a finalidade de auxiliar laboratórios em países em desenvolvimento.[29] Os Centros Internacionais de Pesquisa Agrícola também vêm se envolvendo cada vez mais e fazendo parcerias pioneiras para transferir técnicas e conquistas da biotecnologia dos países desenvolvidos. Um dos projetos envolve o CIAT da Colômbia, a Universidade de Wisconsin e a Agracetus, empresa com sede em Wisconsin, para o desenvolvimento de tipos de feijão resistentes ao vírus mosaico dourado do feijão. O processo de transferência do gene continua sendo um segredo da Agracetus, mas o material genético resultante é disponibilizado para o Centro Internacional de Agricultura Tropical (CIAT), que o repassará a fornecedores de sementes do setor público. Até agora, os acordos que envolvem a engenharia genética no arroz também se mostraram razoavelmente favoráveis aos países em desenvolvimento. O trabalho do IRRI na transferência do *Bt* para o arroz está usando genes de duas empresas privadas.[30] Em um caso, o IRRI pagou uma quantia à Plantech do Japão para usar o gene para fins de pesquisa e tem a opção de comprar o gene. No outro, o gene vem sendo fornecido de graça pela Ciba-Geigy, da Suíça. O arroz *Bt* desenvolvido pelo IRRI pode ser obtido gratuitamente em todo o mundo em desenvolvimento, mas não na Austrália, Canadá, Japão, Nova Zelândia, Estados Unidos e nos países membros da Convenção Européia de Patentes. Dessa maneira, os países em desenvolvimento podem se beneficiar e a Ciba-Geigy protege seus direitos de patente nos países desenvolvidos.

Por meio da engenharia genética temos o potencial de desenvolver plantas e animais resistentes a pragas e doenças que possam compensar deficiências minerais e resistir a toxinas, salinidade e seca, e possam tornar mais eficiente o uso da luz solar, água e nutrientes. O potencial é enorme, mas os riscos não são desprezíveis. Como bem observa Nicholas Schoon na citação do início deste capítulo, pode haver riscos, mas eles podem ser minimizados pelo uso sábio da tecnologia no contexto de um conhecimento ecológico e fisiológico sofisticado.

---

28. GREELEY, M. *Agricultural Biotechnology, Poverty and Employment. The Policy Context and Research Priorities. Paper* para o Departamento de Tecnologia e Emprego da Organização Internacional do Trabalho. Sussex: Institute for Development Studies, 1992.

29. HERDT. *op. cit.*

30. IRRI. *op. cit.*, 1996.

9 AGRICULTURA SUSTENTÁVEL

Agri cultura "... est scientia,
quae sint in quoque agro serenda ac facienda,
quo terra maximos perpetuo reddat fructus"

Varro, *Rerum rusticarum*[1]

Quando escreveu essas palavras, Marco Terêncio Varro, um proprietário rural romano do primeiro século d.C., tinha 80 anos de idade e havia se casado de novo recentemente. *Rerum rusticarum*, um de vários tratados latinos sobre agricultura que sobreviveram até nossos dias, foi escrito para sua esposa como um manual de conselhos sobre como administrar a propriedade que havia adquirido para ela. Nessa passagem ele define, pela primeira vez, o conceito de sustentabilidade. A agricultura, diz ele, é "uma ciência que nos ensina que culturas devem ser plantadas em cada tipo de solo, e que operações devem ser feitas para a terra produzir os rendimentos mais altos perpetuamente". Como é comum nos melhores textos romanos, a definição é clara, elegante e sucinta.

Infelizmente, a clareza de significado original de Varro se perdeu. Sustentabilidade virou um termo muito politizado e, no processo, adquiriu diversos significados.[2] Os criadores de plantas, os agrônomos e outros agricultores interpretam sustentabilidade como a conservação do ímpeto da Revolução Verde. Eles a equiparam a alcançar suficiência alimentar, e agricultura sustentável pode abranger qualquer meio para esse fim. Para os ambientalistas, porém, os meios são fundamentais: agricultura sustentável é uma maneira de prover alimentos suficientes sem degradar os

1. HOOPER, W. D. e ASH, H. B. *Marcus Porcius Cato on Agriculture. Marcus Terentius Varro on Agriculture.* Cambridge/Londres: Harvard University Press/Heinemann (Loeb Classical Library), 1935.

2. CONWAY, G. R. e BARBIER, E. B. *After the Green Revolution: Sustainable Agriculture for Development.* Londres: Earthscan, 1990.

recursos naturais. Para os economistas, ela representa um uso eficiente e duradouro de recursos, e para sociólogos e antropólogos, expressa uma agricultura que preserva valores e instituições tradicionais. Ela virou um termo genérico. Quase tudo percebido como "bom" na perspectiva do autor pode caber sob o guarda-chuva de agricultura sustentável: agricultura orgânica, pequena fazenda familiar, conhecimento técnico nativo, biodiversidade, manejo integrado de pragas, auto-suficiência, reciclagem, e assim por diante.

Essa diversidade de interpretações deve ser acolhida como parte de um processo de se chegar a um consenso no sentido de uma mudança radical. O interesse popular pela sustentabilidade foi despertado pelo relatório, publicado em 1987, da World Commission on Environment and Development (Comissão Mundial sobre Meio Ambiente e Desenvolvimento), presidida pela ex-primeira-ministra da Noruega, Gro Harlem Brundtland. O relatório chamou a atenção de políticos e do público, tanto do mundo desenvolvido como do mundo em desenvolvimento, para as ameaças à sobrevivência mundial provocadas pela maneira como tratamos nosso meio ambiente. A muito citada definição de agricultura sustentável do Relatório Brundtland – "desenvolvimento que atende às necessidades do presente sem comprometer a capacidade de futuras gerações atenderem as suas próprias necessidades" – deve ser bem-vinda como um estímulo à ação política.[3] Mas o debate subseqüente ficou confuso quando grupos de interesses diversos começaram a se defrontar com as implicações práticas.

Boa parte do relatório tratava do desenvolvimento industrial e urbano, embora, como já argumentei neste livro, a agricultura tem igual responsabilidade na degradação ambiental e é, a um só tempo, vítima e culpada. A definição de Brundtland no contexto da agricultura é valiosa como declaração política, mas é abstrata demais para agricultores, pesquisadores e especialistas em extensão rural que estão tentando projetar novos sistemas agrícolas e desenvolver novas práticas agrícolas. Para eles, é preciso uma definição que seja científica, aberta à experimentação e ao teste de hipóteses, e praticável.

Aí reside, em teoria e na prática, a contribuição da segunda grande revolução da biologia moderna: o surgimento da ecologia como uma disciplina sofisticada. As origens da ecologia remontam ao século XIX e estão associadas ao desenvolvimento da teoria evolucionista. Aliás, Charles Darwin

3. World Commission on Environment and Development. *Our Common Future*. Oxford: Oxford University Press, 1987.

pode ser considerado um dos primeiros ecologistas. Numa passagem de seu diário sobre os países visitados pelo HMS *Beagle*, ele descreve as ricas comunidades mantidas pelas colônias de algas gigantes ao largo da Terra do Fogo. As folhas das algas ficam cobertas de coralinas, numerosos crustáceos e conchas. "Sacudindo-se as grandes raízes emaranhadas, uma porção de peixinhos, sibas, caranguejos de todas as ordens, ovas marítimas, estrelas-do-mar, belas espécies de planárias e holutúrias e animais marítimos rastejantes de uma miríade de formas, todos caem juntos... Entre as folhas dessa planta vivem numerosas espécies de peixes que em nenhum outro lugar encontrariam alimento ou abrigo; com sua destruição, os muitos cormorões e outras aves pescadoras, as lontras, focas e toninhas logo pereceriam também; e, por fim, os fueguinos... talvez deixassem de existir."[4] Sob muitos aspectos, a comunidade das algas gigantes era como uma floresta tropical, com a rica diversidade de vida e a teia complexa de cadeias alimentares mantendo um nível muito alto de produtividade.

Até a metade do século XX, a ecologia permaneceu, em grande medida, descritiva, muitas vezes pouco além da história natural. Nos últimos anos, porém, o desenvolvimento de hipóteses poderosas, a influência de ferramentas matemáticas e o planejamento de experimentos de laboratório e de campo apropriados transformaram a história natural em ciência.[5] Como a maioria das ciências, ela tem o lado puro e o aplicado, e suas aplicações estão agora influenciando muitos aspectos do manejo dos recursos naturais, incluindo a agricultura.[6]

---

4. DARWIN, C. A *Naturalist's Voyage: Journal of Researches into the Natural History and Geology of the Countries Visited During the Voyage of H.M.S. "Beagle" round the World, under the Command of Capt. Fitz Roy, R.N.* (nova ed.). Londres: John Murray, 1890.

5. MAY, R. M. (Org.). *Theoretical Ecology: Principles and Applications* (2a. ed.). Oxford: Blackwell Scientific, 1981; BEGON, M., HARPER, J. L. e TOWNSEND, C. R. *Ecology: Individuals, Populations and Communities* (2a. ed.). Oxford: Blackwell Scientific, 1990.

6. ALTIERI, M. A. *Agroecology: The Science of Sustainable Agriculture* (2a. ed.). Boulder: Westview Press /London, Intermediate Technology, 1995; LOWRANCE, R., STINNER, B. R. e HOUSE, G. J. (Orgs.). *Agricultural Ecosystems: Unifying Concepts.* Chichester: Wiley & Sons, 1984; NATIONAL RESEARCH COUNCIL. *Alternative Agriculture,* Committee on the Role of Alternative Farming Methods in Modern Agriculture. Washington: National Academy Press, 1989; *Sustainable Agriculture and the Environment in the Humid Tropics.* Committee on Sustainable Agriculture and the Environment in the Humid Tropics. Washington: National Academy Press, 1993; PAOLETTI, M. G., STINNER, B. R. e LORENZONI, G. G. (Orgs.) *Agricultural Ecology and Environment Proceedings of an International Symposium on Agricultural Ecology and Environment, Padova, Italy, 5-7 April 1988.* Amsterdã: Elsevier, 1989; TIVY, J. *Agricultural Ecology,* Nova Iorque: Longman Scientific and Technical, 1990.

A ecologia da população, da comunidade e do ecossistema começou a propiciar uma melhor compreensão das dinâmicas complexas que surgem dentro da agricultura, por exemplo, em populações de plantas, sistemas de cultivo múltiplo e agroflorestais e no manejo de pastos. Alguns dos trabalhos mais frutíferos surgiram da colaboração entre ecologistas e cientistas agrícolas, freqüentemente nos mais recentes Centros Internacionais de Pesquisa Agrícola – chamados "eco-regionais" –, como o Centro Internacional de Agricultura Tropical (CIAT), na Colômbia, mas também em centros independentes, como o Centro de Culturas Múltiplas da Universidade de Chiang Mai, onde eu e um grupo de agrônomos e cientistas agrícolas tailandeses trabalhamos na década de 1980. Nós procurávamos entender e melhorar os sistemas agrícolas complexos que os agricultores haviam desenvolvido nos vales do Norte da Tailândia.[7] Os conceitos e definições que se seguem estão baseados nesse trabalho, que, por sua vez, foi influenciado por estudos ecológicos anteriores dos ecossistemas de savanas do Zimbábue.[8]

Não é preciso muito esforço para reconhecer sistemas agrícolas, tais como os arrozais do Norte da Tailândia, como sistemas ecológicos modificados. Cada campo é formado a partir do ambiente natural pela construção de uma elevação de terra que define seus limites (Figura 9.1). No interior, a grande diversidade da vida selvagem original é reduzida a um conjunto limitado de plantas, pragas e ervas daninhas – embora ainda restem alguns elementos naturais, como peixes e aves predatórias. Os processos ecológicos básicos permanecem os mesmos:

- Competição entre o arroz e as ervas daninhas;
- Ataque do arroz pelas pragas; e
- Predação das pragas por seus inimigos naturais (e de peixes pelas aves predatórias).

7. GYPMANTASIRI, P., WIBOONPONGSE, A., RERKASEM, B., GANJANAPAN, L., TITAYAWAN, M., M. SEETISARN, M., THANI, P., JAISAARD, S., ONGPRASERT, T. e CONWAY, G. R. *An Interdisciplinary Perspective of Cropping Systems in the Chiang Mai Valley: Key Questions for Research*. Chiang Mai: Faculdade de Agricultura, Universidade de Chiang Mai, 1980.

8. WALKER, B. H., NORTON, G. A., BARLOW, N. D., CONWAY, G. R., BIRLEY, M. e COMINS, H. N. A procedure for multidisciplinary ecosystem research with reference to the South African savanna ecosystem project. *Journal of Applied Ecology*, 15, 408-502, 1978.

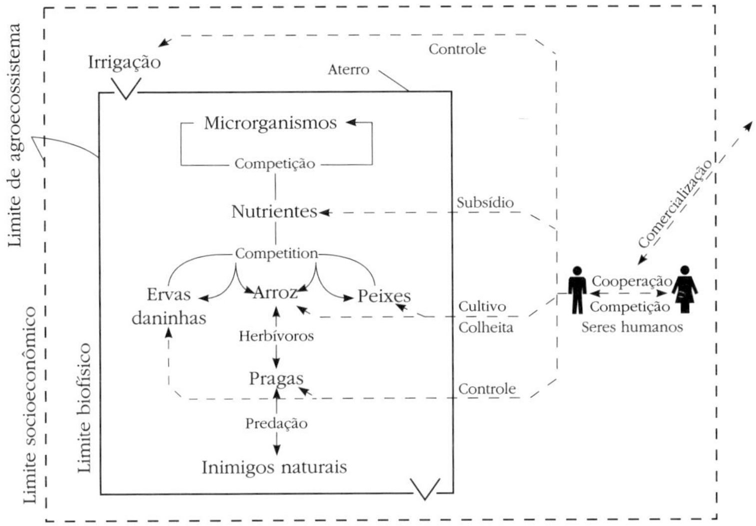

Figura 9.1 O arrozal como agroecossistema.[9]

Mas esses processos ecológicos agora são superpostos e regulados pelos processos agrícolas de subsídio ao cultivo (com fertilizantes), controle (de água, pragas e doenças) e colheita.[10]

Este, porém, é apenas um quadro parcial da transformação. Os processos agrícolas são regulados, por sua vez, por decisões econômicas e sociais. Os agricultores de arroz cooperam ou competem entre si, e comercializam, trocam ou consomem seu produto. O sistema resultante é tanto um sistema socioeconômico como ecológico, e tem um limite socioeconômico, embora não seja tão fácil defini-lo como o limite biofísico da divisão de terras. A esse novo e complexo sistema agrossocioeconômico-ecológico, demarcado em diversas dimensões, eu chamo de agroecossistema.

Mais formalmente, um agroecossistema é "um sistema ecológico e socioeconômico que compreende plantas e/ou animais domesticados e as pessoas que os manejam com o propósito de produzir alimentos, fibras ou outros produtos agrícolas".[11]

9. *Ibid.*
10. LOWRANCE et al. *op. cit.*; SPEDDING, C. R. W. *The Biology of Agricultural Systems.* Londres: Academic Press, 1975.
11. CONWAY, G. R. The properties of agroecosystems. *Agricultural Systems*, 24, 95-117, 1987.

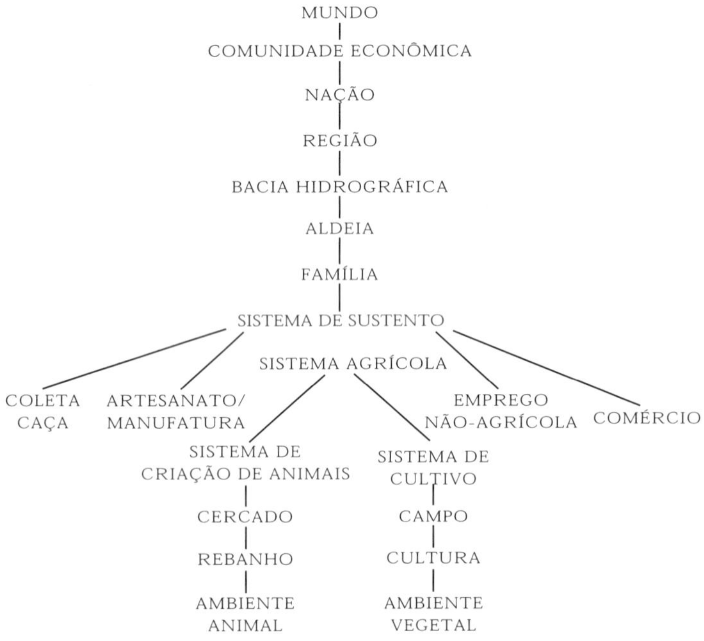

Figura 9.2 A hierarquia dos agroecossistemas.[12]

Agroecossistemas assim definidos implicam numa hierarquia. No nível mais baixo está a planta ou animal individual e seu microambiente imediato (Figura 9.2). O nível seguinte é a plantação, ou a horda ou rebanho de animais contido dentro de um campo. Os campos se combinam para formar um sistema de agricultura administrado por uma família agrícola. E a hierarquia continua de baixo para cima de maneira semelhante.

Agroecossistemas também possuem propriedades distintas, que podem ser medidas e usadas como indicadores de desempenho. Por exemplo, a produtividade de um arrozal pode ser aferida em termos de toneladas de arroz por hectare. A estabilidade da produção também pode ser medida: como a produção varia de ano para ano? O mesmo acontece com a sua sustentabilidade: quão duradoura é a produtividade? A definição de Varro do termo sustentabilidade, seu uso da palavra *perpetuo*,

12. *Ibid.*

a torna equivalente à persistência. A pergunta implícita que fazemos é: o sistema agrícola persistirá e será produtivo não só no futuro imediato, mas no longo prazo? A persistência, porém, só pode ser medida de maneira retrospectiva. A durabilidade é um conceito mais prático, em especial se puder ser avaliada em termos das forças capazes de provocar o colapso de um sistema agrícola.

Essa abordagem se harmoniza com o uso comum: sustentabilidade na linguagem cotidiana se refere à capacidade de manter alguma atividade em face de um estresse ou choque – por exemplo, manter um exercício físico, como praticar *jogging* ou fazer flexões. Nessa analogia, sustentabilidade agrícola é a capacidade de um agroecossistema manter sua produtividade em face de estresses ou choques. O estresse pode resultar da salinidade, de um ataque de pragas, da erosão ou de dívidas, produzindo um efeito adverso freqüente, às vezes contínuo, na produtividade. Um evento importante como um surto de doença, uma estiagem ou um salto repentino no preço de fertilizantes constituiria um choque. Como resposta ao estresse ou ao choque, a produtividade do agroecossistema pode não ser afetada, ou pode cair e, depois, por fim, se recuperar, ou o sistema pode desabar por completo (Figura 9.3). A vantagem dessa definição é que a sustentabilidade pode ser medida ou, pelo menos, avaliada. Também podemos começar a identificar os componentes da sustentabilidade – a estrutura e os processos intrínsecos no agroecossistema, a natureza e as forças dos prováveis choques e estresses, e as interferências humanas que podem ser feitas para enfrentá-los.

Uma maneira de melhorar a sustentabilidade é proteger o agroecossistema de estresses e choques. Pastores nômades deslocam seu gado para escapar de uma seca iminente. Agricultores constroem barreiras de terra para impedir a inundação de lavouras. De maneira análoga, uma barreira tarifária, como a erigida pela Comunidade Européia, pode proteger a produção agrícola de uma queda nos preços mundiais. A alternativa à proteção é tomar contramedidas ativas (Box 9.1).

Um estresse comum experimentado por uma lavoura de arroz e, certamente, pela maioria das lavouras, é o ataque de pragas e patógenos, ou a concorrência com ervas daninhas (ver o Capítulo 11). As perguntas que fazemos são: até que ponto a lavoura é resistente? As plantas herdaram uma resistência a ataques, existem inimigos naturais das pragas

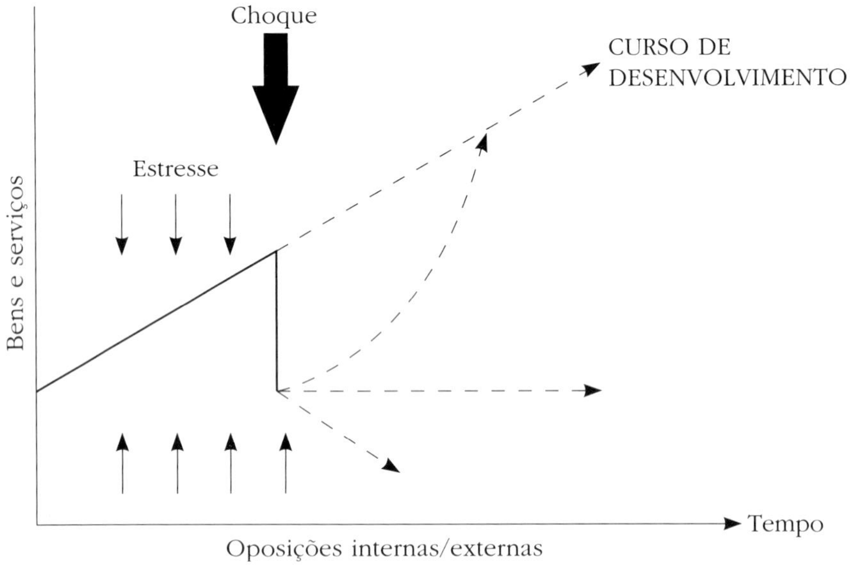

Figura 9.3 A dinâmica da sustentabilidade agrícola.

presentes, a lavoura é cultivada de forma a destruir as ervas daninhas? E o mais importante: a lavoura está protegida por uma resistência genética ampla do ataque de pragas inesperadas ou novas classes de patógenos? Pulverizar pesticidas pode ser eficaz no controle de pragas no curto prazo, mas em geral agrava a situação no longo prazo. Tratamentos mais sustentáveis dependem de métodos de controle biológicos e integrados.

O estresse experimentado por todas as culturas (e populações de animais) é o processo da colheita. O produto desejável – grãos, frutas, folhas, leite, lã, ovos – é retirado e, com ele, os nutrientes. Para o rendimento se tornar sustentável, os nutrientes precisam ser repostos (ver o Capítulo 12). Nós geralmente aplicamos fertilizantes nos campos, mas a sustentabilidade pode ser melhorada aumentando a fertilidade natural – cultivando legumes fixadores de nitrogênio ou repondo nutrientes por meio de adubos. Um método comum de cultivo nos países em desenvolvimento, particularmente nos planaltos tropicais, é a agricultura migratória ou itinerante (também conhecida como agricultura de corte e queimada). A floresta vai sendo derrubada e queimada e a plantação é cultivada durante vários anos seguidos até os rendimentos caírem muito. Deixa-se então a floresta reocupar a terra e o agricultor vai explorar (migra para) outro pedaço de terra. Uma vez recuperada a fertilidade natural, a

Box 9.1 Tecnologias agrícolas com alto potencial de sustentabilidade[13]

INTERCALAÇÃO: Cultivo simultâneo de duas ou mais lavouras no mesmo pedaço de terra. Os benefícios surgem porque as culturas exploram recursos naturais diferentes ou interagem entre si. Se uma cultura é de legume, ela pode fornecer nutrientes para a outra. As interações podem servir também para controlar pragas e ervas daninhas.

ROTAÇÕES: Cultivo de duas ou mais culturas em seqüência no mesmo pedaço de terra. Os benefícios são semelhantes aos do cultivo intercalado.

AGROFLORESTAL: Forma de cultivo intercalado em que culturas herbáceas naturais são plantadas entre árvores e arbustos perenes. As árvores, que têm raízes mais profundas, podem muitas vezes explorar água e nutrientes não disponíveis para as ervas. As árvores podem fornecer também sombra e palha, enquanto o chão coberto de ervas reduz a incidência de ervas daninhas e impede a erosão.

SILVO-PASTAGEM: Semelhante ao agroflorestal, mas combina árvores com pasto e outras espécies de forragens para o gado pastar. A mistura de talos de plantas, capim e ervas freqüentemente sustenta tipos variados de gado.

ADUBAÇÃO VERDE: Cultivo de legumes e outras plantas para fixar nitrogênio e depois incorporá-lo ao solo para a cultura seguinte. Adubos verdes normalmente usados são a *Sesbania* e a samambaia *Azolla*, que contêm algas azul-verdes fixadoras de nitrogênio.

AMANHO DE CONSERVAÇÃO: Sistemas de amanho mínimo da terra ou nenhum amanho, em que a semente é colocada diretamente no solo com pouco ou nenhum cultivo preparatório. Isso reduz os distúrbios do solo, diminuindo assim os escoamentos de águas e a perda de sedimentos e nutrientes.

CONTROLE BIOLÓGICO: Uso de inimigos naturais, parasitas e predadores para controlar pragas. Se a praga for "estrangeira", esses inimigos podem ser importados do país de origem da praga; se nativas, várias técnicas são usadas para aumentar as quantidades dos inimigos naturais existentes.

MANEJO INTEGRADO DE PRAGAS: Uso de todas as técnicas apropriadas para controlar pragas de maneira integrada que reforce em vez de destruir os controles naturais. Se os pesticidas fizerem parte do programa, eles são usados de maneira esparsa e seletiva para não interferir nos inimigos naturais.

vegetação reconstituída é cortada e o ciclo se repete. A sustentabilidade aqui depende fundamentalmente da extensão da cultura e dos períodos de pousio. No exemplo da Figura 9.4, quando até oito safras são cultivadas na fase de plantio, o sistema volta a regenerar a floresta, mas acima de oito safras a terra se degrada num capinzal improdutivo. Os sistemas de pastagens podem se comportar de maneira semelhante.[14] A elevação do

13. CONWAY e BARBIER. *op. cit.*

14. NOY-MEIR, I. Stability of grazing systems: an application of predator: prey graphs. *Journal of Ecology*, 63, 459-81, 1975.

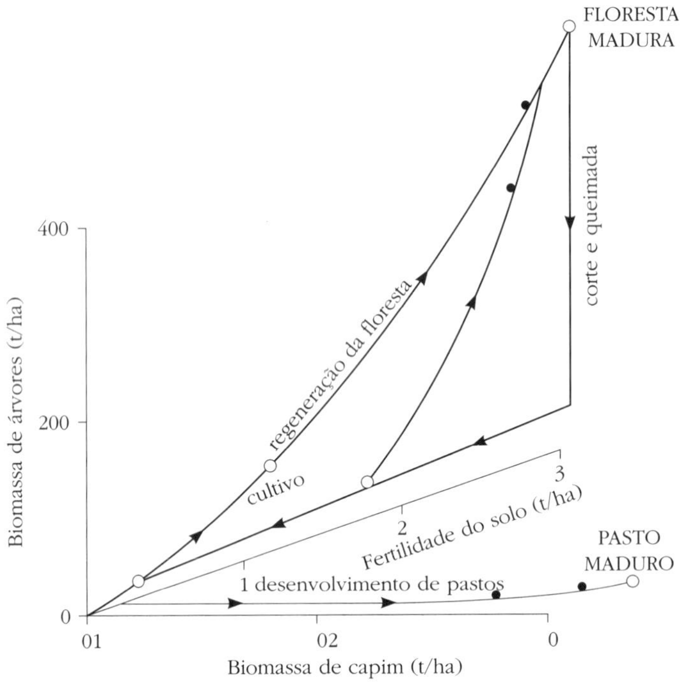

Figura 9.4 Sustentabilidade de um sistema de cultivo migratório.[15]

número de animais num pasto aumenta a produtividade, mas também pressiona a vegetação. Sob uma certa intensidade de estresse, a vegetação sofre um colapso e o sistema de pastagem passa para um novo nível de produtividade, muito menor do que anteriomente.

Contramedidas análogas ao efeito de estresse e choque podem ser tomadas em níveis superiores. A resposta de um agricultor ao endividamento crescente pode ser a mudança para uma combinação menos arriscada de melhoramento de plantas/animais ou para uma que exija menos insumos. Uma aldeia pressionada pela perda de jovens que emigram em busca de trabalhos mais lucrativos pode reagir adotando mais técnicas de trabalho que economizam mão-de-obra. Da mesma forma, um distrito pode conter os custos crescentes do transporte mudando para produtos de maior valor e menor volume; uma região pode reagir

15. TRENBATH, B. R., CONWAY, G. R. e CRAIG, I. A. Threats to sustainability in intensified agricultural systems: analysis and implications for management. In: GLIESSMAN, S. R. (Org.). *Agroecology: Researching the Ecological Basis of Sustainable Agriculture*. Nova Iorque: Springer-Verlag, p. 337-66, 1990.

a uma seca generalizada criando uma rede de armazéns para alívio da fome como proteção contra futuras secas; e um país pode responder à competição crescente trocando suas culturas de exportação prioritárias para explorar suas vantagens comparativas em relação a outros países.

Uma questão crítica é o tanto que a sustentabilidade deveria depender de insumos de fora, como fertilizantes e pesticidas, em contraste com recursos internos que estão disponíveis na fazenda ou dentro da comunidade, e no ambiente próximo.[16] Recursos internos são, tipicamente, recursos naturais. Eles incluem:

- Parasitas e predadores de pragas naturais;
- Algas, bactérias e adubos verdes fornecedores de nitrogênio;
- Sistemas agroflorestais e de cultivo que reduzem a erosão;
- Árvores nativas e espécies de peixes subexploradas;
- Variedades de culturas indígenas com tolerância a sais e toxinas.

Esses recursos são inerentemente renováveis e por isso podem ser usados numa base sustentada, freqüentemente "grátis". Ao contrário, os recursos externos, como água para irrigação de uma fonte distante ou fertilizantes sintéticos e pesticidas químicos, não são localmente renováveis e precisam ser comprados a preços que fogem do controle do agricultor ou da comunidade. Mesmo quando não há um custo monetário direto, pode haver custos em termos de tempo despendido na obtenção de recursos – compra de sementes e outros insumos em centros de distribuição locais, coleta de lenha e forragem em áreas distantes ou carregamento de água do poço mais próximo.

A dependência de recursos externos não só é freqüentemente cara e arriscada devido às mudanças súbitas de preço e disponibilidade, mas também pode causar mudanças fundamentais no sistema agrícola que o deixam mais vulnerável aos caprichos do meio ambiente local. Essa é uma explicação para a não adoção dos "pacotes" de sementes híbridas, fertilizantes e pesticidas da Revolução Verde em ambientes de potencial inferior. Muitas vezes esses pacotes são menos adequados a esses ambientes, em comparação aos recursos internos de

16. FRANCIS, C. A. e KING, J. A. Cropping systems based on farm-derived, renewable resources. *Agricultural Systems*, 27, 67-75, 1988.

menor rendimento mas melhor adaptação usados em sistemas de agricultura tradicional.

Trabalho, capital, maquinário e gestão podem ser tanto internos como externos à fazenda. Quando esses recursos são principalmente internos – por exemplo, uma fazenda que pertence a uma família e é gerida por ela –, as famílias têm um grau de controle maior sobre as decisões referentes à alocação de recursos e sua gestão no longo prazo. No Nepal, a produção é maior em terras cultivadas pelos agricultores que possuem a terra e menor nas terras lavradas por arrendatários informais com base contratual. Nos casos em que o agricultor tanto possui como arrenda terras, a produção é maior no primeiro caso. O mais importante é que os proprietários rurais que cultivam sua própria terra têm um maior incentivo para administrar sua sustentabilidade. Ao contrário, é pouco provável que os arrendatários, por conta própria, se interessem pela produtividade de longo prazo da terra onde estão trabalhando.

Entretanto, o contraste entre recursos internos e externos não é tão severo quanto retratei. Recursos internos são geralmente preferíveis se forem acessíveis e efetivos, mas os recursos externos são, com freqüência, necessários e até mesmo superiores. Muito depende da natureza das circunstâncias locais e, em particular, das ameaças reais e potenciais à sustentabilidade. No capítulo anterior, descrevi os prováveis benefícios da engenharia genética. Eles claramente se estendem à melhora da sustentabilidade. Novas variedades de plantas modificadas para resistir a pragas e patógenos, ou com capacidade de fixar seu próprio nitrogênio, poderiam transformar drasticamente sistemas agrícolas que, não fosse isso, declinariam ou entrariam em colapso. Plantas transgênicas são um recurso extremo e podem ser caras se os agricultores tiverem de comprar novas sementes todos os anos. Mas o custo e o risco podem ser reduzidos se os genes desejáveis forem introduzidos em variedades tradicionais e puderem ser obtidos gratuitamente.

Portanto, a escolha entre recursos internos e externos não é determinada somente por considerações de sustentabilidade. Como indiquei nos parágrafos iniciais, a sustentabilidade é apenas uma propriedade, ou indicador do desempenho, de um agroecossistema. Existem quatro indicadores principais (Figura 9.5):

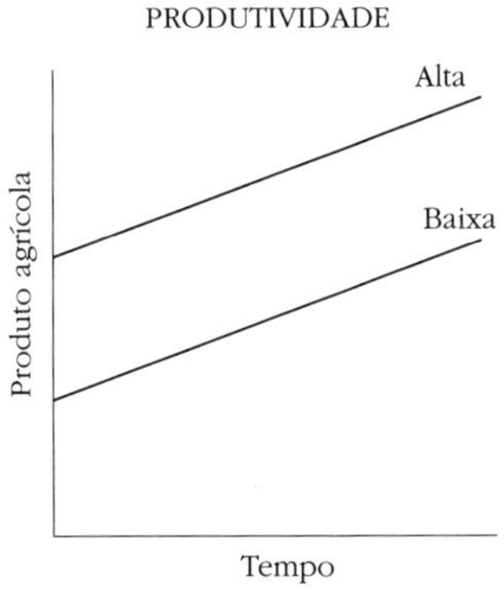

PRODUTIVIDADE: A produção de produto valorizado por unidade de recurso introduzido.

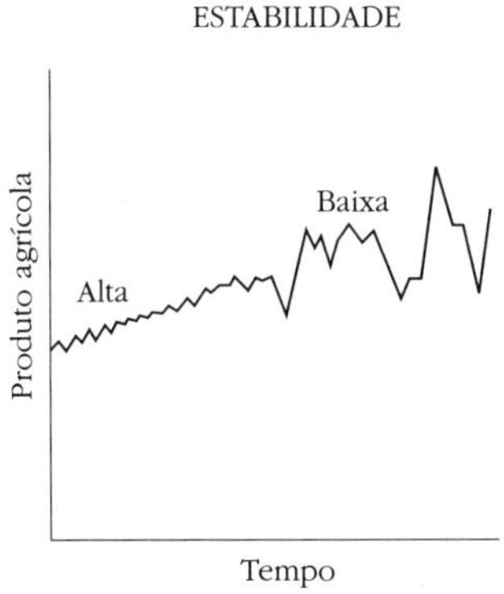

ESTABILIDADE: A constância da produtividade no ambiente circundante (medida geralmente de uma série temporal pelo coeficiente ou variação da produtividade).

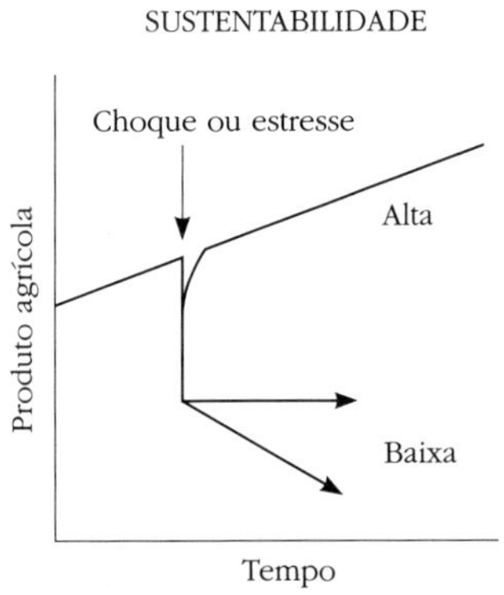

SUSTENTABILIDADE: A capacidade do agroecossistema de manter a produtividade quando sujeito a um estresse ou choque.

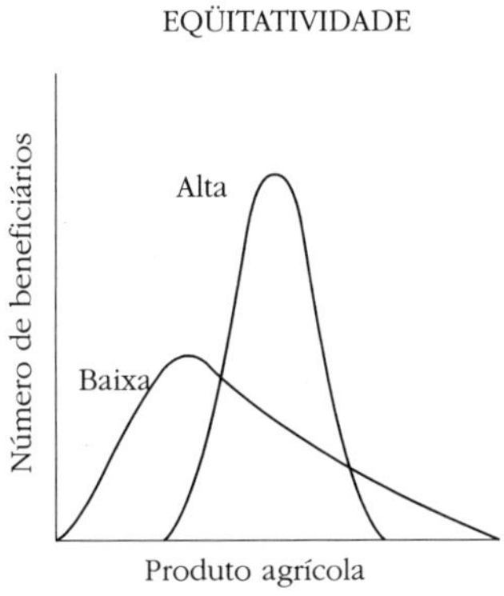

EQÜITATIVIDADE: A uniformidade de distribuição do agroecossistema entre os beneficiários humanos, i.e., o nível de eqüitatividade que é gerado (uma medida comum é uma curva de Lorentz).

Figura 9.5 Indicadores de desempenho.[17]

17. CONWAY, G. R. *Helping Poor: A Review of Foundation Activities in Farming Systems and Agroecosystems Research and Development.* Nova Iorque: Ford Foundation, 1987.

Produtividade: O rendimento de produto valorizado por unidade de investimento.

Estabilidade: A constância de produtividade em face das flutuações e ciclos normais do meio ambiente circundante (medida, geralmente, a partir de uma série temporal pelo coeficiente de variação da produtividade);

Sustentabilidade: A capacidade do agroecossistema em manter a produtividade quando sujeito a estresse ou choque;

Eqüitatividade: A regularidade de distribuição da produtividade do agroecossistema entre os beneficiários humanos, isto é, o nível de igualdade que é gerado (uma medida comum é uma curva de Lorenz).

Neste livro, usei várias medidas de produtividade que refletem diferentes combinações de produção e insumos. A maioria dos agrônomos se refere ao rendimento, expresso por quilogramas de grãos, tubérculos ou carne por hectare, ou por quilograma de nitrogênio, ou por hora de esforço humano. Os nutricionistas podem se interessar mais pela produção de calorias, proteínas ou vitaminas, enquanto os economistas medirão o valor monetário da produção agrícola no mercado. No último caso, a produtividade é expressa como receita menos despesas, isto é, como renda ou lucro líquidos. Também medimos freqüentemente a produção total de bens e serviços agrícolas por família, região ou país.

Com o tempo, a produtividade pode apresentar uma tendência dominante – aumentando, diminuindo ou permanecendo constante. Ela também flutuará em torno da tendência. O rendimento de uma lavoura provavelmente espelhará a variabilidade do clima. A receita também pode flutuar, refletindo não só as mudanças do rendimento, mas também as variações no preço de mercado de insumos como trabalho, fertilizantes e pesticidas, e do produto. A estabilidade é uma medida que varia muito em face dessas forças perturbadoras relativamente menores e comuns. A sustentabilidade, ao contrário, diz respeito às forças que são insidiosas, ou são mais raras e menos esperadas, de forma que os agroecossistemas provavelmente terão menos defesas ou defesas menos desenvolvidas.

Produtividade, estabilidade e sustentabilidade medem bem quanto um agroecossistema produz e provavelmente produzirá ao longo do tempo. Uma aldeia africana que tenha um rendimento alto e estável de sorgo, com o emprego de práticas e variedades amplamente resistentes a pragas e doenças, poderia ser vista como mais bem-sucedida do que outra aldeia com rendimentos mais baixos, menos estáveis e sustentáveis. Todavia, não é somente o padrão de produção que importa, mas também o padrão de consumo. Quem se beneficia com a produção alta, estável e sustentável? Como o sorgo colhido ou a renda do sorgo são distribuídos entre as pessoas da aldeia? Eles são partilhados eqüitativamente ou alguns aldeões se beneficiam mais do que outros? A eqüitatividade descreve a distribuição da produção total, isto é, os bens e serviços totais produzidos por um agroecossistema. Na agricultura de subsistência, os produtores são todos consumidores, mas quanto mais alto o agroecossistema estiver na hierarquia e maior o grau de comercialização, mais se beneficiam os não-produtores (ver o Capítulo 5).

Inevitavelmente, há trocas entre os níveis desses indicadores. Por exemplo, um projeto de irrigação em larga escala pode conseguir uma produtividade geral maior, mas em detrimento da eqüitatividade e da sustentabilidade. Da mesma forma, uma ênfase excessiva na eqüitatividade pode inibir a produtividade. Sob muitos aspectos, a Revolução Verde como processo privilegiou a produtividade alta à custa dos outros indicadores (Box 9.2).

Em diferentes períodos da história, e em circunstâncias diferentes, uma ou mais propriedades foram elevadas à condição de metas de desenvolvimento. Na Revolução Verde, essa escolha foi consciente. Randolph Barker, Robert Herdt e Beth Rose expressam isso da seguinte maneira: "Se os modestos recursos disponíveis para o sistema internacional de pesquisa agrícola na década de 1960 tivessem sido concentrados nos ambientes menos favoráveis, é provável que nenhuma grande inovação fosse feita."[18] Entretanto, como argumentei no Capítulo 3, estamos entrando numa nova fase de desenvolvimento agrícola em que uma atenção muito maior será conferida ao aumento da produtividade e, ao mesmo tempo, à elevação da estabilidade, da sustentabilidade e da eqüitatividade. O objeto da Revolução Duplamente Verde é tentar minimizar explicitamente as trocas.

Como isso pode ser conseguido é o que abordarei nos próximos capítulos, mas como ilustração dos princípios e processos envolvidos vale a pena observar, como fizemos eu e Otto Soemarwoto, da Universidade

18. BARKER, R., HERDT, R. W. e ROSE, B. *The Rice Economy of Asia*. Washington: Resources for the Future, 1985.

Box 9.2 Efeito da Revolução Verde em indicadores de agroecossistemas

PRODUTIVIDADE	Maior rendimento e produção de cereais na maioria das regiões Maior rendimento de cereais e suprimento de calorias *per capita* na maioria das regiões · mas menor na África subsaariana Maior produção de alimentos, especialmente produção animal, em algumas regiões Maior renda em terras da Revolução Verde · mas não na maioria das terras de potencial inferior Mais empregos e salários reais mais altos · mas não onde a mecanização coincide com uma crescente oferta de mão-de-obra
ESTABILIDADE	Maior variação nos rendimentos e na produção de algumas regiões · devido a ataques de pragas e patógenos · ou à variação climática induzida pelo aquecimento global
SUSTENTABILIDADE	Maior resistência a pragas e doenças · mas novas irrupções graves em algumas culturas · e morbidez e mortalidade aumentadas por causa de pesticidas Maior dependência de fertilizantes inorgânicos nitrogenados com risco de restrições Risco de danos e transtornos devido à chuva ácida, à poluição por ozônio, à penetração de luz UV e ao aquecimento global Perda de estrutura do solo e de micronutrientes Maior toxicidade, encharcamento e salinidade do solo
EQÜITATIVIDADE	Benefícios desproporcionais para donos de terras e fornecedores de insumos Salários reais declinantes, aumento do desemprego e maior incidência de trabalhadores sem-terra em algumas regiões Persistência de altos níveis de subnutrição e desnutrição crônicas

Paqjadjaran, na Indonésia, num agroecossistema tradicional – o jardim doméstico – em que, através de séculos de manipulação, as trocas foram efetivamente minimizadas.

Os jardins domésticos constituem uma das formas mais antigas de sistema de cultivo e podem ter sido o primeiro sistema agrícola a surgir em sociedades caçadoras e coletoras.[19] Hoje, os jardins ou hortas domésticos são particularmente bem desenvolvidos na ilha de Java, na Indonésia, onde são chamados de *pekarangan*.[20] Uma característica imediatamente

19. HOOGERBRUGGE, I. D. e FRESCO, L. *Homegarden Systems: Agricultural Characteristics and Challenges*, Sustainable Agriculture Programme. Londres: International Institute for Environment and Development, 1993.

20. SOEMARWOTO, O. e CONWAY, G. R. The Javanese homegarden. *Journal for Farming Systems Research and Extension*, 2, 95-118; ALTIERI. *op. cit.*, 1991.

perceptível é sua grande diversidade em relação ao tamanho: eles, em geral, ocupam pouco mais de meio hectare em torno da casa da fazenda. Num jardim doméstico javanês, foram encontradas 56 espécies diferentes de plantas úteis, algumas usadas como alimentos, outras como condimentos e especiarias, algumas como remédios e outras como alimento da criação – uma vaca e uma cabra, algumas galinhas e patos, e peixes no tanque do jardim. Boa parte disso é para consumo doméstico, mas uma parte é trocada com vizinhos e outra é vendida. As plantas são cultivadas em intrincadas relações umas com as outras: perto do chão estão as verduras, batata-doce, inhame e especiarias; na camada seguinte estão a banana, papaia e outras frutas; um par de metros acima estão araticuns, goiabeiras e craveiros-da-Índia, e emergindo acima do dossel de verdura aparecem os coqueiros e as árvores boas para madeira, como a *Albizzia*. A plantação é tão densa que para um observador casual parece uma floresta em miniatura. A diversidade contrasta com os sistemas de arrozais adjacentes muito simplificados, onde a única cultura é o arroz, talvez com algumas ervas e peixes comestíveis. Análises mais acuradas revelam que a alta diversidade no jardim doméstico resulta em altos níveis de produtividade, estabilidade, sustentabilidade e eqüitatividade. Um arrozal comparável dá um rendimento bruto maior, mas sua produtividade não é tão grande e seus outros indicadores são muito inferiores (Box 9.3).

Parte da razão para as trocas mínimas no jardim doméstico é a sua diversidade inerente. Ela ajuda a estabilizar a produção, a proteger contra estresses e choques e contribui para um nível de produção mais valioso. Mas é igualmente importante a natureza íntima do jardim doméstico. Os cuidados minuciosos permitidos pelo trabalho familiar garantem um alto grau de estabilidade e sustentabilidade, e o vínculo entre o jardim e a cultura tradicional conduz a uma distribuição eqüitativa dos diversos produtos.

O objetivo dessa ilustração não é, certamente, sugerir que os arrozais devem ser convertidos em jardins domésticos. Trata-se, como observei no início, de realçar alguns princípios e processos. O primeiro é a importância de conservar e, sempre que possível, melhorar a diversidade. Agroecossistemas mais diversificados costumam ser mais sustentáveis e, muitas vezes, mais produtivos do que sistemas comparáveis em outros aspectos. O segundo é o papel decisivo desempenhado pela família agrícola na tomada de decisões e escolhas. Uma agricultura bem-sucedida

Box 9.3 Propriedades do sistema de jardim doméstico comparado ao arrozal[21]

	Jardim doméstico	*Arrozal*
PRODUTIVIDADE	Maior biomassa permanente Maior rendimento líquido (menos insumos) Maior variedade de produção (alimentos, remédios, lenha)	Maior rendimento bruto
ESTABILIDADE	Produção durante o ano todo ("celeiro vivo") Maior estabilidade de ano para ano	Produção sazonal Vulnerável a variações climáticas e doenças
SUSTENTABILIDADE	Conservação da fertilidade do solo Proteção contra a erosão do solo	Ataque violento de pragas e doenças
EQÜITATIVIDADE	Jardins domésticos na maioria das famílias Escambo de produtos	Produto para os donos da terra

depende tanto da família agrícola quanto do melhoramento de plantas e animais e dos processos ecológicos que os interligam.

Famílias agrícolas são, em geral, entidades complexas que se compõem de diferentes gerações, homens e mulheres e suas proles, e muitas vezes se estendem a irmãos e irmãs e suas famílias, abrangendo um número considerável de pessoas. Embora a agricultura seja vista, às vezes, como uma atividade basicamente masculina e ainda seja comum trabalhadores agrícolas serem homens e só interagirem com homens, nos últimos anos o interesse dos especialistas em desenvolvimento nas questões de gênero tem permitido uma compreensão crescente da importância crítica das mulheres nas famílias agrícolas.

Agnes Quisumbing e seus colegas do IFPRI distinguem três contribuições das mulheres para a segurança alimentar: produção de alimentos, acesso à comida e segurança nutricional.[22] As mulheres são responsáveis

21. SOEMARWOTO e CONWAY. *op. cit.*

22. QUISUMBING, A. R., BROWN, L. R., FELDSTEIN, H. S. et al. *Women: The Key to Food Security*. Washington: International Food Policy Research Institute (Food Policy Report), 1995.

pela metade da produção de alimentos nos países em desenvolvimento. Na África subsaariana, onde mulheres e homens habitualmente cultivam lotes separados, a participação delas chega a 75%, enquanto os homens concentram seus esforços nas culturas comerciais.[23] As mulheres africanas são responsáveis também por 90% do trabalho relacionado ao processamento de alimentos e à coleta de lenha e água. Os homens desempenham um papel maior na produção de alimentos na Ásia e na América Latina, mas as mulheres ainda são as principais contribuintes. Elas são responsáveis, sobretudo, pelo transplante, mondadura e colheita na produção de arroz, e são elas que normalmente cultivam as hortas e jardins domésticos.

Como indiquei no Capítulo 5, apesar de a maior produção e intensidade de cultivo dos primórdios da Revolução Verde terem aumentado a demanda pelo trabalho feminino, as mulheres tenderam a ser posteriormente deslocadas pela mecanização, em particular na colheita e na moagem, com efeitos graves para as famílias pobres. A falta de emprego e de renda para mulheres não resulta apenas numa renda doméstica total mais baixa; ela afeta o acesso das crianças aos alimentos. As mulheres normalmente gastam uma alta proporção de sua renda em alimentos e assistência à saúde dos filhos. Um estudo realizado em Ruanda por Joachim von Braun e seus colegas do IFPRI mostrou uma relação estreita entre a renda das mulheres e o consumo calórico na família, apesar de as mulheres ganharem bem menos do que os homens.[24] Significativamente, não havia crianças gravemente subnutridas em famílias chefiadas por mulheres.

A nutrição das crianças também está estreitamente relacionada com a assistência à saúde. As crianças são mais bem nutridas onde o aleitamento materno é praticado e onde se dá atenção ao fornecimento de alimentos nutritivos aos bebês desmamados e à manutenção da higiene. Isso é predominantemente, e em geral, exclusivamente, um trabalho das mulheres, embora, se elas forem trabalhadoras agrícolas ativas ou ga-

23. FAO. *Women and Developing Agriculture*. Roma: Organização das Nações Unidas para Agricultura e Alimentação (Women in Agriculture Series n. 4), 1985.

24. VON BRAUN, J., DE HAEN, H. e BLANKEN, J. *Commercialization of Agriculture under Population Pressure: Effects on Production, Consumption and Nutrition in Rwanda*. Washington: International Food Policy Research Institute (Research Report 85), 1991.

nharem sua renda em atividades não-agrícolas, haja restrições graves no tempo de que dispõem. Alguns estudos feitos na África e na Ásia mostraram que as mulheres gastavam menos de uma hora por dia no atendimento direto a seus filhos.[25] Como assinala Jeffrey Leonard, do IFPRI:

> ... os múltiplos papéis das mulheres em famílias pobres conflitam perpetuamente entre si. Por exemplo, o maior tempo gasto em pequenos trabalhos fora do lar ou em emprego não-familiar pode reduzir diretamente o tempo que as mulheres têm para a criação dos filhos e outros deveres domésticos. Inversamente, o tempo e a energia dedicados à simples coleta de água e lenha vem sendo reconhecido cada vez mais como um grande empecilho aos esforços para uma maior contribuição das mulheres na produção de alimentos, na renda doméstica ou no bem-estar familiar.[26]

No Nepal, onde o desmatamento severo obrigou as mulheres a ir mais longe e gastar mais tempo na coleta de lenha, elas têm menos tempo para outras tarefas e, como resultado direto, a nutrição infantil piorou.[27]

É fácil, da perspectiva urbana de um país desenvolvido, ver o sustento e a obtenção dos meios de vida como uma questão simples – um único chefe de família trazendo uma renda regular, garantida (embora isso esteja mudando e as famílias dependam cada vez mais de duas rendas e padrões de trabalho mais flexíveis e variados). Mas para os pobres rurais dos países em desenvolvimento, a obtenção do sustento é sempre uma questão muito complicada, dependendo de uma mistura complexa de ativos e recursos, de direitos e obrigações, e das habilidades da família agrícola (Capítulo 15).[28] O meio de sustento pode ser obtido a partir de:

---

25. BROWN, L. R. e HADAD, L. *Time Allocation Patterns and Time Burdens: A Gendered Analysis of Seven Countries*. Washington: International Food Policy Research Institute, 1994.

26. LEONARD, H. J. Overview: Environment and the poor. In: LEONARD, H. J. *Environment and the Poor: Development Strategies for a Common Agenda*, Overseas Development Council (U.S.–Third World Policy Perspectives n. 11), 1989, referindo-se a SADIK, N. Women as resource managers. In: UNPF. *State of the World Population, 1985*. Nova Iorque: United Nations Population Fund, 1988.

27. KUMAR, S. K. e HOTCHKISS, D. *Consequences of Deforestation for Women's Time Allocation, Agricultural Production, and Nutrition in Hill Areas of Nepal*. Washington: International Food Policy Research Institute (IFPRI Research Report 69), 1988.

28. MAY, R. M. (Org.). *Theoretical Ecology: Principles and Applications* (2a. ed.). Oxford: Blackwell Scientific, 1981; BEGON, M., HARPER, J. L. e TOWNSEND, C. R. *Ecology: Individuals, Populations and Communities* (2a. ed.). Oxford: Blackwell Scientific, 1990.

- Terras onde plantas e animais possam ser cuidados; ou
- Recursos naturais – madeira, lenha, plantas silvestres, peixes e outros animais silvestres – que possam ser colhidos; ou
- Oportunidades de emprego fora da agricultura; ou
- Habilidades empregadas na fazenda na fabricação de utensílios; ou, mais comumente,
- Alguma combinação disso tudo (com pouquíssimas exceções, os agricultores dos países em desenvolvimento não dependem exclusivamente da agricultura).

Em teoria, as famílias decidem sobre as metas de obtenção de seus meios de vida – o equilíbrio entre maior produtividade, maior sustentabilidade ou melhor eqüitatividade – e depois determinam a combinação ideal de atividades. Mas esse processo não é direto. Ele depende das habilidades e recursos à sua disposição, e das circunstâncias ambientais e sociais. Como são componentes integrais de comunidades, elas estão sujeitas a sistemas e costumes tradicionais de direitos e obrigações. No entanto, as decisões são determinadas também pelas suas percepções do mundo presente e futuro onde vivem e pelas oportunidades que parecem ser oferecidas por novas tecnologias.

Há poucos estudos comparativos sobre meios de vida, e nenhum, que eu conheça, sobre agricultores em terras da Revolução Verde. Entretanto, uma análise sobre o meio de vida que elucida a natureza das escolhas oferecidas às famílias rurais pobres foi realizada com quatro grupos indígenas do Brasil Central.[29] Esses grupos praticam uma combinação de horticultura, caça e pesca, e a Figura 9.6 mostra os rendimentos por pessoa-hora nesses diferentes empreendimentos produtivos, com o tempo gasto em cada um.

No caso da pesca, a relação entre rendimento e esforço é francamente direta: quanto maior a produtividade, maior o tempo gasto na pesca. Na jardinagem e na caça a relação é mais complexa. As hortas dos índios Mekranoti, por exemplo, produzem muito mais calorias do que eles poderiam consumir – mais de 21.000 calorias por pessoa por dia; o excedente é armazenado como segurança para os anos ruins, ou guardado

29. WERNER, D., FLOWERS, N. M., RITTER, M. L. e GRASS, D. R. Subsistence productivity and hunting effort in native South America. *Human Ecology*, 7, 303-15, 1979.

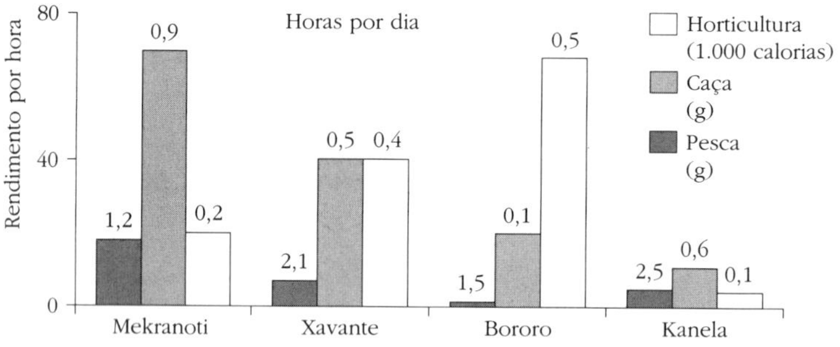

Figura 9.6 Produtividade nos meios de vida de quatro grupos indígenas brasileiros.[30]

para alimentar visitantes, e esta parece ser a razão pela qual eles gastam menos tempo na horticultura do que os outros. A caça também é mais produtiva para os Mekranoti, mas eles dedicam mais tempo à caça do que os outros grupos, possivelmente porque dispõem de tempo para isso e apreciam a qualidade de uma alimentação rica em proteínas.

Os índios Canela têm uma alta densidade populacional e vivem num habitat muito mais pobre. A caça e a pesca são bem pouco produtivas e eles gastam uma quantidade relativamente grande de tempo cultivando hortas, concentrando-se na mandioca, pobre em proteínas, para obter as calorias de que precisam. Eles também gastam mais tempo do que outros grupos na produção de artesanato para venda ou no trabalho assalariado para suprir a carência de proteínas e satisfazer outras necessidades. Os Xavante ficam entre esses dois extremos.

Os índios Bororo também vivem num ambiente pobre para a horticultura, produzindo apenas 2.000 calorias por pessoa por dia, mas a produção de peixes é alta. Eles vendem um pouco de peixe para obter alimentos mais calóricos, mas o mercado fica longe e os preços que conseguem são baixos. A pesca é também um trabalho muito duro e eles apresentam um índice elevado de doenças e invalidez; não fosse isso, eles poderiam dedicar mais tempo ainda à pesca.

O interesse dessa análise pode parecer puramente acadêmico, mas ela claramente revela algumas limitações práticas ao desenvolvimento. A sustentabilidade desses meios de vida depende de sua diversidade e de inovações potenciais – como novas culturas para melhorar o consumo de proteínas vegetais dos Canela ou o consumo de calorias dos Bororo –

30. WERNER et al. *op. cit.*

e não deve conflitar, em termos de demanda de trabalho, com os padrões existentes de atividade lucrativa. Do meu ponto de vista, análises sobre os meios de vida desse tipo são passos iniciais fundamentais em qualquer programa de desenvolvimento, e é preocupante que existam tão poucas.

A abordagem delineada neste capítulo, com ênfase em processos ecológicos e nas complexidades da tomada de decisão familiar, pode parecer muito distante da tecnologia molecular subjacente à engenharia genética que descrevi no capítulo anterior; no entanto, não só ambas são revolucionárias em seu impacto potencial, como também estão interligadas. Elas têm produzido um impacto considerável na condução e nas técnicas de pesquisa de laboratório e de campo e, o que é mais importante, estão fornecendo novas maneiras de pensar e investigar fenômenos biológicos, agrícolas e socioeconômicos, trazendo novas perspectivas de sistemas e melhorando nossa capacidade de definir questões respondíveis decisivas.

Ambas são cruciais para o sucesso da Revolução Duplamente Verde. Elas não são alternativas. Na verdade, são complementares, fornecendo os meios pelos quais agricultores e cientistas de laboratório e de campo podem colaborar na identificação e na resposta das questões de pesquisa apresentadas pelas necessidades socioeconômicas das famílias pobres. O avanço repousa na exploração do poder da tecnologia moderna, mas na exploração sábia pelos interesses dos pobres e famintos, e com respeito ao meio ambiente em que vivemos. Precisamos de uma visão comum baseada, sobretudo, na parceria entre os cientistas, e entre os cientistas e os pobres rurais.

10 PARCERIAS

A questão é: com que freqüência, e em que circunstâncias, com que ensino e entendimento, os homens pobres, e, mais, as mulheres e crianças pobres, são reunidos, ouvidos e compreendidos; e com que freqüência os efeitos remotos de decisões e ações, e de indecisões e inações, recaíram sobre eles.

Robert Chambers, N. C. Saxena e Tushaar Shah,
To the Hands of the Poor[1]

Os agricultores têm sido experimentadores desde os primórdios da agricultura.[2] Os caçadores e os coletores há muito aprenderam a usar o fogo para estimular o crescimento de tubérculos e outras plantas alimentícias, e de capim para atrair caça. A seleção de plantas começou quando as pessoas descobriram que podiam estimular as árvores frutíferas prediletas eliminando suas vizinhas concorrentes, mas os primeiros passos para um melhoramento intensivo de plantas foram dados quando um indivíduo, provavelmente uma mulher e não um homem, deliberadamente plantou a semente de uma planta de alto rendimento em algum lugar perto de sua morada e observou seu desenvolvimento até a maturidade. Além de produzir novas variedades, a experimentação resultou também em sistemas inteiros: agricultura migratória, cultivo de arroz em terraços, hortas domésticas, agricultura irrigada, o trio mediterrâneo de trigo, olivais e vinhas, a policultura latino-americana de milho, feijão e abóbora, e várias formas de agricultura que integravam plantas e animais.

1. CHAMBERS, R., SAXENA, N. C. e SHAH, T. *To the Hands of the Poor: Water and Trees.* Nova Délhi: Oxford and IBH Publishing Co., 1989.
2. CONWAY, G. R. Practical innovation: partnerships between scientists and farmers. In: WATERLOW, J. C., ARMSTRONG, D. G., FOWDEN, L. e RILEY, R. (Orgs.). *Feeding a World Population of More Than Eight Billion People: A Challenge to Science.* Oxford: Oxford University Press, 1997.

Em boa parte da história, os agricultores foram os principais inovadores e experimentadores. Como fica evidente em seus escritos, os romanos analisaram de maneira científica a estrutura e as funções dos sistemas agrícolas. Eles descreveram também o processo de experimentação. Marcus Terentius Varro, a quem citei no início do capítulo anterior, instava os agricultores a

> imitarem outros e tentarem, pela experimentação, fazer algumas coisas de maneira diferente. Baseando-se não no acaso, mas em algum sistema: como, por exemplo, se aramos uma segunda vez, mais ou menos profundamente do que outros, para ver os efeitos que isso terá.[3]

A grande revolução agrícola do final do século XVIII na Grã-Bretanha foi liderada por agricultores. Jethro Tull é famoso por sua invenção da semeadora de milho, Charles Townsend pela introdução dos nabos, Thomas Coke pela Rotação Quadrienal de Norfolk e Robert Bakewell pelo melhoramento seletivo de animais. Entretanto, como assinala Jules Pretty, eles eram proprietários rurais muito cultos que haviam lido os textos latinos e compreendido os princípios básicos da agricultura sustentável, e se dispuseram a popularizá-los; eles não eram verdadeiros inovadores.[4] Nos cem anos precedentes, vários agricultores "desconhecidos" haviam desenvolvido e propagado novas técnicas por um processo informal de pesquisas e viagens rurais, grupos e sociedades de agricultores, dias livres, treinamento e publicações. A profissionalização da pesquisa agrícola só começou propriamente no século XIX, em especial depois da criação da Rothamsted Experimental Station na Inglaterra, em 1843, e dos land-grant colleges nos EUA, embora os agricultores, mesmo então, estivessem bem representados nos conselhos de administração e os programas de pesquisa fossem altamente responsivos às necessidades dos agricultores.

A pesquisa nos países em desenvolvimento, sob o domínio colonial, foi, como seria inevitável, do tipo de cima para baixo, com forte ênfase nas

3. HOOPER, W. D. e ASH, H. B. *Marcus Porcius Cato on Agriculture. Marcus Terentius Varro on Agriculture.* Cambridge/Londres: Harvard University Press/Heinemann (Loeb Classical Library), 1935.

4. PRETTY, J. N. *Regenerating Agriculture: Policies and Pratice for Sustainability and Self-reliance.* Londres: Earthscan, 1995.

culturas de exportação. Pouco mudou depois da independência. A tendência de cima para baixo foi reforçada pela Revolução Verde, apesar da mudança de ênfase para culturas alimentares. Embora os primeiros trabalhos no México, nas décadas de 1940 e 1950, para desenvolver novas variedades de trigo resistentes a doenças se preocupassem com a adaptabilidade local, a percepção que os cientistas ocidentais tiveram do enorme potencial dos genes anãos presentes no germoplasma de trigo e arroz do Leste asiático conduziu-os a uma busca de variedades com bom desempenho à revelia de condições locais. Inevitavelmente, a riqueza de conhecimento dos agricultores nativos e sua capacidade de experimentar foram ou ignoradas ou desprezadas.[5]

Os agricultores geralmente mantêm opiniões firmes e, freqüentemente, instintivas sobre a qualidade de tipos de plantas e raças de animais. É comum as novas variedades serem adversamente comparadas com variedades tradicionais com as quais eles estão familiarizados há muito tempo. No Norte da Tailândia, agricultores fortemente ligados ao comércio cultivam, como primeira cultura para seu próprio consumo, numerosas variedades do arroz grudento (não pegajoso) tradicional que faz parte de sua cultura há centenas de anos, embora mais para o fim do ano eles possam plantar variedades novas para vender.[6] Esses, porém, raramente são preconceituosos; quando perguntados, os agricultores conseguem identificar atributos, comparar traços positivos e negativos e classificar as variedades que lhes forem apresentadas.

Cientistas do CIAT, na Colômbia, percebendo que as variedades que haviam desenvolvido pelos critérios da estação de pesquisa não eram aceitas com freqüência, pediram aos agricultores para classificar os grãos de feijão-rasteiro e explicar suas razões.[7] Os resultados geraram *rankings* muito diferentes dos criados pelos próprios melhoristas e também

---

5. REIJ, C., SCOONES, I. e TOULMIN, C. (Orgs.). *Sustaining the Soil: Indigenous Soil and Water Conservation in Africa*. Londres: Earthscan, 1996; RICHARDS, P. *Indigenous Agricultural Revolution*. Londres: Hutchinson, 1995; SCOONES, I. e THOMPSON, J. (Orgs.). *Beyond Farmer First: Rural People's Knowledge, Agricultural Research and Extension Practice*. Londres: Intermediate Technology, 1994.

6. CONWAY, S. M. e CONWAY, G. K. *Lanna: A Million Ricefields*. Chiang Mai: Silkworm Books, no prelo.

7. ASHBY, J. A., QUIROS, C. A. e RIVERA, Y. M. Farmer participation in on-farm trials, *Agricultural Administration (Research and Extension) Network*. Londres: Overseas Development Institute (Discussion Paper 22), 1987.

Box 10.1 *Ranking* dos agricultores para árvores cultivadas em Wollo, Etiópia[8]

1. Oliveira africana	Utilização diversificada, inclusive em paus de escavação, cangas e outras partes do arado, enxadas, rabiças; incenso de folhas; não atacada por cupins; não produz fumaça quando usada como lenha
2. *Eucalyptus camaldulensis*	Fácil de rachar, reta, resistente para construção, durável, fácil de fazer carvão
3. *E. globulis*	Grande elasticidade; implementos agrícolas, boa para segurar pregos; boa como lenha mas difícil de fazer carvão
4. *Junípero*	Madeira para portas e janelas; fabricação de cadeiras
5. *Acácia branca*	Construção civil
6. *Cróton*	Construção de portas; mas fumarenta para lenha

revelaram uma diferença nas preferências de homens e mulheres, com estas últimas escolhendo grãos menores e mais saborosos, enquanto os homens preferiram os grãos maiores, que alcançam preço melhor no mercado. Um exercício semelhante que realizei com agricultores etíopes originou um *ranking* de espécies de árvores para cultivo. Um conjunto de seis espécies foi avaliado mediante sua apresentação aos agricultores em toda sorte de combinação de pares. Pediu-se que os agricultores indicassem quais eles escolheriam se pudessem cultivar somente um par, e que apresentassem suas razões. Seu *ranking* combinado revelou um amplo leque de usos adequados das diferentes espécies.[9] Quando o processo foi repetido com um grupo de silvicultores, o *ranking* foi muito diferente. Os silvicultores enfatizaram o bem-estar e a confiabilidade das espécies em viveiro, que era sua responsabilidade maior, ao passo que os agricultores deram mais valor à versatilidade (Box 10.1).

Os melhoristas geralmente testam suas seleções nos campos dos agricultores para determinar sua aceitabilidade. Mas isso tem ocorrido, em geral, no fim do processo de melhoramento, quando muitas decisões básicas já foram tomadas. O que mudou nos últimos anos foi um maior envolvimento dos agricultores no início do processo, o que permitiu não apenas reações, mas também contribuições positivas para a determinação das metas do melhoramento. O estágio seguinte no CIAT foi estimular os agricultores a levar sementes e cultivá-las experimentalmente em suas próprias

8. CRUZ VERMELHA ETÍOPE. *op. cit.*

9. CRUZ VERMELHA ETÍOPE. *Rapid Rural Appraisal: A Closer Look at Rural Life in Wollo.* Adis Abeba: Ethiopian Red Cross Society/Londres: International Institute for Environment and Development, 1988.

Box 10.2 Preferências de agricultores por feijões-rasteiros na Colômbia[10]

Ranking de variedades	*Traços positivos*	*Traços negativos*
BAT-1297 Por melhoristas: 10°, fim da lista Por agricultores: 2°	Alto rendimento, lucrativa, bom sabor, resistência a pragas e doenças, resistência à seca, boa germinação, grãos incham no cozimento	Grão pequeno, variedade tardia
A-486 Melhoristas: 2° Agricultores: 6°	Bom tamanho e cor de grão, deliciosa, rende bem, temporã	Rapidamente infestada por pragas de armazenamento, grão muda de cor depois da colheita e é difícil de comercializar
ANTIQUA BL-40 Melhoristas: 5° Agricultores: a menos aceitável, 8°	Rende bem	Cor variável do grão dificulta a comercialização, afetada por doenças, hábito de espalhamento dificulta a mondadura, muitas vagens pequenas e imaturas, algumas apodrecem na colheita, muito tardia

terras. No fim dos testes, eles produziram *rankings* gerais, não só da qualidade do grão, mas do desempenho das plantas (Box 10.2). O critério dominante não foi o rendimento. Os agricultores deram muito mais ênfase à comercialização, resistência a pragas e doenças e requisitos do trabalho.

Em Ruanda, um experimento de cinco anos conduzido pelo CIAT e pelo ISAR (Institut des Sciences Agronomiques du Rwanda) envolveu progressivamente agricultores em estágios mais iniciais do processo de melhoramento.[11] O feijão é um elemento-chave na alimentação de Ruanda, fornecendo 65% das proteínas e 35% das calorias, e é cultivado por virtualmente todos os agricultores. Existe uma gama extraordinária de variedades locais – mais de 550 identificadas – e os agricultores (na maioria, mulheres) gostam de desenvolver misturas locais que os melhoristas têm dificuldade de aperfeiçoar. Na primeira fase do experimento, grupos de agricultores experientes foram solicitados a avaliar cerca de 15 variedades, duas a quatro temporadas antes do teste normal em fazenda. Isso revelou novos critérios como, por exemplo, a capacidade de as variedades

10. ASHBY et al. *op. cit.*

11. SPERLING, L. e SCHEIDEGGER, U. *Participatory Selection of Beans in Rwanda: Results, Methods and Institutional Issues*. Londres: International Institute for Environment and Development (Gatekeeper Series n. 51), 1995.

terem um bom desempenho quando cultivadas embaixo de bananeiras, e também deixou os melhoristas mais informados sobre o alcance da perícia dos agricultores. Algumas mulheres se mostraram especialmente argutas para distinguir critérios diferentes.

Na segunda fase, foi solicitado aos agricultores que avaliassem um teste com aproximadamente 80 linhagens usando seus próprios critérios para reduzir o número delas. Os agricultores etiquetaram as variedades favoritas com fitas coloridas. Três anos depois, de 20 a 25 linhagens foram levadas para testes de campo. Duas abordagens foram tentadas quanto aos testes. Numa delas, os pesquisadores redigiram protocolos padrão (variedades semeadas em fileiras, com densidades determinadas) e os agricultores foram convidados a avaliar os resultados. Os pesquisadores receberam um retorno valioso, mas o processo de teste de adaptação e difusão foi lento. No modelo alternativo, as comunidades locais determinaram a maneira como os testes eram conduzidos. Um grupo central de agricultores dividiu as variedades e testou-as em lotes individuais. O grupo fez então seleções e posteriormente foi responsável pela multiplicação e difusão das variedades mais promissoras. Essa experiência levou os melhoristas de plantas a concluir que

> os modelos padronizados de melhoramento podem não estar usando os talentos de cada parceiro, melhorista e agricultor para tirar maior vantagem, especialmente em áreas marcadas por ambientes marginais e heterogêneos. A única perícia dos melhoristas reside em sua capacidade de gerar nova variabilidade científica. Os agricultores cruzam e selecionam, mas numa velocidade extremamente lenta: o melhoramento científico acelera o processo... Por sua vez, o acabamento do produto, orientando a variedade para um determinado sistema de produção, pode e deve ser deixado aos agricultores" (Box 10.3).[12]

Existe hoje uma experiência considerável de programas participativos de melhoramento de plantas com, em alguns casos, agricultores atuando na avaliação de linhagens já nos cruzamentos de segunda ou terceira geração.[13]

12. SPERLING e SCHEIDEGGER. *op. cit.*
13. WITCOMBE, J. R., JOSHI, A., JOSHI, K. D. e STHAPIT, B. R. Farmer participatory crop improvement, 1. Varietal selection and breeding methods and their impact on biodiversity. *Experimental Agriculture* 32, 445- 60, 1996.

Box 10.3 Contribuições para o processo de melhoramento[14]

Melhoristas	*Agricultores*
Criam a maior parte da nova variabilidade genética	Criam uma parte da nova variabilidade genética
Tornam acessível um amplo leque de germoplasma (local e estrangeiro)	Visam condições agronômicas (desempenho)
Pesquisam grande quantidade de materiais em busca de critérios mínimos	Visam circunstâncias socioeconômicas (preferências)
Pesquisam tensões básicas invisíveis para os agricultores	

Essa experiência e outras levaram os IARCs a dar mais atenção à capacidade de experimentação dos agricultores. É uma prática antiga colocar canteiros de teste em campos de agricultores, mas muitas vezes os agricultores são usados como meros trabalhadores, recebendo pouca informação sobre a finalidade do teste. (Lembro-me de ter visitado, na África Ocidental, um teste de cultivo em alameda – intercalação de milho e árvores leguminosas. O agricultor apontou orgulhosamente para uma monocultura de milho, mas disse que ela fora difícil de ser trabalhada devido ao grande número de pequenas árvores que continuavam nascendo.) Essa abordagem desengajada começou a mudar à medida que se colocou mais confiança na pesquisa participativa. Jacqueline Ashby e seus colegas do CIAT criaram "*workshops* inovadores", em que os agricultores planejam e avaliam experimentos. Um teste lidou com o problema da falta de estacas para o cultivo de feijão-rasteiro. Os agricultores sugeriram cultivar o feijão depois do tomate, aproveitando assim as estacas dos tomateiros e o fertilizante residual, e depois escolheram duas variedades de feijão-rasteiro como as apropriadas ao novo sistema.[15]

David Millar, que trabalha no Programa Agrícola Arquidiocesano de Tamale, afirma que não há agricultor no Norte de Gana que não esteja fazendo experiências de alguma maneira.[16] Alguns experimentam por curiosidade. Um agricultor, Dachil, viajou até o Sul de Gana e na volta

14. SPERLING e SCHEIDEGGER. *op. cit.*

15. ASHBY et al. *op. cit.*

16. MILLAR, D. Experimenting farmers in Northern Ghana. In: SCOONES e THOMPSON. *op. cit.*, p. 160-65, 1994.

trouxe inhames-brancos, que crescem naturalmente na floresta. Ele os plantou em seu quintal, à sombra de uma mangueira. "Se os resultados forem bons, meu próximo passo será criar uma pequena horta em minha fazenda... estou curioso para saber tudo que puder sobre a planta." Outros agricultores tentam resolver problemas. Millar descreve os testes planejados por Nafa e seus irmãos com o uso de diferentes formas de rotação de culturas para eliminar uma conhecida erva daninha, a *Striga*. E um grande número de agricultores da região está empenhado em adaptar tecnologias introduzidas.

Um exemplo clássico de adaptação de tecnologia foi a resposta mundial à introdução de novas tecnologias para o armazenamento de batata, desenvolvidas pelo Centro Internacional da Batata (CIP).[17] As tecnologias se basearam em observações do êxito de alguns agricultores que, ao contrário da prática normal de armazenar batatas no escuro, usavam luz difusa. O CIP produziu um pacote de recomendações que foi então introduzido em aproximadamente 25 países. Mas a adoção não avançou como se esperava. Virtualmente todos os agricultores mudaram a tecnologia: embora o princípio do armazenamento com luz difusa surtisse efeito, ele foi modificado em cada fazenda segundo as condições locais, a arquitetura doméstica e os orçamentos dos agricultores.

Uma vantagem dessa experiência é que ela pode ajudar cientistas e especialistas em extensão rural a compreender melhor as condições locais. Existe uma velha tradição perfeitamente nomeada por Robert Chalmers, do IDS, como "turismo de desenvolvimento rural", em que visitas periódicas ao campo são vistas como provedoras de "percepção" suficiente das condições.[18] Mas essas visitas ficam tipicamente confinadas às áreas acessíveis à margem das estradas e a reuniões com capatazes e especialistas locais, e são realizadas, em geral, nas épocas do ano em que a viagem é mais fácil. Elas inevitavelmente produzem impressões parciais que podem ser muito enganosas. Boa parte da pobreza rural permanece oculta. Essas visitas não substituem as análises profundas e sistemáticas das circunstâncias e dos meios de vida das famílias rurais.

---

17. RHOADES, R. Farmers and experimentation. *Agricultural Administration (R and E)*. Londres: Overseas Development Institute (Network Paper 21), 1987; RHOADES, R. e BOOTH, R. Farmer-back-to-farmer: a model for generating acceptable agricultural technology. *Agricultural Administration*, 127-37, 1982.

18. CHAMBERS, R. *Rural Development; Putting the Last First*. Harlow: Longman, 1983.

Em 1978, Ian Craig, eu e uma equipe de cientistas naturais e sociais da Universidade de Chiang Mai, no Norte da Tailândia, chefiada por Benjawan e Kanok Rerkasem, Manu Seetisarn e Phrek Gypmantasiri, desenvolvemos uma técnica para suprir essa necessidade que recebeu o nome de Análise de Agroecossistema (AEA, na sigla em inglês).[19] Uma verba da Fundação Ford foi concedida à universidade, em 1968, para a criação de um Projeto de Policultura (MCP) destinado a planejar sistemas rotacionais avançados de três culturas, com os quais os agricultores poderiam capitalizar os esquemas de irrigação do governo recentemente instalados no vale de Chiang Mai. A Fundação Ford também forneceu bolsas para treinamento no exterior a muitos jovens participantes do projeto. Eles retornaram no fim da década de 1970, ávidos para utilizar suas novas experiências e habilidades na tarefa de ajudar os agricultores do vale. Mas, como logo perceberam, boa parte do trabalho do MCP nesse ínterim não se mostrara particularmente relevante. Embora o MCP tivesse desenvolvido cerca de meia dúzia de sistemas de cultivo aparentemente superiores e produtivos, foram poucos os casos de sua adoção pelos agricultores; por outro lado, os próprios agricultores tinham desenvolvido um grande número de sistemas de cultivo triplo para aproveitar as novas oportunidades oferecidas pelos sistemas de irrigação.

Isso lhes suscitou questões sobre o papel que eles, como pesquisadores universitários, podiam realmente representar. Em termos de ajudar os agricultores do vale, onde estava sua vantagem comparativa? Deviam continuar planejando novos sistemas? Se não, que tipo de pesquisa deviam empreender? Eles perceberam que essas questões não podiam ser respondidas enquanto não tivessem uma idéia melhor dos sistemas agrícolas existentes no vale e dos problemas específicos que os agricultores estavam enfrentando.

A AEA começou com uma série de viagens de campo prolongadas, usando a observação direta e entrevistas com agricultores para criar um conjunto de mapas e outros diagramas simples que sintetizam os padrões

19. CONWAY, G. R. Agroecosystem analysis. *Agricultural Administration*, 20, 31-55, 1985; Participatory analysis for sustainable agricultural development. *Special Lectures on the Occasion of the 25th Anniversary of the Faculty of Agriculture*. Chiang Mai: Faculdade de Agricultura, Universidade de Chiang Mai, 1990; GYPMANTASIRI, P., WIBOONPONGSE, A., RERKASEM, B. et al. *An Interdisciplinary Perspective of Cropping Systems in the Chiang Mai Valley: Key Questions for Research*. Chiang Mai: Faculdade de Agricultura, Universidade de Chiang Mai, 1980.

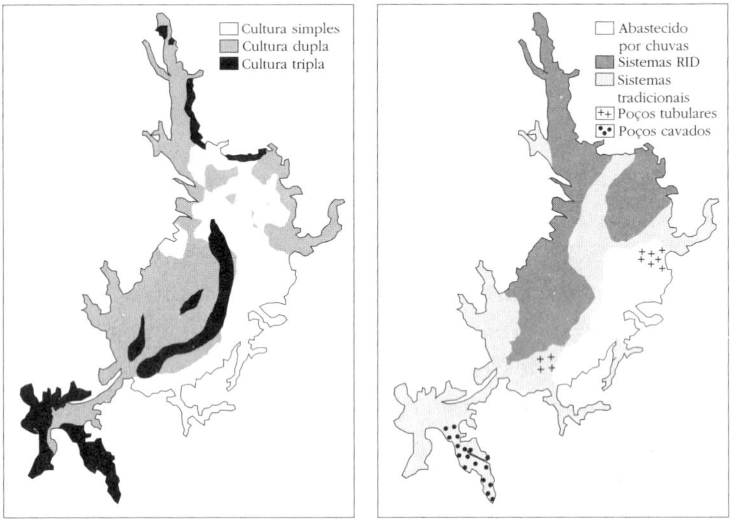

Figura 10.1 Mapas resumidos mostrando padrões de intensidade de cultivo (a) e sistemas de irrigação no (b) vale de Chiang Mai, Norte da Tailândia.[20]

de eventos e atividades nos agroecossistemas locais. Os gráficos são então usados em *workshops* multidisciplinares intensivos para identificar e discutir as questões-chaves de agroecossistemas que descrevi no capítulo anterior: produtividade, estabilidade, sustentabilidade e eqüitatividade. Dos *workshops* surgiram um conjunto de perguntas e hipóteses-chaves que exigiram novas investigações e pesquisas. Por exemplo, os mapas da Figura 10.1, produzidos como parte da AEA do vale de Chiang Mai, revelaram que o cultivo triplo intensivo desenvolvido pelos agricultores estava fortemente limitado às áreas com sistemas de irrigação tradicionais ou mistos (o tradicional mais o do governo), e não às áreas abastecidas apenas pelo sistema do governo (RID). Os agricultores descobriram que não podiam depender dos suprimentos de irrigação do governo. Uma questão-chave de pesquisa para o grupo foi como melhorar o controle e a confiabilidade da irrigação no vale. Nos quinze anos desde que a AEA foi desenvolvida pelo grupo de Chiang Mai, questões como essa forneceram uma base para um programa muito bem-sucedido de pesquisa voltado para as necessidades dos agricultores da região.

Depois do seu êxito em Chiang Mai, a AEA foi levada para a Universidade de Khon Kaen, no Nordeste da Tailândia, onde foi usada

20. GYPMANTASIRI et al. *op. cit.*

para analisar os problemas dos agroecossistemas semi-áridos da região[21], e dali para a Indonésia, onde foi aplicada, respectivamente, nos planaltos de Java Leste, nas terras banhadas pela maré de Kalimantan e nas terras firmes semi-áridas de Timor.[22] Embora fosse uma técnica originalmente planejada por pesquisadores da universidade e de estações de pesquisa, aplicações posteriores em países desenvolvidos e em desenvolvimento foram projetadas para atender às necessidades de agências governamentais, de especialistas em extensão rural e de organizações não-governamentais.[23] À medida que se difundia, a técnica foi evoluindo; o repertório original de diagramas precisou ser ampliado porque alguns indivíduos desenvolveram novas maneiras de representar suas observações e descobertas. Transeções (Figura 10.2), superposição de mapas, calendários sazonais, diagramas de fluxo de impacto, diagramas de Venn, *rankings* de preferências e árvores de decisão – para citar alguns – constituem agora um rico acervo de ferramentas de análise. A experiência tem mostrado cada vez mais o poder que gráficos simples têm de provocar discussões produtivas entre pesquisadores com antecedentes disciplinares distintos e, o que é mais significativo, de estimular um autêntico intercâmbio entre pesquisadores e agricultores. Por exemplo, o *ranking* de árvores preferenciais do Box 10.2 originou um diálogo valioso entre os silvicultores e os agricultores, e ajudou a identificar as outras espécies que seriam introduções úteis, uma delas sendo uma árvore com características mais adequadas para a fabricação de móveis.

Uma ilustração do poder das técnicas gráficas da AEA foi seu uso na solução de um conflito sobre a construção de uma represa no lago Buhi, na província filipina de Luzon.[24] A represa, cuja finalidade era fornecer

21. KKU-Ford Cropping Systems Project. *An Agroecosystem Analysis of Northeast Thailand*, 1982, e *Tambon and Village Agricultural Systems in Northeast Thailand*. Khon Kaen: Faculdade de Agricultura, Universidade de Khon Kaen, 1982.

22. KEPAS. *The Critical Uplands of Eastern Java: An Agroecosystem Analysis*, 1985; *Swampland Agroecosystems of Southern Kalimantan*, 1985; *Agro-ekosistem Daerah Kering di Nusa Tenggara Timur*. Jacarta: Agency for Agricultural Research and Development (KEPAS), 1986.

23. CONWAY, G. R. *Agroecosystem Analysis for Research and Development*. Bangcoc: Winrock International, 1986.

24. CONWAY, G. R. e SAJISE, P. E. *The Agroecosystems of Buhi: Problems and Opportunities*. Los Baños: Program on Environmental Science and Management, Universidade das Filipinas, 1980; CONWAY, G. R., SAJISE, P. E. e KNOWLAND, W. Lake Buhi: Resolving Conflicts in a Philippine Development Project, *Ambio*, 18, 128-35, 1989.

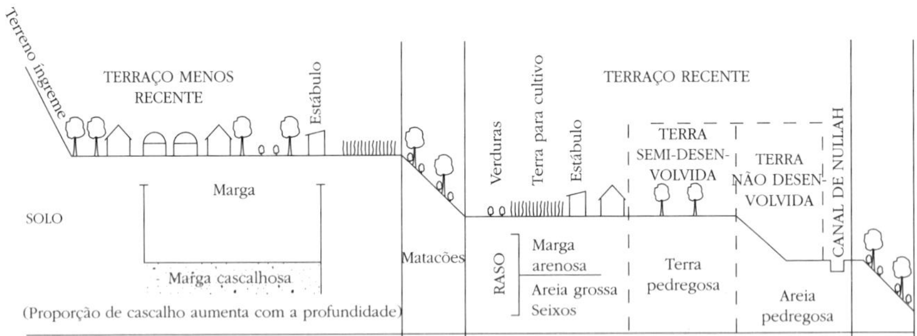

CULTURAS	Trigo – milho, mistura Trigo – pousio Verduras Batatas	Arbustos árvores	Como para terraço recente	Salgueiro Choupo Oleastro Arbustos espinhosos	Árvores esparsas	
CRIAÇÃO DE ANIMAIS	Ruminantes Pasto aberto no inverno	Pasto	Pasto aberto	Pasto		
PROBLEMAS	Broca de vagem na mistura Inundação por causa de leque aluvial Escassez de água	Solo pobre	Escassez grave de água	Solo pobre	Inundação	
OPORTUNIDADES	Controle de pragas Estender canais – irrigação e controle de água		Melhorar pasto Estender canais	Mais árvores	Irrigação de alfafa	

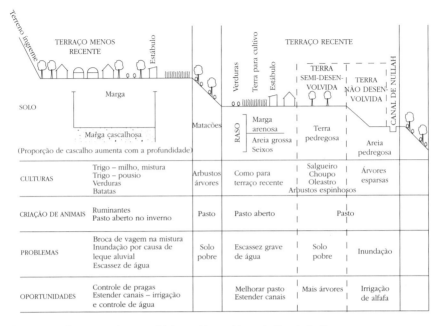

Figura 10.2 Transeção de uma aldeia em Hunza, Norte do Paquistão.[25]

água para um sistema de irrigação a jusante de aproximadamente 10 mil hectares, não estava operando quando eu a visitei em 1985. Os pescadores da parte de cima da represa queixavam-se de que suas gaiolas de peixes ficavam secas e os agricultores da margem do lago de que seus arrozais estavam sofrendo com a estiagem. A situação ficara tensa; com os aldeões ganhando apoio do Novo Exército Popular e guardas armados da aldeia na represa, criara-se um impasse. Trabalhando com uma equipe da Universidade das Filipinas em Los Baños, chefiada por Percy Sajise, passamos duas semanas realizando uma AEA que culminou num *workshop* com a participação de agências de ajuda, políticos locais e líderes de agricultores e pescadores. Na solução do conflito, um dos diagramas da AEA, um calendário sazonal (Figura 10.3), se mostrou decisivo. Ele precisava as limitações críticas do cronograma de diferentes operações: o padrão de precipitação pluviométrica afetava os possíveis níveis do lago que, por sua vez, determinavam os períodos mais apropriados

25. CONWAY, G. R., ALAM, Z., HUSAIN, T. et al. *An Agroecosystem Analysis for the Northern Areas of Pakistan*. Gilgit: Aga Khan Rural Support Programme, 1985.

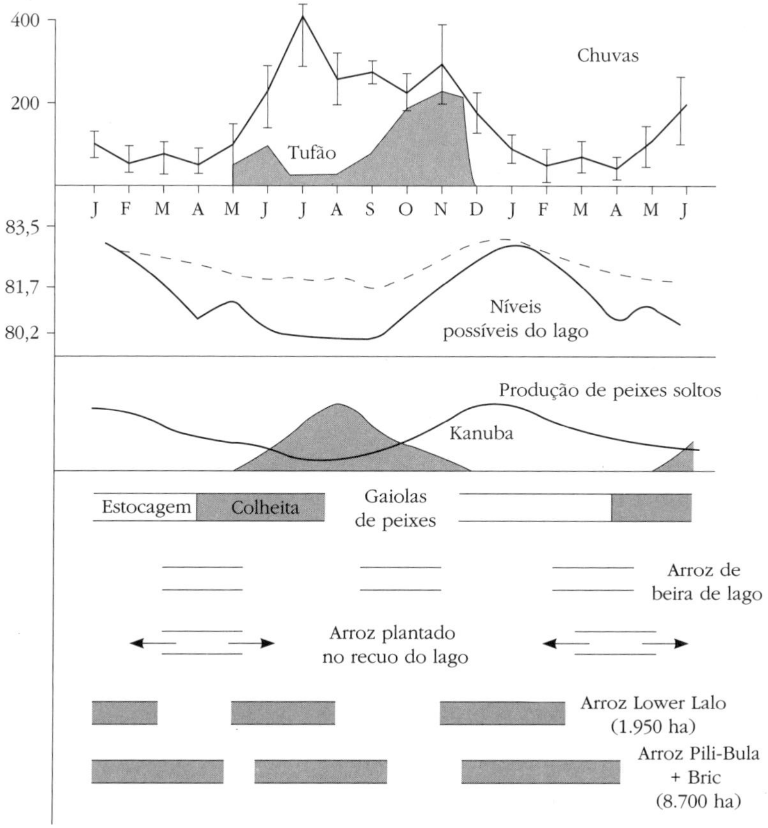

Figura 10.3 Calendário sazonal para o lago Buhi, Filipinas.[26]

tanto para o arroz irrigado quanto para o arroz plantado no terreno liberado pelo rebaixamento da água em volta do lago. Tufões e jorros sulfurosos (*kanuba*) afetavam também a produção de arroz, mas, sobretudo, restringiam a pesca de captura e a operação das gaiolas de peixes. O resultado do *workshop* foi a decisão de conservar a água no lago acima de um nível crítico até o fim de maio. Isso foi aceito como satisfatório pelos agricultores e pescadores da parte de cima do rio e pelos agricultores a jusante da represa.

Esse exercício e outros semelhantes foram planejados primeiramente por especialistas: pesquisadores, trabalhadores de extensão e funcionários

26. CONWAY et al. *op. cit.*, 1989.

de organizações de ajuda. As análises, embora se destinassem deliberadamente ao entendimento da natureza ecológica e socioeconômica dos agroecossistemas locais, ainda foram planejadas e conduzidas de cima para baixo. Mas o crescente envolvimento dos agricultores, como no projeto Buhi, não só como fontes de informação, mas como participantes na análise, começou a sugerir a alguns de nós que era possível uma abordagem mais revolucionária. Em 1987, tomei parte com Robert Chambers, Jenny McCracken, do IIED, e Constantine Berhe, da Cruz Vermelha etíope, na análise de duas aldeias na província de Wollo, na Etiópia, local de secas graves e alta mortalidade apenas quatro anos antes. As equipes de analistas incluíam funcionários do governo, especialistas agrícolas e florestais, ativistas da Cruz Vermelha e líderes locais. Embora o processo houvesse começado como um exercício padrão da AEA, Robert Chambers trouxe para ele a experiência de Avaliação Rural Rápida (RRA, na sigla em inglês), uma abordagem desenvolvida na década de 1970, da qual foi um dos pioneiros.

Embora a RRA seja um método de extrair informação do pessoal do campo, como a AEA, seu estilo é mais informal, apoiado em entrevistas semi-estruturadas, observação de participantes, jogos e extensas discussões.[27] Ela foi desenvolvida, em parte, como reação à abordagem de questionário padronizado de boa parte da análise de desenvolvimento rural, em que são feitos conjuntos fixos de perguntas ao pessoal do campo, e os entrevistadores são freqüentemente contratados para o trabalho e se limitam a obter respostas, precisas ou não. Ao contrário, as entrevistas semi-estruturadas acontecem no ambiente normal do entrevistado, não envolvem um questionário escrito e, embora algumas perguntas sejam pré-determinadas, novas perguntas ou novas linhas de inquirição surgem à medida que a entrevista avança. A intenção é criar um diálogo genuíno em que experiências e conhecimentos são comparados e trocados. Às vezes se entrevistam indivíduos, em outras ocasiões, reúnem-se grupos

27. CARRUTHERS, I. e CHAMBERS, R. *Rapid Rural Appraisal: Rationale and Repertoire*. Brighton: Institute for Development Studies, University of Sussex (IDS Discussion Paper, 155), 1981; CONWAY, G. R. e McCRACKEN, J. A. Rapid rural appraisal and agroecosystem analysis. In: ALTIERI, M. A. e HETCH, S. B. (Orgs.). *Agroecology and Small Farm Development*. Flórida: CRC Press, 1990; Universidade de Khon Kaen. *Proceedings of the International Conference on Rapid Rural Appraisal, 2-5 September*. Khon Kaen: Universidade de Khon Kaen, 1987.

de pessoas: líderes de aldeia, informantes-chaves, agricultores ricos, agricultores pobres, mulheres, anciãos.

Em Wollo, começamos a combinar entrevistas semi-estruturadas com produção de diagramas e, no processo, nos conscientizamos ainda mais da riqueza de compreensão analítica que é comum, se não normal, na gente do campo dos países em desenvolvimento. Os *rankings* de árvores florestais, descritos anteriormente, revelaram não só conhecimento, mas uma capacidade de fazer opções que avaliou um amplo leque de considerações. No fim do exercício, fizemos uma avaliação em grupo das várias opções apresentadas para os habitantes das duas aldeias e produzimos *rankings* que mudaram significativamente as prioridades dos funcionários públicos presentes, antes concentradas em irrigação e reflorestamento (Tabela 10.1).

Robert Chambers saiu do exercício de Wollo convencido de que era possível trocar o modo extrativo da AEA e da RRA convencional por um tratamento em que a gente do campo assumia a frente. Nos meses seguintes, experimentos em aldeias de vários países demonstraram a capacidade de os habitantes rurais construírem os próprios diagramas, que muitas vezes revelaram grande engenho e profundidade de conhecimento. Verificou-se que mapas foram criados prontamente com o simples fornecimento de giz e de pós coloridos, e sem qualquer instrução adicional além do pedido de criação de um mapa – da aldeia, da bacia hidrográfica ou de uma fazenda. Uma eira ou um espaço livre de uma praça da aldeia era suficiente para os aldeões produzirem mapas excelentes, muitas vezes com notável complexidade. Algumas vezes os mapas se transformaram em modelos. Lembro-me de um deles, na Índia, onde os agricultores recolheram terra de vários campos da aldeia e construíram uma representação que demarcava fielmente cada campo usando sua própria terra. Os mapas, porém, eram apenas um começo. Descobriu-se que calendários sazonais podiam ser elaborados por pessoas analfabetas e que mal sabiam contar, usando seixos ou sementes. Uma fileira de 12 seixos é disposta no chão para indicar os meses do ano e, depois, para vários itens – precipitação de chuvas, disponibilidade de alimentos, demanda de mão-de-obra, risco de doenças – o nível relativo de atividade em cada mês é indicado com a colocação de algumas sementes ao lado de cada seixo.

Essa nova abordagem foi rapidamente adotada com entusiasmo, em especial por líderes de ONGs ansiosos para encontrar meios de criar

Opção	Produtividade	Estabilidade	Sustentabilidade	Eqüidade	Custo	Tempo para benefício	Viabilidade técnica	Viabilidade social
Reflorestamento	+	++	++	○	□	□	■	◪
Atividade agroflorestal	+	++	++	++	◪	◪	■	◪
Jardins domésticos	++	++	++	○	■	◪	■	■
Irrigação em pequena escala	+	+	+	+	◪	◪	◪	■
Variedades de ciclo curto	++	++	++	–	◪	◪	◪	◪
Crédito	○	++	++	++	◪	◪	□	■

– Impacto negativo
○ Nenhum impacto
+ Impacto positivo
++ Impacto muito positivo

	Custo	Tempo	Viabilidade
□	Alto	Longo	Baixa
◪	Médio	Médio	Média
■	Baixo	Curto	Alta

Tabela 10.1 Avaliação de inovação na Província de Wollo, Etiópia.[28]

níveis de participação superiores. Pessoas como Sam Joseph, da Action Aid, Jimmy Marcarenhas e Aloysius Fernandez, da MYRADA (Agência de Assistência e Desenvolvimento de Mysore), e Parmesh Shah, do Programa de Apoio Rural Aga Khan, continuaram os experimentos, treinando seu próprio pessoal para facilitar o exercício. O leque de diagramas se expandiu rapidamente; todos os desenvolvidos para a AEA foram colocados à disposição dos agricultores e novos foram acrescentados. Descobriu-se que os agricultores podiam construir gráficos de setores circulares – pedaços de palha e pós coloridos dispostos num piso de terra foram usados para indicar fontes de renda relativas. No processo, os aldeões revelaram muitas vezes um conhecimento mais complexo e detalhado do que teria aparecido em discussões ou meras sessões de perguntas e respostas.[29] Nas palavras de Robert Chambers, os diagramas "freqüentemente espantaram os cientistas e os próprios agricultores pelos detalhes, complexidade e utilidade da informação, da percepção e da avaliação que eles revelam".[30]

28. CRUZ VERMELHA ETÍOPE. *op. cit.*

29. CHAMBERS, R. *Whose Reality Counts? Putting the Last First.* Londres: Intermediate Technology, 1997.

30. CHAMBERS, R. *Behaviour and Attitudes: a Missing Link in Agricultural Science? Paper* apresentado no II Congresso Internacional de Ciência Agrícola, Nova Délhi, 17-24 nov. 1996, 1996.

Embora isso seja, por si só, animador, o poder da abordagem foi logo revelado no uso que pode ser dado aos diagramas. Os agricultores foram encorajados a usar matrizes de pontuação para avaliar diferentes variedades de plantas em programas de cultivo.[31] Mapas, gráficos sazonais e em forma de "pizza" não só revelaram padrões existentes como apontaram problemas e oportunidades, e foram aproveitados por trabalhadores rurais como um meio de fazerem sentir suas necessidades e como base para um planejamento coletivo. A relação entre "especialistas de fora" e gente da aldeia começou a mudar. Diálogos produtivos substituíram o fluxo de mão única tradicional de informação e instrução. Lembro-me de um grupo de aldeões de Haryana, Noroeste da Índia, construir um mapa de sua bacia hidrográfica no chão e usar quatro cores para indicar os graus de degradação que observaram. Estava presente um agente de preservação florestal do Estado, que anotava e comparava essa classificação com a de seu departamento, que só reconhecia três classes. Mas a imagem mais duradoura foi a do agente e dos aldeões sentados no chão, absorvidos numa viva discussão sobre a bacia hidrográfica e o que deveria ser feito. Foi uma experiência libertadora tanto para os aldeões como para o agente.

A abordagem agora se espalhou para a maioria dos países do mundo em desenvolvimento e vem sendo adotada por agências governamentais, centros de pesquisas e pesquisadores universitários, bem como por ONGs. Como política deliberada, nenhum manual básico foi produzido, embora muita coisa tenha sido escrita e exista uma extensa rede de praticantes. As metodologias são descritas por uma espantosa variedade de nomes – Avaliação Rural Participativa (PRA), Métodos de Análise e Aprendizado Participativos (PALM), Méthode Accélerée de Recherche Participative (MARP), para enumerar apenas alguns que evoluíram segundo costumes e necessidades locais e que refletem a engenhosidade local.[32]

31. DRINKWATER, M. Sorting fact from opinion: the use of direct matrix to evaluate finger millet varieties, *RRA Notes*, 17, 24-8, 1993; MANOHARAN, M., VELAYUDHAM, K. e SHUNMUGAVALLI, N. PRA: an approach to felt needs of crop varieties. *RRA Notes*, 18, 66-8, 1993; As mulheres de Sangams Pastapur, Medak, Andhra Pradesh e M. Pimbert. Farmer participation in on-farm varietal trials: multilocational testing under resource-poor conditions. *RRA Notes* (Londres, International Institute for Environment and Development), 10, 3-8, 1991.

32. CHAMBERS. *op. cit.*, 1997; CORNWALL, A., GUJIT, I. e WELBOURN, A. Acknowledging process: methodological challenges for agricultural research and extension. In: SCOONES e THOMPSON. *op. cit.*, p. 98-117, 1994.

Box 10.4 Comparação de "transferência de tecnologia" de cima para baixo com abordagens do tipo "precedência do agricultor", de baixo para cima, para o desenvolvimento[33]

	Transferência de tecnologia	*Precedência do agricultor*
Condições de produção agrícola às quais aplicar ou mais passíveis de aplicação	Simples, uniforme, controlada	Complexa, diversificada, propensa ao risco
Objetivo principal	Transferir tecnologia	Capacitar os agricultores
Análise de necessidades e prioridades	Pessoal de fora	Agricultores auxiliados por pessoal de fora ou por outros agricultores
Transferida por gente de fora aos agricultores	Preceitos, mensagens, pacote de práticas	Princípios, métodos, cesta de opções
O "menu"	Fixo	À la carte
Comportamento dos agricultores	Ouvir mensagens, agir conforme preceitos, adotar, adaptar ou rejeitar pacote	Aplicar princípios, escolher a partir da cesta e experimentar
Resultados desejados pelas pessoas de fora	Adoção generalizada do pacote	Escolha mais ampla de agricultores e benefícios e adaptabilidade melhorados
Papéis do pessoal de fora	Professor, treinador, supervisor, provedor de serviço	Mobilizador, facilitador, consultor, pesquisador e provedor de opções

Anotações da PRA, produzidas no IIED, em Londres, e distribuídas a muitos milhares de pessoas, disseminam boas práticas e novas idéias de tal forma que as inovações na abordagem relatadas em uma aldeia africana são testadas numa aldeia asiática apenas algumas semanas depois.

De certa forma, foi uma revolução: um conjunto de metodologias, uma atitude e um modo de trabalhar que finalmente desafiaram o tradicional processo de cima para baixo que tanto tem caracterizado o trabalho de desenvolvimento (Box 10.4). Os participantes de ONGs, agências governamentais e centros de pesquisa viram-se, de maneira comumente inesperada, tanto ouvindo como falando, experimentando quase em primeira mão as condições de vida das famílias pobres e mudando suas percepções sobre os tipos de intervenções e pesquisas necessários.[34]

33. CHAMBERS. op. cit., 1997.

34. IDS. *The Power of Participation: PRA and Policy*. Brighton: Institute of Development Studies, University of Sussex (IDS Policy Briefing, Issue 7), 1996.

As abordagens participativas do desenvolvimento não são um fenômeno recente, mas estão se tornando cada vez mais comuns. É bastante conhecida a experiência da World Neighbours em Guinope, Honduras, que trabalhou em parceria com o Ministério de Recursos Naturais e uma ONG hondurenha, a Accorde.[35] Inicialmente, os rendimentos do milho na área do projeto eram muito baixos (400 kg/ha), a pobreza e a desnutrição eram generalizadas e a migração para fora, comum. O programa começou devagar e em pequena escala, envolvendo os moradores locais em experimentos com esterco de galinha e adubos verdes, barreiras de grama de contorno, muros de pedra e valas de drenagem. Estudantes de extensão foram selecionados entre os agricultores mais envolvidos, os quais progressivamente envolveram outros, de forma que muitos milhares de agricultores acabaram participando. Os rendimentos do milho triplicaram, e os agricultores começaram a diversificar para café, laranja e verduras. Os salários diários aumentaram de US$ 2 para US$ 3 e a migração para fora foi substituída pela migração para dentro, com as pessoas voltando das favelas para as casas e terras que haviam abandonado.

Outros programas mais recentes começaram a fazer uso explícito das novas ferramentas analíticas. Um exemplo é o Programa de Apoio Rural Aga Khan (AKRSP), no qual trabalhei na década de 1980, no vale de Hunza e nos vales vizinhos do Norte do Paquistão.[36] Região montanhosa árida, ela não é naturalmente bem dotada, mas os habitantes são muito mais habilidosos no uso dos recursos naturais locais. O programa de desenvolvimento consiste em uma série de diálogos interativos por meio dos quais os aldeões, agindo como uma comunidade, identificam, planejam e implementam um projeto básico de infra-estrutura em cada aldeia. Em muitos casos, os projetos são façanhas de engenharia impressionantes que trazem água de irrigação das geleiras para abrir novas terras para a agricultura. Várias centenas desses projetos foram concluídas e o programa está agora empenhado em realizar o potencial

35. BUNCH, R. *Two Ears of Corn: A Guide to People-centred Agricultural Improvement*. Oklahoma City: World Neighbours, 1983; Encouraging farmer's experiments. In: CHAMBERS, R., PACEY, A. e THRUPP, L.-A. (Orgs.). *Farmer First: Farmer Innovation and Agricultural Research*. Londres: Intermediate Technology, 1989; PRETTY. *op. cit.*

36. CONWAY, G. R. Rapid rural appraisal for sustainable development: experiences from the Northern areas of Pakistan. In: CONROY, C. e LITVINOFF, M. (Orgs.) *The Greening of Aid*. Londres: Earthscan, 1988; CONWAY, et al. *op. cit.*, 1985.

da nova infra-estrutura com diversas iniciativas financiadas pelas economias dos aldeões e com o uso de técnicas gráficas para determinar opções de inovação.

Outro programa, facilitado pelo AKRSP (Índia), fez uso explícito de técnicas da PRA no desenvolvimento do solo e conservação de água em Gujarat, Oeste da Índia.[37] No primeiro estágio, os aldeões criam mapas de suas bacias hidrográficas, detalhando as áreas problemáticas, planejando obras apropriadas de solo e de conservação e escolhendo árvores para plantar usando a técnica de *ranking* de grupo. Esse processo demora de um a seis meses. Em seguida, são formadas organizações de aldeia. Elas nomeiam voluntários para cursos de extensão, pagos pelos aldeões, que recebem treinamento nos métodos da PRA, nas habilidades técnicas necessárias e nos procedimentos contábeis e de preparação de projeto. Eles são responsáveis por administrar equipes de pessoas que, por sua vez, implementam os planos. Os rendimentos aumentaram entre 20% e 50%, mas ainda assim o custo do tratamento da bacia hidrográfica é de 1.340 rupias/ha contra 3.000-7.000 rupias de programas do governo vizinho.

Nos próximos capítulos eu ilustro como abordagens participativas similares de pesquisa e desenvolvimento estão sendo aplicadas em problemas tão diversos como sistemas de manejo integrado de pragas, melhoria de nutrientes, construção e administração de sistemas de irrigação de pequena escala e no reflorestamento e conservação das bacias hidrográficas.

37. PRETTY. *op. cit.*; SHAH, P. Participatory watershed management in India: the experience of the Aga Khan rural support programme. In: SCOONES e THOMPSON. *op. cit.*, p. 117-23, 1994.

11 Controle de pragas

Medidas criativas e ambiciosas precisam ser tomadas para romper a arraigada atitude acrítica e dependente dos pesticidas que prevalece em todos os níveis nos países em desenvolvimento, dos ministérios às menores fazendas.

Patrícia Matteson, Kevin Gallagher e Peter Kenmore, "Extension of integrated pest management for planthoppers in Asian irrigated rice: empowering the user"[1]

Pragas, patógenos e ervas daninhas são as ameaças mais visíveis à produção sustentável de alimentos.[2] O tanto exato de plantações e animais perdidos que eles causam é motivo de muitas conjeturas; as estimativas variam de 10% a 40%, mas, em algumas situações, os prejuízos potenciais podem ser muito maiores. Muito depende da natureza da cultura: nos casos em que a qualidade do produto colhido representa um prêmio – por exemplo, algodão, frutas ou legumes –, uma pequena população de pragas ou patógenos pode causar sérios problemas financeiros ao produtor. As culturas de grãos não estão nessa categoria, mas a intensidade do cultivo das novas variedades favorece ataques graves de pragas e patógenos, resultando, algumas vezes, na destruição total da lavoura.

Desde a Segunda Guerra Mundial, a atitude comum diante de problemas com pragas, patógenos e ervas daninhas tem sido pulverizar as plantações com pesticidas (inseticidas, nematocidas, fungicidas, bactericidas e herbicidas). Afora os riscos que apresentam para a saúde humana

1. MATESON, P. C., GALLAGHER, K. D. e KENMORE, P. E. Extension of integrated pest management for planthoppers in Asian irrigated rice: empowering the user. In: DENNO, R. F. e PERFECT, T. J. (Orgs.). *Ecology and Management of Planthoppers*. Londres: Chapman & Hall, p. 656-85, 1992.

2. "Pragas" incluem insetos, acarinos, nematóides e pragas vertebradas, como ratos e aves. "Patógenos" causam doenças e incluem fungos, bactérias, vírus e, no caso de animais, vários protozoários e vermes. "Ervas daninhas" são todas as plantas que competem adversamente com lavouras.

e a vida selvagem (Capítulo 6), eles são, muitas vezes, caros e ineficientes. Isso tem sido especialmente válido para os inseticidas modernos: eles precisam ser pulverizados repetidamente para se manter o controle, as pragas de insetos tornam-se geralmente resistentes a eles e, como as pesquisas ecológicas têm mostrado, eles podem agravar o problema eliminando os inimigos naturais – os parasitas e predadores –, que em condições normais controlam as pragas.[3]

A primeira vez em que me deparei com os problemas que alguns pesticidas podem causar foi quando trabalhava como ecologista no Bornéu do Norte (depois estado de Sabah, na Malásia), em 1961. O cacau era uma cultura introduzida havia pouco, sendo cultivado em grandes áreas parcialmente desmatadas da floresta primária. Quando ali cheguei, a plantação estava sendo devastada por pragas: larvas e bichos-de-cesto do cacau retalhavam todas as folhas, coccídeos destruíam os galhos, brocas *ringbark** matavam árvores inteiras, e uma praga nova para a ciência, o *bee bug*, danificava as vagens de cacau.[4] Na época, as plantações de cacau eram intensa e repetidamente pulverizadas com inseticidas compostos, às vezes, de coquetéis de organoclorados, como DDT e dieldrin. Eles davam poucos resultados e acreditei, aliás, que estavam agravando a situação. Em seu habitat florestal, as espécies de pragas provavelmente eram controladas por uma grande variedade de inimigos naturais e, assim me pareceu, o problema estava sendo causado pelos pesticidas que, com sua ação não seletiva, eliminavam os inimigos naturais.

Por recomendação minha as pulverizações foram interrompidas. Duas pragas, a broca de galho e a lagarta mede-palmos, logo foram controladas por vespas parasitas. Os bichos-de-cesto continuaram a causar danos e então foram controlados pelo uso de um pesticida extremamente seletivo antes de serem controlados naturalmente por uma mosca parasita. A broca

---

3. CONWAY, G. R. Better methods of pest control. In: MURDOCH, W. W. (Orgs.). *Environment: Resources, Pollution and Society*. Stanford: Sinauer Assoc. Inc., 1971; DENT, D. *Insect Pest Management*. Wallingford: CAB International, 1991.

* Brocas que atacam a casca da árvore, comprometendo o seu desenvolvimento e a sua sobrevivência. (N.T.)

4. CONWAY, G. R. Ecological aspects of pest control in Malaysia. In: FARVAR J. e MILTON, J. (Orgs.). *The Careless Technology: Ecological Aspects of International Development*. Garden City: Natural History Press, Doubleday & Co., p. 467-88, 1972; Man versus pests. In: MAY, R. M. (Org.) *Theoretical Ecology: Principles and Applications* (2ª ed.). Oxford: Blackwell Scientific, p. 356-86, 1987.

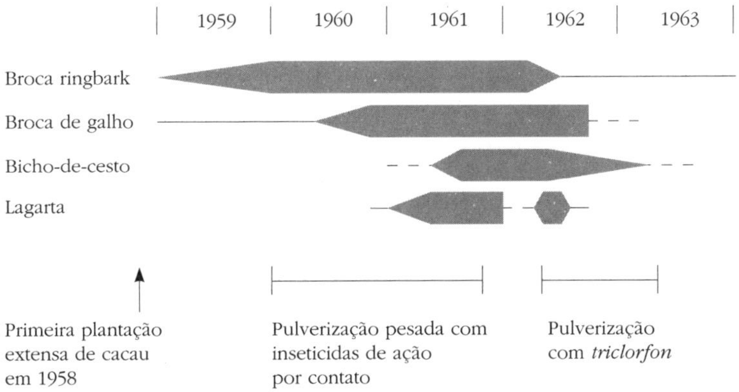

Figura 11.1 Controle de pragas do cacau em Bornéu do Norte, 1961.[5]

ringbark foi eliminada quase por completo com a destruição de uma árvore de floresta secundária que permanecera nos campos e era a hospedeira natural da broca. Pulverizações muito seletivas mantiveram o *bee bug* sob controle. No prazo de um ano, todas as pragas principais estavam sendo controladas satisfatoriamente e isto persiste até hoje (Figura 11.1).

Desde a década de 1960, os inseticidas organoclorados de amplo espectro têm sido substituídos por compostos mais seletivos que também costumam ser menos nocivos aos animais selvagens e à saúde humana.[6] Os regulamentos cada vez mais rígidos nos países desenvolvidos obrigaram os fabricantes a realizar exaustivos testes de segurança e ambientais, tanto em laboratório como nas condições naturais de campo.[7] No passado, os novos pesticidas eram descobertos em um processo bastante aleatório de examinar milhares de compostos sintéticos. Agora, com a maior compreensão conferida pela moderna biologia molecular e celular, as empresas químicas começaram a desenvolver pesticidas feitos "sob medida". Um grupo destes são os compostos que simulam os efeitos de hormônios juvenis em insetos, interrompendo a transição de um estágio do ciclo de vida de um inseto para outro, por exemplo, impedindo

5. CONWAY. *op. cit.*, 1972.

6. CONWAY, G. R. e PRETTY, J. N. *Unwelcome Harvest: Agriculture and Pollution*. Londres: Earthscan, 1991; PRETTY, J. N. *Regenerating Agriculture: Policies and Practice for Sustainability and Self-reliance*. Londres: Earthscan, 1995.

7. CROSLAND, N. O. Laboratory to experiment. *Proceedings of the Vth International Congress of Toxicology, July 1989*. Brighton, p. 184-92, 1989.

que lagartas virem mariposas. Eles são valiosos porque em geral afetam somente uma espécie de inseto. Outro grupo bem-sucedido de inseticidas é baseado na bactéria *Bacillus thuringiensis*. Quando o produto é ingerido por uma lagarta que se alimenta de uma folha pulverizada, ele libera uma proteína tóxica que paralisa o intestino e os palpos maxilares da lagarta, causando sua morte. Como os parasitas e predadores naturais não se alimentam das folhas pulverizadas, eles não são afetados. Como mencionei no Capítulo 8, essa propriedade do *Bacillus thuringiensis* tem sido explorada pela engenharia genética.

Existe também um interesse crescente pelos compostos de plantas naturais que têm sido usados tradicionalmente por agricultores para controlar pragas. Eles incluem a pinha, a açafroeira, a árvore de óleo de cróton, o estramônio, o óleo de rícino, a *ryania* e a pimenta *chilli*.[8] Os piretróides, baseados no composto piretro encontrado em plantas da família *chrysanthemum*, são eficazes contra certas pragas, e muito seguros. Uma das fontes mais conhecidas de um inseticida natural é a árvore *neem*, que foi usada contra pragas do arroz na Índia durante séculos.[9] O composto amargo, azardirachtina, contido nas sementes, atua como anti-alimentar, tornando as plantas pouco saborosas para as pragas. Ele não prejudica aves e mamíferos, nem tampouco insetos benéficos, como as abelhas melíferas. Infelizmente, ele se degrada com extrema velocidade à luz do sol. Existe no mercado uma formulação efetiva que impede a azardirachtina de se degradar, mas ela é muito mais cara do que o produto natural.[10]

Uma alternativa, ou complemento, ao uso de pesticidas seletivos é estimular diretamente os inimigos naturais das pragas. Algumas vezes, ainda que raras, isso pode ter um êxito espetacular. Um exemplo recente é o controle biológico da cochonilha pulverulenta da mandioca na África.[11]

---

8. PRETTY. *op. cit.*

9. SAXENA, R. C. Antifeedants in tropical pest managment. *Insect Science and its Applications*, 8, 731-6, 1987.

10. FAO. *Harvesting Nature's Diversity*. Roma: Organização das Nações Unidas para Agricultura e Alimentação, 1993.

11. NEUENSCHWANDER, P. e HERREN, H. R. Biological control of the cassava mealybug *Phenacoccus manihoti*, by the exotic parasitoid *Epidinocarsis lopezi* in Africa. *Philosophical Transactions of the Royal Society of London*, B, 318, 319-33, 1988; KISS, A. e MEERMAN, F. *Integrated Pest Management in African Agriculture*. Washington: Banco Mundial (Technical Paper 14, African Technical Department Series), 1991; NORGAARD, R. The biological control of cassava mealybug in Africa. *American Journal of Agricultural Economics*, 70, 366-71, 1988.

A cochonilha pulverulenta surgiu inicialmente no Congo e no Zaire em 1973, mas logo se espalhou por um largo cinturão da África central, de Moçambique ao Senegal, provocando perdas de rendimento de até 80%. A mandioca é originária da América do Sul, e procurou-se ali pelos inimigos naturais da cochonilha. Uma vespa parasita foi encontrada no Paraguai e solta na Nigéria em 1981. Os resultados foram prodigiosos, com aumentos de rendimento de até 2,5 t/ha. O benefício geral está estimado em bilhões de dólares. Patógenos de plantas também podem ser controlados por seus "inimigos", organismos que agem como antagonistas.[12] Nos Estados Unidos, a *Agrobacterium radiobacter* (K84) vendida comercialmente produz um antibiótico que impede o crescimento do patógeno causador da galha de coleto.[13] O controle biológico também tem sido muitas vezes eficaz contra ervas daninhas, com a soltura de insetos herbívoros – como os besouros comedores de folhas. Mais promissor, porém, é o uso do fenômeno da "alelopatia". Certas plantas liberam compostos nocivos para ervas daninhas. Um procedimento pode ser a introdução dos genes alelopáticos nas plantações; outro seria a sintetização dos compostos alelopáticos tóxicos.[14]

Muitas vezes os inimigos naturais de pragas podem ser estimulados pela criação de um agroecossistema mais diversificado. São pouquíssimos os problemas de pragas nos jardins domésticos javaneses descritos no Capítulo 9. A diversidade das plantas em cada jardim favorece uma diversidade de insetos que, por sua vez, sustentam uma grande população de predadores em geral – aranhas, formigas, redúvios –, que mantêm as pragas em potencial sob controle. Algumas vezes, a simples combinação de duas culturas é suficiente.[15] Nas Filipinas, a plantação intercalada de milho e amendoim ajuda a controlar a broca do talo do milho. O predador é uma aranha que, quando adulta, se alimenta de lagartas da broca do milho. Mas as aranhas jovens se alimentam de colêmbolos, encontrados no leito de folhas que se forma embaixo dos pés de amendoim. A simples cultura intercalada é suficiente para criar uma rede alimentar complexa

12. CAMPBELL, R. *Biological Control of Microbial Plant Pathogens*. Cambridge: Cambridge University Press, 1989.
13. ALTIERI, M. A. *Agroecology: the Science of Sustainable Agriculture* (2ª. ed.). Boulder: Westview Press/Londres, Intermediate Technology, 1995.
14. ALTIERI. *op. cit.*
15. CONWAY. *op. cit.*, 1971.

e benéfica. Os odores aromáticos da intercalação de pés de repolho e de tomate repelem a traça-das-crucíferas; a sombra produzida pelas mungubeiras e batatas-doces cultivadas junto do milho reduz a proliferação de ervas daninhas; e a ocorrência e difusão do contágio de patógenos podem ser reduzidas com o cultivo de feijão-fradinho junto do milho.[16]

A mudança para grandes áreas de monocultura foi uma das razões do aumento de surtos de pragas e doenças na esteira da Revolução Verde.[17] Houve outros fatores. Os ataques da broca-de-talo do arroz e da ferrugem da bainha aumentaram em conseqüência de aplicações mais intensas de nitrogênio; e a doença da folha prevalece mais no microclima criado pelas culturas de trigo e arroz com folhagens densas e palhas curtas (embora, deve-se notar, os fertilizantes aumentem a resistência ao vírus *tungro* do arroz, enquanto a irrigação reduz as perdas com a ferrugem do arroz).[18] O estoque genético limitado das novas variedades também foi um fator contribuinte, assim como o mau uso de pesticidas.

Assim como todos os organismos, pragas e patógenos têm a capacidade de se adaptar a novas situações por meio da seleção natural. Michael Loevinsohn, que trabalha nas Filipinas, revelou a notável capacidade de pragas do arroz evoluírem em resposta a variações no *timing* do cultivo do arroz. Em poucos anos, surgiram populações de pragas geneticamente diferentes, cada uma delas adaptada a padrões de cultivo de arroz separados entre si por alguns quilômetros apenas. Em Mapalad, na base da cadeia de montanhas Sierra Maestra, em Luzon, onde é plantada somente uma safra não irrigada, as populações da broca-de-talo amarela têm um tempo de geração mais curto do que as populações em Zaragoza, distante dez quilômetros, no centro de uma planície irrigada onde são cultivadas duas safras. Elas também puseram mais ovos e tiveram uma taxa de sobrevivência menor. O plantio é realizado mais ou menos ao mesmo tempo que em Mapalad e a plantação amadurece de maneira uniforme;

16. ALTIERI. *op. cit.*

17. SMITH, R. F. The impact of the Green Revolution on plant protection in tropical and subtropical areas. *Bulletin of the Entomological Society of America*, 18, 7-14, 1972.

18. SAARI, E. E. e WILCOXSON, R. Plant and disease situation of high-yielding dwarf wheats in Asia and Africa. *Annual Review of Phytopathology*, 12, 49-68, 1974; IRRI. *Proceedings of the Second Upland Rice Conference*. Los Baños: International Rice Research Institute, 1985.

nessas condições, há uma vantagem seletiva para pragas que amadurecem depressa e se multiplicam rapidamente. Ao contrário, em sistemas de cultura dupla irrigada, o plantio é assíncrono e as pragas sofrem um ataque mais cerrado de inimigos naturais – predadores e parasitas. Nessas circunstâncias, é vantajoso para as pragas amadurecerem mais devagar, mas terem uma taxa de sobrevivência mais elevada.

Não surpreende que as populações de pragas e patógenos tenham reagido com grande presteza ao cultivo contínuo das novas variedades de trigo e arroz. Os primeiros dez anos de duplo cultivo de arroz no IRRI das Filipinas resultaram num crescimento drástico das populações de pragas (Figura 11.2). As quantidades aumentaram diretamente devido à introdução de uma safra de arroz de estação seca; mas ocorreram mais pragas e mais danos na cultura da estação chuvosa também. Na estação chuvosa, 13% da safra foi perdida no sistema de cultura única, mas esta proporção subiu para 33% quando o duplo cultivo foi introduzido.[19] Nas culturas triplas, os números e danos foram ainda maiores. Somente nos casos em que ocorre uma interrupção do cultivo, como num pousio, ou em que uma cultura de cereal é alternada com uma cultura diferente, as pragas e doenças são mantidas sob controle.

Pragas e patógenos são capazes também de desenvolver uma rápida resistência a ameaças e circunstâncias adversas, em especial ao uso de pesticidas (Figura 11.3).[20]

Em meados dos anos 1980, aproximadamente 450 espécies de pragas no mundo eram resistentes a um ou mais inseticidas e cerca de 150 fungos e bactérias eram resistentes a, ou toleravam, fungicidas. Quase 50 espécies de ervas daninhas eram resistentes a herbicidas. Várias pragas de insetos importantes são resistentes a todas as principais classes de inseticidas: a traça-das-crucíferas, uma praga de repolhos e outras

19. LOEVINSOHN, M. E., LITSINGER, J. A. e HEINRICHS, E. A. Rice insect pests and agricultural change. In: HARRIS, M. K. e ROGERS, C. E. (Orgs.). *The Entomology of Indigenous and Naturalized Systems in Agriculture*. Boulder: Westview Press, p. 161-82, 1988.

20. DOVER, M. e CROFT, B. *Getting Tough: Public Policy and the Management of Pesticide Resistance*. Washington: World Resources Institute, 1984; GEORGHIOU, G. P. The magnitude of the problem. In: National Research Council. *Pesticide Resistance: Strategies and Tactics for Management*. Washington: Committee on Strategies for the Management of Pesticide Resistant Pest Populations, Board of Agriculture, National Research Council, National Academy Press, 1985.

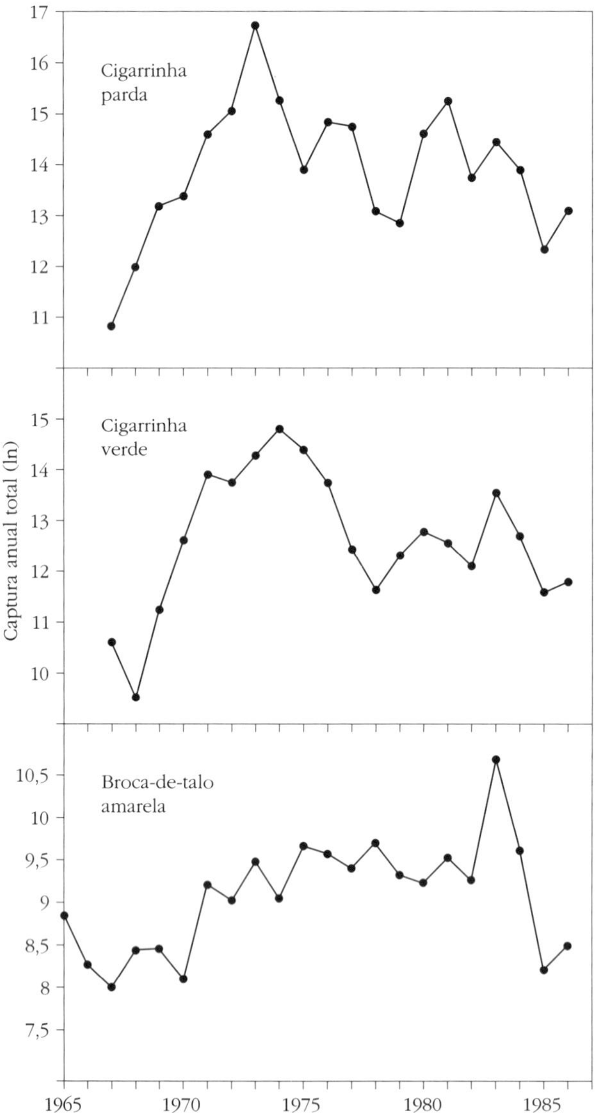

Figura 11.2 Números de três pragas do arroz no IRRI, 1965-86.[21]

21. Capturas anuais de mariposas em armadilhas luminosas. LOEVINSOHN. *op. cit.*, 1994.

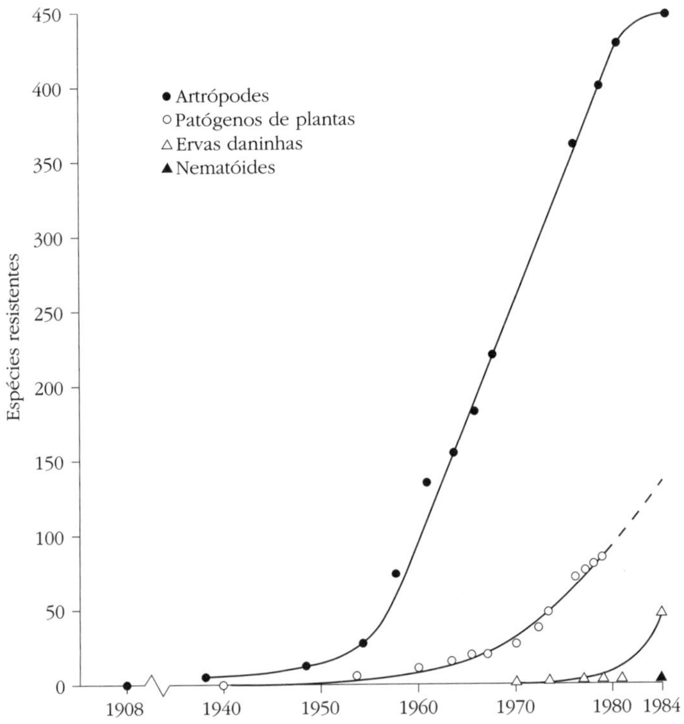

Figura 11.3 Resistência a pesticidas.[22]

crucíferas, é resistente, na Malásia, não só aos organoclorados e carbamatos mais antigos, mas também aos organofosfatos e piretróides mais novos.[23]

Pragas e patógenos são também peritos em maneiras evolucionárias de superar as defesas que ocorrem naturalmente em plantações ou que são introduzidas nelas por melhoristas de plantas. Em 1950, uma nova espécie de ferrugem de talo de trigo explodiu subitamente nos Estados Unidos e no Sul do Canadá, e foi levada por ventos elevados até o México.[24] Essa foi apenas a primeira de uma série de epidemias. Novas espécies continuaram chegando e, por volta de 1960, um grupo de espécies

22. GEORGHIOU. *op. cit.*

23. SUDDERUDDIN, K. I. Insecticide resistance in agricultural pests with special reference to Malaysia. In: *Proceedings of MAPPS Seminar, 1-2 March, 1979.* Kuala Lumpur, p. 138-48, 1979.

24. HANSON, H., BORLAUG, N. E. e ANDERSON, R. G. *Wheat in the Third World.* Boulder: Westview Press, 1982.

virulentas quase substituiu por completo as formas relativamente fracas existentes. O programa de reprodução de trigo conseguiu acompanhar essa mudança de padrão da doença, mas só por dispor de rápido acesso a novas variedades resistentes quando ocorria cada mudança de raça. Uma situação semelhante surgiu quando novos biótipos da cigarrinha parda (BPH) apareceram subitamente em plantações de arroz do Sudeste Asiático nas décadas de 1970 e 1980 (ver abaixo).

Quanto mais intensa a ameaça a populações de pragas e doenças, mais rapidamente elas são capazes de desenvolver mecanismos para anular ou evitar a ameaça. Devido ao valor elevado das variedades novas – os custos dos insumos e a magnitude esperada dos retornos –, as tentativas de protegê-las de pragas e doenças têm sido enérgicas. Algumas vezes isso funcionou; noutras, provocou uma forte reação e a situação de pragas e doenças se agravou.

Nos primeiros tempos da Revolução Verde, criou-se uma forte dependência dos pesticidas organoclorados que haviam chegado ao mercado nos anos do pós-guerra e eram, sabidamente, pesticidas poderosos. O IRRI, por exemplo, defendeu o uso do BHC colocado em latas nos canais entre os campos. Mas os organoclorados, como bem mostrou meu próprio trabalho em Bornéu do Norte, tendiam a matar não só as pragas, mas também seus inimigos naturais. E George Rothschild demonstrou, em Sarawak, no Sul de Bornéu, que os inimigos naturais desempenhavam um papel-chave no controle de pragas do arroz.[25] Essas descobertas foram largamente ignoradas. Os inseticidas organofosfatados foram substituídos pelos organoclorados, mas os problemas se agravaram. Surgiu resistência – um composto, diazinon, era tão potente na capacidade de provocar resistência que foi usado em experimentos de controle de pragas para criar grandes populações de pragas. A conseqüência mais grave, porém, foi a epidemia de praga conhecida como cigarrinha parda (BPH), que se espalhou por culturas de arroz do Sul e Sudeste da Ásia causando, na Indonésia em particular, perdas devastadoras nas décadas de 1970 e 1980.[26]

25. ROTHSCHILD, G. H. L. The biology and ecology of rice-stem borers in Sarawak (Malaysian Borneo). *Journal of Applied Ecology*, 8, 287-322, 1971.

26. KENMORE, P. Getting policies right, keeping policies right: Indonesia's integrated pest management policy, production and environment. *Paper* apresentado na Asia Region and Private Enterprise Environment and Agriculture Officers' Conference, Sri Lanka, 1991a; *How Rice Farmers Clean Up the Environment, Conserve Biodiversity,*

A cigarrinha parda é um inseto sugador que, quando presente em grandes quantidades, causa uma queimadura característica dos pés de arroz e perda de rendimento. Ela também transmite vírus que atacam o pé de arroz. A BPH era virtualmente desconhecida como praga antes da introdução das novas variedades de arroz; num importante simpósio sobre as grandes pragas de insetos do pé de arroz no Instituto Internacional de Pesquisa do Arroz (IRRI), em 1964, a BPH quase não foi mencionada. Mas ela logo se tornou a causa de prejuízos graves. Em 1977, as perdas na Indonésia excederam 1 milhão de toneladas de arroz.

Na mesma época, um jovem cientista do IRRI, Peter Kenmore, descobriu a razão pela qual os inseticidas, longe de controlarem a praga, pareciam estar associados às epidemias.[27] Ele mostrou que a BPH é normalmente controlada por inimigos naturais nos arrozais – parasitas que destroem os ovos e as jovens ninfas, e várias espécies de aranhas licosídeas que caçam a cigarrinha. No Norte de Sumatra, a densidade populacional das pragas aumentou na proporção direta do número de aplicações de inseticidas; os agricultores estavam tratando seus campos entre seis e vinte vezes num período de quatro a oito semanas sem qualquer sucesso.[28] Os pesticidas não só eram ineficazes; eles estavam sendo fortemente subsidiados pelo governo, numa base de 85% de seu custo. A Indonésia se tornara auto-suficiente na produção de arroz, mas, no processo, estava sendo responsável por 20% do uso mundial de pesticidas no arroz. Em 1986, o governo tomou uma ação com base nas crescentes evidências que associavam os pesticidas às epidemias. Um decreto presidencial proibiu 57 de 66 pesticidas usados no arroz e começou a retirar o subsídio

Raise More Food, Make Higher Profits: Indonesia's IPM – a Model for Asia. Manila: Organização das Nações Unidas para Agricultura e Alimentação, 1991b; GALLAGHER, K. D., KENMORE, P. E. e SOGAWA, K. Judicial use of inseticides deter planthopper outbreaks and extend the life of resistant varieties in Southeast Asian rice. In: DENNO e PERFECT. *op. cit.*, p. 599-614, 1994; STONE, R. Researchers score victory over pesticides – and pests – in Asia. *Science*, 256, 5057, 1992.

27. KENMORE, P. E. Ecology and outbreaks of a tropical pest of the Green Revolution, the brown planthopper, Nilaparvata Lugens. Stahl. Tese de doutorado, Berkeley: University of California, 1980.

28. KENMORE, P. *Status Report on Integrated Pest Control in Rice in Indonesia with Special Reference to Conservation of Natural Enemies and the Rice Brown Planthopper (Nilaparvata lugens).* Jacarta: Organização das Nações Unidas para Agricultura e Alimentação, 1986.

aos poucos. Parte das economias de despesas assim obtidas foi para o financiamento de um programa de Manejo Integrado de Pragas (IPM, na sigla em inglês) (ver adiante).

A principal alternativa ao uso de pesticidas – a criação de resistência a pragas e doenças nas plantas – teve um histórico irregular. No IRRI, ela teve um êxito considerável no aumento progressivo da resistência de cada nova geração de variedades (ver a Tabela 8.1). A primeira variedade com ampla resistência foi a IR20, liberada em 1969. Em alguns aspectos, ela era inferior a variedades precedentes; tinha um caule muito fraco e não conseguia suportar aplicações pesadas de fertilizantes, mas sua resistência e a qualidade superior do seu grão a tornaram popular na Ásia por mais de quinze anos. Nem todas as pragas e doenças, porém, são suscetíveis a esse tratamento. Uma das pragas mais importantes e persistentes do arroz é a broca-de-talo, e já foram feitos grandes esforços para criar variedades resistentes a ela sem grande sucesso até agora. A falha mais grave dessa estratégia é a possibilidade de uma quebra de resistência e a necessidade que os melhoristas têm de estar sempre um passo à frente. A IR20 acabou desprestigiada porque era suscetível à cigarrinha parda.

O surto indonésio de BPH de 1977 foi inicialmente enfrentado com a introdução de uma nova variedade resistente de arroz, a IR26, mas três gerações depois ela havia fracassado e as perdas, em 1979, foram de novo muito severas. A variedade seguinte a ser introduzida foi a IR36. Esta foi mais bem-sucedida e rapidamente adotada. Em 1984, a Indonésia se tornou auto-suficiente na produção de arroz. Mas a resistência da IR36 também teve vida curta. Em 1986, o número de cigarrinhas tinha explodido para os níveis de 1977, ameaçando mais de 50% dos arrozais de Java. As perdas em 1986/87 foram estimadas em quase US$ 400 milhões.[29] Uma explicação para esse desdobramento é que a BPH existe na forma de alguns biótipos ou espécies diferentes:

- A resistência original da variedade IR26 tinha sido ao biótipo 1;
- Depois surgiu o biótipo 2, ao qual a IR36 era resistente. Ela conservou sua resistência de 1977 a 1982;

29. BARBIER, E. B. Natural resources policy and economic framework. In: TARRANT et al. *Natural Resources and Environmental Management in Indonesia*. Annex 1. Jacarta: United States Agency for International Development (USAID), 1987.

- Depois, em 1983, um novo biótipo (biótipo 3) invadiu Sumatra e atacou a IR36; e
- A IR56 foi então introduzida, e era resistente a todos os biótipos.[30]

Entretanto, Peter Kenmore e seus colegas consideram essa explicação simplista demais.[31] Em sua experiência, as populações de cigarrinhas são muito variáveis e podem evoluir rapidamente e se adaptar às circunstâncias locais (como Michael Loevinsohn mostrou também para a broca-de-talo do arroz, ver acima). Eles argumentam que a pulverização pesada de pesticidas acelera a adaptação da BPH a novas variedades de arroz. Em sua opinião, as abordagens do melhoramento de plantas só serão sustentáveis se fizerem parte de uma estratégia integral.

A atitude que os melhoristas de plantas têm tomado na tentativa de criar variedades de cereais resistentes tem sido procurar e introduzir genes simples e com maior resistência. Eles efetivamente conferem imunidade contra apenas uma ou, no máximo, algumas cepas ou espécies da praga ou doença.[32] Essa estratégia tem se mostrado muito eficaz. Uma variedade, a Sonalika do trigo Mexipak, desenvolvida no Paquistão a partir das variedades mexicanas, suportou o ataque principal da ferrugem no Sul da Ásia por mais de vinte anos. Mas ela pode ficar sob risco se houver a possibilidade de surgir uma nova praga ou doença virulenta. A resistência da Sonalika à ferrugem já está sendo quebrada, e novas linhagens de ferrugem do arroz estão produzindo repetidas quebras de resistência nas novas variedades de arroz.[33] A resistência à ferrugem cede geralmente em dois a três anos. Isso não é um problema se novas fontes de resistência puderem ser prontamente encontradas. Quando a IR20, originalmente resistente ao vírus *tungro*, foi destruída por uma nova cepa

30. HERDT, R. W. e CAPULE, C. *Adoption, Spread, and Production Impact of Modern Rice Varieties in Asia.* Los Baños: International Rice Research Institute, 1983.

31. MATTESON et al. *op. cit.*

32. SIMMONDS, N. W. *Principles of Crop Improvement.* Harlow: Longman, 1981; VANDERPLANK, J. E. *Host-Pathogen Interactions in Plant Disease.* Nova Iorque: Academic Press, 1982.

33. SAARI, E. E. South and South-east Asian region. In: CIMMYT. *Report on Wheat Improvement*, 1983. Cidade do México: International Maize and Wheat Improvement Center, 1985; OU, S. H. Genetic defence of rice against disease. In: DAY, P. R. (Org.). *The Genetic Basis of Epidemics in Agriculture. Annals of the New York Academy of Science*, p. 275-86, 1977.

nas Filipinas, em 1972, uma nova variedade resistente, a IR26, foi criada pelo IRRI em um ano.

A estratégia alternativa é criar uma combinação de genes que contribuam com apenas um grau parcial de resistência cada. Isso é mais lento de se conseguir; acumular os genes necessários de pais diferentes pode levar de dez a doze anos.[34] Entretanto, como a resistência a pragas ou patógenos está sendo feita de maneiras diferentes e raramente eles são controlados por completo, é menor a possibilidade de surgir uma cepa nova e mais virulenta. Como a experiência dos últimos trinta anos tem mostrado, quanto maior o sucesso aparente em se conseguir o controle de uma praga ou doença no curto prazo, maior a probabilidade de uma ruptura séria desse controle. No longo prazo, é melhor conviver com níveis baixos de ataques de pragas com a utilização de diversas iniciativas para se manter à frente do problema.

O controle de pragas e patógenos tem sido e, em certa medida, ainda é, uma questão de tentativa e erro.[35] Em geral, a primeira resposta é tentar um pesticida; se isso não funcionar ou causar novos problemas, um pesticida diferente ou um método alternativo é tentado. E assim o processo continua. Muitas vezes, o que funciona para uma praga numa lavoura não funciona para outra, ou pode realmente agravar o outro problema de praga. Os profissionais de proteção de lavouras conhecem o problema há tempos e, desde a década de 1950, vêm desenvolvendo uma atitude sistemática para o controle de pragas conhecido como Manejo Integrado de Pragas (IPM).[36] Ele analisa cada situação da cultura e da praga *como um todo* e então traça um programa que integra os diversos métodos de controle à luz de todos os fatores presentes. Tal como é praticado hoje, ele combina tecnologia moderna, aplicação de pesticidas sintéticos, mas seletivos, e engenharia de resistência à praga com métodos naturais de controle, inclusive práticas agronômicas e o uso de predadores e parasitas naturais. Como demonstrei numa das primeiras

34. KHUSH, G. S. Selecting rice for simply inherited resistances. In: STALKER H. T. e MURPHY, J. P. (Orgs.). *Plant Breeding in the 1990s: Proceedings of the Symposium on Plant Breeding in the 1990s*. Wallingford: CAB International, p. 303-22, 1992.

35. CONWAY. *op. cit.*, 1971.

36. FLINT, M. L. e VAN DER BOSCH, R. *Introduction to Integrated Pest Management*. Nova Iorque: Plennun Press, 1981; CATE, J. R. e HINKLE, M. K. *Integrated Pest Management: The Path of a Paradigm*. Washington: National Audubon Society, 1994.

aplicações do IPM nos países em desenvolvimento, o controle de pragas do cacau em Sabah, o resultado é um controle de praga eficiente e sustentável freqüentemente mais barato do que o uso convencional de pesticidas.

Um exemplo recente muito bem-sucedido é o IPM desenvolvido para a cigarrinha parda e outras pragas do arroz na Indonésia. Pelo programa, os agricultores são treinados para reconhecer e monitorar regularmente as pragas e seus inimigos naturais. Eles usam então regras simples, mas eficazes, para determinar o uso mínimo necessário de pesticidas. O resultado foi uma redução do número médio de pulverizações de mais de quatro a menos de uma por temporada, enquanto os rendimentos aumentaram de 6 t/ha para quase 7,5 t/ha. Desde 1986, a produção de arroz aumentou 15%, enquanto o uso de pesticidas recuou 60%, com uma economia de US$ 120 milhões por ano em subsídios. O benefício econômico total até 1990 foi estimado em mais de US$ 1 bilhão.[37] A saúde dos agricultores melhorou e um benefício não insignificante foi o retorno dos peixes aos arrozais.

Sob muitos aspectos, o controle de pragas é como um jogo de xadrez multidimensional. Nós investimos contra diversas pragas, explorando um leque de métodos de controle; as pragas reagem desenvolvendo novas defesas. Como já aprendemos, não se trata de uma luta desigual – raramente ocorre um xeque-mate final. O controle sustentável de pragas depende do desenvolvimento de novas estratégicas e táticas num jogo contínuo. Uma maneira útil de imaginar a disputa é caracterizar as pragas em termos de diferentes estratégias evolutivas. Eu sugeri a existência de três dessas estratégias (reconhecendo, claro, que não são estratégias conscientes – elas evoluíram pelo processo de seleção natural):[38]

1. *Pragas oportunistas*: estas são as invasoras, deslocam-se de um lugar para outro, multiplicam-se rapidamente, atacam muitos tipos de lavouras e causam danos enormes por causa do seu número. Elas incluem os gafanhotos e lagartas de cereais, e doenças como a ferrugem.
2. *Pragas especialistas*: presentes na maior parte do tempo, com índices baixos de aumento, causam perdas porque atacam uma parte muito

37. KENMORE. *op. cit.*, 1991a, 1991b.

38. CONWAY. *op. cit.*, 1971.

valiosa da planta ou transmitem uma doença – elas incluem o escaravelho, que come o cerne do coqueiro, e a cigarrinha verde, que transmite a doença *tungro* do arroz.

3. *Pragas intermediárias*: estas se situam entre os dois outros tipos, mas se distinguem por serem controladas por inimigos naturais. Elas incluem a cigarrinha parda.

No cacau de Bornéu do Norte, no começo da década de 1960, o *bee bug* e a broca *ringbark* eram especialistas, a broca-de-galho e o saltão do cacau intermediárias, e os bichos-de-cesto oportunistas.

De nossa parte, temos, fundamentalmente, quatro métodos de controle disponíveis:

1. *Controle por pesticida*: a aplicação de compostos químicos para matar ou conter diretamente as pragas;
2. *Controle biológico*: a utilização de inimigos naturais, seja aumentando os que já estão presentes, seja trazendo-os de outras regiões ou países;
3. *Controle cultural*: o uso de práticas agrícolas e outras para mudar adversamente o habitat da praga;
4. *Resistência da planta ou do animal*: o melhoramento de animais e culturas vegetais para resistência a pragas.

A escolha do controle a ser usado vai depender das pragas presentes e de suas estratégias. A melhor abordagem é identificar uma ou mais pragas-chaves que precisam ser atacadas primeiro. Em geral, essas são as pragas intermediárias e precisam ser visadas especificamente para garantir que seus inimigos naturais consigam agir com eficácia. Para elas, o controle biológico é a estratégia adequada. Talvez seja preciso usar pesticidas contra pragas oportunistas (por exemplo, os bichos-de-cesto do cacau), mas eles devem ser seletivos, em especial se houver pragas intermediárias presentes. Pragas especialistas como a broca *ringbark* do cacau podem ser controladas por manipulação do ambiente da cultura. O Box 11.1 oferece uma combinação sugerida entre estratégias de controle e de pragas.

Nos últimos quarenta anos, o IPM evoluiu para uma abordagem sofisticada do controle de pragas e vem alcançando alguns êxitos

Box 11.1 Estratégias de pragas e controle[39]

Estratégia praga/ controle	*Oportunistas*	*Intermediárias*	*Especialistas*
Pesticidas	Baseados em previsão	Seletivos	Visados, baseados em monitoramento
Controle biológico		Introdução ou melhora de inimigos naturais	
Controle cultural	Cultivo, rotações, cronograma do plantio		Destruição de hospedeiros alternativos
Resistência	Poligênica		Monogênica

notáveis.[40] As economias foram muitas vezes consideráveis. Em Madagascar, um programa baseado em controle cultural, resistência de plantas e uso moderado de herbicidas dispensou um programa muito caro de pulverização aérea, cobrindo 60 mil hectares de arrozais.[41] A análise de Jules Pretty, do IPM, em países em desenvolvimento identificou vários programas em que as economias anuais estão na faixa de US$ 1 milhão a US$ 10 milhões.[42] Mas o IPM não vem sendo adotado tão amplamente como se poderia esperar. Isso se deve, em parte, ao fato de que, apesar de fundamentado em princípios ecológicos, sua implementação seguiu, até recentemente, uma abordagem tradicional de cima para baixo. Programas de IPM foram elaborados por especialistas e em seguida as instruções foram passadas aos agricultores.

O IPM é um processo mais complexo do que um que se apóie num calendário regular de pulverizações. Muita gente acredita que os agricultores não conseguem compreender algumas tecnicalidades envolvidas. Nos últimos anos, porém, essa visão vem sendo realmente contestada. Em Zamorano, Honduras, programas de treinamento na Escuela Agrícola

39. *Ibid.*

40. THRUPP, L. A. (Org.). *New Partnerships for Sustainable Agriculture.* Washington: World Resources Institute, 1996.

41. VON HILDEBRAND, A. Integrated pest management in rice: the case of the paddy fields in the region of Lake Alaotra, *paper* apresentado na East/Central/Southern Africa Integrated Pest Management Implementation Workshop, Harare, Zimbábue, 19-24 de abril de 1993.

42. PRETTY. *op. cit.*

Panamericana vêm descobrindo o que os agricultores sabem e não sabem sobre o controle de pragas.[43] Eles sabem muito sobre abelhas, mas não têm conhecimento da existência de vespas solitárias que atacam insetos, ou de vespas parasitas que, como larvas, vivem no interior de outros insetos. Eles são bastante informados sobre muitos aspectos da doença da podridão da espiga de milho, mas não sobre como ela se reproduz. Eles têm consciência de que pesticidas são tóxicos, mas associam isso ao cheiro do pesticida e tomam poucas precauções quando os pulverizam. No treinamento, eles observam fungos no microscópio, vêem parasitóides surgirem de pragas e, no campo, observam vespas e formigas atacando pragas. Um resultado dos mais compensadores tem sido a disposição dos agricultores para experimentar os conhecimentos recém-adquiridos, integrando-os ao seu conhecimento tradicional. Um agricultor intercalou amaranto com suas verduras para atrair predadores; outro colocou uma caixa de batatas armazenadas em um formigueiro; um terceiro levou casulos de parasitas de sua fazenda para a de um vizinho.

O envolvimento mais intenso de agricultores com o IPM foi no programa do arroz indonésio que já mencionei.[44] Em 1993, mais de cem mil agricultores freqüentaram escolas agrícolas de campo, onde usaram diagramas de Análise de Agrossistema simples para compreender e discutir a relação entre as diversas pragas e o cultivo de arroz. Os ciclos vitais de pragas e seus predadores e parasitas são explicados usando-se um "zoológico de insetos" e são colocados corantes em pulverizadores de mochila para mostrar onde o inseticida pulverizado vai parar. As próprias escolas se tornaram a base de grupos de agricultores para o IPM onde eles continuam se reunindo para discutir seus problemas e organizar o monitoramento, em âmbito de aldeia, das populações de pragas e predadores. Em 1990, um surto de broca-de-talo-branco ameaçou solapar o

---

43. BENTLEY, J. W., RODRÍGUES, G. e GONZÁLEZ, A. Science and the people: Honduran campesinos and natural pest control inventions. In: BUCKLES, D. (Org.). *Gorras y Sombreros: Caminos hacia la Colaboración entre Técnicos y Campesionosia.* El Zamarano: Departamento de Proteção à Lavoura, 1993. Stimulating farmer experiments in non-chemical pest control in Central America. In: SCOONES, I. e THOMPSON, J. (Orgs.). *Beyond Farmer First: Rural People's Knowledge, Agricultural Research and Extension Practice.* Londres: Intermediate Technology, p. 147-50, 1994.

44. PRETTY. *op. cit.*; KENMORE. *op. cit.*, 1991; MATTESON et al. *op. cit.*; WINARTO, Y. Encouraging knowledge exchange: integrated pest management in Indonesia. In: SCOONES e THOMPSON. *op. cit.*, p. 150-4, 1994.

sucesso do programa, mas os apelos para reverter para a pulverização foram contidos com sucesso. Nas escolas, os agricultores foram ensinados a reconhecer os aglomerados de ovos das brocas-de-talo e, numa campanha maciça, procuraram-nos e destruíram-nos. Um ano depois, somente um punhado de arrozais foi infestado.

O IPM na Indonésia tornou-se, assim, institucionalizado e, com isso, sustentável. Desde 1990, cerca de 20% do treinamento agrícola tem sido pago pelos próprios agricultores. Observadores estão convencidos de que isso representa uma economia muito considerável em aplicações de pesticidas e a obtenção de rendimentos mais altos. Como disse um ex-aluno: "Depois de cursar a escola de campo, tenho paz de espírito. Porque agora sei como investigar, não sou levado pelo pânico a usar pesticidas assim que descubro alguns sintomas de danos causados por pragas."[45] Essa postura está sendo estendida agora a agricultores de mais oito países da Ásia.

45. VAN DER FLIERT, E. *Integrated Pest Management: Farmer Field Schools Generate Sustainable Practices*. Wageningen: Wageningen Agricultural University (WAU Paper 93-3), 1993.

12 Reposição de nutrientes

Uma vez derrubada a vegetação natural, "as árvores, cortadas pelo machado, param de nutrir sua mãe com sua folhagem". Entretanto, "podemos colher safras maiores se a terra for reavivada por uma adubação freqüente, oportuna e moderada".

Lucius Columella, *De re rustica*[1]

Lucius Columella, escrevendo no século seguinte ao de Marcus Varro, a quem citei no início do Capítulo 9, foi outro proprietário rural romano que compreendeu claramente a base da sustentabilidade. Nos ecossistemas naturais, os nutrientes são cíclicos. Eles são coletados no solo pelas raízes das plantas, contribuem para o desenvolvimento de troncos, folhas e frutos e, quando as plantas morrem, são devolvidos parcialmente ao solo quando do apodrecimento da vegetação. Um ciclo semelhante sustenta as populações animais: nutrientes são ingeridos quando os animais se alimentam de capim e outras plantas, e devolvidos parcialmente nas fezes e na urina, e parcialmente quando os animais morrem e se decompõem (Figura 12.1).

Como bem sabem todos os agricultores, quando plantas são tratadas como culturas e animais como criação, o processo de colheita retira os nutrientes do ecossistema (Figura 12.2). Alguns solos são naturalmente mais ricos em nutrientes do que outros e podem ser explorados, pelo menos durante algum tempo, mas no final, para todos os solos, os nutrientes perdidos precisam ser repostos. Sem reposição de nutrientes não há sustentabilidade agrícola.

Até pouco tempo atrás, o único meio de reposição normalmente disponível ao agricultor era a aplicação de estercos ou adubos, ou, como os

1. ASH, H. B. *Lucius Junius Moderatus Columella on Agriculture*, v. 1-3. Cambridge/ Londres: Harvard University Press (Loeb Classical Library)/Heinemann II, 1. 6-13, 1941.

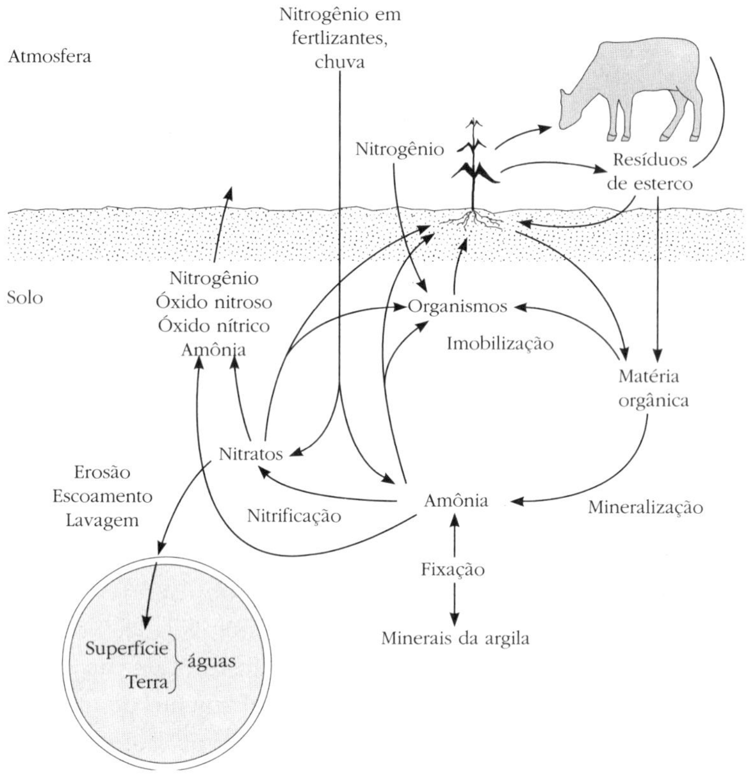

Figura 12.1 Ciclo de nitrogênio em culturas agrícolas, criações de animais e no solo.[2]

romanos perceberam, o cultivo de legumes fixadores de nitrogênio. Isso mudou com a invenção, no início do século XX, do processo de Haber-Bosch para sintetizar amônia da atmosfera. Hoje, a fabricação de adubos inorgânicos sintéticos é muito eficiente, ao menos nos países desenvolvidos, e relativamente barata, na medida em que depende do nitrogênio atmosférico e de combustíveis fósseis como metano e carvão para seus ingredientes básicos.

A China é o maior fabricante mundial e a produção da Índia está crescendo depressa, embora seja pequena a capacidade da África subsaariana (Figura 12.3). Os outros nutrientes-chaves, fósforo e potássio, também são muito abundantes na forma mineral. Em termos geográficos, porém,

2. CONWAY, G. R. e PRETTY, J. N. *Unwelcome Harvest: Agriculture and Pollution.* Londres: Earthscan (depois de BRADY, N. *The Nature and Property of Soils*, Nova Iorque: Macmillan, 1984), 1991.

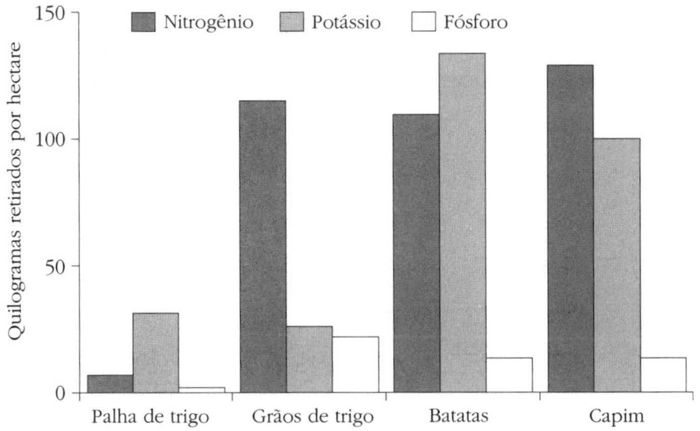

Figura 12.2 Nutrientes retirados por culturas no Reino Unido.[3]

eles estão extremamente confinados – 50% dos depósitos estão localizados no Oriente Médio e outros 25% na África do Sul.[4]

O desenvolvimento de fertilizantes sintéticos criou um potencial para rendimentos muito altos, mais altos que os obtidos no ciclo natural dos nutrientes. Foi esse potencial que o desenvolvimento de variedades de arroz e trigo de palha curta pretendeu explorar. Cerca de 60% do total de fertilizantes são aplicados hoje em cereais: aproximadamente a metade no arroz e um quarto no trigo.[5] Outros 13% vão para a cana-de-açúcar e o algodão. Muito pouco é aplicado em outras culturas alimentares além dos cereais. As taxas de aplicação recomendadas para novas variedades de arroz e de trigo estão entre 120 e 170 kg de nitrogênio/ha.[6] Com essas taxas, os agricultores podem esperar retornos de oito a vinte vezes em termos de quilograma adicional de grãos por quilograma adicional de nutrientes de plantas, e de trinta a cinqüenta vezes para raízes e tubérculos.[7]

3. JOLLANS, J. L. *Fertilisers in UK Farming*. Reading: Centre for Agricultural Strategy, University of Reading (CAS Report n. 9), 1985.

4. MITCHELL, D. O. e INGCO, M. D. *The World Food Outlook*. Washington: Banco Mundial, 1993.

5. FAO/IFA/IFDC. *Fertilizer Use by Crop*. Roma: Organização das Nações Unidas para Agricultura e Alimentação (Doc. ESS/Misc./1992/3), 1992.

6. STANGEL, P. J. Nitrogen requirement and adequacy of supply for rice production. In: IRRI. *Nitrogen and Rice*. Los Baños: International Rice Research Institute, 1979; ROY, N. e SEETHARAMAN, S. *Wheat* (2a. ed.). Nova Délhi: Fertilizer Association of India, 1977.

7. FAO. *Fertilizers and Food Production: Summary Review of Trial and Demonstration Results, 1961- 1986*. Roma: FAO (FAO Fertilizer Programme), 1989.

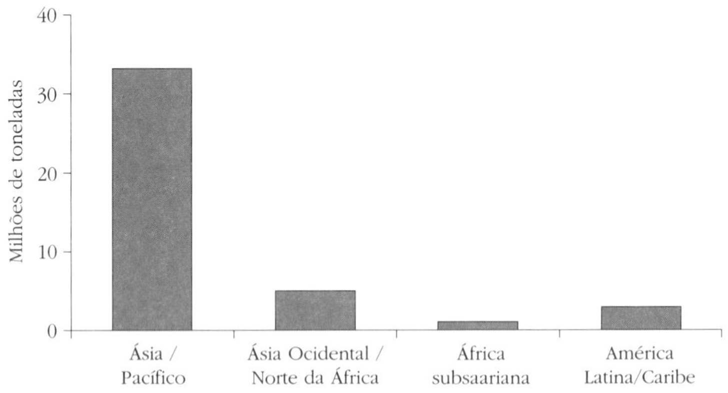

Figura 12.3 Produção regional de fertilizantes nitrogenados.

Mas existe um inconveniente, como indicado nos Capítulos 6 e 7. Os retornos econômicos podem não se equiparar aos retornos físicos. Embora os preços mundiais dos fertilizantes tenham caído nos últimos quinze anos, em muitos países em desenvolvimento os fertilizantes continuam caros. Aproximadamente um terço dos fertilizantes é importado, e os sistemas de distribuição ineficientes aumentam os custos e limitam a disponibilidade.[8] O cronograma de aplicação é crucial para se obter os melhores resultados, e se os suprimentos forem tardios ou erráticos, os agricultores poderão ter de arcar com custos pesados e retornos pequenos. O pacote total de nutrientes também é importante. Além de nitrogênio (N), fósforo (P) e potássio (K), as plantas precisam de uma série de micronutrientes. Os agricultores precisam encontrar o equilíbrio certo de nutrientes para culturas e solos diferentes. A degradação química do solo – salinidade, acidez ou alcalinidade excessivas – pode interferir na captação de nutrientes.

Grande parte dos fertilizantes nitrogenados se perde. Os agricultores podem aplicar mais do que a quantidade ótima necessária para maximizar a produção ou o cronograma pode estar aquém do ótimo. Isso é compreensível. Existe uma enorme variação na resposta das culturas às aplicações de fertilizantes – o tipo de solo, o regime das chuvas e o tipo de fertilizante, tudo isso afeta a eficiência com que os nutrientes são captados e convertidos em grãos ou em outros produtos cultivados. É difícil,

8. ALEXANDRATOS, N. (Org.). *World Agriculture: Towards 2010. A FAO Study*. Chichester: Wiley & Sons, 1995.

mesmo com análises sofisticadas, determinar o nível apropriado de fertilização. E, como indicado no Capítulo 6, níveis de subsídios muito altos – 70% dos preços mundiais na Indonésia na década de 1980 – estimulam os agricultores a fertilizar em excesso.

Os índices de recuperação – a quantidade de nitrogênio aplicado que termina no produto colhido – podem chegar a 100% nos climas temperados. Nos trópicos, porém, mesmo sob condições altamente controladas e com as melhores práticas agronômicas, as recuperações são muito inferiores: 50-60% para culturas em sequeiro, mas raramente acima de 30-40% para o arroz.[9] As condições anaeróbicas únicas dos arrozais de alagado resultam em perdas vultosas de nitrogênio, em particular pela volatilização como amônia. E boa parte do nitrogênio remanescente escoa nas águas de superfície ou é arrastada para aqüíferos subterrâneos. Nos trópicos sazonais, a lavagem é estimulada pela alternância dos extremos das estações úmida e seca. Ocorre uma lenta acumulação de nitrato no solo superior durante a estação seca devido à mineralização do nitrogênio orgânico. Segue-se a isso um aumento rápido e curto no começo das chuvas e, depois, um declínio à medida que o nitrato é carregado para as águas de superfície e do subsolo.[10] Em arrozais irrigados de grande escala, a maioria encontrada nos trópicos sazonais e intensamente adubada, bem mais da metade do nitrogênio se perde na atmosfera e no escoamento das águas de irrigação.[11]

Uma resposta parcial a esse desperdício é melhorar a otimização na aplicação de fertilizantes. Atualmente, a maioria dos agricultores asiáticos de arroz aplica o fertilizante diretamente na água uma a três semanas depois do transplante, o que resulta em perdas consideráveis para a atmosfera. Seria melhor se as aplicações fossem divididas e mais bem programadas conforme as necessidades da planta. Três aplicações, a primeira pouco antes do transplante, a segunda na germinação máxima e a última pouco antes do início do florescimento das panículas, desperdiçariam

9. PRASAD, R. e DE DATTA, S. K. Increasing nitrogen fertilizer efficiency in wetland rice. In: IRRI. *op. cit.*, 1979.

10. SÁNCHEZ, P. A. *Properties and Management of Soils in the Tropics.* Nova Iorque: Wiley & Sons, 1976.

11. VIETS, F. G., HUMBERT, R. P. e NELSON, C. E. Fertilizers in relation to irrigation. In: HAGAN, R. M., HAISE, H. R. e EDMINSTER, R. W. *Irrigation of Agricultural Lands.* Madison: American Society of Agronomy, 1967.

menos.[12] Na Europa, os campos são regularmente vistoriados e os agricultores recebem recomendações rotineiras precisas sobre taxas e cronograma de aplicação dependendo do tipo de solo e da lavoura anterior. É urgente a necessidade de recomendações similares nos países em desenvolvimento.

A utilização de nitrogênio também pode ser melhorada pelos novos métodos de aplicação. A pulverização do fertilizante nas folhas, por exemplo, resulta em rápida absorção e deslocamento na planta.[13] Ela reduz em 25% as aplicações em certas plantações de verduras. O revestimento de fertilizantes à base de uréia com enxofre produz uma liberação mais lenta e mais controlada do nitrogênio, além de reduzir as perdas de metano, amônia e óxido nitroso.[14] Mas há muita coisa que pode ser feita sem recorrer a técnicas inovadoras. As perdas de amônia são maiores quando os fertilizantes são aplicados na superfície da água e podem ser reduzidas se os fertilizantes forem totalmente incorporados ao solo durante a preparação da terra. Pode-se conseguir uma redução das emissões de metano dos arrozais – de até 88%, sem diminuir os rendimentos – com a drenagem dos campos em momentos específicos.[15]

Além dos 50 milhões de toneladas de metano produzidas anualmente pelos arrozais, outros 80 milhões de toneladas vêm de animais ruminantes, sobretudo do gado bovino. Nos países desenvolvidos, a adição de antibióticos e esteróides à ração do gado reduz as emissões de metano, e a de somatotrofina (BST) aumenta a produção de leite nas vacas leiteiras.[16] Existe ainda a possibilidade no longo prazo de usar a biotecnologia para modificar o processo de fermentação no rume do gado, onde o

12. DE DATTA, S. K. Improving nitrogen fertilizer efficiency in lowland rice in tropical Asia. *Fertilizer Research*, 9, 171-86, 1986.

13. ALEXANDER, A. Modern trends in special fertilisation practices. *World Agriculture*, 35-8, 1993.

14. MIKKELSON, D. S., DE DATTA, S. K. e OBCEMEA, W. N. Ammonia losses from flooded rice soils. *Soil Science Society of America Journal*, 42, 725-30, 1978; LINDAU, C. W., BOLLICH, R. D., DELAUNE, A. R. et al. Methane mitigation in flooded Louisiana rice fields. *Biology and Fertility of Soils*, 15, 174-8, 1993.

15. SASS, R. L., FISHER, Y. B., WANG, F. T. et al. Methane emission from rice fields: the effect of flood water management. *Global Biogeochemical Cycles*, 6, 249-62, 1992.

16. INTERGOVERNMENTAL PANEL ON CLIMATE CHANGE. Agricultural options for mitigation of greenhouse gas emissions. In: *Climate Change 1995: Impacts, Adaptations and Mitigations of Climate Change: Scientific-technical Analyses*. Cambridge: Cambridge University Press, p. 745-72, 1996.

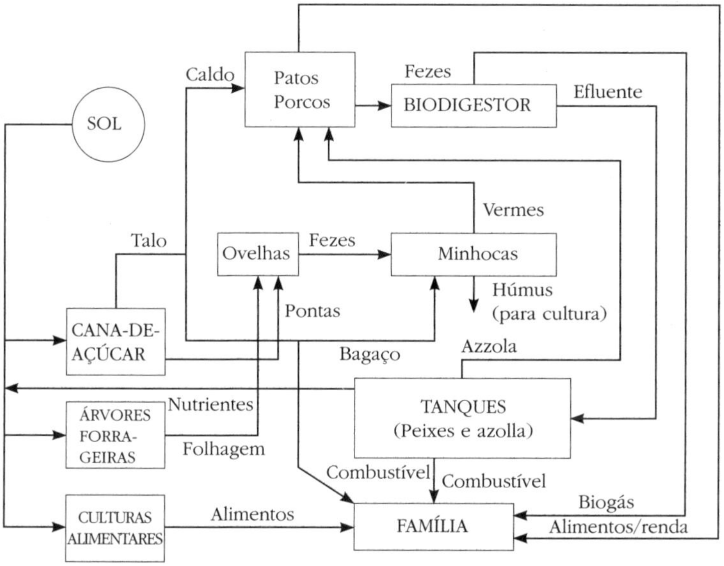

Figura 12.4 Modelo de sistema integrado de criação de animais/aqüicultura para uma propriedade familiar.[17]

metano é produzido. Mas a abordagem mais promissora para os países em desenvolvimento é melhorar a alimentação dos animais e a eficiência na utilização das rações. A suplementação da alimentação de gado leiteiro na Índia com rações de alta qualidade reduz as emissões de metano por litro de leite num fator de três.[18] Uma alternativa é fazer maior uso de sobras de colheitas e de culturas especialmente cultivadas, como a cana-de-açúcar ou a árvore forrageira leguminosa *Prosopis*. O caldo da cana pode ser fornecido a suínos e aves, e a forragem a ruminantes.[19] Há vários modelos de sistemas integrados para criação de animais/aqüicultura com potencial para serem sustentáveis e altamente produtivos em pequenas áreas de terra, e, ao mesmo tempo, reduzirem as emissões de metano de 1 tonelada por tonelada de carne no sistema de criação de pastoreio para menos de 100 kg por tonelada (Figura 12.4).

17. PRESTON, T. R. e LENG, R. A. Agricultural technology transfer: perspectives and case studies involving livestock. In: ANDERSON, R. (Org.). *Agricultural Technology: Policy Issues for the International Community*. Wallingford: CAB International, p. 267-86, 1994.

18. LENG, R. A. *Improving Ruminant Production and Reducing Methane Emissions from Ruminants by Strategic Supplementation*. Washington: Office of Air and Radiation (USEPA Report 400/1-91/004), 1991.

19. *Ibid*.

Box 12.1 Práticas com potencial para reduzir emissões gasosas[20]

REDUÇÃO DE METANO

Ruminantes

Melhorar a qualidade da alimentação e o equilíbrio de nutrientes
Aumentar a digestibilidade dos alimentos
Usar antibióticos e outros aditivos
Raças de gado melhoradas
Geminação para reduzir o número de animais parindo

Arrozais de alagado

Drenagem de campos
Uréia revestida com enxofre
Novas variedades de arroz

REDUÇÃO DE ÓXIDO NITROSO

Otimização

Teste de solo/planta
Minimizar pousios
Dividir aplicações
Amanho, irrigação e drenagem

Fluxos mais comprimidos de nutrientes

Integração de plantas e animais
Retenção de resíduos de culturas

Novos fertilizantes

Liberação controlada
Fertilizantes abaixo da superfície do solo
Aplicação de adubo foliar
Inibidores de nitrificação
Fertilizantes combinados com regime de chuvas

Essas e muitas outras abordagens possíveis para reduzir os poluentes gasosos da agricultura foram avaliadas e resumidas pelo Painel Internacional sobre Mudanças Climáticas. O Box 12.1 lista as que provavelmente terão maior relevância para países em desenvolvimento. Se adotadas globalmente e na íntegra, elas conseguiriam reduções das emissões de metano na agricultura de 130 milhões de toneladas para

20. INTERGOVERNMENTAL PANEL ON CLIMATE CHANGE. *op. cit.*

81 milhões, e de óxido nitroso de 3,5 milhões de toneladas para 2,8 milhões. Mas sua adoção não será simples. Há contratempos. Embora a drenagem periódica de arrozais reduza as emissões de metano, ela pode aumentar as emissões de óxido nitroso; e pode haver uma conseqüência semelhante com a melhora da qualidade da ração do gado. A maioria das técnicas do Box 12.1 provavelmente é dispendiosa. As forças de mercado podem estimular a pesquisa e o desenvolvimento apropriados, acabando por reduzir os custos, em particular onde ocorrer um aumento de eficiência; no entanto, essa é uma área em que o investimento público internacional será essencial, pois muitos retornos provavelmente serão de caráter mais social que privado.

Muitas dessas técnicas são mais adequadas para áreas de alto potencial, mas algumas podem ser adotadas onde o rendimento potencial é menor. Por exemplo, incorporar fertilizantes de uréia, formulados como briquetes, bolinhas ou supergrânulos, profundamente no solo antes do plantio é em geral mais eficaz em termos de custo do que espalhar o fertilizante na superfície. O uso de supergrânulos em Taiwan aumentou em 20% os rendimentos do arroz em áreas marginais.[21] E testes realizados na Indonésia com a introdução profunda de uréia resultaram num aumento de 10% no rendimento e uma queda de 25% na quantidade de uréia aplicada.[22] Como a introdução profunda exige mais mão-de-obra, ela é vantajosa nas áreas de menor potencial, onde a criação de empregos é também uma prioridade.

Em muitas situações de potencial inferior, porém, os fertilizantes sintéticos são caros demais ou muito difíceis de se obter. Uma resposta a isso é cultivar plantas – como a variedade de arroz IR42 – que fazem melhor uso do nitrogênio existente no solo ou fixam seu próprio nitrogênio. Uma meta mais ambiciosa é o desenvolvimento de um arroz de sequeiro que cresça em campos abastecidos por água da chuva, seja perene e fixe seu próprio nitrogênio (ver a Figura 8.1).[23] Klaus Lampe, ex-diretor do IRRI, referiu-se a isso como um de seus projetos "Homem na Lua".

---

21. DE DATTA. *op. cit.*, 1986.
22. O'BRIEN, D. T., SUDJADI, M., SRI ADININGSIH, J. et al. Economic evaluation of deep placed urea for rice in farmers' fields: a plot area approach, Ngawi, East Java, Indonesia. In: IRRI, *Efficiency of Nitrogen Fertilizers for Rice*. Los Baños: International Rice Research Institute, 1987.
23. IRRI. *IRRI Toward 2000 and Beyond*. Los Baños: International Rice Research Institute, 1989.

Se puder ser obtido, ele será um verdadeiro "arroz milagroso" para os agricultores das terras de menor potencial.

Um dos maiores desafios atuais, em especial na África subsaariana, é melhorar a situação dos nutrientes nas terras sujeitas a sistemas de pousio ou de cultivo itinerante descritos no Capítulo 9.[24] Estima-se que 70 milhões de hectares de terras florestais e 485 milhões de hectares de savanas estão sendo aproveitados em alguma forma de sistema de pousio ou itinerante, sustentando cerca de 250 milhões de pessoas.[25] A viabilidade desses sistemas depende da extensão relativa dos períodos de cultivo e de pousio. A maioria dos estudos de longo prazo com terras florestais e savanas sugere que rendimentos inferiores, mas sustentáveis, exigem um ciclo de mais de dois anos de cultivo seguido de dez anos de pousio. Qualquer coisa inferior a isso provoca degradação. Há evidências experimentais, contudo, de que um manejo correto pode gerar uma produtividade alta, contínua e sustentável nesses solos. O experimento mais conhecido foi realizado por Pedro Sánchez e seus colegas em Yurimaguas, no Peru, em solos ácidos inférteis.[26] O milho foi cultivado em sistema de rotação com soja por dezenove anos, sem diminuição de rendimento, usando-se níveis apropriados de fertilizantes inorgânicos e tratamento regular com cal (Figura 12.5). Mas a maioria dos experimentos de longo prazo indica que conservar matéria orgânica nos solos, com exceção dos mais férteis, é fundamental.[27]

O nitrogênio orgânico no solo pode ser aumentado estimulando-se a proliferação de certos microrganismos ou, mais diretamente, aplicando-se adubos vegetais e animais. Vários tipos de bactérias, e também certos tipos de microrganismos, como as algas azul-verdes, retiram nitrogênio da atmosfera e o convertem em amônia, que pode ser aproveitada pelas plantas. Alguns existem livremente no solo, embora estejam

24. IITA. *Sustainable Food Production in Sub-Saharan Africa, 1. IITA's Contribution.* Ibadan: International Institute of Tropical Agriculture, 1992.

25. GREENLAND, D. J. *Contributions to Agricultural Productivity and Sustainability from Research on Shifting Cultivation, 1960 to Present* (mimeo. não publicado), 1995; ROBINSON, D. M. e MCKEAN, S. J. *Shifting Cultivation and Alternatives: An Annotated Bibliography, 1972-1989.* Wallington: CAB International, 1992.

26. SÁNCHEZ, P. Alternatives to slash and burn: a pragmatic approach for mitigating tropical deforestation. In: ANDERSON. *op. cit.*, p. 451-79, 1994.

27. GREENLAND. *op. cit.*; PIERI, C. J. M. G. *Fertility of Soils: A Future for Farming in West Africa.* Berlim: Springer-Verlag, 1992.

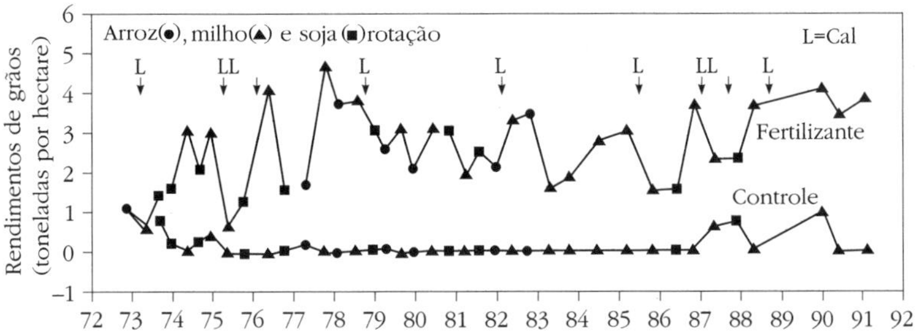

Figura 12.5 Cultivo contínuo de solos ácidos na Amazônia peruana.[28]

freqüentemente associados às zonas das raízes das plantas e sua proliferação possa ser estimulada por algumas culturas. Na presença da variedade de arroz IR42, eles produzem até 40 kg de N/ha por ano. Entretanto, os melhores resultados práticos vieram da exploração de microrganismos fixadores de nitrogênio que vivem simbioticamente em plantas.[29]

Existe uma alga azul-verde, a *Anabaena azollae*, que vive nas cavidades das folhas de um pequeno feto, o azzola, um fixador potencialmente fenomenal de nitrogênio – até 400 kg N/ha por ano, em condições experimentais. O feto se desenvolve naturalmente na água de arrozais sem interferir no desenvolvimento dos pés de arroz. Ele cobre rapidamente a superfície e, passados cem dias, aproximadamente 60 toneladas podem ser colhidas por hectare, contendo 120 kg de nitrogênio. O nitrogênio, contudo, não está diretamente disponível para o arroz; os fetos precisam ser incorporados ao solo. Os rendimentos do arroz podem ser aumentados, então, em 1 tonelada por hectare ou mais, e esse efeito será transmitido para a cultura seguinte, por exemplo, se for cultivado trigo depois do arroz tratado com azolla.[30] A melhor abordagem é a combinação de azolla com fertilizantes sintéticos de nitrogênio (Figura 12.6). A economia de fertilizantes pode chegar a 50%. Em 1982, as Filipinas criaram o Programa Nacional de Ação do Azolla para explorar esse potencial. O programa tem um centro nacional de inoculação que

28. SÁNCHEZ. *op. cit.*

29. CONWAY e PRETTY. *op. cit.*; PRETTY, J. N. *Regenerating Agriculture: Policies and Practice for Sustainability and Self-reliance*. Londres: Earthscan, 1995.

30. CONWAY e PRETTY. *op. cit.*; KHOLE, S. S. e MITRA, B. N. Effects of Azolla as an organic source of nitrogen in rice-wheat cropping systems. *Journal of Agronomy and Crop Science*, 159, 212-15, 1987.

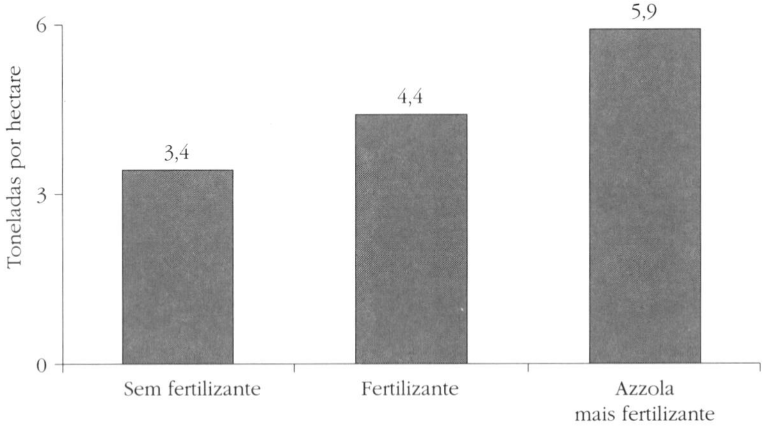

Figura 12.6 Efeitos do azolla e fertilizante (nitrogênio, potássio e fósforo na proporção de 30:30:30) nos rendimentos do arroz nas Filipinas.[31]

mantém uma rede de centros regionais que, por sua vez, selecionam e testam variedades locais de azolla e sua alga azul-verde, a *Anabaena*. Cepas de alta qualidade são propagadas em centros de aldeias e treinamento é fornecido a agricultores e alunos de cursos de extensão. A meta é aplicar essa abordagem em cerca de 300 mil hectares de arroz de terras baixas, gerando uma economia de no mínimo US$ 23 milhões, que seriam gastos em fertilizantes importados.[32]

Os microrganismos fixadores de nitrogênio simbióticos mais conhecidos são as bactérias que vivem nos nódulos das raízes de legumes e conseguem fixar 100-200 kg N/ha por ano. As propriedades fertilizantes dos legumes foram identificadas há milhares de anos. Um dos sistemas de cultivo mais antigos do mundo – datando de pouco depois do início da agricultura nos vales do México – é o plantio intercalado de milho e feijão, freqüentemente com a colocação da semente de ambas as culturas na mesma cova. Essa prática persiste até hoje em várias formas. Por exemplo, quando o feijão-de-corda é cultivado com o milho, as bactérias dos nódulos de suas raízes fornecem 30% do nitrogênio absorvi-

31. SAN VALENTIN, G. O. Utilization of Azolla in rice-based farming systems in the Philippines. In: *Asian Experiences in Integrated Plant Nutrition: Report of the Expert Consultation of the Asia Network of Bio and Organic Fertilizers*. Bangcoc: Escritório Regional para a Ásia e Pacífico, Organização das Nações Unidas para Agricultura e Alimentação, 1991.

32. SAN VALENTIN. *op. cit.*

do pelo milho.[33] O feijão-de-corda e um outro legume, o labe-labe, são particularmente úteis em terras de potencial inferior. O feijão-de-corda adapta-se a solos ácidos, inférteis, enquanto o labe-labe é tolerante à seca, produz boa forragem e pode voltar a crescer rapidamente depois do corte. Outra maneira de capturar nitrogênio de legumes é pela rotação de culturas – inserir um legume como alfafa, trevo ou feijão – entre cereais. Nos EUA, a variedade de alfafa conhecida como Nitro, criada para esse fim, pode contribuir com até 100 kg N/ha para a cultura de milho seguinte.[34] Há também muitos arbustos e árvores leguminosas que podem crescer bem nos trópicos e ser plantados intercalados com cereais e outras culturas alimentares, fornecendo, em condições ideais, 50-100 kg N/ha/ano com suas folhas caídas ou sua poda deliberada (Box 12.2). Mas, calculando-se cuidadosamente o momento da poda, é muitas vezes possível garantir que o nitrogênio esteja disponível exatamente quando ele será necessário, por exemplo, coincidindo com a germinação do milho.[35]

A incorporação deliberada de culturas de legumes no solo, conhecida como "adubação verde", é outra prática bem antiga, mas com potencial consideravelmente inexplorado hoje. Varro, que citei no início do Capítulo 9, referiu-se a algumas plantas que "também devem ser plantadas não tanto pelo retorno imediato mas tendo em vista o ano seguinte, pois, cortadas e deixadas sobre o solo, elas o enriquecem".[36] A mais usada para esse fim era o tremoceiro, descrito por Columella como o primeiro entre os legumes,

> pois exige um trabalho mínimo, custa o mínimo e, de todas as culturas que são semeadas, é a mais benéfica para a terra. Pois ela oferece um excelente fertilizante para terras aráveis e vinhedos cansados; ela brota mesmo em solo exaurido.[37]

33. AGARWAL, P. K. e GARRITY, D. P. Intercropping of legumes to contribute nitrogen in low-input upland rice-based cropping systems. *International Symposium on Nutrient Management for Food Crop Production in Tropical Farming Systems.* Malang, Indonésia, 1987.
34. BARES, D. G., HEICHEL, G. e SHEAFFER, C. Nitro alfalfa may foster new cropping system. *News*, 20 November. Saint Paul: Minnesota Extension Service, 1986.
35. YAMOAH, C. F., AGBOOLA, A. A. e WILSON, G. F. Nutrient contribution and maize performance in alley cropping systems. *Agroforestry Systems*, 4, 247-54, 1986.
36. ASH. *op. cit.*, 1, XXIII. 35
37. ASH. *op. cit.*, 11, X. 1

Box 12.2 Árvores fixadoras de nitrogênio[38]

Acacia albida	Altos níveis de material orgânico e nitrogênio no solo embaixo das árvores; quando intercaladas com painço e tubérculos não fertilizados, os rendimentos são até 100% maiores; África
Acacia tortilis	Árvore silvo-pastoral; beneficia pastos e solos (como outras acácias); raízes densas perto da superfície; África
Calliandra calothyrus	Manto de folhas abundantes com degradação rápida; enraizamento profundo; árvore para muitas finalidades; Java
Casuarina equisetifolia	Esteira densa de raízes estabiliza a superfície do solo; especialmente boa para a estabilização de dunas de areia
Erythrina poeppigiana	Em combinação com café e cacau; podas usadas como palha; América Latina
Gliricidia sepium	Potencial para cultivo intercalado como sebe
Inga jinicuil	Em combinação com café e cacau; podas usadas como palha; América Latina
Leucaena leucocephala	Alta produção de biomassa; altos níveis de N nas folhas; alta biomassa nas raízes
Prosopis cineraria	Beneficia pastos e culturas em zonas semi-áridas a secas; melhora a capacidade do solo de reter água, a matéria orgânica e as condições físicas
Sesbania sesban	Intercalação como sebe; outras espécies são tolerantes ao alagamento do solo

Na Bolívia, hoje, um tremoceiro, *Lupinus mutabilis*, quando intercalado ou alternado com pés de batata, fixa 200 kg de N/ha/ano, minimizando a necessidade de fertilizantes e, ao mesmo tempo, reduzindo a incidência de doenças virais.[39] Os melhores adubos verdes nas regiões tropicais e subtropicais são os legumes de crescimento rápido. Em Ruanda, o arbusto *Tephrosia vogelii* cresce até três metros de altura em apenas dez meses e produz 14 t/ha de biomassa acima do solo. O milho cultivado depois que o legume foi incorporado ao solo proporciona rendimentos comparáveis aos obtidos quando o solo é intensamente tratado com fertilizantes inorgânicos (Figura 12.7). Geralmente, a melhor abordagem é a combinação de adubos verdes com pequenas quantidades de fertilizante inorgânico, por exemplo, metade da taxa usual de aplicação.

Parte do sucesso do programa World Neighbours, em Honduras, descrito no Capítulo 10, se deveu à promoção bem-sucedida – feita por

38. YOUNG, A. *Agroforestry for Soil Conservation*. Wallingford: CAB International, 1989.
39. AUGSTBURGER, F. Agronomic and environmental potential of manure in the Bolivian valleys and highlands. *Agricultural Ecosystems and Environment*, 10, 335-46, 1983.

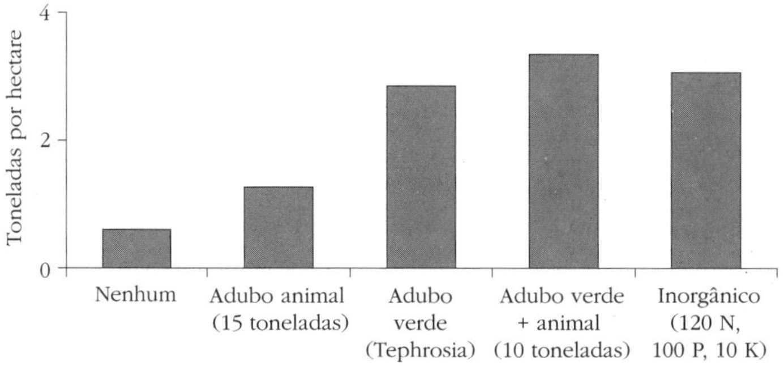

Figura 12.7 Rendimentos do milho em Ruanda sob diversos regimes de fertilizantes.[40]

meio de trabalhadores de aldeia com cursos de extensão – de um legume notável para adubação verde, o café-de-mato-grosso. Ele cresce rapidamente, suas bactérias fixam grandes quantidades (até 150 kg) de nitrogênio, e pode produzir até 60 toneladas de matéria orgânica por hectare. Quando crescido e incorporado antes do cultivo do milho, o café-de-mato-grosso pode aumentar os rendimentos de duas a três vezes, para mais de 3 t/ha. Ele pode crescer na maioria dos solos e, por sua característica de crescer se espalhando, elimina ervas daninhas, reduzindo assim em 75% a necessidade de mão-de-obra.[41] Às vezes, o cultivo de legumes de rápido crescimento é suficiente. Ian Craig cultivou uma plantação de feijão-de-corda no Nordeste da Tailândia depois das primeiras chuvas breves da estação e antes do arroz ser transplantado. O feijão foi arrancado com o arado 45-60 dias mais tarde, produzindo aumentos de 5% a 20% no rendimento do arroz.[42]

Uma alternativa é cultivar um legume que funcione como cultura rentável de cereal e adubo verde. Pode-se plantar feijão-de-corda e labe-labe intercalados com arroz de sequeiro e, depois que o arroz é colhido, permitir que eles cresçam durante a estação seca. O feijão é colhido e a vegetação é arrancada com arado e misturada com a terra antes do

---

40. KOTSCHI, J., WATER-BAYER, A., ADELHEIM, R. et al. *Ecofarming in Agricultural Development.* Eschborn: GTZ, 1988.

41. BUNCH, R. *Low Input Soil Restoration in Honduras: The Cantarras Farmer-to-Farmer Extension Programme.* Londres: International Institute for Environment and Development (Sustainable Agriculture Programme Gatekeeper Series SA23), 1990.

42. CRAIG, A. *Pre-rice-crop Green Manuring: a Technology for Soil Improvement under Rainfed Conditions in Northeast Thailand.* That Phra, Khon Kaen: Northeast Rainfed Agricultural Development Project, NEROA, 1987.

cultivo seguinte de arroz. Os rendimentos de 1 t/ha podem ser quase duplicados, com a colheita adicional de 0,5-1,0 tonelada de grãos leguminosos.[43] Os legumes também podem proporcionar outros benefícios, além de aumentar a disponibilidade de nitrogênio e matéria orgânica. O feijão-guando e o feijão-de-corda terão acesso a fosfato em solos com baixo teor desse nutriente.[44] Eles também se enraízam profundamente, ajudando na infiltração da água.

A outra fonte principal de nitrogênio na agricultura é a criação de animais. Se forem integrados de maneira apropriada, a criação de animais e o cultivo de plantas podem gerar uma das formas mais sustentáveis de agricultura.[45] Os animais podem fazer uso eficiente não só de grãos cultivados especialmente para eles e culturas forrageiras, mas também da palha e dos subprodutos de outras culturas. Suas fezes e estrumes devolvidos ao solo mantêm o nível de nutrientes e melhoram a estrutura do solo. Nos países desenvolvidos, há um potencial expressivo para a utilização de esterco, pelo menos em teoria: a produção total de esterco dos EUA supriria cerca de 15% das necessidades de nitrogênio das fazendas do país. Mas a crescente separação geográfica entre criações de animais e cultivos de plantas cria problemas logísticos e eleva os custos. Nos países em desenvolvimento, o uso de estercos é antigo, tradicional e contínuo, e o potencial para uma maior utilização é mais compreensível. Ian Scoones e Camilla Toulmin, do IIED, descrevem a prática de agricultores nas terras áridas da África que convidam pastores migrantes para guardar seus animais durante a noite em seus campos.[46] Os agricultores, às vezes, se dispõem a pagar aos pastores pelo privilégio. Mais recentemente, os estercos ficaram caros por conta do seu valor no cultivo de hortaliças para o mercado. No vale de Chiang Mai, no Norte da Tailândia (ver o Capítulo 9), de 12 a 15 toneladas de esterco são aplicadas por hectare em culturas como tabaco, alho e verduras, cultivadas

43. AGARVAL e GARRITY. *op. cit.*

44. JOHANSEN, C. Two legumes unbind phosphate. *International Ag-Sieve*, 5, 1-3, 1993.

45. CONWAY e PRETTY. *op. cit.*; PRETTY. *op. cit.*

46. SCOONES, I. e TOULMIN, C. Socio-economic dimensions of nutrient cycling in agropastoral systems in dryland Africa, *paper* para *ILCA Nutrient Cycling Conference*. Adis Abeba: International Livestock Centre for Africa, 1993; MCCOWN, R., HAALAND, G. e DE HAAN, C. The interaction between cultivation and livestock production. *Ecological Studies*, 34, 297-332, 1979.

depois da cultura tradicional de arroz.[47] Muitas vezes, os agricultores se dispõem a pagar um preço alto, US$ 8 a US$ 12, por caminhão de esterco no México, e os cultivadores de hortaliças da província guatemalteca de Quetzaltenango compram estrume de frango que é transportado por 100 km, da Cidade da Guatemala.[48]

O uso intensivo de esterco de animais é mais fácil se os animais estiverem encerrados em estábulos próximos da habitação do agricultor. Isso está se tornando cada vez mais comum na Índia, onde o desenvolvimento de cooperativas de laticínios está encorajando a criação de vacas e búfalos de alto rendimento. Em muitas partes da Índia, é costume o gado circular livremente, ou com pouca supervisão, comportando-se muitas vezes como limpadores de ruas. As cooperativas de laticínios proporcionaram mercados garantidos e, com a inseminação artificial no âmbito da aldeia, melhoraram a qualidade dos animais. Já existe um incentivo para o fornecimento de melhores rações e para o controle da alimentação com a engorda em estábulo com gramíneas, forragem de árvores, resíduos de culturas e grãos. Na Índia, boa parte do esterco é usada como combustível, mas em outros lugares, no Leste da África, por exemplo, o esterco está sendo usado na agricultura.

Finalmente, nessa lista de técnicas de reposição de nutrientes de especial valor para áreas de potencial inferior, há uma outra prática antiga: a compostagem. Tipicamente, compostos são misturas de esterco de animais, material verde e resíduos domésticos que são amontoados para estimular a decomposição anaeróbica. O calor gerado no monte de composto destrói patógenos, sementes e as raízes de ervas daninhas. Depois que os materiais estão suficientemente decompostos, o composto é aplicado, seja em montes, ao redor de plantas individuais, seja misturado ao solo. Os compostos são especialmente valiosos em climas tropicais, pois seus níveis elevados de matéria orgânica ajudam a armazenar nutrientes e protegê-los contra a lavagem. O solo se torna mais friável e mais fácil de arar, e conserva melhor a umidade.

Embora os compostos sejam mais fáceis de produzir e aplicar em jardins e hortas domésticos, eles podem ser usados em maior escala.

47. RERKASEM, M. K. e RERKASEM, M. B. *Organic Manures in Intensive Cropping Systems.* Chiang Mai: Multiple Cropping Project, Faculdade de Agricultura, Universidade de Chiang Mai, 1984.

48. WILKEN, G. C. *Good Farmers: Traditional Agricultural Resource Management in Mexico and Central America.* Berkeley: University of California Press, 1987.

O povo wafipa da Tanzânia pratica, há muito tempo, um sistema de cultivo em outeiros baseado em compostos.[49] Eles começam cortando capim e arbustos, que são queimados em pequenas pilhas. Cucurbitáceas são plantadas na cinza. Depois, entre as cucurbitáceas, outeiros com cerca de 90 cm de altura e separados 30 cm uns dos outros são erguidos pelo empilhamento de torrões de grama, com a grama virada para dentro. Os legumes, como feijão e feijão-de-corda, são plantados nos montículos, que são deixados para a grama apodrecer. Depois que os legumes foram colhidos e as chuvas começaram, os montes são desmanchados e seu conteúdo espalhado sobre a terra na preparação para a semeadura de painço ou milho. Depois de dois ou três anos de cultivo, a terra é deixada em pousio por quatro a dez anos. Os solos são pobres, com pouca argila ou matéria orgânica natural e baixa capacidade de retenção de água.

Num ambiente ainda mais adverso, nas terras montanhosas de Matengo, no Sul da Tanzânia, os agricultores constroem poços nas encostas íngremes.[50] A grama é cortada e depositada em faixas, num formato de grade ao redor dos poços. A terra dos poços cobre as faixas e é semeada com feijão. Resíduos de ervas daninhas e de culturas são colocados nos poços para formar compostos e os poços são semeados com milho. A compostagem, nessas situações, aumenta em muito sua produtividade, mas o processo exige muito trabalho. Nas terras montanhosas de Matengo não há alternativas, mas o povo wafipa está mudando para o uso de arado e fertilizantes inorgânicos, apesar de seu custo elevado. Uma resposta a isso pode ser tornar a compostagem mais eficiente e comercialmente acessível, a preços inferiores aos dos fertilizantes inorgânicos. O Manor House Agricultural Centre, no Quênia, que treina agricultores em práticas agrícolas sustentáveis, tem obtido grande êxito na promoção do uso comercial de compostos por intermédio de suas cooperativas. A Cooperativa de Agricultores de Pondeni, por exemplo, consiste de um grupo de agricultores que, entre outras atividades, prepara e vende compostos. Ele é peneirado, misturado com farinha de osso

49. MBEGU, A. C. Making the most of compost: a look at Wafipa mounds in Tanzania. In: REIJ, C., SCOONES, L. e TOULMIN, C. (Orgs.). *Sustaining the Soil: Indigenous Soil and Water Conservation in Africa*. Londres: Earthscan, p. 134-8, 1996.

50. TEMU, A. E. M. e BISANDA, S. Pit cultivation in the Matengo highlands of Tanzania. In: REIJ et al. *op. cit.*, p. 145-50, 1996.

para fornecer o tão necessário fósforo e embalado em sacos de 90 kg, que são vendidos por US$ 20 cada.[51]

Todas essas alternativas aos fertilizantes inorgânicos têm vantagens claras. Elas estão disponíveis ou podem ser criadas nas fazendas ou próximo a elas, e são geradas a partir de recursos naturais. Por isso, elas tendem a ser relativamente baratas. Elas podem aumentar significativamente os rendimentos, em particular nos solos pobres, e, em alguns casos, funcionam igual ou melhor que os fertilizantes inorgânicos. Em quase todas as situações, elas são boas substitutas parciais, embora seja bom lembrar que podem não ser menos poluentes. Os nitratos podem ser lavados pela água tenham eles origem orgânica ou inorgânica. (Nos países desenvolvidos, parte dos piores problemas de poluição por nitrato decorre das fezes da criação intensiva de animais.) Entretanto, a principal desvantagem dos fertilizantes orgânicos é sua alta exigência de mão-de-obra. Isso explica por que eles caíram em desgraça nos países desenvolvidos. Mas em muitas áreas dos países em desenvolvimento, onde, como temos visto, a prioridade é tanto o aumento do emprego e da renda como o aumento da produção de alimentos, isso pode ser uma vantagem.

As disputas sobre o uso de fertilizantes são muitas vezes intensamente polarizadas. De um lado, muitos agrônomos alegam que a única maneira de aumentar os rendimentos é usar grandes quantidades de fertilizantes inorgânicos, e que a propagação do uso de fontes orgânicas de nutrientes condenará muitos agricultores pobres a rendimentos baixos permanentes. Os adversários dessa visão encaram os fertilizantes inorgânicos como definitivamente prejudiciais e passíveis de envolver os agricultores em custos altos de produção. Ambos os argumentos têm uma certa razão. O uso exclusivo de fertilizantes inorgânicos é associado a quedas de rendimento no longo prazo; no entanto, nos lugares onde a mão-de-obra é uma limitação e as extensões são grandes, a fertilização orgânica é insuficiente para a produção de altos rendimentos. Como no caso do manejo de pragas, a abordagem do futuro repousa na integração, avaliando-se cada situação em termos agronômicos, ecológicos e socio-econômicos, e depois, na determinação de uma combinação apropriada de fontes de insumos. Este conceito – de Sistemas Integrados de Nutrição de

51. KISIAN'GANI citado em PRETTY. *op. cit.*

Plantas[52] – ainda é imaturo e, assim como o Manejo Integrado de Pragas em seus primeiros tempos, dependente de uma abordagem especializada, de cima para baixo. Mas, como alguns programas de ONGs têm revelado, ele está aberto a um tratamento mais participativo, que conduzirá não só a uma eficiência maior, mas a uma maior sustentabilidade.

52. FAO. *Issues and Perspectives in Sustainable Agriculture and Rural Development.* 's-Hertogenbosch: Conference on Agriculture and the Environment, 15-19 April 1991 (Main document, FAO Newsletter), 1991.

13 Manejo do solo e da água

Na África... muitas práticas de conservação tradicionais continuam a ser mantidas e expandidas, enquanto instalações modernas de conservação do solo e da água são freqüentemente mal construídas e malconservadas.

Jan Pronk,
Ministro da Cooperação para o Desenvolvimento, Holanda[1]

É relativamente fácil plantar uma semente num vaso com terra orgânica bem estruturada, colocá-lo numa estufa, protegido de pragas e patógenos, regar e fertilizar a planta em crescimento como e quanto for necessário e ser premiado com uma planta fantástica. Não é preciso dizer que as condições numa fazenda, em particular nas áreas menos favorecidas do mundo, estão longe desse ambiente "ideal". Os agricultores podem, individualmente, fazer muito para melhorar sua situação – comprar sementes de boa qualidade, aplicar fertilizantes inorgânicos ou suprir nutrientes extraídos de recursos locais, mondar à mão sua cultura e adotar um tratamento integrado para o controle de pragas e patógenos. Seu maior desafio, porém, é conseguir um melhor ambiente de solo e água para as suas culturas.

Algumas tecnologias permitem um manejo da água e do solo mais eficiente e sustentável. Mas elas são caras, muitas vezes caras demais, e tendem a funcionar somente quando são instaladas e operadas de acordo com parâmetros de planejamento rígidos. Diferentemente da conservação da fertilidade ou do controle de pragas nos quais os agricultores podem conseguir muito agindo por conta própria, o manejo sustentável do solo e da água geralmente requer dos agricultores e, na verdade, de

1. REIJ, C., SCOONES, I. e TOULMIN, C. (Orgs.). *Sustaining the Soil: Indigenous Soil and Water Conservation in Africa*. Londres: Earthscan, 1996.

comunidades inteiras, que ajam em comum acordo. De certo modo, isso representa o desafio mais pesado da Revolução Duplamente Verde. Como a história recente tem mostrado, as tentativas de melhorar o ambiente de solo e de água para agricultores de países em desenvolvimento freqüentemente têm fracassado, às vezes de maneira catastrófica.

A terra pode ser degradada de várias maneiras por:

- Erosão causada pela água, a principal causa de degradação, responsável por dois terços do total;
- Erosão causada pelo vento, importante em regiões secas, onde é responsável por boa parte da "desertificação", causando outro quarto do total;
- Degradação física: formação de crosta, compactação, vedação, perda de vegetação, endurecimento excessivo, obstrução de drenagem, encharcamento, capacidade de infiltração e de retenção de água reduzida; e
- Degradação química: salinização, alcalinização, acidificação, percolação e depleção de nutrientes, retirada de matéria orgânica, queima de resíduos vegetais, agroquímicos e poluentes industriais.

Essas categorias estão claramente inter-relacionadas e se alimentam mutuamente. Por exemplo, o endurecimento excessivo causa maior erosão e perda de nutrientes.

Identificar a degradação da terra numa fazenda específica é relativamente fácil. A camada superior do solo pode ter sofrido erosão por vento ou água, ou ter sido degradada por encharcamento ou acumulação de sais e outras toxinas. Mas é difícil extrapolar de uma fazenda ou terreno experimental particular para toda a bacia de drenagem.[2] Muitas vezes, as estimativas de perdas de solo não casam com os níveis de assoreamento de lagos e rios da mesma bacia. Em muitos casos, o solo é simplesmente deslocado de uma parte da bacia para outra e não está perdido para o sistema.[3] Esses problemas se somam quando tentamos avaliar a magnitude

2. SCOONES, I., REIJ, C. e TOULMIN, C. Sustaining the soil: indigenous soil and water conservation in Africa. In: REIJ et al. *op. cit.*, p. 1-27, 1996; STOCKING, M. *Soil Erosion in Developing Countries: Where Geomorphology Fears to Tread!* Norwich: University of East Anglia (School of Development Studies Discussion Paper 241), 1993.

3. BOJO, J. e CASSELLS, D. *Land Degradation and Rehabilitation in Ethiopia: A Reassessment.* Washington: Banco Mundial (AFTES Working Paper 17), 1995.

da degradação em um nível regional ou nacional. Um conjunto de estimativas regionais originado no exercício do Global Land Assessment of Degradation (GLASOD) situa a degradação global total desde a Segunda Guerra Mundial em aproximadamente 2 bilhões de hectares, ou 22,5% das terras de agricultura, pastagens, matas e florestas.[4] Nessas cifras, 80% das terras agrícolas nos países em desenvolvimento – mais de 400 milhões de hectares – estão degradados. E várias estimativas situam a perda anual de terras em 5-10 milhões de hectares por ano.[5]

Se estiverem corretos, esses números são muito preocupantes. No entanto, alguns analistas, chamando a atenção para as bases frágeis dessas estimativas, acreditam que elas são bem pouco significativas e certamente exageradas.[6] Um caso em questão é a alegação corriqueira de que a África subsaariana está sofrendo uma "desertificação" generalizada. Imagens de "desertos em movimento" ficaram impressas nas mentes das autoridades e do público em geral. O Programa das Nações Unidas para o Meio Ambiente relatou que "a desertificação ameaça 35% da superfície de terra do planeta e 20% de sua população".[7] Entretanto, como argumenta Jeremy Swift, do IDS, grande parte dos dados é altamente questionável.[8] Em particular, eles muitas vezes se apóiam em avaliações instantâneas, comparando anos secos com anos úmidos, ignorando a

---

4. OLDEMAN, L. R. *Global Extent of Soil Degradation*. Wageningen: International Soil Reference and Information Centre (Biannual Report), 1992; OLDEMAN, L. R., HAKKLEING, R. T. A. e SOMBROEK, W. G. *World Map of the Status of Human-induced Soil Degradation: An Explanatory Note* (ed. rev). Wageningen/Nairóbi: International Soil Reference and Information Centre/United Nations Environment Programme, 1990.

5. SHERR, S. J. e YADAV, S. *Land Degradation in the Developing World: Implications for Food, Agriculture and Environment to 2020*. Washington: International Food Policy Research Institute (Food, Agriculture and Environment Discussion Paper 14), 1996.

6. ALEXANDRATOS, N. (Org.) *World Agriculture: Towards 2010. A FAO Study*. Chichester: Wiley & Sons, 1995; DYSON, T. *Population and Food: Global Trends and Future Prospects*. Londres: Routledge 1996; SCOONES et al. *op. cit.* LEACH, M. e MEARNS, R. (Orgs.). *The Lie of the Land, Challenging Received Wisdom on the African Environment*. Oxford/Portsmouth: James Currey/Heinemann, 1996.

7. PNUMA. *General Assessment of Progress in the Implementation of the Plan of Action to Combat Desertification 1978-1984: Report of the Executive Director*. Nairóbi: Governing Council, Twelfth Session, United Nations Environment Programme (PNUMA/GC. 12/9), 1984.

8. SWIFT, J. Desertification: narratives, winners and losers. In: LEACH e MEARNS. *op. cit.*, p. 73-90, 1996.

natureza freqüentemente temporária da mudança de vegetação, a capacidade de sistemas ecológicos de terras áridas se recuperarem e a habilidade de agricultores e pecuaristas em se adaptar aos ciclos climáticos. O que pode ser visto como um deserto num ano é uma terra produtiva no ano seguinte.

Tim Dyson também defende que as regiões do mundo alegadamente mais afetadas não são aquelas onde os rendimentos estão hoje em declínio.[9] A maior parte da degradação grave ocorre nos solos vermelho-marrom das florestas tropicais chuvosas e das savanas dos trópicos, enquanto boa parte da safra global de grãos vem das terras negras e marrons da zona temperada, que tendem a ser bastante resistentes a graus de degradação leves e até moderados.[10] Dyson conclui que "uma fração significativa da terra classificada pelo GLASOD como 'degradada' fica em partes do mundo com uma importância apenas marginal para os níveis agregados da produção global de alimentos".[11] Entretanto, em muitas partes do mundo, a degradação do solo é uma realidade e algumas das regiões mais seriamente afetadas do mundo em desenvolvimento – as montanhas e planaltos da Ásia e da América Latina, as regiões semi-áridas da África subsaariana e os solos encharcados e salinos do Sul da Ásia – são precisamente aquelas onde vivem agora muitos dos pobres e dos cronicamente subnutridos do campo. Se estivermos preocupados com o seu futuro, acredito que precisaremos identificar, compreender e enfrentar a degradação do solo na medida em que esta afeta a eles e a seus meios de vida.

Embora as perdas causadas pela erosão sejam consideráveis, acima de 50 t/ha por ano (Figura 13.1), a gravidade das conseqüências depende não só da natureza da cobertura vegetal, mas também da profundidade da fertilidade intrínseca do solo. Uma grande dose de perda pode ser tolerada em solos temperados profundos, resultando em reduções relativamente pequenas no rendimento espalhadas por um período longo.[12] Mas as perdas em países tropicais podem ser consideráveis. Para as

9. DYSON. *op. cit.*

10. CROSSON, P. e ANDERSON, J. R. *Resources and Global Food Prospects.* Washington: Banco Mundial (World Technical Paper 194), 1992.

11. DYSON. *op. cit.*

12. CROSSON, P. United States agriculture and the environment: perspectives on the next twenty years. Washington: Resources for the Future (mimeo.), 1992; MITCHELL, D. O. e INGCO, M. *The World Food Outlook.* Washington: Banco Mundial, 1993.

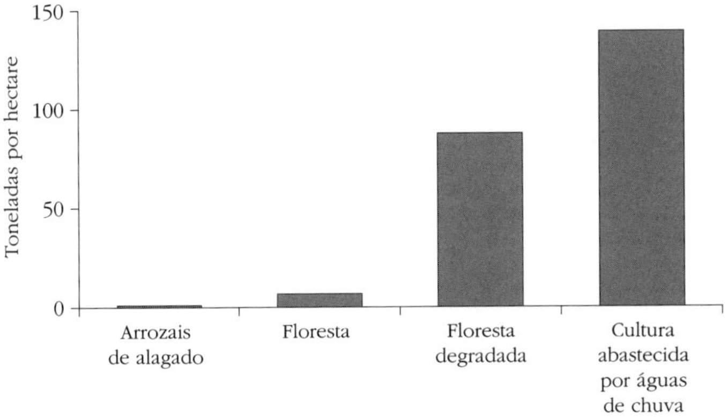

Figura 13.1 Perdas de solo devidas à erosão em Java.[13]

regiões montanhosas da ilha de Java, os custos locais em termos de produção agrícola perdida são estimados em US$ 324 milhões por ano (o equivalente a 3% do PIB agrícola). A isso devem-se somar os custos externos resultantes do assoreamento de sistemas de irrigação nas planícies, reservatórios e portos, que acrescentam outros US$ 90 milhões.[14] Rattan Lal, um importante cientista do solo baseado no IITA, calculou que a erosão causou reduções de 2% a 40% no rendimento na África, e uma perda total de 3,6 milhões de toneladas na produção de cereais em 1989.[15] Outros estudos mostraram quedas de mais de 50% nos rendimentos de culturas montanhosas em algumas partes do Sudeste Asiático e do Oriente Médio.[16]

Durante muitos anos, gastou-se muito tempo, dinheiro e esforços em medidas de conservação do solo nos países em desenvolvimento.[17] As secas do Sul da África no começo do século XX e a experiência do *Dust Bowl* nos EUA, na década de 1930, estimularam grandes investimentos

13. MAGRATH, W. B. e ARENS, P. *The Costs of Soil Erosion on Java: A Natural Resource Accounting Approach*. Washington: World Resources Institute, 1987.

14. MAGRATH e ARENS. *op. cit.*

15. LAL, R. Erosion-crop productivity relationships for soils of Africa. *American Journal of Soil Science Society*, 59, 661-7, 1995.

16. YADAV, S. N. e SCHERR, S. J. Land degradation in the developing world: is it a threat for food production in the year 2020?, *paper* apresentado no *workshop* sobre "Land degradation in the developing world: implications for food, agriculture and the environment to the year 2020". Annapolis: 4-6 April 1995, 1995.

17. PRETTY, J. N. *Regenerating Agriculture: Policies and Practice for Sustainability and Self-reliance*. Londres: Earthscan, 1995; SCOONES et al. *op. cit.*

em obras de conservação por parte dos governos coloniais, especialmente na África. Entre 1929 e 1939, cerca de 7 mil quilômetros de aterros foram construídos na Rodésia do Sul (hoje Zimbábue), e na Niasalândia (hoje Malaui) quase 120 mil quilômetros foram construídos entre 1945 e 1960.[18] No Lesoto, alegadamente todas as terras altas estavam protegidas por faixas de contenção já em 1960. Houve uma resposta semelhante à seca devastadora que atingiu a Etiópia e países vizinhos na década de 1980. Cerca de US$ 20 milhões foram gastos anualmente entre 1980 e 1990 em programas de frentes de trabalho na Etiópia, criando mais de 200 mil quilômetros de terraços. Milhares de encostas de morros foram isoladas, a agricultura em encostas íngremes foi abandonada e 45 milhões de árvores foram plantadas.[19]

Mas esses esforços raramente resultaram numa conservação sustentada. Jules Pretty enumera, entre muitos, os seguintes malogros recentes:

- Dos terraços instalados na Etiópia, 40% se romperam em um ano;
- Cerca de 120 mil hectares de aterros de terra construídos a um alto custo por motoniveladoras em Burkina Fasso na década de 1960 praticamente desapareceram;
- Boa parte dos 6 mil hectares de aterros de terra construídos no Níger nas décadas de 1960 e 1970 estão em estado avançado de degradação; e
- Em Sukumuland, na Tanzânia, quase não restam sinais de um grande programa de bancos de contorno, terraços e cercas vivas.

Por que esse desfecho é tão comum? As técnicas de conservação do solo e da água são bastante conhecidas.[20] Estruturas físicas de escala variável podem monitorar o fluxo de água na superfície, reduzindo assim a erosão pela água e retendo o solo e nutrientes. O tratamento mais simples é erguer bancos de terra ou aterros de 1,5 a 2 metros ao largo de uma encosta e separados por dez a vinte metros. Eles são apropriados

18. WHITLOW, J. R. Soil conservation history in Zimbabwe. *Journal of Soil and Water Conservation*, 43,2 99-303, 1988; STOCKING, M. Soil conservation policy in colonial Africa. *Agricultural History*, 59, 148-61, 1985.

19. IUCN. *Ethiopian Natural Resources Conservation Strategy*, Gland: International Union for the Conservation of Nature and Natural Resources, 1990.

20. CONWAY, G. R. e PRETTY, J. N. *Unwelcome Harvest: Agriculture and Pollution*. Londres: Earthscan, 1991.

para encostas de 1° a 7° de inclinação. Às vezes, eles são reforçados com vegetação como talos de plantas ou plantados com árvores para aumentar a estabilidade. São difíceis de danificar e seus custos de manutenção são baixos. Muros simples também podem ser erguidos ao longo dos aterros; depois das primeiras chuvas fortes, solos finos, galhos e folhas começam a preencher os muros, deixando-os ainda mais impermeáveis.

Estruturas físicas mais elaboradas são diversas formas de terraços, incluindo:

- Terraços de desvio, usados para interceptar o fluxo de superfície numa encosta e canalizá-lo pela inclinação até uma saída adequada, apropriados para encostas de até 7°;
- Terraços de retenção, terraços em nível usados para conservar água por armazenamento numa colina, em encostas de até 4,5°; e
- Terraços em "banco", alternando séries de "prateleiras" e "degraus", freqüentemente revestidos de pedras ou concreto, eficazes até 30°.

Às vezes, o motivo de a conservação planejada e financiada pelos governos falhar é que as técnicas não são adequadas.[21] Os terraços de base estreita da década de 1940 se enchiam de sedimentos com muita rapidez, eram impossíveis de conservar e começaram a agravar a erosão. John Kerr e N. Sanghi, do ICRISAT, descrevem como os aterros em curva de nível na Índia foram rejeitados por agricultores mesmo quando eram fortemente subsidiados.[22] Entre vários problemas estão: os aterros deixam cantos em alguns campos, de forma que os agricultores se arriscam a perder terra para os vizinhos; os canais de água centrais proporcionam benefícios a alguns agricultores, mas estragam a terra de outros; e, se as instalações para o manejo do excesso de água forem inadequadas, os aterros logo criam fendas e a água forma regos. Não era incomum aterros inteiros serem nivelados assim que o pessoal do projeto partia para a aldeia seguinte. Em Oaxaca, México, aterros de contorno agravaram de tal forma a erosão que, no fim, apenas 5% da área aterrada estava cultivada.

21. PRETTY. *op. cit.*

22. KERR, J. e SANGHI, N. K. *Soil and Water Conservation in India's Semi Arid Tropics*. Londres: Sustainable Agriculture Programme, IIED (Gatekeeper Series SA34), 1992.

Parte do problema é o alto custo inicial de construção e a quantidade de trabalho e tempo necessária para a manutenção. Um tratamento mais barato é o uso de vegetação como meio de conservação. A técnica mais simples é o plantio da cultura principal ao longo do contorno, alternando-a com uma cultura protetora, como grama ou legumes. A água que desce pela encosta encontra as carreiras plantadas, é desacelerada e se infiltra no solo. Essa é uma técnica adequada para inclinações de 3° a 8,5°. Faixas de grama ajudam a filtrar partículas e nutrientes da água e, com o tempo, constituem terraços. Em experimentos na Indonésia, faixas de 0,5-1 metro de largura de capim-bahia e *Signal grass* (*Brachiaria decubens*) foram cultivadas ao longo de contornos, alternadas com faixas de 3-5 metros de largura de culturas anuais.[23] A erosão foi reduzida em 20% e quatro anos depois haviam se formado terraços naturais com 60 cm de altura.

A plantação intercalada de árvores e culturas agrícolas é uma técnica muito antiga – o trio de oliveiras, videiras e trigo plantados em carreiras foi o esteio da agricultura clássica nos impérios grego e romano. Mas o interesse contemporâneo está voltado para as árvores leguminosas tropicais por sua capacidade de fixar nitrogênio. Em estações experimentais, no IITA por exemplo, espécies de crescimento rápido como a *Gliricidia* e a *Leucaena* (e outras listadas no Box 12.2) são cultivadas em fileiras com "alamedas" de 4 metros de largura entre elas para as culturas anuais.[24] As árvores fornecem nitrogênio, matéria orgânica das folhas caídas e podas, alimento para os animais, lenha e madeira, além de conservarem o solo e a água. Os resultados em estações experimentais e fazendas de demonstração são freqüentemente espetaculares mas, no geral, sua adoção tem sido fraca. Isso se deve, em parte, ao fato de que o cultivo em alamedas tem sido desenvolvido como um pacote, enquanto os agricultores costumam se mostrar mais dispostos a adotar vários componentes, modificando suas fazendas aos poucos.[25] Também não basta os cultivos de árvores fornecerem o benefício de conservação do solo e da água.

---

23. ABUJAMIN, S. et al. *Contour Grass Strips as a Low-Cost Conservation Practice*. Taiwan: Food and Fertilizer Technology Center (Extension Bulletin n. 225), 1985.

24. IITA. *Sustainable Food Production in Sub-Saharan Africa*, 1. *IITA's Contribution*. Ibadan: IITA, 1992.

25. PALMER, J. The sloping agricultural land technology. In: HIEMSTRA, W., REIJNTJES, C. e VAN DER WERF, E. (Orgs.). *Let Farmers Judge*. Londres: Intermediate Technology, p. 151-64, 1992.

Os agricultores geralmente querem uma renda direta extra também.[26] Alguns dos exemplos mais eficazes e sustentáveis da incorporação de árvores em terras aráveis são os jardins domésticos nos trópicos (Capítulo 9) e os pequenos lotes de agricultura intensiva do distrito de Kakamega, no Quênia, que descrevi (ver a Figura 2.2).

As árvores são importantes também para reduzir a erosão causada pelo vento. Cerca de 140 mil hectares de campos costeiros no Sul da China são protegidos por cinturões quebra-vento e protetores de árvores como a *Casuarina*, *Acácia*, *Leucaena* e algumas espécies de bambus.[27] Elas protegem contra os tufões na estação chuvosa e ajudam a mitigar os períodos de frio no fim da primavera e do outono. Dizem que os rendimentos do trigo e do arroz são 10% a 25% maiores como resultado disso. No Níger, a árvore *neem* (também uma fonte de pesticidas, ver o Capítulo 11) é usada de maneira semelhante.

Uma das principais vantagens da atividade agroflorestal é a provisão de matéria vegetal que pode ser usada como palha para cobrir o solo.[28] Uma árvore particularmente útil na China é a *Paulownia*, aparentada com as dedaleiras; ela tem raízes muito profundas e cresce rapidamente.[29] Quando adulta, fornece até 400 kg de ramos novos e 30 kg de folhas por ano. A palha protege o solo da erosão, do ressecamento e do aquecimento excessivo. Ela também pode ajudar a diminuir a propagação de doenças oriundas do solo, impedindo os salpicos que espalham os esporos fúngicos nas folhas inferiores das culturas. A palha é uma matéria vegetal muito usada para esse fim; no vale de Chiang Mai, a segunda cultura depois do arroz – repolho, cebola e outros legumes de alto valor – é fortemente protegida com matéria vegetal em decomposição formada pela palha de arroz.[30] Uma das razões por que os agricultores do vale

26. GREENLAND, D. J. Contributions to agricultural productivity and sustainability from research on shifting cultivation, 1960 to present (mimeo. não pub.), 1995.

27. LUO, S. e HAN, C. R. Ecological agriculture in China. In: NATIONAL RESEARCH COUNCIL. *Sustainable Agriculture and the Environment in the Humid Tropics.* Washington: National Academy Press, 1990.

28. IITA. *op. cit.*

29. ZHAOHUA, Z. A New farming system-crop/paulownia intercropping. In: *Multipurpose Tree Species for Small Farm Development.* Little Rock: IDRC/Winrock, 1988.

30. GYPMANTASIRI, P., WIBOONPONGSE, A., RERKASEM, B., CRAIG, I., RERKASEM, K., GANJANAPAN, L., TITAYAWAN, M., SEETISARN, M., THANI, P., JAISAARD, R., ONGPRASERT, S., RADNACHALESS, T. e CONWAY, G. R. *op. cit.*, 1980.

conservam as variedades tradicionais de arroz, embora melhoradas, é a quantidade de palha que elas produzem. Uma variedade de palha curta daria um rendimento maior de arroz, mas eles perderiam renda na segunda colheita. Uma boa palha é, portanto, muito valorizada. Na Guatemala, os agricultores de Quetzaltenango colhem as folhas caídas das florestas mistas próximas de pinheiros e carvalhos e as aplicam numa base de 20-30 t/ha.[31]

A alternativa à palha é um cultivo de cobertura, freqüentemente estabelecido depois da cultura principal ou como cultura intercalada. Coberturas de leguminosas também acrescentam nitrogênio. O serviço de pesquisa e extensão (EPAGRI) do governo do estado brasileiro de Santa Catarina teve êxito em promover o cultivo de coberturas como parte de um programa de conservação do solo e da água.[32] Cerca de 60 espécies diferentes fazem parte do programa, na maioria leguminosas, mas também aveia e nabo. Elas são cultivadas no período de pousio, depois são derrubadas e cortadas por uma ferramenta especial puxada por tração animal. Outra ferramenta, projetada pelos próprios agricultores, é usada para cavar um sulco que acompanha o contorno da palha resultante. Os solos, eles alegam, ficam mais escuros, mais úmidos e repletos de minhocas. Os rendimentos do milho aumentaram de 3 t/ha para 5 t/ha.

O EPAGRI teve êxito pelo envolvimento dos agricultores em todos os estágios do processo. Em 1991, o EPAGRI estava trabalhando com aproximadamente 38 mil agricultores em 60 microbacias hidrográficas. Ele começou como um pequeno projeto e depois se expandiu rapidamente à medida que aumentava a confiança dos participantes no método. Mas o EPAGRI é uma experiência rara. Com muita freqüência, os programas financiados e implementados pelos governos não têm compreendido as condições ecológicas e socioeconômicas locais e têm sido relutantes em envolver agricultores, permitindo que eles articulem suas necessidades e adaptem as medidas de conservação a suas necessidades.[33] Não surpreende que tantos tenham fracassado.

31. WILKEN, G. C. *Good Farmers: Traditional Agricultural Resource Management in Mexico and Central America.* Berkeley: University of California Press, 1987.

32. PRETTY. *op. cit.*; BUNCH, R. *EPAGRI's Work in the State of Santa Catarina, Brazil: Major New Possibilities for Resource-poor Farmers.* Tegucigalpa: Cosecha, 1993.

33. SCOONES et al. *op. cit.*

A sustentabilidade também depende de embutir a conservação dentro de um programa mais amplo de desenvolvimento participativo. No programa de conservação do solo e da água do AKRSP, em Gujarat, na Índia, que descrevi no Capítulo 10, as instituições da aldeia, tal como se desenvolveram, assumiram cada vez mais operações do grupo, tais como proteção de plantas, o *pool* de equipamentos e a comercialização dos produtos.[34] Alguns bancos começaram a adiantar empréstimos às instituições. Menos pessoas se engajam agora na migração sazonal que sai das fazendas, a matrícula escolar cresceu e os padrões de saúde e nutrição melhoraram. A liderança nas aldeias passou dos líderes tradicionais para os mais atuantes nos programas de conservação.

Ao longo dos séculos, os agricultores dos países em desenvolvimento criaram uma extensa gama de sistemas de conservação adaptados às suas condições locais. Num estudo recente, Chris Reij, da Universidade Livre de Amsterdã, Ian Scoones, do IDS, e Camilla Toulmin, do IIED, reuniram 25 relatos de cientistas africanos e estudantes de extensão que descrevem técnicas nativas de conservação.[35] Elas variam dos montes e poços mencionados no capítulo anterior a sistemas complexos de aterros e terraços. Como assinalam os autores, esses sistemas, longe de serem estáticos, evoluem à medida que as condições mudam e incorporam prontamente novas técnicas toda vez que elas se mostram adequadas. Usando uma técnica conhecida como Análise Rápida de Captação (baseada em AEA e PRA), Jules Pretty, Jenny McCracken e seus colegas quenianos demonstraram que os agricultores do Distrito de Murang, no Quênia, possuíam um conhecimento sofisticado das várias técnicas disponíveis: valas de retenção, bancos, poços de infiltração e dois métodos locais, *fanya juu* e *fanya chini*.[36] Eles tinham ciência de suas diversas vantagens e desvantagens, especialmente dos custos e do trabalho envolvidos, e eram capazes de planejar um sistema integrado de conservação de água e de solo para sua bacia hidrográfica, levando tudo isso em conta.

---

34. PRETTY. *op. cit.*; SHAH, P. Participatory watershed management in India: the experience of the Aga Khan rural support programme. In: SCOONES, I. e THOMPSON, J. (Orgs.). *Beyond Farmer First: Rural People's Knowledge, Agricultural Research and Extension Practice* (*Quênia*). Londres: Intermediate Technology, 1994.

35. REIJ, SCOONES e TOULMIN. *op. cit.*

36. KIARA, J. K., SEGGEROS, M., PRETTY, J. N. et al. *Rapid Catchment Analysis*. Nairóbi: Departamento de Conservação do Solo e da Água, Ministério da Agricultura, 1990.

Com enorme freqüência, porém, os sistemas nativos são menosprezados em programas oficiais. Quando Robert Chambers, Jenny McCracken e eu trabalhamos na região empobrecida de Wollo, na Etiópia, nos deparamos com muitos exemplos de protetores de valetas – muros de pedra cortando valas que retêm lodo, nutrientes e água, localizados no alto dos morros e que sustentam ricos microlotes de culturas aráveis e árvores.[37] Eles são comuns, aliás, nas regiões áridas de muitas partes do mundo – na Índia, Paquistão, Nepal, Burkina Fasso e México, para citar alguns países.[38] Os ambientes que eles criam – pequenos campos planos, férteis e úmidos – são muito diferentes da região circundante e podem sustentar culturas de grãos e de outras plantas rentáveis como cafeeiros e mangueiras. Embora a construção de protetores de valetas seja cara, sua manutenção é relativamente fácil e eles sustentam uma agricultura produtiva e confiável. Parmesh Shah, do Programa de Apoio Rural Aga Khan, relata que, em Gujarat, eles proporcionam o elemento mais estável da sustentação alimentar das famílias.[39] Contudo, os protetores de valetas são muitas vezes ignorados em programas de conservação, em parte porque não são imediatamente óbvios ao visitante.[40] Na Etiópia, na década de 1980, o governo se empenhou em mudar as pessoas das encostas e os protetores de valetas ficaram ameaçados de abandono.

A maior parte deste capítulo foi ostensivamente dedicada à conservação do solo, mas, como deixam claro os exemplos citados, as conservações do solo e da água estão intimamente relacionadas. A água é importante tanto para a produtividade das plantas como para prover uma boa estrutura de solo e uma quantidade adequada de nutrientes. Um grão de trigo contém até 25% de água, uma batata, 80%. Para o arroz, em particular, a água é fundamental: um grama de grão pode requerer

37. ERCS/IIED. *Wollo: A Closer Look at Rural Life*. Adis Abeba: Ethiopian Red Cross Society/ Londres: International Institute for Environment and Development, 1988; CHAMBERS, R. *Microenvironments Unobserved*. Londres: Sustainable Agriculture Programme, International Institute for Environment and Development (Gatekeeper Series SA 22), 1990.

38. PRETTY. *op. cit.*

39. SHAH, P., BHARADWAJ, G. e AMBASTHA, R. Participatory impact monitoring of a soil and water conservation programme by farmers, extension volunteers, and AKRSP. In: MASCARENHAS, J. et al. (Orgs.). *Participatory Rural Appraisal, RRA Notes*, 13, 127-31. Londres: International Institute for Environment and Development, 1991.

40. KERR e SANGHI. *op. cit.*

até 1.400 gramas de água para a sua produção.[41] O estresse de água durante o crescimento resulta em perdas importantes no rendimento. E o risco é maior para as novas variedades por causa de sua baixa estatura. As mudas novas transplantadas podem morrer por falta de água nas primeiras semanas e ficar submersas em inundações excessivas. Idealmente, elas precisam de um fluxo constante de água de 2,5 cm de profundidade. O cultivo tradicional alimentado pela chuva, que está sujeito aos caprichos das precipitações na estação úmida, raramente consegue proporcionar essas circunstâncias exigentes, e altos rendimentos exigem uma irrigação suplementar na maioria dos casos. E para todos os novos cereais, o potencial de amadurecer e produzir grãos em qualquer estação colocou um alto prêmio na provisão de água de irrigação na estação seca, quando os rendimentos potenciais são maiores.

Não surpreende que, dados os retornos potenciais, os países em desenvolvimento começaram a investir pesadamente, no fim da década de 1960, em sistemas de irrigação em larga escala projetados e operados pelos governos. O Projeto do Rio Pampanga Superior, nas Filipinas, que abrange 80 mil hectares, foi completado em 1975 a um custo acima de US$ 100 milhões. O Projeto do Rio Muda, na Malásia, um pouco maior, foi concluído cinco anos antes. Em 1975, a proporção de arrozais que produziam uma segunda safra de estação seca aumentou nas Filipinas e na Malásia para 60% e 90%, respectivamente.[42] No Sul da Ásia, houve também um investimento considerável, governamental e privado, em poços tubulares. Nos países em desenvolvimento como um todo, a quantidade de terra irrigada quase dobrou, assim como a proporção de terra arável que é irrigada (Figura 13.2). Cerca da metade da produção de cereais dos países em desenvolvimento provém de terras irrigadas.[43]

Contudo, como se viu no Capítulo 7, há sinais de uma desaceleração na velocidade de expansão da irrigação. Isso se deve, em parte, ao aumento dos custos (Figura 13.3). O Projeto do Pampanga Superior, nas Filipinas, envolveu uma área controlada de 83 mil hectares a um custo de US$ 1.270 por hectare; o Projeto do Rio Muda, na Malásia, serviu 96 mil

41. SPEDDING, C. R. W. *Agriculture and the Citizen*. Londres: Chapman & Hall, 1996.

42. BARKER, R., HERDT, R. W. e ROSE, B. *The Rice Economy of Asia*. Washington: Resources for the Future, 1985.

43. ALEXANDRATOS. *op. cit.*

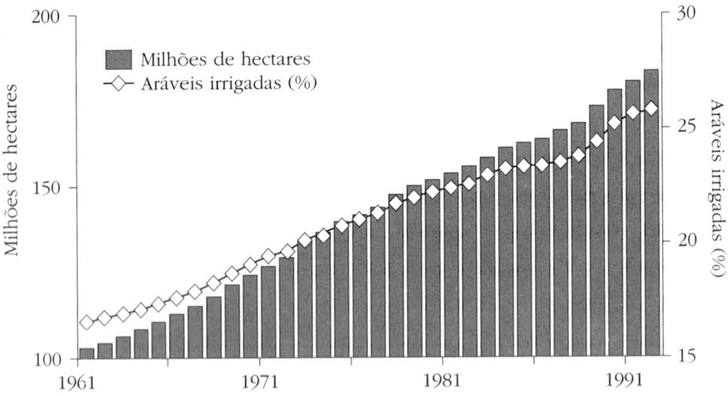

Figura 13.2 Crescimento da irrigação nos países em desenvolvimento.

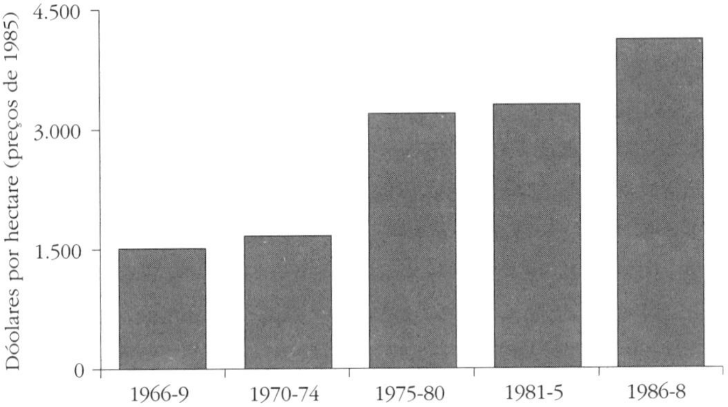

Figura 13.3 Custo capital para a construção dos novos sistemas de irrigação na Indonésia.[44]

hectares a um custo inicial de US$ 850 e exigiu novos investimentos de US$ 2.000 por hectare.[45] Mas uma boa parte da topografia mais propícia à irrigação em grande escala já foi explorada e os custos na maioria dos países da Ásia giram atualmente em torno de US$ 4.000 por hectare.

Muitos desses projetos também tiveram custos sociais e ambientais consideráveis. A localização dos reservatórios é, invariavelmente, uma grande fonte de disputas. Aldeias e, às vezes, pequenas cidades são inundadas e as pessoas precisam ser reassentadas; geralmente elas acabam

44. ROSENGRANT, M. W. e SVENDSEN, M. Irrigation investment and management policy for Asia in the 1990s: perspectives for agricultural and irrigation technology policy. In: ANDERSON, J. R. (Org.) *Agricultural Technology: Policy Issues for the International Community*. Wallington: CAB International, p. 402-34, 1994.

45. BARKER et al. *op. cit.*

em terras de pior qualidade e recebem poucos benefícios do esquema de irrigação. No Capítulo 10, descrevi o conflito sobre a construção e a operação da represa de Buhi, nas Filipinas. Mas esse fato não é isolado, e há vários estudos de caso que detalham as conseqüências dos sistemas de irrigação em larga escala.[46] Muitas vezes, além do impacto adverso na população local, há perdas sérias de florestas e animais selvagens. Hoje é comum encomendar-se Análises de Impacto Ambiental. Elas podem preencher vários volumes de informações detalhadas, mas em geral são conduzidas por especialistas de fora da localidade e, como em Buhi, podem negligenciar questões fundamentais. Ao contrário, os métodos participativos do tipo usado em Buhi podem garantir uma melhor avaliação dos seus prováveis efeitos e um conjunto de soluções mais eqüitativas e sustentáveis dos problemas que inevitavelmente surgirão. Isso porque os problemas ambientais não cessam com o término da construção. Uma conseqüência das altas taxas de erosão é a rápida acumulação de sedimentos em reservatórios e canais de irrigação, encurtando assim a sua vida útil esperada. Uma pesquisa com sete reservatórios na Índia revela reduções de 22% a 94% na vida útil planejada.[47]

Como já indiquei anteriormente, uma grande quantidade de investimentos foi também para a construção de poços tubulares. Na Índia, o número de poços aumentou de quase 90 mil, em 1950, para cerca de 12 milhões, em 1990.[48] Eles apresentam muitas vantagens sobre os sistemas de irrigação em larga escala: podem ser relativamente fáceis e baratos de instalar e, como ocupam pouca terra, criam poucos problemas sociais e ambientais. Mas eles só fornecem um suprimento sustentável de água para irrigação se a taxa de extração ficar abaixo da taxa de reposição dos aqüíferos subterrâneos dos quais a água é retirada. Se não for assim, a água estará sendo efetivamente consumida. Em muitas partes do Oeste e do Sul da Ásia, o bombeamento excessivo, encorajado pela

46. FARVAR, J. e MILTON, J. (Orgs.). *The Careless Technology: Ecological Aspects of International Development*. Garden City: Natural History Press, Doubleday, 1972; AMTE, B. *Cry, the Beloved Narmada*. Chandrapur, Maharashtra: Maharogi Sewa Samiti, 1989; SCUDDER, T. Conservation vs. development: river basin projects in Africa. *Environment*, 31, 4-9, 27-32, 1989; GOLDSMITH, E. e HILYARD, N. *Social and Environmental Effects of Large Dams*, v. I e 2. Camelford: Wadebridge Ecological Centre, 1984, 1986.

47. ALEXANDRATOS. *op. cit.*

48. *Ibid.*

eletricidade subsidiada, está causando uma queda alarmante nos níveis da água – um problema agravado pela queda das taxas de infiltração para os aqüíferos decorrente da degradação das bacias hidrográficas dos planaltos. R. S. Narang e M. S. Gill, da Universidade Agrícola do Punjab, relatam que o nível de mais de dois terços do lençol freático do Punjab está baixando 20 cm por ano.[49] Como conseqüência, está sendo necessário perfurar poços mais profundos e os custos da energia para a extração estão crescendo.

Embora o lençol freático em algumas áreas esteja baixando, em outras ele está subindo e criando problemas sérios de alagamento e salinização. A causa comum é uma combinação de uso excessivo de água e drenagem precária. A eletricidade barata, subsidiada, estimula o desperdício de água, enquanto o aumento dos custos de capital resulta em economias no investimento em drenagem, às vezes eliminando totalmente sistemas de drenagem em projetos novos. A salinização geralmente se deve à elevação do lençol freático combinada com altas taxas de evaporação que trazem sais tóxicos para a superfície. Em algumas áreas costeiras, uma salinização particularmente aguda é criada pela extração excessiva que gera infiltração de água salgada. A extensão do encharcamento e da salinização nos países em desenvolvimento já é considerável. Metade da terra irrigada na Síria estaria afetada, 30% no Egito e 15% no Irã.[50] Na Índia, o total vai de 5 milhões a 13 milhões de hectares, ou de 10% a 30%.[51] Numa base mundial, as estimativas sugerem que até 1,5 milhão de hectares se perdem anualmente para a produção (o equivalente a bem mais da metade das terras recém-irrigadas acrescentadas a cada ano) e de 10% a 15% da terra irrigada está, em certa medida, degradada pelo encharcamento e a salinização.[52] Existem soluções técnicas.[53] O lençol freático pode baixar até ficar abaixo da zona das raízes e os sais serem lavados para sistemas de drenagem recém-construídos sob a superfície. Os custos na Índia são da ordem

49. IRRI. *IRRI 1994-1995: Water: a Looming Crisis*. Los Baños: International Rice Research Institute, 1995.

50. GRIGG, D. *The World Food Problem* (2ª. ed.). Oxford: Blackwell, 1993.

51. PRETTY. *op. cit.*

52. ALEXANDRATOS. *op. cit.*

53. PRETTY. *op. cit.*

de US$ 325-US$500/ha. Mas as soluções sustentáveis, como em outras regiões, dependem do envolvimento das comunidades locais.[54]

As causas profundas desses problemas econômicos, sociais e ambientais são projetos de irrigação ruins e manutenção e administração precárias. Para ser eficaz, a irrigação precisa ser confiável, caso contrário uma parte ou a totalidade dos benefícios se perderá. A confiabilidade depende, por sua vez, de uma organização eficiente e responsiva, e a questão aqui é se isso pode ser mais bem proporcionado por um governo central ou por um controle local. Muitos dos sistemas de irrigação mais antigos, por exemplo, na Mesopotâmia, no Sri Lanka e na China, dependiam do controle do governo central. Mas há também sistemas de irrigação antigos, como os *subaks* em Bali, que são muito menores – cerca de 200 hectares – e são construídos e operados pela comunidade local. Esses sistemas tendem a ser muito responsivos, com o abastecimento e a regulação da água fazendo parte integral das práticas tradicionais de manejo de recursos na comunidade. Muitas vezes, a resposta está na criação de uma boa parceria entre governo e comunidades locais. Nos vales do Norte da Tailândia, há uma história que remonta a, pelo menos, setecentos anos de açudes de pedra e de madeira mantidos pela comunidade, ligados a sistemas de irrigação controlados por órgãos representativos conhecidos como *muang*. Quando o governo construiu sistemas de desvio em larga escala, nos anos 1960 e 1970, para prover irrigação durante o ano todo, em muitos lugares eles foram enxertados nos sistemas locais. Durante nossa Análise de Agroecossistema do Vale de Chiang Mai (relatada no Capítulo 10), descobrimos que o triplo cultivo só estava sendo praticado nas áreas desses sistemas conjuntos, pois era nessas condições que o abastecimento de água era suficientemente confiável para arriscar o plantio da terceira safra de alto valor da estação.[55]

A eqüidade na divisão da água e de outros benefícios é também uma questão fundamental e contenciosa em irrigação. A corrupção na administração da irrigação é generalizada, e a ação direta ou suborno é um meio comum de os agricultores tentarem sanar desequilíbrios percebidos ou ganhar uma participação não planejada ou ilegal. Durante as

54. DATTA, K. K. e JOSHI, P. K. Problems and prospects of cooperatives in managing degraded lands. *Economic and Political Weekly*, 28, A16-A24, 1993.

55. GYPMANTASIRI et al. *op. cit.*

carências de água no esquema Minipe, no Sri Lanka, soube-se que alguns agricultores obstruíram canais e desviaram água para seus campos.[56] Às vezes, a força bruta é usada. Diz-se que, no Sul da Índia, agricultores da "ponta da cauda" do sistema de irrigação, que geralmente são os menos propensos a obter uma parcela justa,

> alugam um jipe e arcam com os custos usando fundos comuns formados para esse fim, e que agricultores patrulham os canais abaixando eclusas e ameaçando de violência. Ocasionalmente, aparece um caminhão cheio de agricultores brandindo porretes numa demonstração de força.[57]

Propinas são pagas a engenheiros de irrigação para garantir um abastecimento mais confiável, particularmente por agricultores nas pontas do sistema, e também por agricultores que desejem plantar culturas não autorizadas. As propinas podem vir na forma de uma taxa única anual ou de pagamentos parcelados. Podem ser também presentes em grãos depois da colheita, sobretudo como recompensa ao pessoal de campo local. No Sul da Índia, os custos médios das propinas no fim dos anos 1970 atingiam de 4 a 10 rupias por hectare por duas temporadas.[58] Isso é baixo em comparação com o lucro líquido de 360 rupias apurado numa plantação de arroz, mas os custos podem ser muito maiores para os agricultores da ponta do sistema e, provavelmente, são extremamente pesados para os agricultores mais pobres.

Engenheiros de irrigação também podem receber "comissões" de empreiteiras que assumem a manutenção dos sistemas. Niranjan Pant descreveu a prática no fim da década de 1970 no Projeto Kosi, em Bihar, no Norte da Índia, onde a empreiteira

> precisa gastar cerca de 30% de suas contas com fiscais e engenheiros, cerca de 10% com pessoal de escritório, cerca de 10% a 20% ficam para seu lucro e, com isso, somente 40% a 50% são gastos na obra propriamente dita.[59]

56. WICKRAMASEKERA, P. *Water Management under Channel Irrigation: A Study of the Minipe Settlement in Sri Lanka*. Departmento de Economia, Universidade de Peredeniya (mimeo.), 1981.

57. RAMAMURTHY. com. pess. citado em CHAMBERS. *op. cit.*

58. WADE, R. The system of administrative and political corruption: canal irrigation in South India, *Journal of Development Studies*, 18, 287-328, 1982a.

59. PANT, N. *Some Aspects of Irrigation Administration (A Case Study of Kosi Project)*. Calcutá-6: Naya Prokash, 1981.

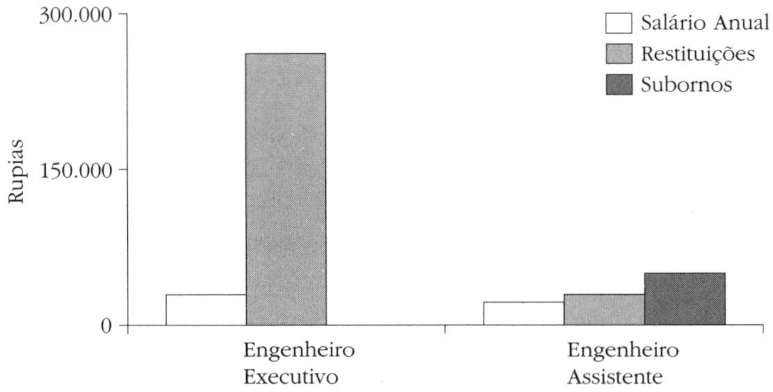

Figura 13.4 Corrupção na irrigação do Sul da Índia.[60]

Tanto engenheiros como empreiteiras podem ganhar dinheiro superfaturando as obras – a chamada "poupança no terreno". Usam cimento de baixa qualidade, por exemplo, e dividem a diferença. Em algumas partes da Índia os cargos nas burocracias de irrigação são tão lucrativos (Figura 13.4) que os engenheiros candidatos a eles pagam somas elevadas para conquistá-los. Os postos estão geralmente sob o controle de políticos locais e são, na verdade, leiloados. Robert Wade, do IDS, num detalhado estudo do Sul da Índia, revelou pagamentos de três ou mais vezes o salário anual para conseguirem dois anos garantidos num cargo. Para engenheiros seniores, o pagamento pode chegar a quarenta vezes o salário anual. As conseqüências da corrupção não são apenas a elevação dos custos diretos para os agricultores, mas os efeitos negativos sobre a produção agrícola de sistemas de irrigação precariamente mantidos e mal administrados.

A corrupção pode ser minimizada por um sistema institucionalizado de controle comunitário. Uma solução, nos grandes sistemas de irrigação, pode estar na entrega da água a reservatórios de contenção antes da distribuição local e a colocação do controle dos reservatórios nas mãos das comunidades locais. Em sistemas menores, fica mais fácil instituir um controle efetivo pela comunidade, que pode se estender ao projeto e à administração do contrato. Um exemplo ainda em estágio experimental

60. WADE, K. *op. cit.*, 1982a. Group action in irrigation. *Economic and Political Weekly*, 25 September (Review of Agriculture) (A103-8), 1982b; Corruption: where does the money go? *Economic and Political Weekly*, 17, 40, 1606, 1982c; *The Market for Public Office: Why the Indian State is Not Better at Development*. Sussex: Institute for Development Studies (IDS Discussion Paper 194), 1984.

é oferecido por um programa de reabilitação de sistemas de pequenos tanques no estado indiano meridional de Tamil Nadu, onde a precipitação atmosférica é inferior a 850 mm por ano e irregular.[61] Os tanques são áreas pequenas, naturais e rebaixadas, que são represadas para captar e armazenar as chuvas da monção. Posteriormente, a água é usada pelos agricultores para irrigar as plantações. A responsabilidade pela manutenção dos tanques e dos canais de irrigação tem sido das autoridades do governo, mas, por várias razões, os sistemas foram caindo progressivamente no abandono. Um projeto de ajuda atual está tentando recuperá-los pela contratação de empreiteiras que trabalham de acordo com uma planta; evidentemente, isso gera soluções impróprias e muito caras. No experimento, várias aldeias receberam verbas da Agência Distrital de Desenvolvimento Rural e foram estimuladas, com a ajuda técnica de uma ONG, a PRADAN, e do Centro para Recursos Aquáticos da Universidade de Anna, a formar associações de usuários de água para projetar, planejar e gerir elas próprias a recuperação. Numa aldeia, Panchanthangi Patti, os aldeões contribuíram com 25% dos custos de trabalho, materiais e dinheiro. Eles determinaram as prioridades e identificaram as obras necessárias – inclusive o reforço do aterro de terra, o desassoreamento parcial do tanque e dos canais de alimentação, a construção de represas de controle ao longo dos canais para evitar o assoreamento e a plantação de árvores nas margens para evitar a invasão. Por enquanto, os resultados são bem animadores. Os aldeões estão revelando um alto grau de competência e inventividade, e o resultado se traduz em sistemas que eles sentem como seus e com os quais estão comprometidos.

A lição geral das experiências dos últimos trinta anos é que sistemas de irrigação pequenos projetados e administrados pelas comunidades são mais propícios a fornecer suprimentos sustentáveis de água. Aliás, em muitas partes do mundo não existem outras opções. A irrigação na África subsaariana cresceu de modo consistente desde os anos 1960, mas ainda abrange apenas cerca de 6 milhões de hectares – diante dos 45 milhões de hectares na Índia –, menos da metade de 1% da terra arável. Em boa parte do continente, as condições ambientais não são próprias para sistemas de irrigação em grande escala, e o futuro está em sistemas de pequena escala, como os de Tamil Nadu, e, nas regiões mais áridas,

61. FORD FOUNDATION. Saving the village tank. *Bulletin, New Delhi Office*, 1,3-5, 1994.

em sistemas engenhosos de coleta e conservação da água num tratamento de microcaptação.[62]

A coleta da água de encostas curtas é relativamente fácil e barata, e pode ser altamente eficiente devido às distâncias envolvidas. Em Burkina Fasso e no Mali, vários projetos do governo e de ONGs estão ajudando os agricultores a desenvolver uma coleta melhorada de água utilizando o sistema de agricultura tradicional com os *zaï*.[63] Os *Zaï*, que podem ser traduzidos literalmente como bolsões de água, são pequenos poços com aproximadamente 20 cm de diâmetro e 10 cm de profundidade, dispostos em linha por todo o campo. Em Burkina Fasso, no Projeto de Sistemas Agrícolas Djenné, os *zaï* tiveram seu tamanho aumentado e foram cavados em fileiras escalonadas acompanhando as curvas de nível, mas perpendiculares à encosta, e a terra extraída foi usada para formar pequenos aterros em meia-lua ladeira abaixo para cada poço. Nas encostas íngremes, eles são combinados com faixas de grama e com o plantio de árvores. Um programa semelhante no Mali central, o Projeto Agroflorestal iniciado pela Oxfam em 1979, combina os *zaï* com aterros em curva de nível construídos de pedras. Novas técnicas de compostagem foram introduzidas e um nível de tubo de água barato ajudou na melhor localização dos aterros. Em ambos os programas, os rendimentos aumentaram muito e se tornaram mais garantidos porque as culturas no sistema dos *zaï* podem resistir a duas semanas de seca. E como os sistemas estão sendo planejados e geridos pelas comunidades, eles estão se revelando sustentáveis.

A coleta da água de encostas extensas requer aterros de pedra semipermeáveis ao longo das curvas de nível, que desaceleram o escoamento da água e favorecem a infiltração.[64] Nas margens desérticas do Oeste da Ásia e do Norte da África, a coleta visa as enchentes rápidas periódicas com sistemas de barreiras que atravessam os pavimentos *wadi*. No Império Romano, a combinação da engenharia romana com o conhecimento

62. PRETTY. *op. cit.*; REIJ, C. *Indigenous Soil and Water Conservation in Africa*. Londres: Sustainable Agriculture Programme, International Institute for Environment and Development (Gatekeeper Series SA27), 1991; REIJ et al. *op. cit.*

63. PRETTY. *op. cit.*; GUBBELS, P. Farmer-driven research and the project agro-forestier in Burkina Faso. In: SCOONES e THOMPSON. *op. cit.*, 1994; WEDUM, J., DOUMBA, Y., SANOGO, B. et al. Rehabilitating degraded land: Zaï in the Djenné circle of Mali. In: REIJ et al. *op. cit.*, p. 62-8, 1996.

64. BASTIAN, E. e GRÄFE, W. Afforestation with multipurpose trees in *Media Lunas*: a case study from the Tarija Basin, Bolivia. *Agroforestry Systems*, 9, 93-126, 1989.

local produziu sistemas elaborados de coleta de água, produzindo grandes quantidades de trigo e azeitonas em áreas que são hoje em grande parte desérticas. Um equivalente moderno no planalto central de Burkina Fasso consiste de represas baixas semipermeáveis que concentram e redirecionam os cursos de água. Formam-se terraços naturais com os sedimentos depositados, nos quais as plantações de sorgo rendem de duas a três vezes mais.[65] O redirecionamento de água é também a característica dos antigos "sistemas de depósito aluvial" chineses.[66] Águas de tempestades e enchentes são desviadas por uma série de obstáculos para concentrar água e nutrientes. Um sistema que abrange mais de 2 mil hectares na província de Shanxi fornece água na estação seca e ajuda a acumular níveis altos de nutrientes e matéria orgânica. Os rendimentos de milho, painço e trigo aumentaram de duas a quatro vezes.

Esses sistemas exigem mão-de-obra, o que os torna especialmente apropriados para regiões de menor potencial e com alta densidade populacional. Os custos variam de US$ 100 a US$ 1.000 por hectare, mas os retornos são consideráveis: 35% no Projeto Agroflorestal. Em todos os casos, uma ligação íntima entre a conservação do solo e da água é fundamental. A água é uma condição necessária, mas não suficiente: um bom desenvolvimento da cultura requer também suprimentos consideráveis de nutrientes e uma estrutura de solo que a suporte. Os sistemas mais bem-sucedidos são aqueles nos quais se desenvolvem técnicas que promovem todos esses requisitos de maneira sinérgica.

65. SCOONES, I. Wetlands in drylands: key resources for agricultural and pastoral production in Africa. *Ambio*, 20, 366-71, 1991.

66. PRETTY. *op. cit.*

14 A CONSERVAÇÃO DE RECURSOS NATURAIS

A tecnologia só é boa se for sustentável e só é sustentável se incluir as pessoas, porque as pessoas são parte do meio ambiente. A gestão participativa foi bem-sucedida porque se baseou na crença de que as pessoas são importantes e devem ser envolvidas nas soluções dos problemas.

Ajit Banarjee, ex-chefe de guarda florestal, Bengala Ocidental[1]

Os recursos naturais se apresentam sob muitas formas. Alguns são recursos vivos, como os inimigos naturais que controlam pragas e patógenos (Capítulo 11) e as bactérias e microrganismos que fixam o nitrogênio atmosférico (Capítulo 12); outros são recursos físicos, especialmente o solo e a água (capítulo anterior). Soma-se a essa lista e discute-se neste capítulo o rico legado de biodiversidade do mundo contido nos animais selvagens de nossas pradarias e florestas, e nos pesqueiros e outros ambientes de vida aquática dos mares e águas doces.

Pradarias, florestas e pesqueiros freqüentemente são exemplos de recursos de propriedade comum. A sabedoria convencional diz que a propriedade comum é a causa principal da degradação dos recursos naturais. Cada usuário tende a maximizar a sua "parte" do recurso, desconsiderando os outros usuários, ou mesmo o seu próprio uso futuro do recurso. Num pasto de propriedade comum, cada indivíduo não tem nada a perder com o aumento do número dos seus animais no pasto, mesmo que os outros façam o mesmo. No conjunto, isso acabará provocando um excesso de animais e a conseqüente degradação do pasto. O indivíduo pode perceber essa conseqüência, mas não pode evitá-la limitando unilateralmente seu

1. FORD FOUNDATION. Saving the forests: India's experiment in cooperation. *The Ford Foundation Letter,* 22, 1-5, 12-13, 1991.

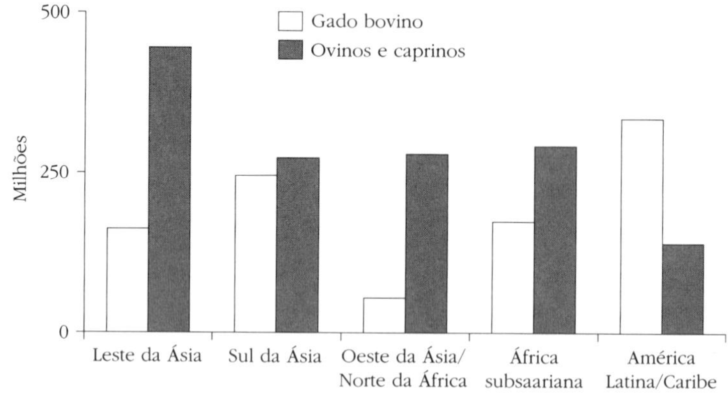

Figura 14.1 Números do gado bovino, ovino e caprino no mundo em desenvolvimento.

rebanho. Somente a comunidade pode agir, e muitos sistemas tradicionais de pastoreio evoluíram para controles altamente organizados do uso da terra comum, com sanções da comunidade contra a superexploração individual. Nos lugares onde persistem esses controles, a sustentabilidade do recurso é um problema menor. Mas o crescimento das populações, a competição entre comunidades distintas, as mudanças tecnológicas e as intervenções insensatas dos governos estão minando as instituições tradicionais. Como conseqüência, as sanções e outros controles ruíram e muitos recursos, que por muito tempo foram propriedade comum – pastos e florestas, em particular – estão virando "espaços abertos" de fato e, com isso, passíveis de uma degradação acelerada e grave.

Os pastos nos países em desenvolvimento são geralmente caracterizados por precipitação atmosférica baixa e irregular, drenagem precária, temperaturas extremas, topografia acidentada e outras limitações físicas que os inviabilizam para o cultivo. Mas eles sustentam a maior parte da população bovina, ovina e caprina do mundo em desenvolvimento (Figura 14.1). São também uma fonte importante de lenha e de vários outros recursos naturais.[2]

Num país como o Paquistão, eles incluem as pastagens alpestres das montanhas no Norte, as regiões de pastoreio temperadas e mediterrâneas no Oeste e as extensões áridas e semi-áridas no vale do Indo.[3] A variação de umidade e nutrientes na África subsaariana produz um mosaico

2. STODDART, L. A., SMITH, A. D. e BOX, T. W. *Range Management*. Nova Iorque: McGraw-Hill, 1975.

3. MOHAMMED, N. *Rangeland Management in Pakistan*. Katmandu: International Centre for Integrated Mountain Development, 1989.

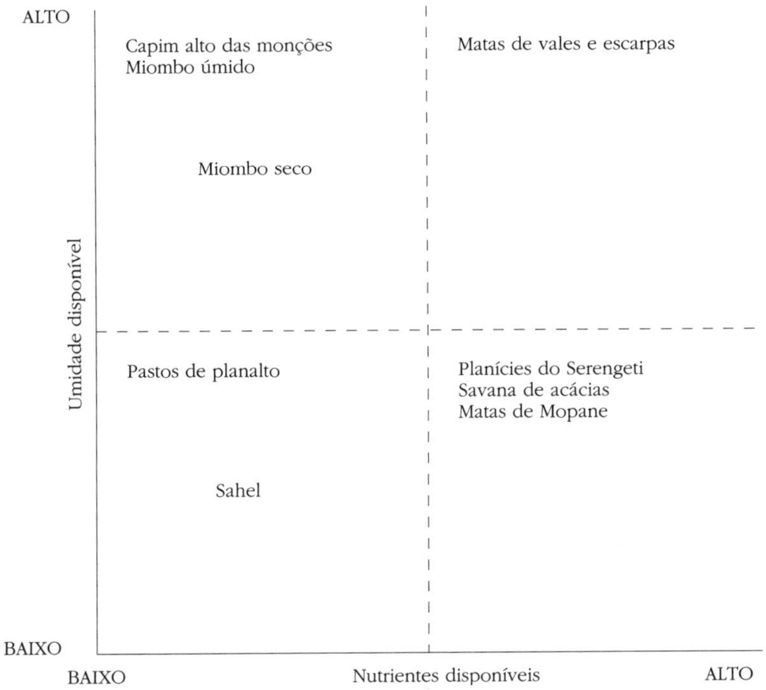

Figura 14.2 Savanas da África subsaariana.[4]

parecido de pastos (Figura 14.2). Alguns são ricos em relvados, outros cobertos por uma vegetação muito irregular e esparsa. A maioria tem extensões variadas cobertas de arbustos e árvores e mudam gradativamente para matas e florestas. No total, eles cobrem cerca de 2 bilhões de hectares, área aproximadamente equivalente à das terras florestais nos países em desenvolvimento (Figura 14.3).

Grande parte dessa terra, dependendo da finalidade a que se destina, está degradada. Por muitos anos, a sabedoria convencional atribuiu esse fato ao uso excessivo da terra como pasto, mas pesquisas recentes sugeriram que os conceitos de uso excessivo e degradação tal como são aplicados aos pastos dos países em desenvolvimento foram seriamente

4. BEHNKE, R. H. e SCOONES, I. Rethinking range ecology: implications for rangeland management in Africa. In: BEHNKE, R. H. SCOONES, I. e KERVEN, C. (Orgs.). *Rangeland Ecology at Disequilibrium: New Models of Natural Variability and Pastoral Adaptation in African Savannas.* Londres: Overseas Development Institute, p. 1-30, modificado de FROST, P., MEDINA, E., MENAUT, J.-C. et al. Responses of savannas to stress and disturbance: a proposal for a collaborative programme of research. *Biology International* (Special Issue 10). Paris: International Union of Biological Sciences, 1986.

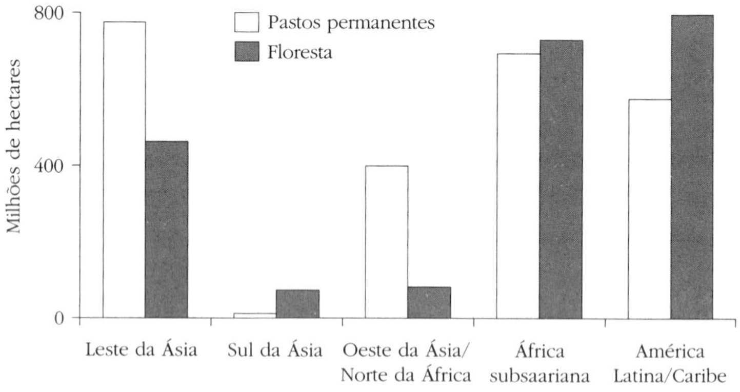

Figura 14.3 Pastos e florestas no mundo em desenvolvimento.

simplificados. No centro do problema esteve o mau emprego de teorias de manejo desenvolvidas para maximizar a produção de carne bovina nos pastos temperados dos países desenvolvidos. Em 1979, Graeme Caughley propôs um modelo de relação entre número de animais e vegetação que distingue capacidade de manejo ecológica e econômica (Figura 14.4). Na extrema direita da curva superior há uma pequena população de animais e uma grande cultura estável de plantas. À proporção que o número de animais aumenta, a quantidade de vegetação diminui até atingir um ponto – a capacidade de manejo ecológico – em que a produção de forragem se iguala a seu consumo e a população de animais pára de crescer. Nesse ponto, haverá muitos animais, mas eles poderão não estar em boas condições, e a vegetação será muito menos abundante. Se o administrador do pasto quiser vegetação mais densa e animais mais saudáveis, os animais terão de ser caçados, no caso de animais selvagens, ou separados, se forem animais domésticos. A curva de extração inferior indica as várias combinações de animais e vegetação que podem produzir um rendimento de carne sustentável; seu máximo é a capacidade de manejo econômico.

Para a produção de carne bovina em pastos temperados, estar perto da capacidade de manejo econômico é a meta adequada, mas na África subsaariana e em outros lugares do mundo em desenvolvimento, os objetivos e as circunstâncias, particularmente as condições climáticas, podem resultar numa meta muito diferente. Se uma terra de pastagem como a savana Serengeti, na África Oriental, estiver sendo manejada como um parque de animais selvagens e uma atração turística, o objetivo pode ser maximizar o número e a diversidade de animais selvagens, sendo a meta,

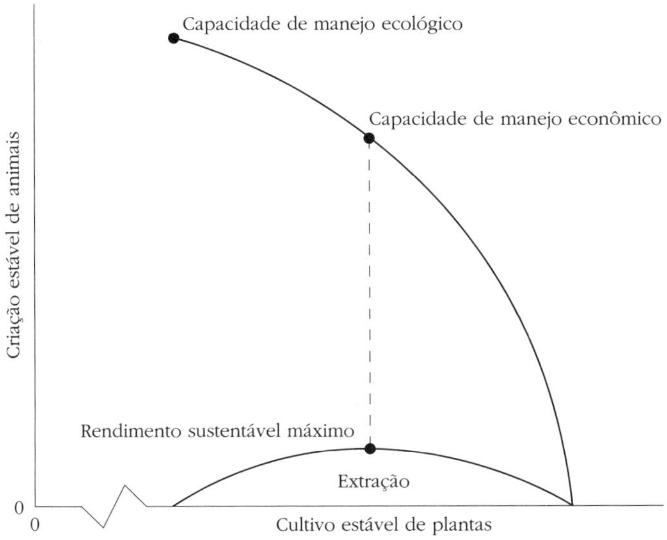

Figura 14.4 Relação entre animais e plantas num sistema de pastagem.[5]

nas palavras de Roy Behnke e Ian Scoones, uma "capacidade de manejo de câmera", em algum ponto na direção da capacidade de manejo ecológico.[6] Por outro lado, se os animais selvagens estão sendo separados para a obtenção de carne, então uma população muito inferior, próxima da capacidade de manejo econômico, será lógica. Outros objetivos – produzir carne de alta qualidade, ou espécimes de troféu para caçadores, ou preservar comunidades de plantas especiais – resultarão em metas diferentes na curva. Finalmente, para o criador pastoril, o principal usuário de boa parte dos pastos mundiais, onde o objetivo é maximizar uma gama de produtos de origem animal – leite, sangue, poder de tração e transporte – que não a carne, é proveitoso manter um alto índice de estoque, pois a extração nem sempre requer o abate.

Nessas circunstâncias extremamente diferentes, o "uso excessivo do pasto" tem a ver com as metas dos gestores dos pastos, assim como a "degradação". Não existe uma medida objetiva do uso excessivo ou da

5. BEHNKE, SCOONES e KERVEN. op. cit., adaptada de CAUGHLEY, G. What is this thing called carrying capacity? In: BOYCE, M. S. e HAYDEN-WING, L. D. (Orgs.). *North American Elk: Ecology, Behaviour and Management*. Laramie: University of Wyoming Press, p. 2-8, 1979, e BELL, R. H. V. Carrying capacity and offtake quotas. In: BELL, R. H. V. e MCSHANE CALUZI, E. (Orgs.). *Conservation and Wildlife Management in Africa*. Washington: US Peace Corps, 1985.

6. BEHNKE e SCOONES. *op. cit.*

degradação. Inevitavelmente, o estado da vegetação variará de maneira considerável, sendo bem mais precário na capacidade de manejo ecológico do que no outro extremo, em que o pasto é manejado para caçadores de troféus ou para a obtenção de carne de alta qualidade. A questão crítica para a sustentabilidade é até que ponto as condições de solo e de vegetação são reversíveis pela simples redução do índice de estoque. Medições pouco refinadas da vegetação são maus guias: mudanças na composição física e química dos solos e taxas de erosão do solo são mais confiáveis (ver o capítulo anterior), mas são confundidas pela ocorrência – particularmente nos pastos de terras montanhosas como as das montanhas relativamente jovens do Karakoram, no Norte do Paquistão – de altos índices de erosão geológica natural.

Existem também muitas pastagens em regiões onde o regime de chuvas é muito variável e pouco confiável (Figura 14.5). Nessas circunstâncias, não existe um ponto-alvo permanente a ser atingido na curva de Caughley – as curvas se modificam conforme as chuvas. O estado da vegetação se altera drasticamente de ano para ano, freqüentemente mais como resultado do regime de chuvas do que pela densidade do estoque de animais. Condições estáveis são raras e as capacidades de manejo difíceis, se não impossíveis, de calcular. Além da variação climática, surtos de doenças, sublevações políticas e mudanças de política contribuem para as perturbações. As populações de animais no pastoreio tendem a experimentar, portanto, períodos cíclicos de "expansão e contração". Durante o período colonial em países como o Zimbábue, doenças transmitidas por carrapatos e epidemias de peste bovina e de pleuropneumonia devastadoras mantiveram sob controle a reprodução dos animais. Mas as campanhas para a erradicação de doenças nas décadas de 1950 e 1960, baseadas na imersão do gado para controlar os carrapatos, garantiram uma rápida expansão numérica, de 1,8% ao ano na década de 1960, recuando para 1,5% na de 1970, com períodos de colapso local depois de secas e sublevações políticas (Box 14.1).[7]

Durante muito tempo, as pastagens dos países africanos e de outros em desenvolvimento foram objeto de políticas baseadas em sistemas de

7. DE LEEUW, P. N. e TOTHILL, J. C. The concept of rangeland carrying capacity in sub-saharan Africa: myth or reality. In: BEHNKE, SCOONES e KERVEN. *op. cit.*, p. 77-88, 1993; ANTENNEH, A. Trends in sub-saharan Africa's livestock industries. *ILCA Bulletin* (International Livestock Centre for Africa, Adis Abeba), 18, 7-15, 1984.

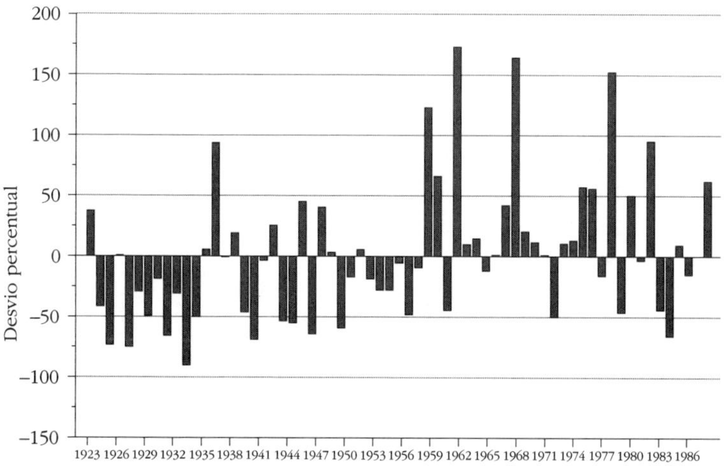

Figura 14.5 Chuvas em Lodwar, Quênia (medidas como um desvio percentual da média de longo prazo de 181,01 mm/ano).[8]

pastos para a produção controlada de carne. Esses sistemas estimularam a propriedade individual da terra, reforçada pela construção de cercas e outras medidas para restringir a pastagem em campo aberto. Mas essa abordagem raramente é adequada. O grande número de pessoas envolvidas no pastoreio, a diversidade dos produtos buscados e a forte imprevisibilidade das condições climáticas ditam uma abordagem flexível e oportunista. O pastoreio, com sistemas de manejo desenvolvidos para essas circunstâncias, precisa de melhoramentos e suporte e não de substituição.[9]

Num estudo detalhado de comunidades pastoris no Sul de Zimbábue, Ian Scoones, então no Imperial College de Londres, mostrou a gama extraordinária de estratégias adaptativas usadas para enfrentar as incertezas.[10] A terra tradicionalmente explorada pelos criadores é um mosaico complexo de diferentes habitats. Em anos normais, e quando as

8. ELLIS, J. E., COUGHENOPUR, M. B. e SWIFT, D. M. Climate variability, ecosystem stability, and the implications for range and livestock development. In: BEHNKE, SCOONES e KERVEN. *op. cit.*, p. 31-41, 1993.

9. SCOONES, I. New challenges for range management in the 21st century. *Outlook on Agriculture,* 25, 253-6, 1996.

10. SCOONES, I. Livestock populations and the household economy: a case study from Southern Zimbabwe, tese de PhD, University of London, 1990; SCOONES, I. et al. *Hazards and Opportunities: Farming Livelihoods in Dryland Africa: Lessons from Zimbabwe.* Londres/Nova Jersey: Zed Books, 1996.

Box 14.1 Flutuações nas populações de gado no Sul de Zimbábue nos últimos cem anos[11]

pré-1896	Altas populações de gado, competindo com animais selvagens
1896	Devastação por peste bovina
1896-1945	Recuperação das populações, começo do uso da imersão na década de 1920
1945-60	Política de desestocagem reduziu novamente as populações
1961-75	Abandono de políticas e grande quantidade de chuvas, novo crescimento
1976-9	Guerra de libertação, abandono da imersão, populações diminuem
1980-2	Independência, imersão retomada, populações crescem
1983-4	Grande seca com mortalidade em larga escala
1985-6	Bom regime de chuvas permite recuperação
1987	Mortalidade devida a uma nova seca
1988-90	Recuperação
1991-2	Grande seca com mortalidade em larga escala
1993	Recuperação

secas não são muito rigorosas, os animais são levados das terras altas para as margens dos rios, linhas de drenagem e terras úmidas ou de fundo de vale conhecidas como *dambos*, onde o nível de umidade é alto e há capim disponível. Às vezes os animais precisam ser transferidos de uma zona ecológica para outra – de solos argilosos, onde a produção de capim declina rapidamente na seca, para solos arenosos, onde sua produção se mantém. Em uma seca particularmente rigorosa, quando todas as áreas de pastos locais ficam exauridas, os animais podem ser deslocados para distâncias consideráveis atrás de pastos apropriados. Outras estratégias adaptativas incluem a suplementação alimentar com feno, capim cortado e galhos, folhas e frutos de árvores – inclusive as vagens de acácias –, e o abate e a venda de gado quando a seca se instala. Os prejuízos durante secas rigorosas podem ser consideráveis e a instabilidade do sistema é alta, mas os criadores, por força das circunstâncias, aprenderam a ser oportunistas e conseguem

11. SCOONES, I. Why are there so many animals? Cattle population dynamics in the communal areas of Zimbabwe. In: BEHNKE, SCOONES e KERVEN. *op. cit.*, p. 62-76, 1993.

lidar com a situação, desde que as políticas governamentais o permitam e não interfiram.[12]

Em seu estudo sobre o manejo de pastagens na África, Roy Behnke e Ian Scoones comentam:

> Agências de desenvolvimento internacional e governos africanos dedicaram um esforço considerável à supressão de técnicas pastorais de manejo da terra e de animais. Esses programas foram empreendidos na presunção de que o pastoreio era inerentemente improdutivo e ecologicamente destrutivo e, portanto, requeria uma reforma radical. Pesquisas empíricas correntes não sustentam nenhum desses pressupostos.[13]

Na verdade, a maioria dos estudos mostra a produtividade pastoril por unidade de área de terra igualando ou excedendo a da pecuária comercial em ecossistemas comparáveis. Faz-se necessária uma mudança de atitude. As políticas governamentais podem ser favoráveis se forem dirigidas para a criação de maior estabilidade e para a redução dos prejuízos. Como primeiro passo, os governos precisam reconhecer explicitamente a importância central da heterogeneidade dos pastos para o pastoreio. Isso teria implicações de longo alcance, não menores sobre a posse da terra e o respeito aos direitos tradicionais de uso da terra. Resultaria, nos períodos de seca, na remoção das restrições aos deslocamentos entre áreas. E justificaria programas voltados para a proteção e melhoria de recursos-chaves contra a seca – as margens de rios, *dambos* e linhas de drenagem – pela ressemeadura de áreas degradadas com espécies melhoradas. O reconhecimento explícito da instabilidade inerente dos sistemas pastoris encorajaria também os governos a apoiar a alimentação suplementar durante secas rigorosas com a provisão de ração e o estabelecimento de currais de engorda, e a facilitar a rápida desestocagem e reestocagem no começo e no fim das secas por meio de mercados de animais criados com essa finalidade.[14]

Embora muitas florestas em países em desenvolvimento sejam manejadas, a exemplo das pastagens, como propriedades comuns, uma elevada

12. SCOONES, I. (Org.). *Living with Uncertainty: New Directions in Pastoral Development in Africa*. Londres: Intermediate Technology, 1994.

13. BEHNKE e SCOONES. *op. cit.*

14. *Ibid.*; TOULMIN, C. Tracking through drought: options for destocking and restocking, 1994. In: SCOONES. *op. cit.*, p. 95-115, 1996.

proporção é de propriedade privada ou estatal. Isso não as poupou, necessariamente, da degradação. Os países em desenvolvimento possuem em torno de 2 bilhões de hectares de florestas, isto é, terras com um mínimo de 10% cobertos pelas copas das árvores, mais 1,1 bilhão de terras cobertas com algum tipo de vegetação (estas últimas foram incluídas nas pastagens da Figura 14.3).[15] Isso representa cerca de 60% das matas e florestas do mundo, mas elas não estão homogeneamente distribuídas e estão desaparecendo velozmente. Quase metade das florestas tropicais está na América Latina, boa parte do restante na África Ocidental e Central e nas ilhas do Sudeste da Ásia. Muitos países têm feito esforços para substituir florestas derrubadas ou destruídas de alguma outra forma por florestas plantadas, mas a velocidade de substituição é muito lenta – cerca de 2,6 milhões de hectares por ano. A área total de florestas plantadas bem estabelecidas é de apenas 30 milhões de hectares.[16]

Grande parte das perdas de florestas na América Latina deve-se a políticas governamentais deliberadas de exploração de terras florestais. No começo da década de 1980, mais de 1 milhão de migrantes se deslocou para o estado de Rondônia, no Brasil, desmatando uma área de terra do tamanho da Virgínia Ocidental. Terra gratuita e suporte do governo lhes foram oferecidos por meio do Projeto Polonoroeste, mas poucas das práticas agrícolas eram sustentáveis e muitos colonos logo abandonaram a terra, migrando para as cidades ou se mudando para novas áreas florestais.

Além da atividade madeireira comercial e dos esquemas de ocupação do governo, as florestas podem ser destruídas pela conversão progressiva das bordas da floresta para a agricultura de subsistência e pastos brutos, e em conseqüência da extração excessiva de madeira para lenha e produção de carvão.[17] Contudo, como acontece na degradação do solo (ver o capítulo anterior), muitas estimativas da destruição são exageradas. A "crise da lenha", tal como a "desertificação", tornou-se parte do saber convencional sobre degradação ambiental. Estudos detalhados como os realizados por James Fairhead, da School of Oriental and African Studies, em Londres, e Melissa Leach, do IDS, sugerem um quadro mais

15. ALEXANDRATOS, N. (Org.). *World Agriculture: Towards 2010, A FAO Study*. Chichester: Wiley & Sons, 1995; FAO. *Forest Resources Assessment, 1990, Tropical Countries*. Roma: Organização das Nações Unidas para Agricultura e Alimentação (Forestry Paper 112), 1993.

16. ALEXANDRATOS. *op. cit.*

17. *Ibid.*

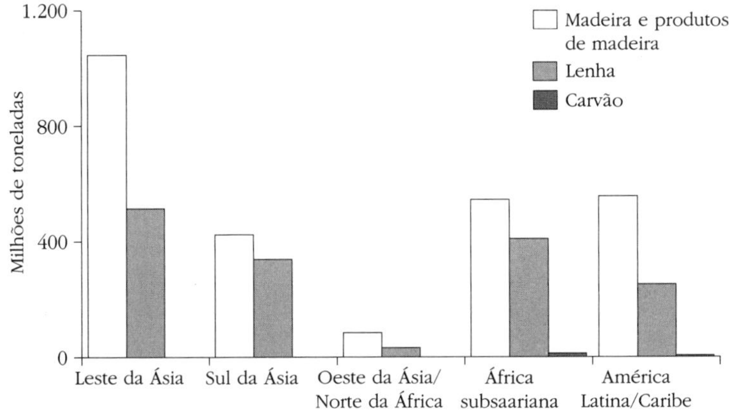

Figura 14.6 Produção florestal no mundo em desenvolvimento.

complexo de mudança e adaptação. Aliás, na prefeitura de Kissidougu, na Guiné, onde trabalharam, eles comprovaram a expansão dos recursos florestais. Os agricultores estavam criando ilhas florestais em torno de suas aldeias e estimulando a vegetação alqueivada a se tornar mais apropriada para a obtenção de lenha. As savanas, longe de serem quase vazias de florestas, eram quase cheias.[18]

Se manejados de maneira sustentável, os produtos florestais possibilitam renda e emprego consideráveis (Figura 14.6). As exportações de madeira, celulose e papel rendem cerca de US$ 13 bilhões e estimados 3 bilhões de pessoas dependem da madeira para combustível. Para os países em desenvolvimento como um todo, a lenha colhida equivale a quase 1 bilhão de toneladas de petróleo e abastece em torno de 15% de suas necessidades de energia, e nos países mais pobres isso pode alcançar 70%.[19] A escassez de madeira combustível está se tornando grave. Segundo a FAO, quase 250 milhões de pessoas sofrem de falta aguda de madeira combustível e outro 1,3 bilhão está vivendo em áreas onde a procura existente excede o índice de regeneração.[20]

---

18. FAIRHEAD, J. e LEACH, M. *Misreading the African Landscape: Society and Ecology in a Forest-Savanna Mosaic*. Cambridge: Cambridge University Press, 1996a; Rethinking the forest-savanna mosaic: colonial science and its relics in West Africa. In: LEACH, M. e MEARNS, R. (Orgs.). *The Lie of the Land: Challenging Received Wisdom on the African Environment*. Oxford/Portsmouth: James Currey/Heinemann, p. 105-21, 1966b.

19. ALEXANDRATOS. *op. cit.*

20. FAO. *Fuelwood Supplies in the Developing Countries*. Roma: Organização das Nações Unidas para Agricultura e Alimentação (FAO Forestry Paper 42), 1983.

As florestas são também a fonte de uma ampla variedade dos chamados "produtos florestais menores ou não de madeira", como resinas e gomas, sementes oleaginosas, mel, seda, frutas silvestres e cogumelos, especiarias e plantas medicinais. Esses produtos não costumam aparecer nas estatísticas oficiais, mas freqüentemente proporcionam as tão necessárias rendas e recursos para os pobres, e são uma fonte importante de emprego. A produção total na Índia é estimada em torno de 4 milhões de toneladas, envolvendo 2 milhões de pessoas-dia de trabalho. Há um potencial considerável para expandir sua produção em até três vezes, e o trabalho em mais de duas vezes (Figura 14.7).[21] O produto mais importante depois da madeira no Sudeste asiático é a rota, contribuindo para um comércio mundial em torno de US$ 2 bilhões.

Por fim, as terras florestais desempenham um papel bem mais difícil de quantificar na captação e armazenamento da água da chuva, na conservação de bacias hidrográficas, na prevenção da erosão e na modificação do clima em escala local e regional. Elas retêm grandes quantidades de carbono, e sua destruição para fins agrícolas e outros libera dióxido de carbono na atmosfera, contribuindo assim para o aquecimento global. E, como elas também são o lar de uma alta proporção da flora e da fauna mundiais, sua destruição é uma das principais causas das crescentes perdas da biodiversidade global. Estimados 15% das espécies vegetais e animais do mundo poderão ser extintas até 2025, muitas com potencial para a exploração florestal ou agrícola. Isso não só representa uma perda de organismos úteis, por exemplo, os predadores e parasitas que permitem um controle natural de pragas, mas, sobretudo, uma destruição do tesouro mundial de DNA. Como argumentei no Capítulo 8, a engenharia genética traz a promessa de recombinar o estoque genético contido em nossas plantas e animais para oferecer novas variedades de plantas e animais de criação. Embora algumas recombinações envolvam a transferência de genes entre variedades domésticas existentes, o maior potencial está em identificar e isolar genes úteis em parentes silvestres e depois transferi-los para o estoque doméstico. Tipos silvestres de arroz já se mostraram fontes úteis de resistência a pragas e doenças. Embora os parentes de grãos domésticos sejam geralmente encontrados nos pastos

21. CHAMBERS, R., SAXENA, N. C. e SHAH, T. *To the Hands of the Poor: Water and Trees*. Nova Délhi: Oxford e IBH Publishing Co., 1989.

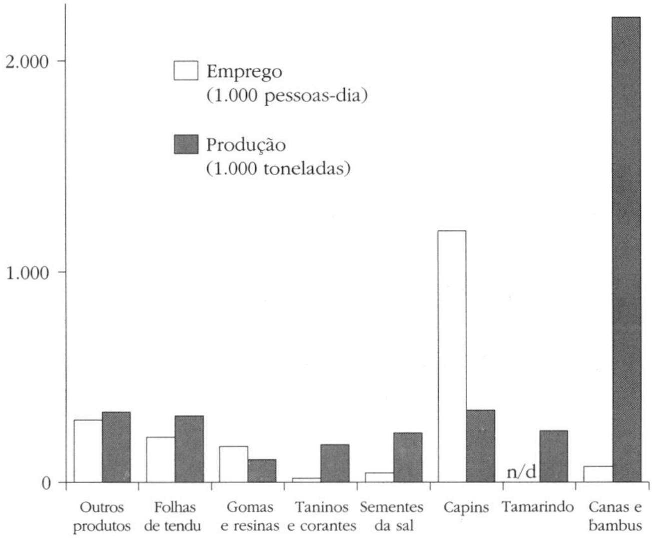

Figura 14.7 Produtos florestais além da madeira na Índia.[22]

e nas beiras das florestas, para outras culturas, como o dendê e o cacau, os parentes geralmente estão ocultos na floresta primária. Áreas florestais atualmente protegidas – incluindo parques e reservas florestais de vários tipos – abrangem pouco mais de um quarto de bilhão de hectares, pouco mais de 5% da área de terra total nos trópicos.[23]

As florestas são, pois, recursos extremamente valiosos se forem manejadas de maneira sustentável. Mas a tentação de derrubar, vender e seguir adiante é considerável. Grandes fortunas podem ser feitas dessa maneira, e não espanta que, apesar dos regulamentos dos governos, a corrupção seja um problema endêmico. Em muitas partes do mundo em desenvolvimento, mas especialmente no Sudeste asiático e na América Latina, grandes extensões de terras foram concedidas ou arrendadas a pessoas ricas e companhias locais, em geral com bons relacionamentos políticos. Embora as concessões e arrendamentos geralmente tragam consigo a exigência de reflorestar e manejar de forma sustentável no longo prazo, isso é muitas vezes desconsiderado. Companhias estrangeiras também têm sido culpadas por práticas danosas, mas, nos últimos anos,

22. CHAMBERS et al. *op. cit.*; GUPTA, T. e GULERIA, A. *Some Economic and Management Aspects of a Non-Wood Forest Product in India: Tendu Leaves*. Nova Délhi: Oxford e IBH Publishing Co., 1982.

23. ALEXANDRATOS. *op. cit.*

várias corporações madeireiras multinacionais começaram a se comportar de maneira responsável sob a pressão de governos locais e de sua terra natal, e também de ONGs.

Nos lugares onde os governos exerceram um controle direto sobre as terras florestais, a situação não ficou muito melhor, e, em alguns casos, piorou. Na Índia, uma alta proporção das terras florestais estatais está seriamente degradada. Embora sejam consideradas protegidas e guardadas, as propinas e a intimidação permitiram um acesso irrestrito das comunidades locais a elas. Como essas comunidades não têm nenhuma responsabilidade, seja de natureza legal ou tradicional, pela terra, e suas incursões são ilegais, não espanta que não se inclinem a adotar práticas sustentáveis.

A resposta a essas situações está na concessão às comunidades locais de direitos formais e responsabilidade pela administração em parceria com agências florestais do governo. Essa abordagem foi adotada de maneira pioneira e muito efetiva no estado de Bengala Ocidental, na Índia, sob o título de Manejo Florestal Conjunto.[24] Centenas de milhares de hectares de antiga floresta da sal (*Shorea robusta*) no Sudoeste do estado tinham sido desmatados e reduzidos ao pastoreio bruto. O reforço do policiamento não resolveu o problema e, no começo da década de 1970, um experimento foi realizado em Arabari pelo chefe da guarda florestal, Ajit Banarjee, no qual se propunha um acordo com as comunidades rurais: se elas formassem um comitê de proteção florestal para guardar e manejar a floresta, receberiam em troca acesso a todos os produtos florestais menores e uma participação de 25% nos produtos de madeira finais quando a floresta voltasse a crescer. Isso funcionou bem e experimentos semelhantes foram iniciados em outras partes do estado. Na década de 1980, a abordagem foi apoiada ativamente pelo governo estadual, uma coalizão de esquerda comprometida com a reforma agrária e outros programas populistas. Atualmente, 1.600 comunidades rurais são responsáveis por cerca de 80 mil hectares de floresta natural de sal. Quando os animais são retirados, a vegetação torna a crescer rapidamente, as sal brotam dos tocos remanescentes no solo e alcançam

24. FORD FOUNDATION. *op. cit.*; ROY, S. B. (Org.). *Experiences from Participatory Forest Management*. Nova Délhi: Inter-India Publications, 1995; HOBLEY, M. e SHAH, K. What makes a local organisation robust? Evidence from India and Nepal. *Natural Resource Perspectives* (Overseas Development Institute, Londres), n. 11, 1996.

uma altura em torno de 6 metros em três anos. A cobertura florestal total nas regiões afetadas de Bengala Ocidental está aumentando rapidamente, as metas do Departamento Florestal estão sendo alcançadas e a renda dos aldeões está crescendo. As mulheres, em particular, estão se beneficiando de um fluxo regular de renda de produtos como lenha, óleos e sementes, seda e folhas para a fabricação de pratos. Como em outras zonas florestais, os chamados produtos florestais menores alcançam coletivamente um valor considerável. O experimento foi posteriormente reproduzido em outros estados da Índia e já se tornou uma política nacional.

As árvores, é claro, não crescem apenas em florestas e matas plantadas. Nos países em desenvolvimento, as árvores plantadas em terra arável têm uma importância especial. Nos dois capítulos anteriores, discuti o valor das árvores como fonte de nutrientes e agentes de conservação do solo quando intercaladas com culturas anuais. O cultivo de árvores plantadas para a extração de borracha, dendê e coco é uma fonte importante de renda e, na maioria dos casos, serve também para diminuir a erosão e conservar a umidade. Na Ásia, ele abrange aproximadamente 14 milhões de hectares de terra.[25] Para os pobres, as árvores mais valiosas são as que eles plantam em suas terras de cultura intensiva e, em particular, em seus jardins domésticos. Vistos de cima, os numerosos pequenos lotes dos agricultores de Kakamega, no Oeste do Quênia (descritos no Capítulo 2), parecem uma floresta tal a densidade das árvores que eles plantaram. Como bem demonstrou o *ranking* de preferências dos aldeões etíopes (ver o Capítulo 10), a população rural tem uma compreensão bastante sofisticada dos vários usos e propriedades das árvores de muitas espécies. Eles obtêm sementes e mudas de espécies desejadas e as plantam em suas terras, se lhes forem assegurados a propriedade e o direito de colher os produtos. Em vários estados indianos, leis de conservação inadequadas proibiram a derrubada de árvores, desestimulando, assim, o plantio das mesmas.[26]

Embora algumas zonas florestais e pastoris se estendam além das fronteiras nacionais, a maioria está sujeita a jurisdições nacionais e, se houver vontade, pode ser manejada de maneira sustentável via políticas

25. ALEXANDRATOS. *op. cit.*

26. CHAMBERS et al. *op. cit.*

governamentais sensatas. Isso vale também, em teoria ao menos, para os pesqueiros marinhos do mundo, pois a maioria dos pesqueiros altamente produtivos fica dentro das 200 milhas das zonas econômicas exclusivas que definem os estoques nacionais de pescado. Na prática, porém, os pesqueiros marinhos apresentam o problema do manejo de acesso aberto numa escala que, a despeito da existência de acordos legais e soluções técnicas, é extremamente difícil de resolver. Não surpreende que a maioria dos estoques de peixes oceânicos esteja sendo rapidamente esgotada, em grande parte pela pesca excessiva.

A safra global de pescado (incluindo crustáceos e moluscos) capturado em oceanos e águas continentais atingiu um pico próximo de 89 milhões de toneladas em 1989 e caiu para 85 milhões de toneladas em 1993 (Figura 14.8). Para a maioria dos estoques de peixes selvagens do mundo, a pesca está estagnada ou em queda. Já a criação de peixes, ou aqüicultura, está em rápida ascensão, tendo alcançado cerca de 16 milhões de toneladas em 1993 e contribuindo para uma produção mundial total em torno de cem milhões de toneladas. Mas a produção de peixes por pessoa parece haver estagnado.

Embora os peixes não sejam uma fonte energética importante na alimentação, eles fornecem, em média, cerca de 19% do consumo de proteína animal do mundo; na China e em muitos outros lugares do mundo em desenvolvimento, eles contribuem com mais da metade da proteína animal. Os peixes são também uma fonte importante de vitaminas, minerais e ácidos graxos.[27] Da produção mundial total de peixe – cerca de 100 milhões de toneladas –, aproximadamente 60 milhões de toneladas são capturadas por países em desenvolvimento. Isso quase se iguala aos 70 milhões de toneladas de carne animal que eles produzem (bovinos, ovinos, suínos e aves).

Tal como os pastos, os pesqueiros podem ser concebidos como uma série de capacidades de manejo e de rendimentos sustentáveis possíveis, dependendo dos objetivos. Se o que se deseja for a preservação, por exemplo, dos estoques mundiais de baleias, pode-se buscar uma capacidade de manejo ecológico; é possível também maximizar a produção de peixes esportivos de alta qualidade, ou de pequenos peixes

27. ALEXANDRATOS. *op. cit.*; WILLIAMS, M. *The Transition in the Contribution of Living Aquatic Resources to Food Security*. Washington: International Food Policy Research Institute (Food, Agriculture, and Environment Discussion Paper 13), 1996.

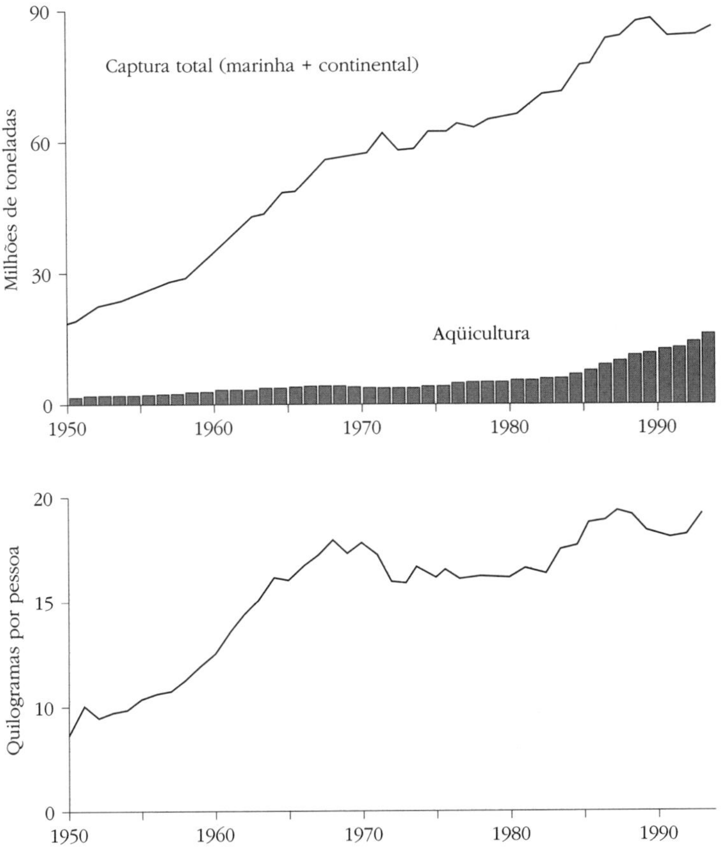

Figura 14.8 Captura global de peixes e aqüicultura, e colheita de peixe por pessoa.[28]

"industriais". A história recente dos pesqueiros marinhos mundiais tem sido uma tendência acelerada para a pesca industrial, capturando peixes cada vez menores, não para o consumo humano direto, mas para a produção de rações. Como conseqüência disso, a captura de peixes de grande valor diminuiu. No golfo da Tailândia, os grandes peixes alimentares foram substituídos por pequenos peixes, lulas e camarões de vida curta.[29] Da produção mundial, 20% consistem agora de pequenas espécies

28. WORLDWATCH INSTITUTE. *Worldwatch Database 1996*. Washington: Worldwatch Institute, 1996.

29. BOONYUBOL, M. e PRAMOKCHUTIMA, S. *Trawl Fisheries in the Gulf of Thailand*. Manila: International Center for Living Aquatic Resources, (ICLARM Translation 4), 1982.

pelágicas usadas para a produção de farinha de peixe que, por sua vez, é usada na criação de suínos e de aves e na aqüicultura de salmão e camarão. Duas das espécies pelágicas mais importantes são a sardinha sul-americana e a anchova, que constituem o grosso da pesca do Chile e do Peru.

A despeito da aparente estabilidade dos oceanos, suas populações de peixes e outras criaturas ficam tão sujeitas a flutuações como o gado nas pastagens. Um dos pesqueiros mais produtivos do mundo, que forneceu 20% do total mundial de peixes nos anos 1960 e 1970, é gerado por jorros de águas frias ricas em nutrientes da região costeira do Chile e do Peru.[30] Os jorros sustentam ricas populações de plâncton de que se alimentam as anchovas e as sardinhas pelágicas. A captura de anchovas no Peru aumentou nos anos 1960 para um total aproximado de 12 milhões de toneladas, mas em 1972 caiu abruptamente para meros 2,5 milhões de toneladas (a queda da produção se revela nos dados mundiais na Figura 14.8).[31] Nos dez anos seguintes, a pesca se manteve numa média de 1,2 milhão de toneladas. A causa imediata foi a chegada do "El Niño", um fenômeno do Oceano Pacífico responsável pelo aquecimento persistente das águas superficiais que reduz em muito o crescimento do plâncton. O "El Niño", contudo, provavelmente não foi a razão para a redução da captura ter sido tão grande e persistente.[32] Nos anos 1960, biólogos especializados em piscicultura calcularam um rendimento máximo sustentável em torno de 9,5 milhões de toneladas anuais, e tudo indica que foi uma pesca que excedeu esse nível o que colocou em risco o estoque de sardinhas e o deixou vulnerável a mudanças climáticas.

Manejar pesqueiros expostos a tamanha instabilidade é como manejar pastagens e florestas, uma tarefa difícil, que exige adaptação contínua e respostas flexíveis às mudanças das circunstâncias.[33] Embora se possam

30. WORLD RESOURCES INSTITUTE. *World Resources 1994-1995. A Guide to the Global Environment.* Oxford: Oxford University Press, 1994.

31. GLANTZ, H. e THOMPSON, J. D. *Resource Management and Environmental Uncertainty: Lessons from Coastal Upwelling Fisheries.* Nova Iorque: John Wiley, 1981; PAULY, D., MUCK, P. e MENDO, J. et al. (Orgs.). *The Peruvian upwelling ecosystem: dynamics and interactions.* Callao: Instituto del Mar del Peru, 1989.

32. HILBORN, R. e WALTERS, C. J. *Quantitative Fisheries Stock Assessment.* Nova Iorque: Chapman & Hall, 1992.

33. LUDWIG, D., HILBORN, R. e WALTERS, C. Uncertainty, resource exploitation, and conservation: lessons from history. *Science*, 260: 17, 36, 1993.

definir objetivos claros e identificar metas sustentáveis e precisas, eles raramente são alcançáveis, e não é difícil ocorrer uma situação de incremento em que os retornos regulares crescentes são bruscamente substituídos pelo colapso. Parte da resposta está na criação de políticas e regulamentos apropriados, freqüentemente em nível internacional. Um início foi feito nos anos 1970 com a criação das zonas econômicas exclusivas de 200 milhas marítimas, mas o manejo sustentável efetivo só apareceu quando os governos se reuniram para acertar objetivos e se prontificaram e se capacitaram a policiá-los. Uma vez estabelecidas as metas, é possível encontrar meios técnicos eficazes para alcançá-las, seja por meio de cotas, tamanho da frota pesqueira ou tipos de redes. O mais importante, porém, é a necessidade de flexibilidade e cautela, e de se aprender rapidamente. Em geral compensa, no longo prazo, pescar um pouco menos que o rendimento máximo sustentável, provendo-se assim de uma proteção contra eventos inesperados e a variabilidade extrema.

Alguns dos pesqueiros marinhos mais ameaçados ficam perto das costas e têm sido tradicionalmente explorados por embarcações de pesca pequenas. O número dessas embarcações aumentou, em parte devido aos sem-terra buscarem novas oportunidades, mas eles enfrentam a ameaça considerável da competição e da degradação ambiental. Apesar da existência das zonas de 200 milhas, grandes frotas pesqueiras dos países desenvolvidos têm se envolvido freqüentemente numa pesca agressiva. De 28 disputas recentes sobre a pesca em todo o mundo, quase a metade envolveu países em desenvolvimento (Figura 14.9). Contudo, mais insidiosa e duradoura em seus efeitos sobre a sustentabilidade da pesca costeira é a degradação contínua das águas litorâneas causada por empreendimentos em terra e poluentes industriais trazidos pelos rios.

Os pesqueiros de interior (lagos e rios), que estão concentrados na Ásia e na África, também parecem ter atingido o pico e já dão sinais de forte esgotamento. Uma compensação parcial para a redução do pescado marítimo e continental veio do crescimento da aqüicultura, tanto em águas doces como marítimas, que deslanchou na década de 1980 (Figura 14.8). Grande parte do crescimento nos países em desenvolvimento ocorreu na China, em parte com base na antiga tradição de criar carpas herbívoras com a agricultura.[34] Mas também estão ocorrendo grandes aumentos na

34. ALEXANDRATOS. *op. cit.*

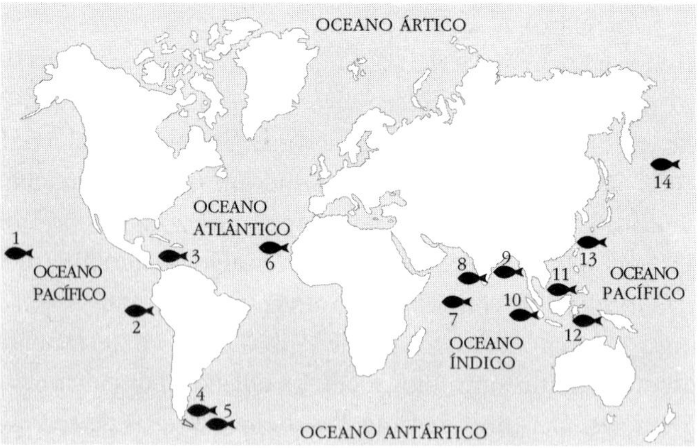

1. Os EUA ameaçam a China pela não implementação do banimento da pesca de arrastão.
2. Conflitos entre a pesca em pequena escala e a comercial na costa do Equador.
3. Pesca ilegal feita pelo Japão, Rússia, Taiwan, EUA e Venezuela no Caribe.
4. Pesca ilegal feita pela Rússia e Chile na costa da Argentina.
5. Pesca ilegal feita pela Rússia e Chile na costa da Geórgia do Sul.
6. Pesca ilegal de embarcações da UE na costa do Senegal
7. Navio japonês apreendido quando pescava ilegalmente no Oceano Índico.
8. Conflito entre a pesca em pequena escala e a industrial na costa de Kerala.
9. Ataques piratas a traineiras de camarões na baía de Bengala.
10. Traineiras ilegais de *surimi* na costa da Malásia.
11. Disputas de pesca entre China e Vietnã.
12. Alegada pesca ilegal de Taiwan na costa da Indonésia.
13. Conflitos entre barcos chineses e taiwaneses.
14. Pesca furtiva feita por parte da Coréia do Sul, China e Taiwan no Mar de Bering.

Figura 14.9 Disputas sobre pesca envolvendo países em desenvolvimento.[35]

produção de camarão, com a China sendo responsável por 27% da produção global, e mexilhões, dos quais a China produz 38%. Apesar de suas origens arcaicas, a aqüicultura em grande escala ainda está concentrada numa variedade limitada de espécies que ainda não se beneficiaram de programas intensivos de melhoramento.

Nas regiões cultivadoras de arroz da Ásia, persiste a antiga tradição de criar peixes nos arrozais de alagados. Isso pode ser uma relação altamente simbiótica, na qual é oferecido aos peixes um ambiente seguro e rico em nutrientes e, em troca, eles comem as ervas daninhas e insetos e aumentam os níveis de nutrientes das culturas agrícolas com suas fe-

35. MADDOX, B. Fleets fight in over-fished waters. *Financial Times*, 30 August 1994 (baseado em Indrani Lutchman, Fisheries Officer, World Wide Fund for Nature, UK), 1994.

zes. Os peixes se alimentam do azolla quando ele está presente e o convertem em nitrogênio disponível para os pés de arroz. No passado, os agricultores muitas vezes exploravam apenas as populações de peixes selvagens, construindo pequenas lagoas como refúgio para os peixes na estação seca. Hoje, os altos níveis de produção dos arrozais são possíveis pela compra de estoques de peixes de boa qualidade, pela construção de viveiros para criar os filhotes antes de soltá-los, pelo uso de ração suplementar e por um controle cuidadoso dos estoques.[36] O maior obstáculo é o uso de pesticidas que, na maioria dos casos, ou mata os peixes diretamente ou destrói a riqueza do habitat de que eles dependem. Um grande esforço está sendo feito atualmente para demonstrar os benefícios combinados do manejo integrado de pragas e da criação de peixes em arrozais. Pelo programa CARE, em Bangladesh, a eliminação dos pesticidas não só aumentou o rendimento do pescado como elevou em quase 25% o rendimento do arroz.[37]

Ao contrário do que acontece com a pesca em mar aberto, onde a regulamentação é difícil, as fazendas de pesca evitam os problemas da exploração excessiva. A propriedade geralmente não está em questão, os estoques podem ser mantidos num nível excelente, a alimentação é controlada e a captura é programada para render o máximo. Mas a sustentabilidade da aqüicultura está sendo ameaçada pelo manejo inadequado, pela poluição e por conflitos sobre o uso da terra, especialmente nos ecossistemas costeiros. O desmatamento da terra para a criação de camarões tem sido altamente destruidor de manguezais – eliminando cerca de 17% dos mangues da Tailândia em apenas seis anos da década de 1980 – e resultou num rebaixamento acelerado dos lençóis freáticos.[38]

As fazendas de camarões são particularmente propensas a doenças crônicas. Em muitos países asiáticos, surtos de doenças causados por falta de higiene e quarentena, combinados com a falta de controle das entradas de água e dos efluentes em lagoas, contribuíram para colapsos irreversíveis na produção depois de apenas dois ou três anos. Em Taiwan,

36. BIMBAO, M. P., CRUZ, A. V. e SMITH, I. R. An economic assessment of rice-fish culture in the Philippines. In: HIEMSTRA, W., REIJNTJES, C. e VAN DER WERF, E. (Orgs.). *Let Farmers Judge*. Londres: Intermediate Technology, p. 187-94, 1992.

37. KAMP, K., GREGORY, R. e CHOWHAN, G. Fish cutting pesticide use. *ILEIA Newsletter*, 2/93, 22-3, 1993.

38. HOLMES, B. Blue revolutionaries. *New Scientist*, 7 de dezembro, p. 32-5, 1996.

ainda não houve recuperação depois do colapso da produção de camarões, que passou de um pico de 80 mil toneladas em 1987 para uma produção muito limitada em 1991.[39]

Os problemas da pesca ressaltam a questão geral de que a degradação dos recursos naturais resulta muitas vezes da exploração excessiva e dos conflitos sobre o uso dos recursos. Nas zonas costeiras dos países em desenvolvimento, surgem conflitos entre pesca intensiva, produção de arroz e produtividade natural de manguezais e outras florestas alagadas. No interior, pequenos agricultores e grandes proprietários derrubam florestas para abrir espaço para a agricultura e a pecuária. E existe em todo o mundo uma crescente competição entre agricultura e recursos naturais, de um lado, e expansão da urbanização e industrialização, de outro. Embora a culpa possa ser atribuída em parte a tecnologias inadequadas, as causas fundamentais estão em sistemas impróprios para a gestão de recursos, instituições não responsivas, políticas nacionais e regionais de curto prazo e falta de mecanismos econômicos que valorizem de maneira adequada os recursos naturais em relação a todos os seus usos potenciais, agora e no futuro.

39. WILLIAMS. *op. cit.*; FAO. *Review of the State of World Fishery Resources*, Parte 2, *Inland Fisheries and Aquaculture*. Roma: Organização das Nações Unidas para Agricultura e Alimentação (Fisheries Circular 710 (Rev. 8)), 1992.

15 OBTENDO A SEGURANÇA ALIMENTAR

Inanição é a característica de algumas pessoas não terem alimentos suficientes para comer. Não é a característica de não existirem alimentos suficientes para comer.

Amartya Sen, *Poverty and Famines*[1]

O desafio que enfrentamos, como vem sendo argumentado neste livro, não é uma simples questão de atender à demanda do mercado global por alimentos. Isso é relativamente fácil. Aliás, trata-se de um objetivo que já foi alcançado. A redução na produção de cereais nos países desenvolvidos ocorreu, em grande medida, pela falta de demanda de mercado. Contudo, como sabemos, cerca de 750 milhões de pessoas no mundo são cronicamente subnutridas. A difícil tarefa nos próximos 25 anos é garantir que elas e os milhões de outras que, pelas projeções atuais, estarão fora do mercado sejam bem alimentadas. Parte da solução está em produzir alimentos em maior quantidade e mais baratos, em particular para alimentar os pobres urbanos. Mas para alimentar todos os pobres, a produção de alimentos precisa aumentar nas terras de menor potencial onde vive a maioria deles. E, o mais importante, para os sem-terra rurais e as famílias pobres que vivem em terras insuficientes, a produção de alimentos deve fazer parte de um programa mais amplo de desenvolvimento da agricultura e dos recursos naturais que gere emprego e renda suficientes para que elas possam comprar a comida de que necessitam. Com efeito, a produção de alimentos se torna um meio para aumentar a demanda de mercado por alimentos.

Um elemento fundamental da tarefa é o conceito de segurança alimentar – um conceito aparentemente simples, do qual uma definição simples poderia dar conta. Mas, surpreendentemente, ele é motivo de muita discussão.

1. SEN, A. *Poverty and Famines: An Essay on Entitlement and Deprivation*. Oxford: Clarendon Press, 1981.

Um estudo recente do IDS identificou quase 200 definições diferentes.[2] O motivo disso é que, em parte, esse conceito é um daqueles que entraram na arena política e vêm sendo objeto de muitas resoluções na Organização das Nações Unidas e em outros fóruns mundiais.[3] Na Conferência Mundial da Alimentação de 1974, a segurança alimentar foi definida como "disponibilidade permanente de suprimentos alimentícios adequados de alimentos básicos... para sustentar uma firme expansão do consumo de alimentos... e compensar as flutuações da produção e dos preços".[4] Essa definição refletiu a preocupação da conferência com a escassez de alimentos nos anos 1970. As boas safras da década de 1960, em grande medida uma conseqüência da Revolução Verde, provocaram uma queda nos preços e levaram os Estados Unidos a retirar terra da produção. Tanto os EUA como o Canadá reduziram seus estoques de grãos e, depois, em 1972, houve grandes quebras de safras na União Soviética, China, Índia, Austrália e no Sahel. Em 1974, os preços dos grãos haviam dobrado e só havia grãos armazenados em quantidade suficiente para alimentar a população mundial por três semanas e meia.[5] Os resultados da conferência incluíram a criação de um Conselho Mundial da Alimentação, da Comissão sobre Segurança Alimentar da FAO e de uma facilidade de crédito do Fundo Monetário Internacional para os países atenderem as necessidades inesperadas de importar alimentos.

A despeito da gravidade da situação, essa ênfase no abastecimento de alimentos como primeira prioridade logo começou a ser questionada, no início por nutricionistas e planejadores de nutrição e depois pela obra de Amartya Sen, que principiou seu ensaio seminal, *Poverty and Famines*, com as palavras citadas no início deste capítulo.[6] Os estudos

2. SMITH, M., POINTING, J. e MAXWELL, S. *Household Food Security, Concepts and Definitions: An Annotated Bibliography*. Brighton: Institute of Development Studies, University of Sussex (Development Bibliography n. 8), 1992.

3. MAXWELL, S. Walking on two legs, but with one leg longer than the other: a strategy for the world food summit. *Forum Valutazione*, 9, 89-103, 1996a; Food security: a post-modern perspective. *Food Policy*, 21, 155-70, 1996b.

4. Organização das Nações Unidas. *Report of the World Food Conference*. Roma, 1975.

5. TUDGE, C. *The Famine Business*. Londres: Faber & Faber, 1977.

6. SEN, A. Famines as failures of exchange entitlements. *Economic and Political Weekly*, 11, 1273-80 (Special Number), 1976; Starvation and exchange entitlements: a general approach and its application to the great Bengal famine. *Cambridge Journal of Economics*, 1, 33-60, 1977.

de Sen sobre a Grande Fome de Bengala de 1943 levaram-no a reconhecer a importância para a segurança alimentar do acesso à comida em oposição à sua oferta. A safra de arroz de Bengala fora atingida por um ciclone, sofrera inundações e um surto de doença, e a ocupação japonesa reduzira os suprimentos a partir da Birmânia. Na época, e posteriormente, a fome foi atribuída à escassez de alimentos provocada por esses fatos. Mas a análise de Sen sugere que isso foi apenas uma parte da história. A escassez geral de grãos alimentícios não foi tão maior do que em anos anteriores, por exemplo, em 1941, quando não houve fome coletiva. Na opinião de Sen, as evidências sugerem que ela não foi uma escassez "notável". Mais importante, nas zonas rurais, onde a fome foi mais violenta, ela se deveu ao fato de os salários dos trabalhadores não acompanharem o ritmo da inflação induzida pela economia de guerra. Muito antes da fome, o preço do arroz havia duplicado, mas os salários haviam aumentado pouco (Figura 15.1). A principal causa da fome foi a impossibilidade de os pobres rurais comprarem o arroz de que precisavam. Eles migraram em massa para Calcutá, onde as medidas de alívio se mostraram inadequadas, apesar de haver alimento suficiente. Ao todo, cerca de 3 milhões de pessoas morreram.

Seu estudo dessa e de outras fomes posteriores na Etiópia, no Sahel e em Bangladesh levaram-no a desenvolver o conceito de "direito". Em poucas palavras, as pessoas têm direito aos alimentos porque elas mesmas os produziram – como agricultores ou meeiros –, porque ganharam o dinheiro para comprá-los ou porque recebem-nos como parte de uma troca com seus vizinhos ou parentes, ou por um sistema de benefícios do governo. Essa ênfase no acesso aos alimentos e não na produção de alimentos produziu uma mudança radical no pensamento sobre segurança alimentar.[7] A FAO, numa reavaliação de 1983, salientou "o acesso físico e econômico a... alimentos básicos"[8] e, em 1986, o Banco Mundial adotou a seguinte definição: "Segurança alimentar é o acesso permanente de todas as pessoas a alimentos suficientes para uma vida saudável e ativa".[9]

7. MAXWELL. *op. cit.*, 1996b.

8. FAO. *World Food Security: A Reappraisal of the Concepts and Approaches.* Roma: Organização das Nações Unidas para Agricultura e Alimentação (Director-General's Report), 1983.

9. BANCO MUNDIAL. *Poverty and Hunger: Issues and Options for Food Security in Developing Countries.* Washington: Banco Mundial, 1986.

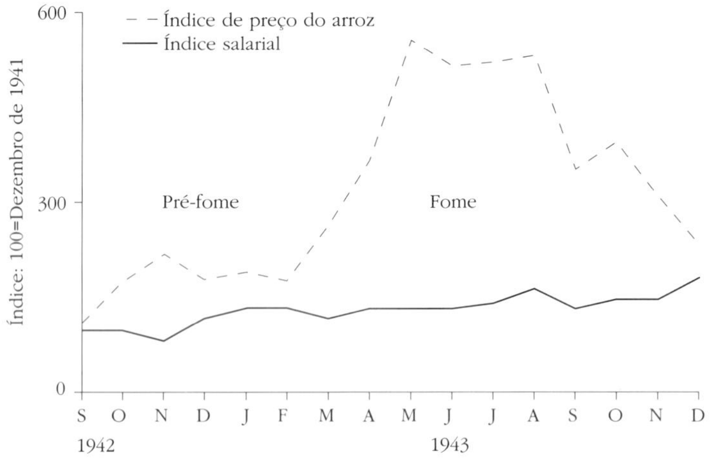

Figura 15.1 Salários e preços do arroz num distrito de Bengala Ocidental.[10]

Entretanto, como argumenta Simon Maxwell, do IDS, essa multiplicidade de definições reflete não só essas mudanças políticas nos programas de ação, mas também a grande diversidade de percepções próprias e subjetivas das pessoas sobre seu status de segurança alimentar.[11] As pesquisas da última década sobre situações de fome revelaram a maneira complexa como as pessoas reagem à adversidade. Muitas vezes, suas ações parecem, às pessoas de fora, contra-intuitivas. Alex de Waal, da Queen Elizabeth House, de Oxford, que trabalhou durante a fome de 1984/5 em Darfur, no Oeste do Sudão, observou que as pessoas não colocavam a redução imediata da fome no topo de sua lista de prioridades.[12] Elas preferiam conservar suas sementes para plantar, não vender seus animais e gastar tempo e recursos no cultivo de seus campos. Na verdade, elas deram maior prioridade à preservação de seus ativos para o futuro. O que essa e outras observações indicam é que a segurança alimentar para a família ou o indivíduo é apenas parte, conquanto essencial, de uma estratégia para toda a vida, e deve ser analisada e compreendida nesse contexto.

Neste penúltimo capítulo, discuto a segurança alimentar em três níveis – o global, o nacional e o familiar (incluindo o individual) –, examinando

10. SEN. *op. cit.*, 1981.

11. MAXWELL. *op. cit.*, 1996b.

12. DE WAAL, A. *Famine That Kills*. Oxford: Clarendon Press, 1989; Emergency food security in Western Sudan: what is it for?. In: MAXWELL, S. (Org.). *To Cure All Hunger: Food Policy and Food Security in Sudan*. Londres: Intermediate Technology, 1991.

em cada nível se os alimentos estão disponíveis, e, em estando, se podem ser pagos ou estão acessíveis de alguma outra forma.

Nos últimos trinta anos, houve uma enorme expansão do comércio mundial de alimentos e de outros produtos agrícolas. Em termos monetários, os cereais agora só perdem para o petróleo no comércio internacional.[13] Parte do crescimento do comércio até agora tem sido para satisfazer a demanda por cereais da antiga União Soviética, mas um fator importante tem sido o crescimento da renda no Leste Asiático e em regiões do Oeste da Ásia e Norte da África, resultando numa demanda crescente de produtos animais e, com isso, de grãos para ração. Cerca de 40% do volume do comércio global de cereais é constituído por milho e outros grãos de qualidade inferior. Para muitos países em desenvolvimento, porém, os alimentos importados se tornaram menos acessíveis. Ao lado do aumento das importações de cereais, as exportações agrícolas dos países em desenvolvimento declinaram fortemente como proporção do comércio mundial. E para os dependentes da exportação de *commodities* agrícolas como café, chá e açúcar, o declínio de seus preços dificultou-lhes o financiamento das importações de alimentos. Os países em desenvolvimento eram exportadores líquidos de produtos agrícolas na década de 1960, mas por volta de 1992 haviam se tornado importadores líquidos (Figura 15.2).[14]

Contribuindo para essa tendência geral estão as variações consideráveis nos preços dos grãos relacionados, de maneira muito complexa, às flutuações na produção de grãos e ao nível de seus estoques.[15] Em 1970, os estoques estavam altos (o equivalente a cerca de 80 dias do consumo mundial), mas caíram em 1973 depois da forte alta dos preços dos grãos (Figura 15.3). Os estoques estavam novamente altos no começo da década de 1980 e os EUA retiraram mais de 30 milhões de hectares de terras cultiváveis da produção de grãos em 1983 (ver o Capítulo 7), mas a isso se seguiu uma estiagem severa nos EUA e em outros países e os estoques voltaram a cair. Houve um novo pico em 1987 e depois um declínio. Em 1995, os estoques estavam em 295 milhões de toneladas,

13. GRIGG, D. *The World Food Problem* (2a. ed.). Oxford: Blackwell, 1993.

14. ALEXANDRATOS, N. (Org.). *World Agriculture: Towards 2010. A FAO Study*. Chichester: Wiley & Sons, 1995.

15. DYSON, I. *Population and Food: Global Trends and Future Prospects*. Londres: Routledge, 1996.

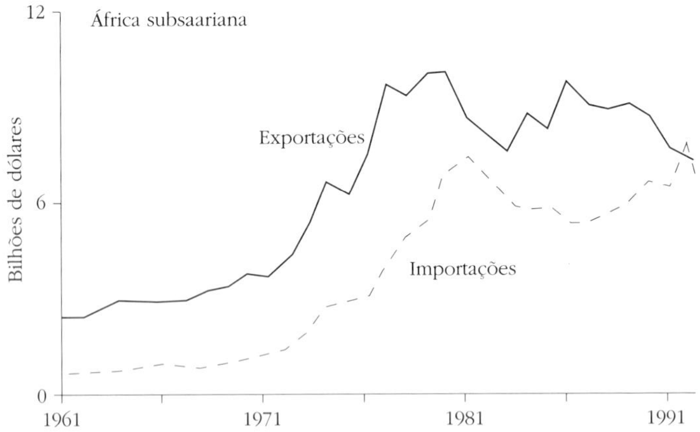

Figura 15.2 Equilíbrio de importações e exportações agrícolas na África subsaariana (preços correntes).

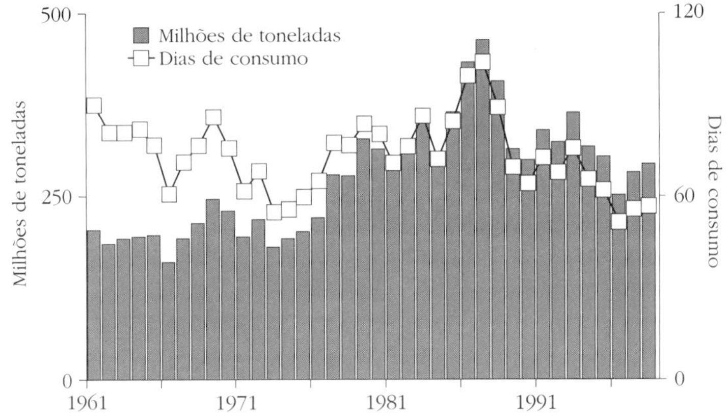

Figura 15.3 Estoques mundiais de grãos e seu equivalente em termos de dias de consumo global (os números são para o ano em que começa a nova safra; para 1996, trata-se de uma estimativa).[16]

o equivalente a apenas 61 dias de consumo, e a estimativa para 1996 era de 229 milhões de toneladas, o equivalente a meros 48 dias, na ponta inferior da faixa que a FAO considera o mínimo para salvaguardar a segurança alimentar mundial.

Essas flutuações consideráveis resultam, em parte, de condições climáticas, mas também das respostas do mercado e das mudanças nas

16. BROWN, L. R., FLAVIN, C. e KANE, H. *Vital Signs 1996. The Trends That are Shaping Our Future.* Nova Iorque: W. W. Norton, 1966, usando dados da USDA, *Grain: World Markets and Trade,* janeiro. Washington: United States Department of Agriculture, 1996, e USDA, *Production, Supply and Demand View* (base de dados eletrônica), janeiro. Washington: United States Department of Agriculture, 1996.

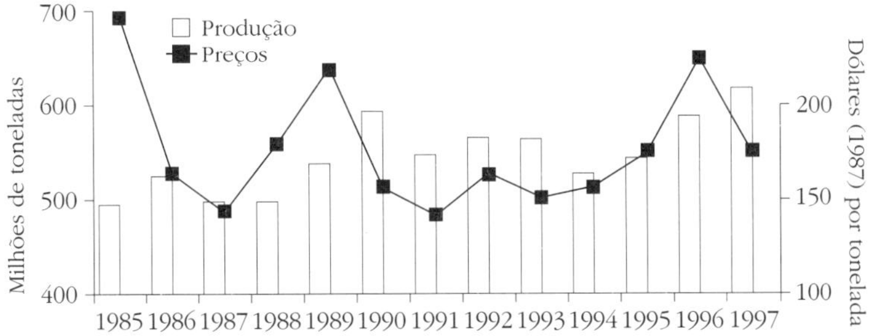

Figura 15.4 O mercado global de trigo na década de 1990.[17]

políticas dos governos. Um exemplo é o comportamento do mercado global de trigo nos últimos dez anos (Figura 15.4). A produção cresceu firmemente nos anos 1980, atingindo um pico de aproximadamente 600 milhões de toneladas em 1990. Depois, houve um lento declínio seguido por uma queda súbita devida à redução da produção, em 1994, na Europa Oriental e na antiga União Soviética, e nos anos seguintes, ao clima adverso nos EUA em alguns outros grandes exportadores como Espanha, Argentina e Austrália. Isso foi parcialmente compensado por safras recordes no Leste Europeu em 1995, mas a safra russa foi a pior em trinta anos e, no geral, a produção de trigo em 1995 ficou abaixo da demanda. Os preços do trigo atingiram um novo pico (US$ 200/t em preços correntes) e, em 1996, seus estoques haviam caído para 88 milhões de toneladas. Segundo a FAO, os países em desenvolvimento tiveram de pagar US$ 3 bilhões pelas importações de grãos, um aumento de 25% em relação ao ano anterior. A resposta da União Européia foi extinguir sua política de subsídios às exportações, taxar as exportações de trigo e reduzir a área de terra não destinada à agricultura. Os EUA também eliminaram os subsídios à exportação e, em 1996, parte das terras da Reserva para Conservação voltou à produção. O plantio de trigo cresceu 4% na União Européia, e no mundo todo a quantidade plantada foi a maior desde 1986. Os rendimentos na UE estão estimados em quase 8,25 t/ha e a produção global estimada ficará acima de 550 milhões de toneladas. Os preços caíram rapidamente perto do fim de 1996, e a EU voltou a subsidiar novamente as exportações.

17. BANCO MUNDIAL. *Commodity Trade and Price Trends (*ed. 1989-1991). Baltimore: Johns Hopkins University Press, 1993; FMI. *International Trade Statistics*, fevereiro. Washington: International Monetary Fund, 1993.

Como os termos adversos de comércio podem ser revertidos e as flutuações evitadas ou, pelo menos, minimizadas? Em 1993, depois de oito anos de negociações, 115 países (na maioria, países em desenvolvimento) concluíram a Rodada Uruguai de Negociações Comerciais Multilaterais.[18] Seu objetivo é criar um comércio de produtos agrícolas e industriais mais liberalizado. Pelo Acordo sobre a Agricultura, deverão ser programadas reduções no apoio doméstico, nos subsídios às exportações e nas tarifas e outras restrições para o acesso aos mercados. Em teoria, isso deveria beneficiar agricultores tanto dos países em desenvolvimento como dos desenvolvidos. Com a redução da proteção aos agricultores dos países desenvolvidos, haverá menos alimentos exportados a preços mais baixos que os dos agricultores dos países em desenvolvimento. E como as barreiras às importações devem ser reduzidas, deverá ocorrer uma demanda crescente por produtos agrícolas (básicos ou não), provocando um aumento da produção agrícola tanto em países desenvolvidos como em desenvolvimento.

Entretanto, as mudanças ocorrerão lentamente e os benefícios para os países em desenvolvimento no curto prazo não são evidentes. Os preços de suas próprias *commodities* agrícolas para exportação subirão pouco, se é que subirão, e continuarão sendo extremamente voláteis. Os acordos internacionais sobre *commodities* não funcionaram e os países em desenvolvimento terão de tentar atenuar a variabilidade e a queda, no longo prazo, dos preços de seus principais produtos de exportação com técnicas de comércio como os contratos de longo prazo a preços fixos e o aproveitamento dos créditos financeiros compensatórios do FMI.[19] A maioria dos comentaristas acredita também que a Rodada Uruguai aumentará os preços dos produtos dos países desenvolvidos entre 5% e 10%. Isso significará custos mais altos para as importações de alimentos, um aumento em torno de US$ 3 bilhões (ou 15%) para os países em desenvolvimento como um todo, segundo a FAO.[20]

As reduções no suporte doméstico e a conseqüente estabilização de preços da Rodada Uruguai também poderiam espalhar os efeitos das

18. ALEXANDRATOS. *op. cit.*; FAO. *The State of Food and Agriculture, 1995. Agricultural Trade: Entering a New Era*. Roma: Organização das Nações Unidas para Agricultura e Alimentação, 1995.

19. ALEXANDRATOS. *op. cit.*

20. FAO. *op. cit.*, 1995.

flutuações dos preços dos alimentos por um número maior de países. Mas isso não ocorrerá se os estoques permanecerem baixos. Está prevista uma queda nos estoques governamentais de alimentos e existem dúvidas de que ela será compensada por um aumento dos estoques no setor privado.[21] A remoção de mudanças políticas bruscas por governos de países desenvolvidos deverá ser benéfica, mas a produção continuará flutuando, principalmente em conseqüência dos caprichos climáticos e da especulação dos produtores e dos operadores de mercado nos países desenvolvidos.

Para os países em dificuldade, sempre haverá ajuda alimentar. Embora os EUA e a Reino Unido fornecessem ajuda a alguns países asiáticos, africanos e latino-americanos no século XIX e na primeira parte do XX, a forma moderna de ajuda alimentar deve muito ao Plano Marshall, do fim da Segunda Guerra Mundial. Os EUA e o Canadá forneceram cerca de US$ 13,5 bilhões em ajuda (25% na forma de alimentos, rações e fertilizantes) à Europa devastada pela guerra.[22] O alimento foi vendido pelos países recebedores na moeda local, liberando assim suas moedas fortes para outras importações. Embora essencialmente humanitário, o Plano Marshall trouxe benefícios mútuos para doadores e receptores: os primeiros tinham excedentes de grãos que precisavam vender e agricultores cujo sustento exigia proteção, enquanto os países recebedores puderam alimentar suas populações (nos anos imediatos do pós-guerra, 125 milhões de europeus recebiam, em média, apenas 2.000 calorias por dia) e reconstruir suas indústrias.

Os mesmos princípios continuaram sob os programas de ajuda a países em desenvolvimento, particularmente o programa PL480 dos EUA e os da União Européia. Entretanto, diferentemente da situação à época do Plano Marshall, quando os países receptores estavam reabilitando suas indústrias, a necessidade dos países em desenvolvimento é de incrementar a infra-estrutura e outros apoios no longo prazo. Em certa medida, a conexão da ajuda ao desenvolvimento foi tratada com a criação do Programa Mundial de Alimentação, em 1962, administrado pela FAO e

---

21. FAO. *op. cit.*, 1995; ISLAM, N. Implementing the Uruguay Round: increased food stability by 2020. *2020 Brief*, 34. Washington: International Food Policy Research Institute, 1996.
22. SINGER, H., WOOD, J. e JENNINGS, T. *Food Aid: The Challenge and the Opportunity*. Oxford: Clarendon Press, 1987.

destinado a ser mais livre de algumas restrições políticas enfrentadas por países doadores individuais. Mas, na prática, a ajuda alimentar surge sob muitas formas e com diversos objetivos. A maior parte é em cereais, mas óleos comestíveis, laticínios e peixes também são importantes. Quase um quarto é de ajuda de emergência, atendendo a necessidades imediatas de populações atingidas por desastres naturais, conflitos e guerras civis. Outros tipos de ajuda vão para o apoio a projetos ou programas individuais, embora a distinção entre formas diferentes de ajuda esteja ficando cada vez mais confusa, em parte porque a repetição de desastres em alguns países torna a ajuda programada de alimentos mais adequada. Os volumes de ajuda atingiram seu ponto mais alto na década de 1960, quando aproximadamente a metade de todas as importações de cereais feitas pelos países em desenvolvimento sob a forma de ajuda. Houve picos menores posteriores no começo dos anos 1970 e meados dos 1980 (Figura 15.5). O mais impressionante, hoje, é a crescente proporção de ajuda destinada à África subsaariana – mas a ajuda alimentar em geral se nivelou.

Sua contribuição para a segurança alimentar também está sendo questionada. Como o volume de ajuda continua vinculado ao nível de estoques excedentes, ele é mais alto quando é maior a disponibilidade de alimentos e mais baixo quando essa disponibilidade cai. Assim, em nível global, ele mais reforça do que ameniza os ciclos de grãos. Como assinalam Edward Clay e Olav Stokke, as quantidades são pequenas demais para serem significativas para um país como a Índia, e provavelmente serão limitadas até mesmo para as necessidades de Bangladesh.[23] Na cheia de 1988/9, Bangladesh recebeu 1,6 milhão de toneladas de cereais na forma de ajuda e pagou por outros 2,2 milhões de toneladas. Se a ajuda alimentar continuar caindo – à medida que os estoques forem reduzidos na esteira da Rodada Uruguai –, digamos, ao nível de 9 milhões de toneladas do início dos anos 1980, mesmo o 1,6 milhão de toneladas poderá ser difícil de fornecer; e uma necessidade de duas a três vezes essa quantidade seria impossível.

No futuro, a ajuda alimentar se limitará a países como os da África subsaariana, onde as necessidades de importação, conquanto expressivas

23. CLAY, E. e STOKKE, O. Assessing the performance and economic impact of food aid: the state of the art. In: CLAY, E. e STOKKE, O. (Orgs.). *Food Aid Reconsidered: Assessing the Impact on Third World Countries*, p. 1-36. Londres: Frank Cass (EADI Series 11), 1991.

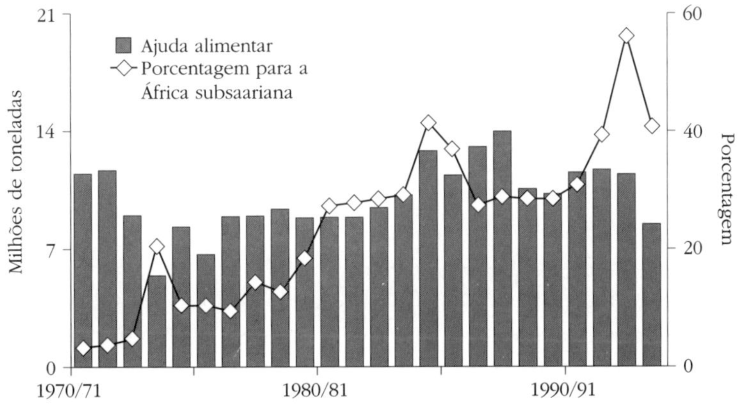

Figura 15.5 Ajuda alimentar recebida por países em desenvolvimento e a proporção destinada à África subsaariana.[24]

para o país, são pequenas com relação ao comércio mundial em geral. Mesmo ali, como mostrou a seca generalizada dos anos 1980, há muito a aprender para o alívio ser rápido e resultar num nível de segurança sustentável. Há perigos reais de a ajuda destruir incentivos locais, por exemplo, empurrando os preços locais para baixo e desviando o consumo dos principais gêneros nativos, como aconteceu no Sudão, onde as preferências mudaram do sorgo cultivado *in loco* para o pão feito com trigo subsidiado. Os retornos para os agricultores locais provavelmente cairão em face da competição com as importações, prejudicando o desenvolvimento agrícola no longo prazo.[25]

Até certo ponto, as tentativas nacionais para melhorar a segurança alimentar espelham as que ocorrem em nível mundial.[26] Esforços concertados estão sendo feitos para aumentar a produção; para a maioria dos países, isso significa visar a auto-suficiência de mercado, ao menos na produção de grãos, e a formação de estoques para emergências e de sistemas de distribuição de alimentos em períodos de necessidade. Nos países mais pobres, essas metas foram estabelecidas, ao longo da última

24. FAO. *Food Aid in Figures*. Roma: Organização das Nações Unidas para Agricultura e Alimentação, 1983, 1993.

25. MAXWELL, S. The disincentive effect of food aid: a pragmatic approach. In: CLAY e STOKKE. *op. cit.*, p. 66-90, 1991.

26. ISLAM, N. e THOMAS, S. *Foodgrain Price Stabilization in Developing Countries: Issues and Experiences in Asia*. Washington: International Food Policy Research Institute, 1996.

década, dentro de programas gerais de reforma econômica e ajuste estrutural.[27] Empréstimos do Banco Mundial e do Fundo Monetário Internacional foram condicionados à adoção de políticas voltadas para a criação de economias de mercado plenas. Os gastos públicos foram reduzidos e as taxas de câmbio desvalorizadas para encorajar o investimento e as exportações.

A eficácia dessas políticas é discutível. Segundo estudos de Uma Lele e Hans Binswanger, do Banco Mundial, os declínios da agricultura foram detidos em vários países e houve avanços significativos no crescimento da produção agrícola em outros.[28] Gana empreendeu uma série de reformas a partir de 1983 que incluíram uma desvalorização cambial de 90% e um aumento progressivo no preço do seu principal produto de exportação, o cacau.[29] Como conseqüência, as exportações de cacau, que haviam caído de um pico de 450 mil toneladas na década de 1970 para apenas 150 mil toneladas em 1983, foram parcialmente recuperadas e agora estão em 250 mil toneladas. Mas como os preços do cacau ainda continuaram relativamente baixos, os benefícios foram limitados. Para Gana e países similares, há uma necessidade urgente de diversificar as exportações agrícolas e aumentar sua flexibilidade para poderem explorar as oportunidades de mercado.

A maioria dos comentaristas concorda que, sejam quais forem os benefícios de longo prazo do ajuste estrutural, os custos sociais de curto prazo podem ser consideráveis. O desemprego pode aumentar, particularmente em conseqüência da redução dos gastos públicos, e isso resultará em maior pobreza e menor segurança alimentar em alguns segmentos da comunidade. Mali, como parte de seu programa de reformas econômicas iniciado em 1982, eliminou milhares de postos de trabalho no

27. ALEXANDRATOS. *op. cit.*

28. LELE, U. Structural adjustment and agriculture: a comparative perspective of performance in Africa, Asia and Latin America. *29th Seminar of the European Association of Agricultural Economists,* Hohenheim, 1992; BINSWANGER, H. The policy response of agriculture. *Proceedings of the World Bank Conference on Development Economics.* Washington: Banco Mundial, 1989.

29. BANCO MUNDIAL. *Financing Adjustment with Growth in Sub-Saharan Africa, 1986-1990.* Washington: Banco Mundial, 1986; SEINI, W., HOWELL, J. e COMMANDER, S. Agricultural policy adjustment in Ghana. *Conference on the Design and Impact of Adjustment Programmes on Agriculture and Agricultural Institutions, September 10-11, 1987.* Londres: Overseas Development Institute, 1987.

serviço público.[30] Ter um membro da família no serviço público era uma segurança tradicional para a gente do campo, garantindo ao menos alguma renda monetária nos anos ruins, e a perda dos empregos provocou uma insegurança alimentar generalizada.

"Conseguir os preços certos" raramente basta, por si, para aumentar a produção e a renda. Nos locais em que a agricultura é dominada por baixas tecnologias de produção e servida por uma infra-estrutura precária, os incentivos de preço não foram suficientes para fazer a diferença. A comparação entre os países mais pobres da Ásia e da África subsaariana é instrutiva. As reformas econômicas foram mais bem-sucedidas na Ásia, em parte porque se basearam em sistemas financeiros mais desenvolvidos, mercados privados e instituições rurais nativas mais fortes e melhor infra-estrutura. A Ásia possui redes rodoviárias e ferroviárias mais desenvolvidas, que ligam os agricultores a seus mercados (Figura 15.6). Os gastos públicos em pesquisa e extensão agrícola também são necessários para os agricultores aproveitarem as novas oportunidades.[31]

E, como mostra claramente a experiência dos programas de segurança alimentar no Mali, o mercado também requer um planejamento de apoio do governo que precisa ser sensível às variações locais e regionais.[32] O Mali, como a maioria dos países, contém áreas de potencial alto e baixo com diferentes condições socioeconômicas e ecológicas, e elas requerem abordagens diferentes para a conquista da segurança alimentar. Como diz Simon Maxwell, do IDS: "Precisamos de uma nova política de segurança alimentar... 'Andar com as duas pernas, mas com uma perna mais comprida do que a outra'."[33] A "perna mais comprida" é dirigida para as áreas de potencial inferior, onde os problemas são em geral mais complexos, a necessidade maior e existe hoje uma falta de investimentos públicos. Há menos espaço para macrossoluções – inovações e investimentos que sejam reprodutíveis em larga escala. Existe, sim, a necessidade de:

---

30. DAVIES, S. *Adaptable livelihoods: Coping with Food Insecurity in the Mahelian Sahel.* Londres/Nova Iorque: Macmillan Press/St. Martin's Press, 1996.

31. SCHULTZ, T. W. The economics of agricultural research. In: EICHER, C. e STAATZ, J. (Orgs.). *Agricultural Development in the Third World.* Baltimore: Johns Hopkins University Press, 1990.

32. MAXWELL. *op. cit.*, 1996a.

33. *Ibid.*

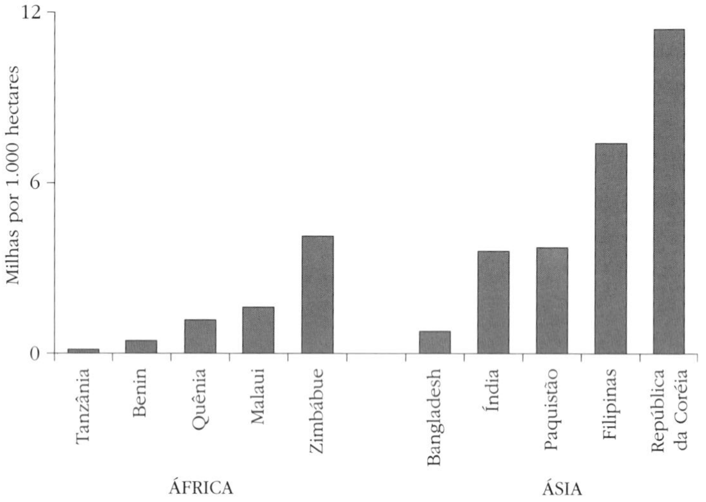

Figura 15.6 Milhas de estradas de rodagem e de ferro por 1.000 hectares de área cultivável.[34]

- Tecnologias apropriadas, voltadas para as condições locais e para as necessidades das famílias e dos indivíduos;
- Desenvolvimento de instituições locais; e
- Ações de apoio por parte de agências governamentais locais e organizações não-governamentais.

Trabalhar nesse nível pode, por sua vez, proporcionar *insights* e informações que, com sorte, orientarão as políticas internacionais e nacionais por melhores caminhos. Reza a sabedoria convencional que as necessidades humanas básicas podem ser dispostas numa rígida hierarquia; as pessoas lutam para satisfazer uma necessidade antes de partirem para a seguinte. Na hierarquia, o alimento é, supostamente, a necessidade que precisa ser atendida primeiro. Mas agora sabemos que, exceto no sentido trivial, esse modelo é por demais simplista. Todas as pessoas, sejam elas financistas ricos ou fazendeiros pobres, tomam decisões tanto de curto como de longo prazo – "elas fazem malabarismos", nas palavras

34. ALEXANDRATOS. *op. cit.* usando dados de PLATTEAU, J. Ph. Sub-Saharan Africa as a special case: the crucial role of (infra) structural constraints. *Cahiers de la Faculté des Sciences Économiques et Sociales de Namur* (Série Recherche n. 128, 1993/6), 1993, e AHMED, R. e DONOVAN, C. *Issues of Infrastructural Investment Development. A Synthesis of the Literature.* Washington: International Food Policy Research Institute, 1992.

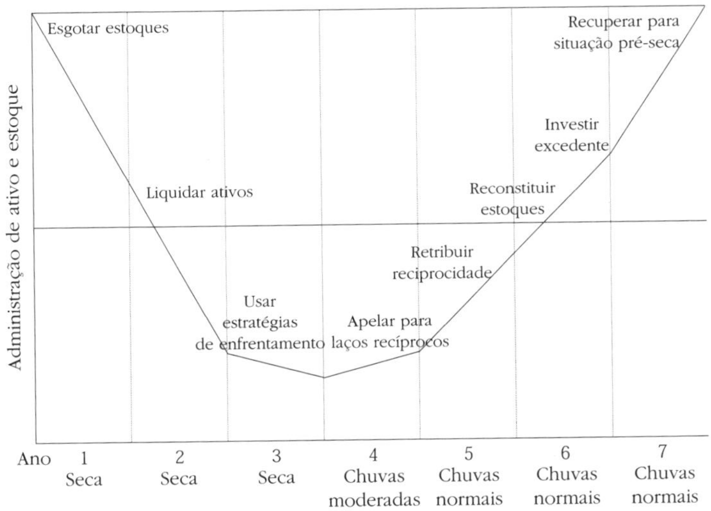

Figura 15.7 Respostas das famílias à seca no Mali.[35]

de Susanna Davies, do IDS, "entre o consumo imediato e a capacidade futura de produzir".[36]

Nos últimos anos, adquirimos uma compreensão muito maior de como os pobres se comportam na adversidade. Essa compreensão surgiu de estudos sobre situações de fome e da experiência de agentes de programas de ajuda que tentavam atenuar a fome e garantir, ao mesmo tempo, que o alívio imediato estivesse vinculado ao desenvolvimento no longo prazo.[37] No estudo de Susanna Davies sobre os efeitos da seca em famílias rurais do Mali nos anos 1970, ela descreve um ciclo complexo de respostas (Figura 15.7). Nos dois primeiros anos da seca, os estoques de comida são consumidos, depois o gado excedente é vendido. Várias estratégias para lidar com a situação são tentadas no terceiro ano: as famílias coletam alimentos silvestres ou migram temporariamente para outros lugares. No ano seguinte, talvez tenham que pegar comida emprestada de parentes, mas, nos anos subseqüentes, à medida que melhora a situação das chuvas, pagam os empréstimos e reinvestem em gado.

35. DAVIES. *op. cit.*

36. DAVIES. *op. cit.*

37. MAXWELL. *op. cit.*, 1996b.

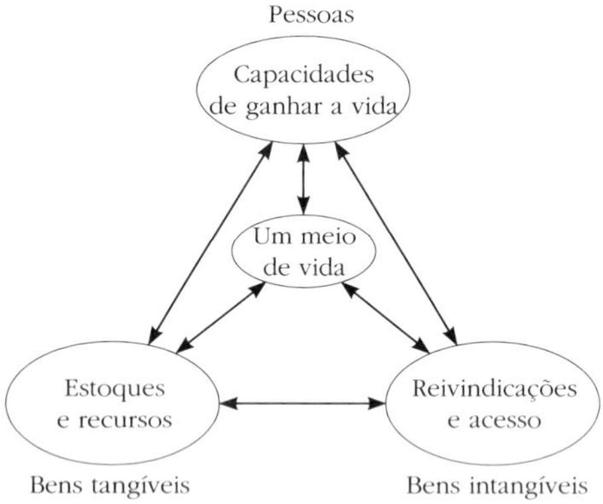

Figura 15.8 Componentes e fluxos dos meios de vida.[38]

Esse comportamento só pode ser compreendido em termos das estratégias de sustento dos pobres. Como indiquei no Capítulo 9, os meios de subsistência são fenômenos complexos que envolvem pessoas, suas atividade e seus bens, tanto tangíveis como intangíveis (Figura 15.8).

Os bens tangíveis incluem:

- *Reservas:* estoques de comida, itens de valor como ouro, jóias e tecidos, poupanças em dinheiro em bancos ou esquemas de crédito e poupança; e
- *Recursos:* terra, água, árvores, animais, ferramentas e outros equipamentos agrícolas.

Os bens intangíveis incluem:

- *Reivindicações:* os pedidos e apelos por ajuda e acesso a reservas e recursos, que podem ser feitos a vizinhos, comunidades ou agências; e
- *Acesso:* a oportunidade de usar um recurso, reserva ou serviço – como transporte, educação, saúde e mercados – ou de obter informação e tecnologia.

A partir desses ativos, as pessoas constroem e inventam um meio de vida usando seu trabalho físico, seus conhecimentos, habilidades e

38. CHAMBERS, R. e CONWAY, G. R. *Sustainable Rural Livelihoods: Practical Concepts for the 21st Century*. Brighton: Institute of Development Studies, University of Sussex (Discussion Paper n. 296), 1992.

criatividade. Em geral, quanto mais abundantes os bens e mais trabalho e conhecimento eles encerram, melhor é a condição de ganhar a vida. Mas, inevitavelmente, as pessoas precisam fazer escolhas do tipo das descritas no Capítulo 9, e, em particular, entre o consumo imediato e a sustentabilidade no longo prazo. No centro dessas negociações está a segurança, não só alimentar, mas de renda, saúde, *status* e conquistas menos mensuráveis, como a liberdade de crença e expressão, e a "paz de espírito". A segurança é uma questão tanto de realidade como de percepção. O chefe de família precisa ter garantias de que haverá comida suficiente, disponível e acessível para sua família agora e no futuro próximo.

As famílias herdam e acumulam bens e deles vivem nos períodos adversos. Mas se, como aconteceu mais recentemente no Mali, as secas forem mais demoradas e os bens reduzidos até um ponto em que as famílias têm dificuldade em reavê-los, a intervenção externa será fundamental para salvar não só suas vidas como seus meios de vida. Ela pode tomar a forma de doações de alimentos, concessão de créditos de curto prazo ou de sementes para plantar, ou de criação de oportunidades de emprego fora da agricultura.[39]

Tão logo a sobrevivência básica esteja garantida e as condições sejam seguras, os agricultores repõem e melhoram seus bens. Eles podem ampliar os recursos usando seu trabalho para construir terraços que vão melhorar o estoque de solo, ou investir numa carroça para levar seu produto ao mercado. Direitos podem ser estabelecidos pelo investimento num casamento ou pela doação de presentes. O acesso à informação pode ser alcançado com a compra de um rádio. As competências podem ser melhoradas pela educação ou pelo aprendizado.

Alguns desses investimentos serão direcionados para aumentar a produtividade, alguns para reduzir a instabilidade, alguns para aumentar a sustentabilidade – no sentido de reduzir a probabilidade de choques e crises – e alguns para aumentar a eqüidade – a divisão dos benefícios dentro da família. É possível observar alguns desses investimentos funcionando na agricultura intensiva em Kakamega, Quênia, descrita no Capítulo 2. Ali, o chefe de família, uma mulher, criou um lote de terra bem diversificado, onde as culturas anuais são intercaladas com árvores.

39. DAVIES. *op. cit.*

As árvores de sua propriedade e das propriedades vizinhas são, fundamentalmente, uma espécie de cultura de subsistência, sendo vendidas para a obtenção de alimentos básicos durante os meses magros do ano, ou sendo poupadas para os inevitáveis anos ruins ou para as despesas de um casamento ou funeral; ou ainda, sendo cultivadas por dinheiro, em particular para o pagamento regular de taxas escolares. Neste caso, o investimento sustentável é no futuro distante das crianças.

A chave desse padrão notável de investimento é, em parte, a garantia da propriedade da terra. A garantia de acesso à terra é geralmente uma condição necessária, mas não suficiente para o investimento no melhoramento da terra. Às vezes, ela pode tomar a forma de garantia da propriedade ou da posse, mas pode ser mais complicada. No Programa de Manejo Conjunto de Florestas em Bengala Ocidental, descrito no capítulo anterior, a disposição dos aldeões de manejar a floresta numa base sustentável depende de uma negociação de arrendamento com o governo. E o manejo no longo prazo de seus animais pelos criadores pastoris em Zimbábue depende de um padrão complexo de direitos tradicionais que se estende por uma diversidade de habitats, alguns deles raramente exercidos. A garantia de acesso precisa se estender também aos produtos. A propriedade da terra pode não ser suficiente para estimular o plantio de árvores ou a construção de terraços se outros direitos não forem também garantidos, ou outras condições não forem satisfeitas. Como já mencionei no capítulo anterior, as proibições do governo indiano à derrubada de árvores, mesmo nas terras de pequenos proprietários, desestimularam o plantio de árvores.

A fazenda de Kakamega ilustra também a questão geral de que uma diversidade produtiva ajuda ativamente na conquista da segurança alimentar. A diversidade pode vir do cultivo de diversas plantas e do cuidado de diversos animais, mas a maioria das famílias agrícolas nos países em desenvolvimento também se beneficia da renda não-agrícola. Os agricultores dos altiplanos de Java dependem muito da carpintaria, do comércio e da venda de carvão, açúcar de palmeira e lenha, além do trabalho assalariado.[40] Para propriedades com menos de meio hectare, essas atividades podem constituir até 95% da renda em dinheiro. Nessas

40. VAN DEN POEL, P. e VAN DIJK, H. Household economy and tree-growing in upland central Java. *Agroforestry Systems*, 5, 169-84, 1987.

circunstâncias, as inovações agrícolas potenciais precisam levar em conta os retornos aumentados para a agricultura comparados aos do trabalho fora da fazenda.

Além da renda obtida localmente, somas muito elevadas em dinheiro são freqüentemente enviadas às famílias rurais por indivíduos que temporária ou permanentemente migraram para os grandes centros urbanos ou mesmo para o exterior.[41] As condições de vida rurais no México se beneficiaram expressivamente dessas remessas dos Estados Unidos; da mesma maneira, nas nações do Sul da África, essas condições se beneficiaram das remessas da África do Sul, e, em muitos países asiáticos, das remessas da Arábia Saudita e dos países do Golfo Pérsico. Mesmo aldeias muito remotas nas montanhas do Paquistão ou pequenas ilhas das Filipinas estão ligadas dessa forma às economias dos países árabes ricos em petróleo. As somas totais envolvidas em remessas mundiais não são conhecidas. Elas provavelmente excedem a ajuda oficial ao desenvolvimento. Mais importante, sabe-se ainda muito pouco sobre a maneira como o dinheiro remetido é usado. Em que medida ele é gasto em alimentos, em bens de consumo, em educação ou em investimentos na terra e na produção agrícola no longo prazo?

Apesar das fontes freqüentemente significativas de renda não-agrícola, a falta de crédito é uma grande limitação ao investimento para a maioria dos agricultores e prejudica sua capacidade de sobreviver em condições adversas. Os esquemas de crédito dos governos postos em prática nos primeiros anos da Revolução Verde se mostraram eficazes nas terras de alto potencial, onde podem ser obtidos retornos altos e absolutamente confiáveis dos investimentos. Mais problemática tem sido a provisão de crédito para as áreas de potencial mais baixo e, particularmente, para as famílias mais pobres, cujos retornos são baixos e os riscos altos. Tipicamente, esses empréstimos são muito pequenos, mas exigem um acompanhamento atento e, por isso, sua provisão é relativamente cara. Eles não são interessantes para os bancos comerciais e são difíceis de gerir pelas mais burocráticas agências governamentais. A alternativa tradicional é o agiota que, em geral, cobra taxas de juros muito altas, causando um endividamento crescente e prolongado.

41. CONWAY, G. R. e BARBIER, E. B. *After the Green Revolution: Sustainable Agriculture for Development*. Londres: Earthscan, 1990.

Entretanto, já existem experiências suficientes nas duas últimas décadas que demonstram a eficácia de organizações de crédito locais e auto-administradas. A chave para a formação dessas organizações é, em geral, uma reunião de famílias numa pequena atividade de desenvolvimento para satisfazer uma necessidade coletiva.[42] Nos vales do Norte do Paquistão, o Programa de Apoio Rural Aga Khan (AKRSP) começou ajudando as comunidades locais a se organizarem em torno da construção de novos canais de irrigação ou de estradas vicinais (ver o Capítulo 10). Essas organizações de aldeões tornaram-se então o foco de esquemas de poupança. Uma vez engrossada a poupança, as organizações puderam obter empréstimos complementares dos bancos comerciais, com a AKRSP funcionando como avalista parcial. Em 1994, cerca de 50 mil famílias participavam dessas organizações.[43]

No Sul da Índia, uma abordagem semelhante, embora um pouco mais informal, foi desenvolvida por uma ONG, a MYRADA.[44] Nela, os grupos de poupança e crédito são organizados inicialmente em torno de um pequeno projeto, como o desassoreamento de um tanque ou a criação de um sistema de drenagem. Em um caso, o grupo começou cavando uma armadilha para capturar um elefante ladrão. A atividade física coletiva e a experiência de planejamento e gestão cooperativos no projeto assentaram as bases da confiança e da autoconfiança. Conquanto existam diretrizes, cada esquema evolui segundo linhas diferentes, refletindo sua origem e as circunstâncias locais. Os membros determinam as regras, estabelecem taxas de juros, decidem sobre os tipos de empréstimo e vetam ou aprovam os pedidos de empréstimo. A maioria dos empréstimos é muito pequena, menos de 100 rupias (US$ 3), e é usada para pagar um casamento ou funeral, comprar comida antes da colheita ou adquirir uma ou duas ovelhas. Em 1992, havia cerca de 108 milhões de rupias (US$ 3,6 milhões) espalhados entre cerca de 50 mil membros desses grupos.

42. PRETTY, J. N. *Regenerating Agriculture: Policies and Practice for Sustainability and Self-reliance*. Londres: Earthscan, 1995.

43. AKRSP. *Annual Report*. Gilgit: Aga Khan Rural Support Programme, 1994.

44. FERNÁNDEZ, A. *The MYRADA Experience: Alternative Management Systems for Savings and Credit of the Rural Poor*. Bangalore: MYRADA, 1992; RAMAPRASAD, V. e RAMACHANDRAN, V. *Celebrating Awareness*. Bangalore/Nova Délhi: MYRADA/Foster Parents Plan International, 1989.

Talvez o mais conhecido de todos os esquemas de crédito seja o Banco Grameen, estabelecido em Bangladesh nos anos 1970 e que conta agora com aproximadamente 1,5 milhão de associados.[45] No início deste livro, descrevi a história de Koituri, uma mulher de Bangladesh que abandonou o marido para escapar dos constantes espancamentos. Ela se mudou para a casa do pai e realizou várias tarefas para vizinhos mais prósperos, recebendo duas refeições por dia e um pouco de arroz. Sua vida começou a melhorar quando o Banco Grameen abriu uma agência nas proximidades. Algumas mulheres formaram grupos em sua aldeia. No começo, Koituri estava nervosa, ouvindo histórias sobre detenções e prisões se os empréstimos não fossem pagos. Mas acabou se juntando a um grupo de nove mulheres, recebeu treinamento do banco e pegou um pequeno empréstimo para comprar uma cabra e um cabrito. Ela amarrava a cabra no local onde trabalhava e cortava capim para alimentá-la. Mas isso não prosperou e ela vendeu a cabra com prejuízo. Entretanto, com o dinheiro Koituri arrendou um minúsculo lote e plantou feijão-delima em andaimes de bambu, o qual vendeu com sucesso; pegou então um novo empréstimo, arrendou um pouco mais de terra, comprou um arado, pagou pela irrigação e pela mão-de-obra e começou a cultivar uma variedade de arroz do IRRI. Ela finalmente pagou todos os seus empréstimos, fez um novo com o qual adquiriu um novilho e, quando Mohammed Yunus estava escrevendo a seu respeito, Koituri estudava um empréstimo para trocar sua cabana por um casebre. Nas palavras de Yunus:

> O empréstimo bancário não só mudou sua condição financeira, ele também provocou uma mudança nas suas perspectivas. Ela costumava se sentir amedrontada o tempo todo, antes... Agora ela não se sente mais insegura. Ela tem suas amigas do grupo para ajudá-la. Antes, ela trabalhava como empregada e era tratada como tal. Agora ela tem dinheiro na mão. As pessoas a procuram quando estão em dificuldade e ela pode ajudá-las com pequenos empréstimos.[46]

45. HOSSAIN, M. *Credit Alleviation of Rural Poverty: the Grameen Bank in Bangladesh*. Washington: International Food Policy Research Institute (IFPRI Research Report 65), 1988; JAIN, P. S. Managing credit for the rural poor: lessons from the Grameen Bank. *World Development*, 24, 79-89, 1996.

46. YUNUS, M. (Org.). *Jorimon of Beltoil Village and Others: in Search of a Future*. Dacca: Grameen Bank, 1984.

Na escala global dos negócios, trata-se de uma conquista pequena e insignificante, mas para ela significou a diferença entre a vida e a morte, e trouxe dignidade e autoconfiança. Se essa experiência fosse multiplicada para os pobres e famintos de todo o mundo em desenvolvimento, ela constituiria uma revolução.

16 Depois da Cúpula Mundial da Alimentação

Empenhamos nossa vontade política e nosso compromisso nacional e comum em alcançar a segurança alimentar para todos e num esforço continuado para erradicar a fome em todos os países, com a intenção imediata de reduzir o número de pessoas subnutridas à metade do seu nível presente até 2015.

A Declaração de Roma sobre a Segurança Alimentar do Mundo[1]

Em novembro de 1996, a FAO convocou uma Cúpula Mundial da Alimentação em sua sede, em Roma. Ela foi anunciada como uma reunião de chefes de Estado, embora, nas circunstâncias, tenha sido integrada principalmente por ministros encarregados da ajuda externa dos países desenvolvidos e ministros da Agricultura dos países em desenvolvimento. Como a declaração e o plano de ação haviam sido esboçados e acertados previamente, a reunião foi, em grande medida, uma ocasião para discursos. Sob alguns aspectos, foi apenas mais uma cúpula internacional numa série que incluiu a Cúpula Mundial sobre as Crianças, em Nova Iorque, em 1990, a Conferência das Nações Unidas sobre População e Desenvolvimento, no Cairo, em 1994, a Cúpula Mundial sobre o Desenvolvimento Social, em Copenhague, e a Quarta Conferência Mundial sobre as Mulheres, em Pequim, estas últimas em 1995.

Há muita referência cruzada a essas primeiras cúpulas na declaração da Cúpula Mundial da Alimentação, apontando corretamente para a interligação de suas preocupações com a segurança alimentar. Como ocorreu na maioria das reuniões anteriores, ela comprometeu os governos com uma extensa lista de objetivos gerais, mas, com exceção da meta citada no início deste capítulo, foi econômica em objetivos específicos.

1. FAO. *Declaration on World Food Security and World Food Summit Plan of Action*. World Food Summit, 13-17 November 1996. Roma: Organização das Nações Unidas para Agricultura e Alimentação, 1996.

Para efeito de implementação, a FAO propôs uma "Campanha Alimentos para Todos" global baseada em comitês nacionais representativos do governo, do setor privado e da sociedade civil, e um programa especial para aumentar a produção de alimentos nos países de baixa renda e com déficit alimentar (LIFDCs, na sigla em inglês).[2] Este último é o mais significativo e será crucial para que a meta da cúpula de reduzir à metade o número dos cronicamente subnutridos seja levada a sério. A FAO enumera aproximadamente 75 países de baixa renda com déficit alimentar (Box 16.1). Juntos, eles abrigam 3,5 bilhões de pessoas, quase dois terços da população mundial. Os mais seriamente afetados são os 35 países (25 na África subsaariana) cuja ingestão média diária de calorias *per capita* está abaixo de 2.200. No total, eles abrigam cerca de 675 milhões de pessoas, a grande maioria delas cronicamente subnutrida; um programa que eleve sua disponibilidade média de calorias em 200/300 por dia teria um efeito significativo na fome global, mas as dificuldades de se atingir a meta da FAO dentro de meros quinze anos não devem ser subestimadas. Muitos desses países foram devastados por guerras civis, muitos possuem governos instáveis ou ineficientes caracterizados por infra-estrutura em ruínas, transporte precário, mercados impróprios, falta de políticas alimentares adequadas e pesquisa e extensão agrícolas frágeis. A FAO iniciou um programa piloto em 15 desses países, embora os detalhes ainda não tenham sido publicados.[3]

Acredito que a cúpula foi particularmente bem-sucedida na sua idéia conceitual. Ela reconhece, na declaração, o caráter multifacetado da segurança alimentar. Nisso, ela se aparta de maneira radical dos pronunciamentos de reuniões anteriores, especialmente da primeira Conferência Mundial da Alimentação em 1974, em que a maior ênfase foi dada ao controle populacional e à produção de alimentos nas regiões de alto potencial. Muitas afirmações da Declaração e Plano de Ação refletem as do relatório "Vision Panel" do CGIAR, produzido em 1994, e harmonizam com os temas deste livro.[4] A Declaração e Plano de Ação enfatizam

2. GORDILLO DE ANDA, G. e TRENCHARD, R. World food summit: forging a new covenant for the new millennium. In: WATERLOW, J. C., ARMSTRONG, D. G., FOWDEN, L. et al. (Orgs.). *Feeding a World Population of More than Eight Billion People: A Challenge to Science*. Oxford: Oxford University Press, no prelo.

3. GORDILLO DE ANDA e TRENCHARD. *op. cit.*

4. FAO. *op. cit.*, 1996.

Box 16.1 Países de baixa renda com déficit alimentar

Todos os países com déficit alimentar com renda *per capita* abaixo de US$ 1.395 por ano, divididos naqueles com suprimento de calorias *per capita* médio abaixo e acima de 2.200 por dia em 1994 (tamanho da população, em milhões, entre parênteses).[5]

Menos de 2.200 calorias		*Mais de 2.200 calorias*	
LESTE DA ÁSIA/PACÍFICO			
Camboja (12,9)		China (1.208,8)	Papua-Nova Guiné (4,2)
Ilhas Salomão (0,4)		Filipinas (66,2)	Samoa (0,2)
Mongólia (2,4)		Indonésia (194,6)	Tuvalu (0,01)
		Kiribati (0,1)	Vanuatu (0,2)
		Laos (4,7)	
SUL DA ÁSIA			
Afeganistão (18,9)		Butão (1.6)	Paquistão (136,6)
Bangladesh (117,8)		Índia (918,6)	Sri Lanka (18,1)
Nepal (21,4)		Maldivas (0,2)	
OESTE DA ÁSIA/NORTE DA ÁFRICA			
Iêmen (13,9)		Egito (61,6)	Marrocos (26,5)
		Jordânia (5,3)	Síria (14,1)
AMÉRICA LATINA/CARIBE			
Bolívia (7,2)		Colômbia (34,5)	Honduras (5,5)
Haiti (7,0)		El Salvador (5,6)	Nicarágua (4,3)
Peru (23,3)		Equador (11,2)	República Dominicana (7,7)
		Guatemala (10,3)	
ÁFRICA SUBSAARIANA			
Angola (10,7)	Quênia (27,3)	Benin (5,2)	Guiné (6,5)
Burundi (6,1)	República Centro-Africana (3,2)	Burkina Fasso (10,0)	Guiné-Bissau (1,1)
Camarões (12,9)	Ruanda (7,8)	Cabo Verde (0,4)	Lesoto (2,0)
Chade (6,2)	São Tomé e Príncipe (0,1)	Congo (2,5)	Mali (10,5)
Comores (0,6)	Serra Leoa (4,4)	Djibuti (0,6)	Mauritânia (2,2)
Costa do Marfim (13,8)	Somália (9,1)	Eritréia (3,4)	Níger (8,8)
Etiópia (53,6)	Sudão (27,4)	Guiné Equatorial (0,4)	Senegal (8,1)
Gana (16,9)	Tanzânia (28,8)	Gâmbia (1,1)	Suazilândia (0,8)
Libéria (2,9)	Uganda (20,6)		Togo (4,0)
Madagascar (14,3)	Zaire (42,6)		
Malaui (10,8)	Zâmbia (9,2)		
Moçambique (15,5)	Zimbábue (11,0)		
Nigéria (108,5)			

5. CONWAY, G. R., LELE, U., PEACOCK, J. et al. *Sustainable Agriculture for a Food Secure World*. Washington: Consultative Group on International Agricultural Research/Estocolmo: Swedish Agency for Research Cooperation with Developing Countries, 1994.

a importância da erradicação da pobreza e da desigualdade para a segurança alimentar e, apesar de não se referirem a habilitações enquanto tais, realçam a melhoria do "acesso físico e econômico permanente de todos a alimentos suficientes, nutricionalmente adequados e seguros, e sua efetiva utilização".[6] A sustentabilidade é um tema comum e, mais importante, existe um claro reconhecimento da necessidade de desenvolver tanto as áreas de alto como de baixo potencial e de um tratamento participativo do desenvolvimento. Essas visões estão melhor resumidas, talvez, no Objetivo 3.5 do Plano de Ação:

> Formular e implementar estratégias integradas de desenvolvimento rural em áreas de baixo e alto potencial que promovam o emprego rural, a formação profissional, a infra-estrutura, instituições e serviços em apoio ao desenvolvimento rural e à segurança alimentar das famílias, e que reforcem a capacidade produtiva local dos agricultores, pescadores, silvicultores e outros ativamente envolvidos no setor alimentar, inclusive os membros de grupos vulneráveis e desprivilegiados, mulheres e povos indígenas e suas organizações representativas, e que garanta sua efetiva participação.[7]

Esse é um objetivo que endosso firmemente, embora acredite, como argumentei neste livro, que só possa ser alcançado se embarcarmos em um programa internacional de pesquisa novo e bem financiado, com uma escala e uma visão no mínimo iguais às da Revolução Verde.

A Revolução Verde foi bem-sucedida não só pela qualidade e relevância da ciência e da tecnologia. Liderança, gestão hábil e a criação dos mecanismos institucionais apropriados foram fundamentais. No Instituto Internacional de Pesquisa do Arroz (IRRI), no centro para trigo e milho (CYMMIT) e em outros institutos de pesquisa internacionais, criaram-se ambientes bem equipados, onde equipes de cientistas puderam trabalhar efetivamente juntas em metas bem definidas. Melhoristas de plantas, geneticistas, agrônomos, fitopatologistas e entomologistas colaboraram no desenvolvimento das novas variedades de alto rendimento. E a produção dos pacotes que acompanharam a entrega das novas sementes

6. FAO. *Food Aid in Figures*. Roma: Organização das Nações Unidas para Agricultura e Alimentação, 1993; FAOSTAT TS: SOFA '95. Roma: Organização das Nações Unidas para Agricultura e Alimentação (disquete), 1993.

7. FAO. *op. cit.*, 1996.

aos agricultores dependeu da interação estreita entre os pesquisadores e os especialistas de cursos de extensão.

O sucesso não foi alcançado facilmente. Os objetivos que temos agora são, em muitos aspectos, mais complexos. Já não basta se concentrar exclusivamente na produção de variedades novas de alto rendimento, por mais importante que isso seja, ou no planejamento de pacotes de insumos. As terras da Revolução Verde, relativamente uniformes, altamente favoráveis e de alto potencial não são agora o único alvo da pesquisa e da implementação inovadora. Existe uma diversidade, tanto em termos agroecológicos como socioeconômicos, das metas e problemas a serem enfrentados. Ao objetivo de uma maior produtividade, acrescentamos objetivos igualmente importantes de sustentabilidade, estabilidade e eqüidade, e reconhecemos explicitamente a existência de compensações difíceis.

Acredito que o sucesso dependerá de programas multidisciplinares que abarquem um leque ainda mais amplo de disciplinas das ciências naturais e sociais do que o que caracterizou a Revolução Verde. As equipes precisarão estar equipadas não só com as ferramentas mais modernas, mas também com métodos poderosos de análise interdisciplinar, como a Análise de Agroecossistema descrita no Capítulo 10. Um dos maiores desafios será conseguir uma paridade de opiniões entre cientistas de pesquisa e de desenvolvimento.

A ciência agrícola vem sendo dominada, há muito tempo, pelos cientistas biológicos, que estabeleceram as prioridades e, com freqüência, viam a contribuição de seus colegas – das ciências sociais – economistas, sociólogos e antropólogos apenas como conselhos úteis sobre como introduzir novas variedades ou tecnologias e identificar limitações onde a implementação falhasse. Há uma tendência quase universal para a criação de hierarquias que elevam as ciências "*hard*" acima das "*soft*", e que dentro das "*hard*" dão primazia aos que trabalham nos níveis celular e molecular. Essa tendência provavelmente será reforçada pela crescente importância da ciência e da tecnologia que fundamentam a engenharia genética. Contudo, se o objetivo da Revolução Duplamente Verde é garantir que os pobres tenham acesso aos alimentos de que necessitam, os cientistas sociais vão ter um papel igualmente importante na análise das necessidades e prioridades dos pobres e na ajuda para traduzi-las em agendas de pesquisa.

Ao escrever isso, não pretendo subestimar o grande potencial das revoluções recentes na biologia molecular e na ecologia, mas sustento que enfrentamos o desafio igualmente importante de fornecer as condições sob as quais esse potencial possa ser realizado. Devido à complexidade da ciência e da gama de competências e experiências requeridas, poucos países em desenvolvimento podem pretender a auto-suficiência em ciência e tecnologia. Muitos dos países mais desenvolvidos também dependem de uma colaboração internacional. Na outra ponta do espectro, os países mais duramente afetados pela fome e pobreza não dispõem em geral de recursos suficientes para lidar com problemas relativamente simples. Durante algum tempo ainda, a pesquisa internacional será decisiva – fornecendo para os países em desenvolvimento o acesso aos novos conhecimentos e tecnologias, e ajudando-os a fortalecer sua capacidade de pesquisa. E onde quer que a pesquisa possa se beneficiar de uma economia significativa de escala ou de escopo, a colaboração será necessária, sobretudo em nível regional.

Os sistemas nacionais de pesquisa agrícola (NARS, na abreviatura em inglês) dos países em desenvolvimento incluem algumas instituições de estatura internacional, mas muitas são fracas e mal financiadas. Embora tenham sido criados novos institutos públicos de pesquisa agrícola e universidades nos anos 1970 e início dos 1980, no fim da década os déficits públicos estavam provocando cortes. Alguns NARS sofreram crises graves, a mais severa na África subsaariana, onde o investimento em pesquisa agrícola praticamente não cresceu. A exceção notável foi a China, onde o investimento supera o de todo o resto da Ásia (Figura 16.1). Uma solução para a crise tem sido a privatização, mas na prática isso se mostrou difícil de alcançar. Houve um lento progresso no estabelecimento de organizações de pesquisa mantidas por agricultores. As cooperativas de produtores, em várias versões, se mostraram bem-sucedidas na organização de insumos e na comercialização, mas poucas estenderam sua jurisdição à pesquisa. O sucesso foi mais visível nos programas de pesquisa financiados e mantidos por organizações não-governamentais (ONGs) nacionais e internacionais.[8]

8. FARRINGTON, J. e BEBBINGTON, A. J. *From Research to Innovation: Getting the Most from Interaction with NGOs in Farming Systems Research and Extension*. Londres: International Institute for Environment and Development (Gatekeeper Series n. 43), 1994; FARRINGTON, J. e BEBBINGTON, A. J. *Reluctant Partners? Non-Governmental Organizations, the State and Sustainable Agricultural Development*. Londres: Routledge, 1993.

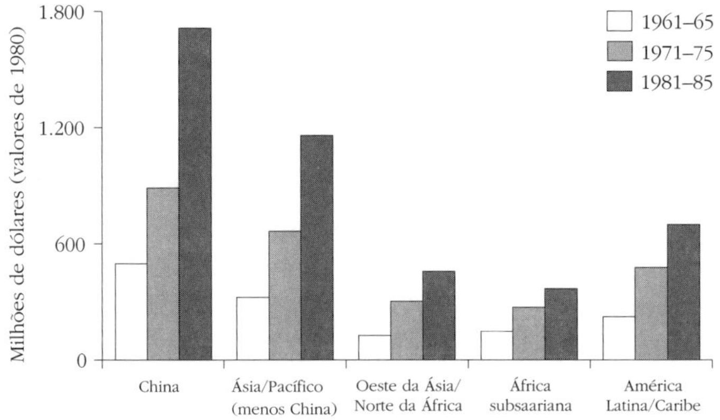

Figura 16.1 Gastos anuais em pesquisa agrícola.[9]

Apesar dos cortes na ajuda, os países desenvolvidos continuaram dando apoio aos NARS por meio de relações de cooperação que envolvem universidades e centros de pesquisa. Vários países europeus mantiveram órgãos públicos para a pesquisa internacional e estabeleceram recentemente o Consórcio Europeu para a Pesquisa Agrícola nos Trópicos (ECART, na sigla em inglês). Os Estados Unidos possuem programas comparáveis, que envolvem freqüentemente os land-grant colleges (com áreas doadas para a pesquisa agrícola) e que são financiados pela Agência Norte-Americana para o Desenvolvimento Internacional (USAID). As fundações privadas Ford, Rockefeller e outras continuam envolvidas no financiamento de Centros Internacionais de Pesquisa Agrícola. Japão, Canadá e Austrália criaram instituições especializadas na cooperação científica. A Organização das Nações Unidas para Agricultura e Alimentação (FAO) estabeleceu recentemente um programa de agricultura sustentável. Mas esses esforços não são bem coordenados. A circulação das informações é precária e não há interação suficiente entre as diferentes instituições.

Essas deficiências nas relações entre instituições precisam ser remediadas, ainda mais porque muitas questões e problemas que enfrentamos envolvem externalidades internacionais importantes.[10] Em um mundo

9. ANDERSON, J. R., PARDEY, P. G. e ROSEBOOM, J. Sustaining growth in agriculture. A quantitative review of agricultural research investments. *Agricultural Economics*, 10, 107-23, 1994.

10. CONWAY et al. *op. cit.*

cada vez mais estreitamente interligado, as ações de um país muitas vezes afetam o bem-estar de outros. Os efeitos, claro, podem ser negativos ou positivos. Grandes esquemas de irrigação podem ter conseqüências deletérias em países a jusante, o reflorestamento nas vertentes pode ter efeitos benéficos. Mas como os custos e benefícios dessas externalidades não recaem integralmente no país responsável, ele poderá investir demais ou de menos na pesquisa e no desenvolvimento adequados. Como não receberão todos os benefícios da pesquisa, os países possivelmente não dedicarão pesquisa suficiente a:

- Culturas geneticamente modificadas que possam ser usadas em outros países;
- Abordagens para reduzir as emissões de carbono (por exemplo, a silvicultura sustentável);
- Conservação da biodiversidade; ou
- Tecnologias para impedir a erosão do solo, que afeta bacias hidrográficas internacionais.

Da mesma forma, alguns países provavelmente investirão demais em atividades de pesquisa que promovem indiretamente o desmatamento ou a poluição da água, cujos custos ambientais oneram outros países. O papel da pesquisa internacional em agricultura e recursos naturais é ajudar a corrigir essas deficiências, gerando “bens públicos” internacionais que proporcionem benefícios além das fronteiras nacionais. Os problemas são freqüentemente comuns e o mesmo acontece com as soluções.

No cerne da colaboração internacional em pesquisa, no passado e no futuro próximo, estão os Centros Internacionais de Pesquisa Agrícola (IARCs, na sigla em inglês). Quando o IRRI foi fundado, em 1960, nem a Fundação Ford nem a Rockefeller pretendiam criar centros similares, mas o êxito do IRRI as encorajou a repetir o padrão. Em 1967, três centros adicionais haviam sido formalmente organizados, e não demorou para o número crescente de centros precisar de um sistema mais organizado de suporte que pudesse aumentar o *pool* de financiamento e começar a planejar uma maior expansão. Em 1971, o Grupo Consultivo sobre Pesquisa Agrícola Internacional (CGIAR, na sigla em inglês) foi criado como um consórcio informal pelo Banco Mundial, importantes bancos regionais, várias agências da ONU e fundações importantes, juntamente com representações de países desenvolvidos e em desenvolvimento.[11] Em 1996, o CGIAR apoiava 126 centros, empregando um total de mil cientistas com uma verba da ordem de US$ 300 milhões (ver Apêndice). Comparada com os US$ 9 bilhões que estão sendo gastos globalmente em pesquisa agrícola, incluindo os US$ 4 bilhões nos países em desenvolvimento, a soma é aparentemente irrisória.[12] Mas o retorno tem sido enorme. Os centros do CGIAR desempenharam um papel fundamental, servindo de condutos criativos entre sistemas de pesquisa de países em desenvolvimento e instituições avançadas nos países desenvolvidos. E sua independência política, contabilidade aberta e ênfase na excelência em pesquisa com monitoramento externo contribuíram, como descrevi no Capítulo 4, para um registro notável de realizações de pesquisa nos últimos trinta anos – na caracterização do germoplasma, em melhoramento genético de plantas, patologia, controle de pragas, criação de animais e na aplicação no campo de novas tecnologias de lavoura e conservação do solo.

No futuro, precisaremos de muito mais realizações como essas. Mas como já argumentei neste livro, será preciso uma virada significativa na ênfase que reconheça:

- A meta de atingir uma produtividade alta e sustentável tanto nas áreas de potencial alto como baixo, com mais emprego e renda para que os pobres tenham acesso aos alimentos de que precisam;
- A necessidade de promover parcerias de pesquisa que vão além de uma simples transferência de tecnologia, estendendo-se da necessidade socioeconômica à tecnologia e voltando à primeira;
- A oportunidade de explorar, de maneira internacional e interdisciplinar, os novos paradigmas da biologia molecular e da ecologia;
- Os requisitos de pesquisa de um amplo leque de agroecossistemas que envolvam a melhor competência dos próprios países e a participação dos agricultores na pesquisa; e
- A necessidade de trabalhar para agendas de produção de pesquisa que atravessem as fronteiras nacionais.

11. BAUM, W. C. *Partners Against Hunger: The Consultative Group on International Agricultural Research*. Washington: Banco Mundial, 1986.

12. Gastos anuais 1981-5. In: ANDERSON et al. *op. cit.*

Existe aqui um papel contínuo para o CGIAR e seus centros, qual seja o de ajudar a dar forma ao programa e criar as parcerias necessárias. Os centros já fizeram progressos consideráveis no desenvolvimento da nova agenda, em parte por meio da reorientação de missão nos centros mais antigos. Uma ênfase muito maior está sendo dada agora ao cultivo de variedades para terras abastecidas com água da chuva e semi-áridas, a um leque mais amplo de culturas, a tratamentos integrados para o controle de pragas e doenças e ao manejo de nutrientes. As prioridades de pesquisa também estão sendo fortemente influenciadas pelos centros mais novos admitidos no CGIAR em 1989; alguns, como o Centro Internacional para Pesquisa Agroflorestal (ICRAF, na sigla em inglês), voltados para os recursos naturais, e outros, como o Instituto Internacional de Manejo da Irrigação (IIMI, na sigla em inglês), com força nas ciências sociais.

Em 1995, o *Vision Panel* do CGIAR[13] estabeleceu um plano para o futuro baseado em dois tipos de programas:

- Programas globais, determinados internacionalmente e orientados para problemas de pesquisa estratégicos de significado transregional. Eles se concentrariam no desenvolvimento de materiais genéticos para culturas agrícolas, criação de animais, silvicultura, espécies de peixes selecionadas que sejam reconhecidamente decisivas para a segurança alimentar sustentável e para problemas como as contribuições da agricultura para a poluição global. Eles incluiriam também alguns programas de pesquisa e desenvolvimento em âmbito de sistema (Box 16.2); e
- Programas de ação regional, determinados por grupos de países, que cuidariam de problemas específicos de produção sustentável enfrentados em regiões geográficas onde é urgentemente necessário um aumento da produção, particularmente na África subsaariana e no Sul da Ásia, e, em especial, naquelas áreas de potencial agrícola inferior onde vivem os mais pobres.[14]

Os dois tipos de programas envolverão parcerias seguindo as linhas dos que foram descritos no Capítulo 8, em que a indústria privada, os

13. CONWAY et al. *op. cit.*

14. IITA. *Sustainable Food Production in Sub-Saharan Africa.* 1. IITA's Contribution. Ibadan: International Institute of Tropical Agriculture, 1992.

Box 16.2 Iniciativas em âmbito de sistema tomadas sob os auspícios do CGIAR[15]

- Recursos genéticos em âmbito de sistema
- Arroz-trigo nas planícies Indo-Gangéticas
- Programa em encostas latino-americanas
- Alternativas a derrubada e queimada
- Desenvolvimento agrícola montanhoso sustentável
- Economia de água em nível de fazenda no Oeste da África/Norte da África
- Programa global de criação de animais
- Manejo de água
- Indicadores de pesquisa agrícola
- Direitos de propriedade e ação coletiva
- Manejo de solo, água e nutrientes
- Manejo integrado de pragas

IARCs e os institutos de pesquisa dos países em desenvolvimento se uniram para explorar suas vantagens comparativas em engenharia genética (Box 16.3).

Esta nova abordagem envolverá uma mudança significativa no modo de financiar e nas relações entre os centros, seus doadores e os NARS dos países em desenvolvimento. Ela exigirá também uma mudança no estilo de pesquisa, particularmente para os programas de ação regional. A pesquisa não deverá mais começar ou terminar nas estações de pesquisa. Além disso, não será suficiente as equipes de pesquisas se limitarem a cientistas e trabalhadores em programas de extensão. Como argumentei no Capítulo 10, os novos objetivos exigem que os agricultores e as comunidades rurais estejam estreitamente envolvidos no processo de análise, planejamento e experimentação, e na aplicação eventual de tecnologias. As novas prioridades de pesquisa deverão estar enraizadas numa íntima compreensão das necessidades das famílias rurais pobres.

Nos últimos anos, houve um envolvimento crescente de ONGs na pesquisa e no desenvolvimento agrícolas. Uma análise abrangente de John Farrington e seus colegas do Overseas Development Institute, baseada em 70 estudos de caso, descreveu atividades que vão da promoção de

15. GREENLAND, D. J. *International Agricultural Research and the CGIAR System: Past, Present and Future.* Reading: University of Reading (mimeo.), 1996.

Box 16.3 Participantes em parcerias potenciais em pesquisa agrícola internacional

Países industrializados
Institutos de pesquisa
Universidades
Companhias privadas
Consórcios

Grupo Consultivo sobre Pesquisa Agrícola Internacional (CGIAR)
Centros Internacionais de Pesquisa Agrícola (IARCs)

Países em desenvolvimento
(Sistemas Nacionais de Pesquisa Agrícola, NARS)
Institutos regionais de pesquisa
Institutos nacionais de pesquisa
Universidades
Companhias privadas
Organizações não-governamentais
Agricultores

organizações de agricultores, atividades de treinamento, elaboração de métodos de diagnóstico e tecnologia de desenvolvimento à inovação e sua difusão.[16] As ONGs têm uma vantagem comparativa considerável na promoção da pesquisa e do desenvolvimento participativos. Elas têm um conhecimento íntimo da realidade de vida dos pobres, especialmente onde as ONGs têm fortes raízes locais, estabelecidas durante muitos anos. Em particular, as ONGs podem colocar a inovação agrícola dentro do contexto mais amplo dos meios de vida, e são sensíveis à dinâmica das famílias e da comunidade mais ampla. Como o estudo mostrou, elas estão desempenhando um importante papel na introdução dos órgãos governamentais em métodos e *insights* participativos.

Entretanto, muitas vezes falta às ONGs o conhecimento técnico, e elas têm uma capacidade limitada de utilizar alguns desenvolvimentos científicos mais recentes. É nesse aspecto que os Centros Internacionais de Pesquisa Agrícola têm uma vantagem comparativa. Já descrevi, no Capítulo 10,

16. BEBBINGTON, J., PRAGER, M., RIVEROS, H. et al. *NGOs and the State in Latin America: Rethinking Roles in Sustainable Agricultural Development.* Londres: Roudedge, 1993; FARRINGTON e BEBBINGTON. *op. cit.*, 1994; FARRINGTON, J. e LEWIS, D. (Orgs.). *NGOs and the State in Asia: Rethinking Roles in Sustainable Agricultural Development.* Londres: Routledge, 1993; WELLARD, K. e COPESTAKE, J. G. (Orgs.) *Non-Governmental Organisations and the State in Africa: Rethinking Roles in Sustainable Agricultural Development.* Londres: Routledge, 1993.

algumas parcerias entre cientistas e agricultores criadas pelo CIAT, e a maioria dos outros centros tem sido igualmente ativa. Entretanto, muitos participantes dos IARCs pioneiros nessas abordagens foram isolados e marginalizados em suas instituições. A hierarquia que mencionei anteriormente trabalhou contra eles. Há também a preocupação, particularmente em institutos como o IRRI e o CIMMYT, de que algumas pressões para se encaminhar mais para a "nascente" e se concentrar em pesquisa estratégica, deixando a pesquisa aplicada para os Sistemas Nacionais de Pesquisa Agrícola, significarão o fim das parcerias entre cientistas e agricultores, justamente quando elas estão começando a compensar, não só em termos de benefícios para os agricultores mas no fomento de uma maior compreensão pelos cientistas da realidade de vida dos agricultores pobres.

No coração da Revolução Duplamente Verde estão não só um novo conjunto de conhecimentos e técnicas científicas, nem mesmo meramente novas abordagens de participação, mas uma mudança de atitude e percepção.[17] Em muitos aspectos, ela vai contra crenças muito arraigadas em instituições de pesquisa e suas extensões rurais. As pessoas que receberam muitos anos de treinamento e valorizam seu conhecimento profissional precisam ver um papel para os conhecimentos e percepções próprios dos agricultores. Isso não é fácil. Embora os que participam, de ambos os lados, logo percebam os benefícios, os passos iniciais são grandes e exigem apoio e encorajamento, com a contribuição ativa dos que têm experiência no processo. No futuro, isso vai exigir uma atividade contínua de todas as instituições de desenvolvimento agrícola – IARCs, NARS, ONGs e órgãos do governo – e suporte financeiro, tanto dos governos dos países em desenvolvimento como da comunidade doadora internacional.

Neste livro tentei descrever a escala dos problemas que enfrentamos. Existem hoje cerca de três quartos de bilhão de pessoas cronicamente subnutridas e as previsões mais otimistas sugerem que esse número mudará pouco nos próximos 25 anos. As quedas no crescimento dos rendimentos, as ameaças à sustentabilidade, a falta de capacidade de pesquisa suficiente e a atenção insuficiente à necessidade de criar emprego e renda

17. CHAMBERS, R. *Whose Reality Counts? Putting the Last First.* Londres: Intermediate Technology, 1997.

no campo lançam dúvidas sobre a capacidade de se atingir a meta da Cúpula Mundial da Alimentação. O setor privado tem um importante papel a desempenhar, o comércio mais livre acabará incentivando e estimulando a eficiência, mas as forças de mercado, por razões que já apresentei aqui, não serão suficientes. Se quisermos erradicar a fome no começo do século XXI, será preciso um esforço combinado de pesquisa e de desenvolvimento públicos.

Na parte final deste livro, fui deliberadamente um tanto otimista, em parte porque minha experiência me leva a acreditar que o desafio pode ser enfrentado com sucesso. Descrevi tecnologias revolucionárias, abordagens que prometem novas maneiras de enfrentar problemas e um grande leque de métodos e técnicas desenvolvidos por cientistas e agricultores que prometem resolver problemas específicos. Mas, ao concluir, preciso ressaltar o quão pouco ainda sabemos e as dificuldades do que venho propondo.

Ainda temos sérias lacunas em nosso conhecimento. Precisamos de dados estatísticos melhores sobre a incidência da fome e da pobreza e sobre as mudanças que estão ocorrendo com elas. Onde a situação está melhorando e por quê? Precisamos de mais *insights* na natureza e na dinâmica das famílias pobres e seus meios de vida. Em situações específicas, como podemos usar o desenvolvimento da agricultura e dos recursos naturais para aumentar o emprego e a renda? Os cientistas precisam oferecer uma melhor compreensão da base genética do rendimento, de processos básicos como fotossíntese e fixação de nitrogênio, e das respostas das plantas ao estresse, e mostrar como esse conhecimento pode ser explorado no melhoramento convencional das plantas e na engenharia genética. Precisamos de uma maior compreensão não só dos esteios ecológicos do manejo integrado de pragas, doenças e nutrientes, mas também dos requisitos econômicos e institucionais para o sucesso. E isso vale também para a maneira como manejamos nossos recursos naturais: pastagens, florestas e pesqueiros.

Ressaltei repetidamente a importância de uma abordagem participativa e descrevi os muitos exemplos de programas bem-sucedidos nos quais os agricultores desempenharam um papel-chave no programa de pesquisa e desenvolvimento. Destaquei a natureza revolucionária das novas técnicas participativas, que podem dar voz e poder aos pobres e mudar as atitudes e as agendas de experts em pesquisa e desenvolvimento.

Mas, como revela uma leitura da literatura, os êxitos não são alcançados facilmente, falhas ocorrem e, à medida que os programas são desenvolvidos, ocorrem limitações do conhecimento, das tecnologias ou das instituições. O mais importante de tudo: por melhores que sejam as tecnologias, por mais bem pensado que seja o programa de desenvolvimento, por mais comprometidos e bem treinados que sejam os encarregados do programa, as políticas ambientais mais amplas e, particularmente, as políticas sociais e econômicas dominantes poderão ser determinantes do sucesso ou do fracasso.

Essas questões são levantadas e discutidas mais integralmente na literatura citada nos capítulos anteriores. A maneira como o conhecimento pode ser adquirido e os problemas das novas abordagens superados são descritos em outros lugares, e com mais detalhes. Este livro é, em parte, um argumento e, em parte, uma introdução. Mais do que tudo, ele é um apelo à ação – a doadores, autoridades, cientistas, agentes de desenvolvimento de institutos de pesquisa e ONGs, e a pessoas em geral sem um *know-how* específico mas preocupadas com o futuro da humanidade. Não é hora de nos sentarmos e nos congratularmos pelo que foi alcançado nos últimos trinta anos. Os próximos trinta anos é que serão o verdadeiro teste da nossa capacidade de explorar o poder da ciência e da tecnologia, não só para os mais ricos, ou mesmo para a maioria, mas para aqueles milhões de pobres e famintos que merecem e têm direito a uma alimentação suficiente.

Apêndice
Centros Internacionais de Pesquisa Agrícola[1]

Centro Internacional de Agricultura Tropical (CIAT)
http://www.ciat.cgiar.org/

Sede: Cali (Colômbia). Fundado em 1967.
Foco: Contribuir para o alívio da fome e da pobreza em países tropicais por meio da aplicação da ciência na geração de tecnologia que conduza a aumentos duradouros na produção agrícola, enquanto preserva a base de recursos naturais. O centro conduz pesquisas sobre o desenvolvimento de germoplasma de feijão, mandioca, forragens tropicais e arroz para a América Latina, e sobre o manejo de recursos em agroecossistemas úmidos na América tropical, incluindo encostas, margens de florestas e savanas.

Center for International Forestry Research (CIFOR)
(Centro para a Pesquisa Florestal Internacional)
http://www.cifor.cgiar.org/

Sede: Bogor (Indonésia). Fundado em 1992.
Foco: Contribuir para o bem-estar sustentado das pessoas dos países em desenvolvimento, particularmente dos trópicos, por meio de pesquisas cooperativas estratégicas e aplicadas em sistemas florestais e de silvicultura, e pela promoção da transferência de novas tecnologias apropriadas e a adoção de novos métodos de organização social para o desenvolvimento nacional.

Centro Internacional de Mejoramiento de Maíz y Trigo (CIMMYT)
(Centro Internacional de Melhoramento de Milho e Trigo)
http://www.cimmyt.org/

Sede: Cidade do México (México). Fundado em 1966.
Foco: Ajudar os pobres por meio do aumento da produtividade dos recursos destinados ao milho e ao trigo em países em desenvolvimento, enquanto protege o meio ambiente por meio da pesquisa agrícola e de acordo com os sistemas nacionais de pesquisa.

---

1. Centros do Grupo Consultivo sobre Pesquisa Agrícola Internacional (CGIAR).

Centro Internacional de la Papa (CIP)
(Centro Internacional da Batata)
http://www.cipotato.org/

Sede: Lima (Peru). Fundado em 1971.
Foco: Contribuir para o aumento da produção de alimentos, a geração de sistemas agrícolas sustentáveis e ambientalmente sensíveis e a melhoria do bem-estar humano por meio da realização de programas de pesquisa multidisciplinares coordenados sobre batata e batata-doce, do empreendimento de pesquisa e treinamento em cooperação mundial, da catalização da colaboração entre países na solução de problemas comuns e da ajuda a cientistas de todo o mundo para que respondam de maneira flexível e bem-sucedida às demandas cambiantes na agricultura.

International Center for Agricultural Research in the Dry Areas (ICARDA)
(Centro Internacional de Pesquisa Agrícola nas Áreas Secas)
http://www.icarda.cgiar.org/

Sede: Alepo (Síria). Fundado em 1977.
Foco: Enfrentar o desafio apresentado por um ambiente duro, estressante e variável, onde a produtividade de sistemas agrícolas abastecidos por água da chuva no inverno precisa ser posta em níveis sustentáveis mais altos, a degradação do solo precisa ser suspensa e, se possível, revertida, e a eficiência no uso da água e a qualidade do ambiente frágil precisam ser garantidas. O ICARDA tem responsabilidade mundial pelo melhoramento da cevada, lentilha e fava, e responsabilidade regional no Oeste da Ásia e Norte da África pelo melhoramento do trigo, grão-de-bico, forragens e pastagens. O ICARDA enfatiza o melhoramento de pastagens, o manejo e a nutrição de pequenos ruminantes e sistemas agrícolas abastecidos por água da chuva associados a essas culturas.

International Center for Living Aquatic Resources Management (ICLARM)
(Centro Internacional para o Manejo de Recursos Aquáticos Vivos)
http://www.iclarm.org/

Sede: Metro Manila (Filipinas). Fundado em 1977.
Foco: Melhorar a produção e o manejo de recursos aquáticos para oferecer benefícios sustentáveis às gerações presentes e futuras de produtores e consumidores de baixa renda em países em desenvolvimento, por meio de

pesquisa multidisciplinar internacional em parceria com sistemas nacionais de pesquisa agrícola. A situação de decadência e a sustentabilidade ameaçada de pesqueiros causadas pela pesca excessiva agravada pela pobreza e pela poluição, e o potencial de aumento da produção da aqüicultura demandam pesquisas que incluam o entendimento das dinâmicas dos sistemas de recursos da costa e de recifes de coral, e dos sistemas integrados de agricultura–aqüicultura, investigando esquemas de manejo alternativos nesses sistemas e melhorando a produtividade de espécies-chaves.

International Centre for Research in Agroforestry (ICRAF)
(Centro Internacional de Pesquisa em Atividades Agroflorestais)
http://www.worldagroforestrycentre.org/

Sede: Nairóbi (Quênia). Fundado em 1977.
Foco: Atenuar o desmatamento, a exaustão da terra e a pobreza rural tropicais por meio do melhoramento dos sistemas de atividade agroflorestal. As árvores podem, nos sistemas agrícolas, aumentar e diversificar a renda do agricultor, tornar os sistemas de cultivo agrícola mais robustos, reverter a degradação da terra e reduzir a pressão sobre as florestas naturais. O ICRAF realiza pesquisas com os sistemas de pesquisa agrícola e florestal nacionais, com organizações não-governamentais e com outros parceiros de pesquisa, e está focado em dois empreendimentos principais: encontrar alternativas para a agricultura itinerante nos trópicos úmidos e superar a exaustão da terra na África subúmida e semi-árida.

International Crops Research Institute for the Semi-Arid Tropics (ICRISAT)
(Instituto Internacional de Pesquisa de Culturas para os Trópicos Semi-áridos)
http://www.icrisat.org/

Sede: Patancheru, Andhra Pradesh (Índia). Fundado em 1972.
Foco: Realizar pesquisas que conduzam a uma produção de alimentos melhorada sustentável nas condições adversas dos trópicos semi-áridos. As principais culturas do ICRISAT – sorgo, *Eleusome coracana*, *Pennise-tum typhoides*, feijão-guando, grão-de-bico e amendoim – geralmente não são conhecidas nas regiões agrícolas mais favoráveis do mundo, mas são vitais para a vida do um sexto da população mundial que habita os trópicos semi-áridos. O ICRISAT realiza, em parceria com os sistemas agrícolas nacionais, pesquisas que abarcam o manejo dos recursos naturais limitados da região para aumentar a produtividade, a estabilidade e a sustentabilidade dessas e de outras culturas.

International Food Policy Research Institute (IFPRI)
(Instituto Internacional de Pesquisa em Política Alimentar)
http://www.ifpri.org/

Sede: Washington (EUA). Fundado em 1975.
Foco: O IFPRI foi estabelecido para identificar e analisar estratégias e políticas nacionais e internacionais alternativas para atender às necessidades alimentares do mundo em desenvolvimento numa base sustentável, com particular ênfase nos países de baixa renda e nos grupos mais pobres desses países. Embora as pesquisas do IFPRI sejam especificamente orientadas para contribuir para a redução da fome e da desnutrição, os fatores envolvidos são muitos e de longo alcance, exigindo análises de processos subjacentes e se estendendo além de um setor alimentar estreitamente definido. O IFPRI colabora com governos e instituições públicas e privadas de todo o mundo interessados em aumentar a produção de alimentos e melhorar a eqüidade na sua distribuição. Os resultados das pesquisas são distribuídos a autoridades políticas e econômicas, administradores, analistas políticos, pesquisadores e outras pessoas preocupadas com a política alimentar e agrícola nacional e internacional.

International Irrigation Management Institute (IIMI)
(Instituto Internacional de Manejo da Irrigação)
http://www.iwmi.cgiar.org/

Sede: Colombo (Sri Lanka). Fundado em 1984.
Foco: A missão do IIMI é promover o melhoramento do manejo de sistemas de recursos aquáticos e da agricultura irrigada. O IIMI realiza um programa mundial para gerar conhecimento para melhorar a capacidade dos recursos aquáticos e apoiar a introdução de tecnologias, políticas e tratamentos de pesquisa melhorados.

International Institute of Tropical Agriculture (IITA)
(Instituto Internacional de Agricultura Tropical)
http://www.iita.org/

Sede: Inadan (Nigéria). Fundado em 1967.
Foco: O IITA realiza pesquisas e atividades expandidas com programas de parceria em países da África subsaariana para ajudá-los a aumentar a produção de alimentos numa base ecologicamente sustentável. O IITA procura melhorar a qualidade dos alimentos, a saúde das plantas e o processamento pós-colheita de suas culturas escolhidas – mandioca, milho, feijão-fradinho, soja, inhame, banana e banana-da-terra – enquanto fortalece a capacidade de pesquisa nacional.

International Livestock Research Institute (ILRI)
(Instituto Internacional de Pesquisa de Animais de Criação)
http://www.ilri.org/

Sede: Nairóbi (Quênia). Fundado em 1995.
Foco: Aumentar a saúde, nutrição e produtividade dos animais (isto é, leite, carne, tração) pela remoção das restrições à produção tropical de animais, particularmente entre agricultores que trabalham em pequena escala; proteger ambientes que sustentam a produção animal contra a degradação por meio da modelagem de sistemas de produção e de tecnologias de desenvolvimento que sejam sustentáveis no longo prazo; caracterizar e conservar a diversidade genética de espécies forrageiras e raças de animais tropicais nativas; e promover políticas nacionais eqüitativas e sustentáveis para o desenvolvimento da pecuária e o manejo de recursos naturais afetados pela produção animal, favorecendo, em particular, as políticas que sustentam estratégias para reduzir a fome e a pobreza, melhoram a segurança alimentar e protegem o meio ambiente.

International Plant Genetic Resources Institute (IPGRI)
(Instituto Internacional de Recursos Genéticos Vegetais)
http://www.ipgri.cgiar.org/

Sede: Roma (Itália). Fundado em 1974.
Foco: Estimular, apoiar e se engajar em atividades que fortaleçam a conservação e o uso de recursos genéticos vegetais em todo o mundo, com especial ênfase nos países em desenvolvimento, empreendendo pesquisas e treinamentos e fornecendo informações científicas e técnicas.

International Rice Research Institute (IRRI)
(Instituto Internacional de Pesquisa do Arroz)
http://www.irri.org/

Sede: Manila (Filipinas). Fundado em 1960.
Foco: Melhorar o bem-estar das gerações presentes e futuras de produtores e consumidores de arroz, particularmente aqueles de baixa renda, por meio da geração e difusão do conhecimento e da tecnologia relacionados ao arroz, com benefícios ambientais, sociais e econômicos de curto e longo prazo e por meio da ajuda ao melhoramento da pesquisa nacional sobre o arroz.

International Service for National Agricultural Research (ISNAR)
(Serviço Internacional para a Pesquisa Agrícola Nacional)
http://www.isnar.cgiar.org/

Sede: Haia (Holanda). Fundado em 1979.
Foco: Ajudar países em desenvolvimento a obter melhorias sustentáveis no desempenho de seus sistemas e organizações de pesquisa agrícola nacional. Obejtivo que o ISNAR realiza por meio do apoio a seus esforços de desenvolvimento institucional, da promoção de políticas e financiamentos apropriados para a pesquisa agrícola, do desenvolvimento ou da adaptação de técnicas e administração de pesquisa melhoradas, e pela geração e difusão de conhecimentos e informações relevantes.

West Africa Rice Development Association (WARDA) / Association pour le développement de la riziculture en Afrique de l'Ouest (ADRAO)
(Associação para o Desenvolvimento do Arroz na África Ocidental)
http://www.warda.cgiar.org/

Sede: Bouaké (Costa do Marfim). Fundada em 1970.
Foco: O trabalho da WARDA é voltado para o reforço da capacitação de cientistas agrícolas da África Ocidental para que gerem tecnologias que aumentem a produtividade sustentável dos sistemas de cultivo intensificado baseados no arroz, de modo a melhorar o bem-estar das famílias rurais com poucos recursos e conservar e melhorar a base de recursos naturais. A pesquisa abrange o cultivo de arroz em manguezais, vales internos, em condições de terras altas e em condições irrigadas.

ÍNDICE REMISSIVO

ESTE LIVRO FOI COMPOSTO EM GATINEAU CORPO 10,5
POR 14,1 E IMPRESSO SOBRE PAPEL OFF-SET 75 g/m^2
NAS OFICINAS DA BARTIRA GRÁFICA, EM SÃO
BERNARDO DO CAMPO, EM DEZEMBRO DE 2003